AF801843

DELIUS KLASING

Dr. Etzold
Diplom-Ingenieur für Fahrzeugtechnik

So wird's gemacht

pflegen – warten – reparieren

Band 11

VW Golf / VW Jetta
VW Scirocco / VW Caddy

VW Golf

1,5 l / 51 kW (70 PS) 9/74 – 8/75
1,5 l / 63 kW (85 PS) 9/74 – 8/75
1,6 l / 55 kW (75 PS) 9/75 – 7/77
1,5 l / 51 kW (70 PS) 8/77 – 8/83
1,6 l / 63 kW (85 PS) 9/75 – 8/83
1,6 l / 81 kW (110 PS) 6/76 – 7/82
1,8 l / 82 kW (112 PS) 8/82 – 8/83

VW Jetta

1,5 l / 51 kW (70 PS) 8/79 – 12/83
1,6 l / 63 kW (85 PS) 8/79 – 8/83
1,6 l / 81 kW (110 PS) 8/79 – 7/82

VW Scirocco

1,5 l / 51/63 kW (70/85 PS) 2/74 – 4/81
1,6 l / 55/63 kW (70/85 PS) 2/74 – 4/81
1,6 l / 81 kW (110 PS) 2/74 – 4/81

VW Caddy

1,5 l / 51 kW (70 PS) 9/82 – 8/83
1,6 l / 55 kW (75 PS) 9/83 – 4/92

Delius Klasing Verlag

Bibliografische Information der Deutschen Nationalbibliothek
Die Deutsche Nationalbibliothek verzeichnet diese Publikation in der Deutschen Nationalbibliografie; detaillierte bibliografische Daten sind im Internet über http://dnb.dnb.de abrufbar.

20. Auflage
ISBN 978-3-7688-0207-9

Alle Angaben ohne Gewähr
Druck: Books on Demand, Norderstedt

Delius Klasing Verlag, Siekerwall 21, D - 33602 Bielefeld
Tel.: 0521/559-0, Fax: 0521/559-115
E-Mail: info@delius-klasing.de
www.delius-klasing.de

Lieber Leser

Obwohl die Automobile von Modellgeneration zu Modellgeneration technisch wesentlich aufwendiger und komplizierter werden, greifen von Jahr zu Jahr immer mehr Heimwerker zum »So wird's gemacht«-Handbuch. Die Erklärung dafür ist einfach: Weil die Technik des Automobils komplizierter geworden ist, kommt man selbst als Fachmann bei Wartungs- und Reparaturarbeiten am Fahrzeug ohne eine spezielle Anleitung nicht mehr aus.

Grundsätzlich muß sich der Heimwerker natürlich darüber im klaren sein, daß man mit Hilfe eines Handbuches nicht automatisch zum Kfz-Mechaniker wird. Auch deshalb sollte man nur solche Arbeiten durchführen, die man sich selbst zutraut. Das gilt insbesondere natürlich für jene Arbeiten, die die Verkehrssicherheit des Fahrzeugs beeinträchtigen können. Gerade in diesem Punkt sorgt das »So wird's gemacht«-Handbuch jedoch für praktizierte Verkehrssicherheit. Durch die exakte Beschreibung der erforderlichen Arbeitsschritte und den Hinweis, die Sicherheitsaspekte nicht außer acht zu lassen, wird der Heimwerker vor der Arbeit entsprechend sensibilisiert und fachlich richtig informiert. Auch wird darauf hingewiesen, im Zweifelsfall die Arbeit lieber einem Fachmann zu überlassen.

Vor jedem Arbeitsgang empfiehlt sich ein Blick in das vorliegende Buch. Dadurch werden Umfang und Schwierigkeitsgrad der Reparatur offenbar. Außerdem wird deutlich, welche Ersatz- oder Verschleißteile eingekauft werden müssen und ob unter Umständen die Arbeit nur mit Hilfe von Spezialwerkzeug durchgeführt werden kann.

Für die meisten Schraubverbindungen ist das Anzugsmoment angegeben. Bei Schraubverbindungen, die in jedem Fall mit einem Drehmomentschlüssel angezogen werden müssen (Zylinderkopf, Achsverbindungen usw.), ist der Wert **fett** gedruckt. Nach Möglichkeit sollte man generell jede Schraubverbindung mit einem Drehmomentschlüssel anziehen. Übrigens: Für viele Schraubverbindungen sind Innen- oder Außen-Torxschlüssel erforderlich.

Auch der fachkundige Hobbymonteur, der sein Fahrzeug selbst wartet und repariert, sollte bedenken, daß der Fachmann viel Erfahrung hat und durch die Weiterschulung und den ständigen Erfahrungsaustausch über den neuesten Technikstand verfügt. Mithin kann es für die Überwachung und Erhaltung der Betriebs- und Verkehrssicherheit des eigenen Fahrzeugs sinnvoll sein, in regelmäßigen Abständen eine Fachwerkstatt aufzusuchen.

Natürlich kann das vorliegende Buch nicht auf jede aktuelle, technische Frage eingehen. Dennoch hoffe ich, daß die getroffene Auswahl an Reparatur-, Wartungs- und Pflegehinweisen in den meisten Fällen die auftretenden Probleme zufriedenstellend löst.

Rüdiger Etzold

Inhaltsverzeichnis

Der Motor

Der wassergekühlte Vierzylinder-Reihenmotor ist vorn quer zur Fahrtrichtung eingebaut. In dem aus Grauguß hergestellten Motorblock sind die vier Zylinderbuchsen eingelassen. Zwischen den Zylindern fließt die von der Kühlmittelpumpe in Bewegung gehaltene Kühlflüssigkeit.

Der Ölkreislauf besteht aus der Ölpumpe, dem Ölfilter, dem Öldruckschalter, dem Kurzschlußventil und dem Ölüberdruckventil. Das Kurzschlußventil öffnet bei verstopftem Ölfilter, das Ölüberdruckventil bei zu hohem Druck.

Auf dem Motorblock ist der Zylinderkopf aufgeschraubt, dessen obenliegende Nockenwelle die Ventile über Tassenstößel direkt aufstößt. Die Nockenwelle wird durch einen Zahnriemen angetrieben.

Der Zylinderkopf läßt sich auch bei eingebautem Motor abnehmen. An den Zylinderkopf sind der Abgas- und Ansaugkrümmer angeschraubt. Je nach Motorleistung kommt ein Registervergaser oder eine Einspritzanlage für die Gemischaufbereitung zum Einsatz.

Achtung: In den ersten Produktionswochen wurden ausschließlich SCIROCCO mit 75-PS-Motor ausgeliefert. Sämtliche Instandsetzungsarbeiten und Einstelldaten gelten uneingeschränkt auch für diesen Motor. Allerdings muß dieses Modell unbedingt mit Superbenzin gefahren werden.

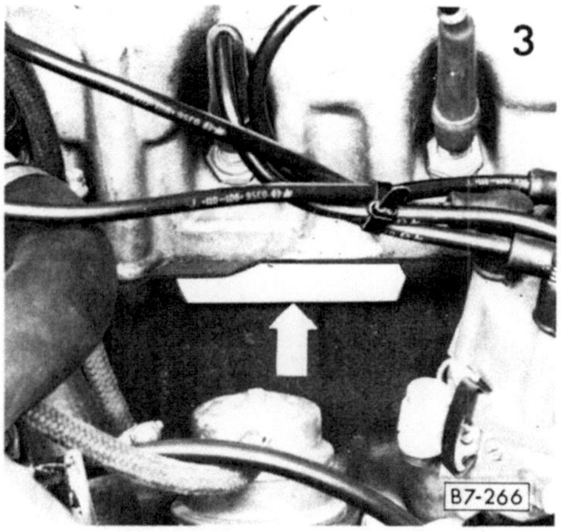

● Motornummer und Kennbuchstabe sind im Motorblock (siehe Pfeil) eingeschlagen.

● Die Fahrgestellnummer befindet sich oben in der rechten Federbeinaufnahme. Die Fahrgestellnummer schlüsselt sich folgendermaßen auf:

17	9	2100103
Typ/Modell	Modelljahr	Lfd. Nr.

Seit August 1980

● Seit August 1980 hat die Fahrgestellnummer 17 Stellen. Dabei weist die zehnte Stelle auf das Baujahr hin, und zwar beginnt das Modelljahr 1980 mit dem Buchstaben A, B = 1981, C = 1982 usw. Die Stellen 7 und 8 geben Aufschluß über die Typenkurzbezeichnung.

W	V	W	Z	Z	Z	1	7	Z	B	W	1	2	3	4	5	6
	①			②		③		④	⑤	⑥			⑦			

① 1–3 = Welt-Herstellerzeichen WVW = VW AG
② 4–6 = Füllzeichen, außer USA
③ 7+8 = 2stellige Typen-Kurzbezeichnung aus den ersten beiden Stellen der offiziellen Typenbezeichnung.
17 = GOLF, 16 = JETTA, 53 = SCIROCCO, 14 = CADDY
④ 9 = Weitere Füllzeichen
⑤ 10 = Angabe der Bau-Modelljahre A-1980, B-1981 usw.
⑥ 11 = Produktionsstätten innerhalb des Konzerns, W-Wolfsburg, E-Hannover, E-Emden, A-Ingolstadt, N-Neckarsulm, K-Osnabrück, B-Brüssel
⑦ 12–17 = Laufende Numerierung, in jedem Modelljahr mit 000001 beginnend.

Motor aus- und einbauen

Der Motor wird nach oben ausgebaut. Zum Ausbau wird in den Werkstätten ein Kran benutzt. Allerdings dürfte dieser den wenigsten Heimwerkern zur Verfügung stehen. Zwei bis drei starke Männer können jedoch den Motor auch nach oben herausheben. In keinem Fall darf der Motor mit einem Rangierheber nach unten abgesenkt werden, da der Heber am Motor schwere Schäden verursachen würde. Da auch auf der Wagenunterseite einige Verbindungen gelöst werden müssen, werden 4 Unterstellböcke sowie zum Aufbocken des Fahrzeugs ein Rangierheber benötigt. Vor jeder Montage im Motorraum sollten die Kotflügel mit Decken geschützt werden. Die vordere Haube muß beim Motorausbau nicht abgenommen werden.

Die Beschreibung gilt für Fahrzeuge mit Vergasermotor. Es ist grundsätzlich sinnvoll, wenn ein Kran zur Verfügung steht, den Motor komplett mit dem Getriebe auszubauen. Vor dem Motorausbau deshalb auch das Kapitel „Getriebe“ durchlesen.

Achtung: Wird nur der Motor ausgebaut, ist bis November 1978 bei Fahrzeugen mit Schaltgetriebe das Schwungrad in eine bestimmte Stellung zu drehen, siehe Seite 16.

Ausbau

- Masseband an der Batterie abklemmen.
- **Fahrzeuge mit Scheibenwaschbehälter vorn rechts im Motorraum:** Behälter mit Pumpe aus der Halterung nehmen und im Wasserkasten ablegen.
- Luftfilter ausbauen und Vergaser abdecken, siehe Seite 80.
- Bei Fahrzeugen mit Doppelscheinwerfer: Verschlußkappen für Scheinwerfer ausbauen.

- Kühlmittel über Kühlmittelschläuche –1– ablassen und auffangen. Regulierventil für Heizung geöffnet.

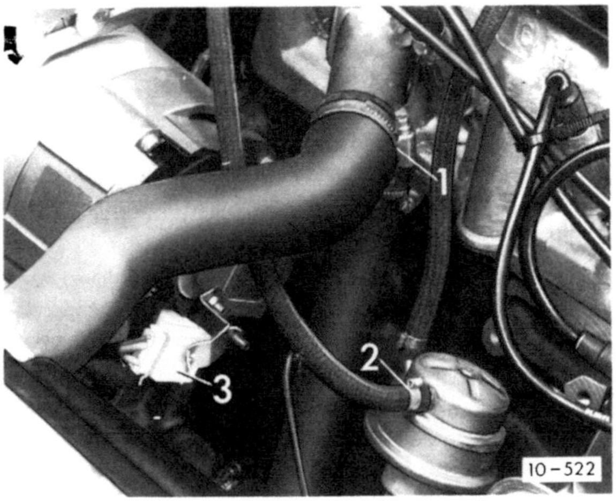

- Kühlmittelschlauch –1– vom Anschlußstutzen Zylinderkopf abziehen.
- Elektrische Leitungen vom Thermoschalter für Lüfter für Kühler und Lüfter abziehen.
- Kühler am Gummimetallager lösen und komplett mit Luftführung ausbauen.
- Fahrzeuge mit Klimaanlage: Kompressor und Kühlmittelkondensator abschrauben und seitlich ablegen. **Achtung: Der Kältemittelkreislauf der Klimaanlage darf nicht geöffnet werden.**
- Kraftstoffleitung –2– von der Kraftstoffpumpe abziehen.
- Stecker –3– vom Drehstromgenerator abziehen.

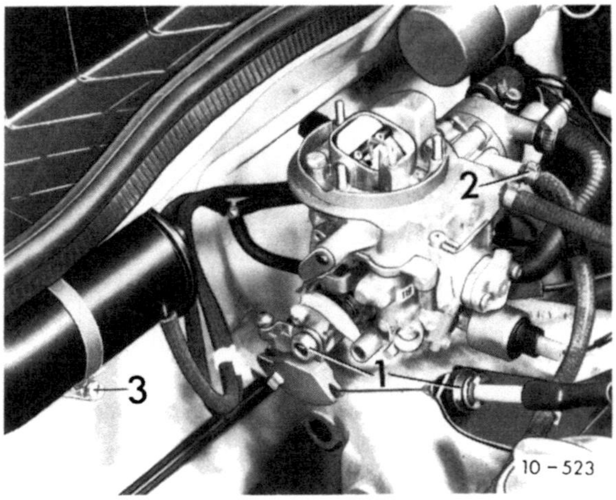

- Gaszug –1– am Vergaser und Widerlager aushängen (Steckraste nicht entfernen).
- Kraftstoffrücklaufleitung –2– am Vergaser abziehen.
- Unterdruckbehälter –3– abschrauben und auf dem Motor ablegen.
- Bei E-Getriebe Stecker vom Getriebe abziehen.

Bei automatischem Getriebe

- *Halter für Gaszug am Vergaser bzw. am Zylinderkopf ausbauen, dabei* **Einstellung des Zuges nicht verändern.**

- Folgende elektrische Leitungen abziehen bzw. Steckverbindungen trennen:

  1 – Zündverteiler Klemme 1 und 4 (Hochspannungsleitung), 2 – Geber für Temperaturanzeige, 3 – Öldruckschalter, 4 – Thermoschalter für Ansaugrohrvorwärmung, 5 – Ansaugrohrvorwärmung, 6 – Stromversorgung Klemme 15.

Achtung: Um das Wiederaufstecken der Leitungen zu vereinfachen, vor dem Abziehen Leitungen mit farbigem Tesaband kennzeichnen und beschriften. Die Leitungen können allerdings auch nach dem Stromlaufplan angeschlossen werden.

- Kühlmittelschläuche –7– für Heizung abziehen.
- Unterdruckschlauch –8– für Bremskraftverstärker am Ansaugrohr abziehen.
- Antriebswelle für Geschwindigkeitsmesser ausbauen (Bohrung im Getriebe verschließen).
- Unterdruckleitung vom Stutzen am Unterdruckschlauch –8– abziehen.

Der Motor kann auch allein ausgebaut werden. In diesem Fall muß das Getriebe abgestützt werden. Dazu vor dem Ausbau des Motors Getriebe mit Wagenheber leicht vorspannen. **Achtung:** In jedem Fall geeignete Holzunterlage unter das Getriebe legen.

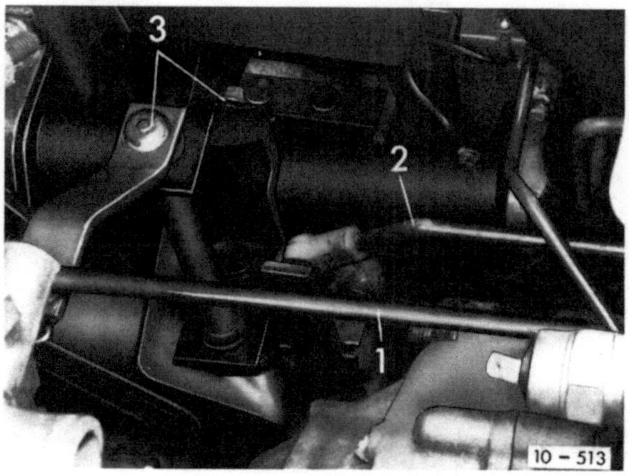

- Verbindungsstange –1– und Wählstange –2– am Getriebe aushängen.
- Befestigungsmutter für Umlenkhebel –3– an der Lenkung lösen.

Bei automatischem Getriebe:

- *Wählhebel in Stellung „P" bringen.*

- *Wählhebelseilzug –1– abklemmen.*
- *Gaszug –2– und Gaspedalzug –3– aushängen.*
- *Halter –4– ausbauen.*

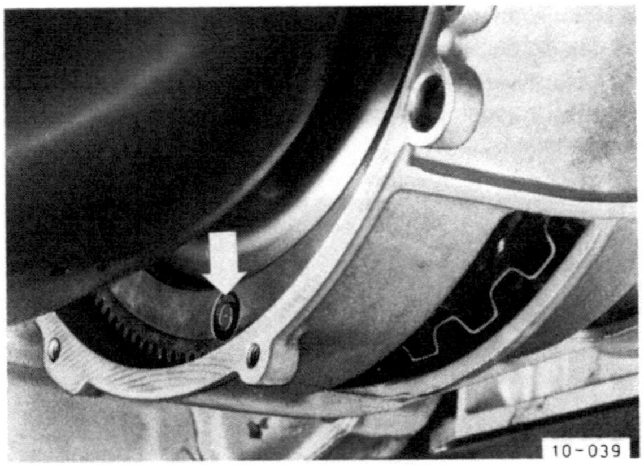

- *Drehmomentwandler von der Mitnehmerscheibe abschrauben (3 Schrauben).*

- Befestigungsmutter –1– lösen und Umlenkhebel mit Verbindungsstange ausbauen.
- Getriebeträger –2– hinten ausbauen.
- Gelenkwellen –3– am Getriebe abschrauben und mit Drahthaken am Aufbau aufhängen.
- Abgasrohr vorn –4– am Abgaskrümmer lösen. Abgasanlagen mit Motor- und Getriebeabstützungen: Stützen ausbauen.
- Zündkerzenstecker von der Zündkerze Zylinder 1 abziehen.

- Aufhängevorrichtung wie folgt einhängen und mit Werkstattkran anheben. (Falls erforderlich: Stütze für Drehstromgenerator am Zylinderkopf lösen). Riemenscheibenseite: 4. Bohrung der Lochschiene in Position 1; Schwungradseite: 2. Bohrung der Lochschiene in Position 6.

Achtung: An den Absteckstiften Sicherungsstifte verwenden.

- Falls kein Kran zur Verfügung steht, Kette am Motor befestigen, geeignetes Rohr durch die Kette schieben, Motor leicht vorspannen, Rohr auf Böcken lagern.

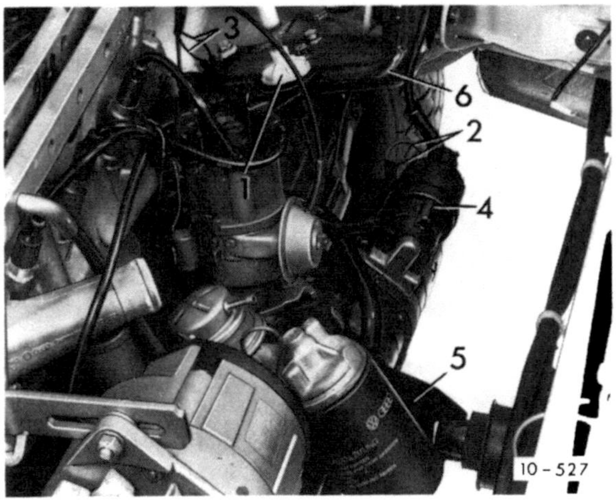

- Kupplungsseil –1– aushängen.
- Elektrische Leitungen –2– vom Anlasser und vom Rückfahrscheinwerfer –3– abklemmen.
- Anlasser –4– und Drehmomentstütze –5– ausbauen.
- Getriebeträger links –6– ausbauen.
- Motorträger rechts am Aufbau lösen.

- Durch leichtes Drehen Motor vorsichtig nach oben ausbauen.

Achtung: Der Motor muß beim Herausheben sorgfältig geführt werden, um Beschädigungen am Aufbau bzw. Motor zu vermeiden.

Bei Fahrzeugen mit 1 B 3-Vergaser ist besonders darauf zu achten, daß die Pulldown-Dose nicht mit dem Aufbau in Berührung kommt (Bruchgefahr).

Einbau

- Motor und Getriebe mit Werkstattkran absenken.
- Linken Getriebeträger zuerst am Getriebe festschrauben. Dann Motor- und Getriebeträger am Aufbau anheften, ausrichten und anschließend Schrauben festziehen.

- Hinteres Getriebelager ausrichten.

- Motor/Getriebe auf Mittellage ausrichten.

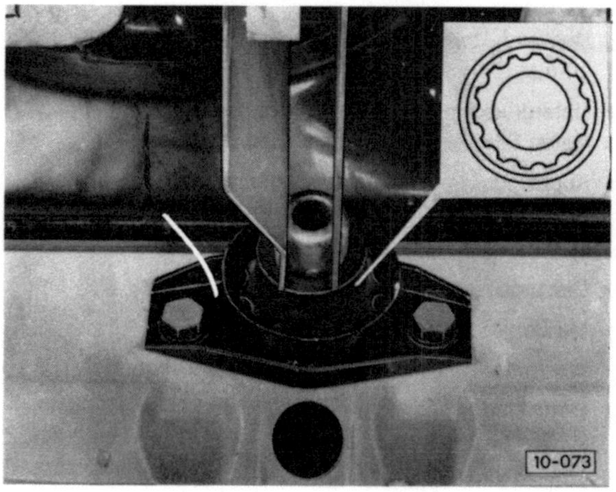

- Drehmomentstütze auf Mittellage ausrichten.

Anzugsdrehmomente: Motor an Getriebe M 10: 45 Nm, M 12: 75 Nm, Gelenkwellen an Flansch 45 Nm, Befestigungsschrauben M 10 an Aufbau 40 Nm. Mit M 10 bzw. M 12 ist jeweils der Schraubendurchmesser gemeint.

Achtung: Wird nur der Motor eingebaut, ist bis November '78 bei Fahrzeugen mit Schaltgetriebe das Schwungrad in eine bestimmte Stellung zu drehen, siehe Seite 16.

- Kraftstoffschläuche an Kraftstoffpumpe und Vergaser aufschieben und mit Schelle sichern.

- Neue Dichtung für die Abgasanlage verwenden, Abgasanlage spannungsfrei einbauen, siehe Seite 101.
- Kühler einbauen.
- Sämtliche Kühlmittelschläuche aufschieben und mit Schellen befestigen, Kühlmittel auffüllen, siehe Seite 41.
- Bei Klimaanlage: Kompressor und Kühlmittelkondensator einbauen, Keilriemen auflegen und spannen, siehe Seite 193.
- Antriebswelle für Geschwindigkeitsmesser anbauen.
- Anlasser einbauen, siehe Seite 195.
- Elektrische Leitungen entsprechend der Markierung aufschieben.
- Bei E-Getriebe Stecker auf Getriebe aufschieben.
- Verbindungsstange und Wählstange am Getriebe einhängen, siehe Seite 112.
- Vergaserzug anbringen und einstellen.
- Unterdruckbehälter –3– anschrauben, siehe Abbildung 10-523.
- Unterdruckschlauch –8– für Bremsservo montieren. Auf festen Sitz der Schelle achten, siehe Abbildung 10-524.
- Kupplungsseil einhängen, Kupplung einstellen, siehe Seite 106.
- Luftfilter montieren, siehe Seite 80.
- Ölstand im Motor kontrollieren.
- *Masseband für Batterie montieren.*
- Wo vorhanden, Totpunktmarkengeber einbauen.
- Motor starten und Dichtigkeit der Kraftstoff- und Kühlmittelschläuche prüfen.
- Leerlaufeinstellung überprüfen.
- Zündzeitpunkt überprüfen, siehe Seite 204.
- Nach Erreichen der Betriebstemperatur Kühlmittelstand prüfen und ggf. ergänzen.

Bei Fahrzeugen mit Getriebeautomatik beachten:

- Drehmomentwandler an Mitnehmerscheibe mit 30 Nm anschrauben.
- Halter für Gaszug einbauen.
- Wählhebel montieren, siehe Seite 13.
- Gaszug montieren, siehe Seite 115.

Motor vom Getriebe trennen

Abbauen

- Totpunktmarkengeber mit abgesägtem VW-Kerzenschlüssel 311 021 205 A herausschrauben bzw. Schutzkappe (wo vorhanden) herausziehen.

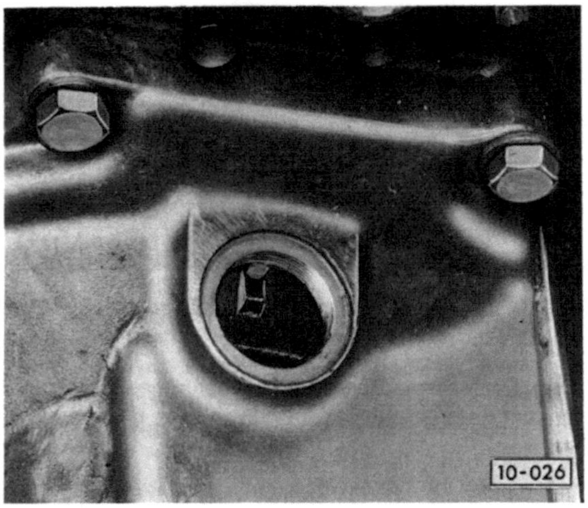

- Schwungrad bis zur Markierung drehen (siehe Abbildung). **Achtung:** Nicht mit Markierungen für den Totpunktmarkengeber verwechseln. **Nur in der im Bild gezeigten Schwungradstellung ist eine Trennung von Motor und Getriebe möglich.** Seit 9.74 befindet sich anstelle der in der Abbildung gezeigten Nase (33° vor OT) eine Vertiefung (76° vor OT). Seit November '78 ist die Markierung entfallen, der Motor läßt sich in jeder Stellung vom Getriebe trennen.

- Abdeckblech (Pfeil) am Gelenkwellenflansch ausbauen.
- Befestigungsschrauben Motor/Getriebe und Abdeckblech vom Getriebegehäuse abschrauben.

Anbauen

- Fahrzeuge bis 10.78: Beim Anflanschen Motor/Getriebe ist das Schwungrad so zu drehen, daß die Ausnehmung am Schwungrad in Höhe des Gelenkflansches steht.

Keilriementrieb/Zahnriementrieb

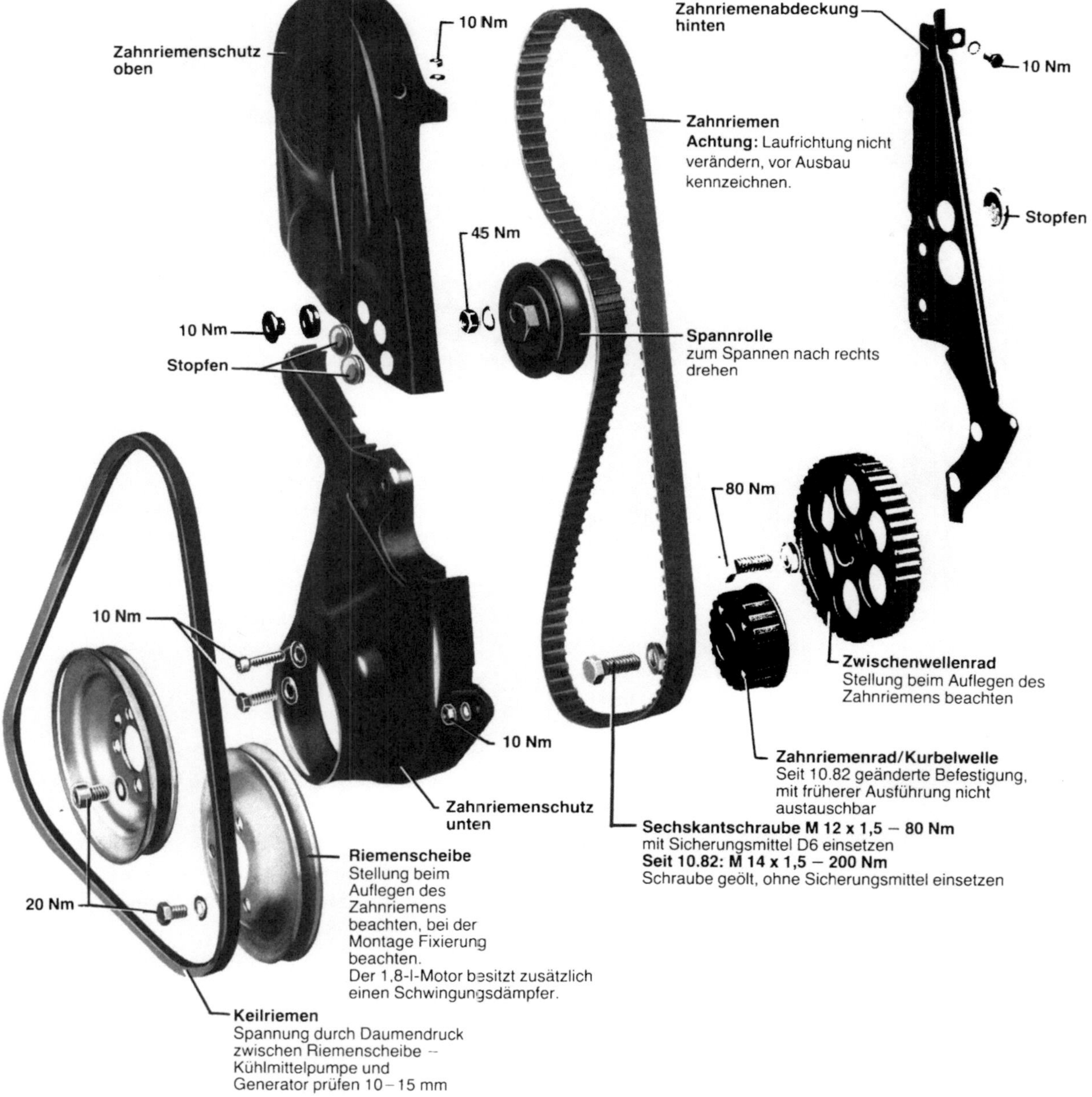

Zahnriemen aus- und einbauen

- Keilriemen ausbauen, siehe Seite 192.
- Unten am Motorblock beide Keilriemenscheiben ausbauen.
- Zahnriemenschutz oben ausbauen.
- Kurbelwelle auf OT 1. Zylinder stellen, siehe Seite 201.
- Klemmschraube für Zahnriemen-Spanner lösen, Spannrolle nach links drehen, Zahnriemen abnehmen.

Einbau

- Zahnriemen auf Kurbelwellen- und Zwischenwellenrad auflegen.
- Linke Keilriemenscheibe für Kurbelwelle mit einer Schraube befestigen. **Achtung:** Die Keilriemenscheibe wird durch eine Bohrung exakt fixiert.

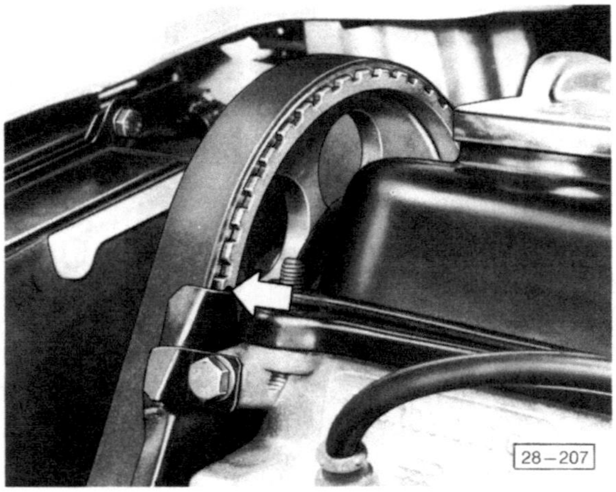

- Nockenwelle drehen, bis die Markierung auf dem Nockenwellenrad –Pfeil– mit der Oberkante des Abdeckbleches beziehungsweise des Zylinderkopfdeckels übereinstimmt.

  110/112 PS-Motor: Beim Drehen der Nockenwelle darf der Kolben **nicht** auf OT stehen. Riemenscheibe der Kurbelwelle daher so verdrehen, daß die Markierung auf der Riemenscheibe ca. 90° (1/4 Umdrehung) vor oder nach OT steht (Markierung Zwischenwellenrad, Abb. 13-587). Dabei Riemenscheibe jedoch insgesamt nicht weiter als 90° verdrehen. **Achtung:** Dieser Hinweis gilt auch für den 1,6-l/75-PS-Motor seit 8.83.

- Markierung an Keilriemenscheibe und Markierung am Zwischenwellenrad auf Übereinstimmung bringen (OT-Zylinder 1).
- Zahnriemen auflegen.

Achtung: Beim Auflegen des Zahnriemens darf weder die Nockenwellenstellung noch die der Riemenscheibe an der Kurbelwelle verändert werden. Sonst können schwerwiegende Schäden am Motor entstehen beziehungsweise der Motor gibt nicht mehr seine volle Leistung ab. Nachdem der Zahnriemen gespannt wurde, empfiehlt es sich, die Einstellung von Nockenwelle und Riemenscheibe nochmals zu kontrollieren. Das bedeutet: Wenn die Markierung auf dem Nockenwellenrad mit der Bezugsmarke übereinstimmt, muß gleichzeitig die Markierung auf der Riemenscheibe an der Kurbelwelle mit der entsprechenden Bezugsmarke übereinstimmen. Andernfalls ist die Einstellung von Nockenwellenrad und Riemenscheibe bei abgenommenem Zahnriemen zu wiederholen.

- Zahnriemen spannen, siehe Seite 19.
- Kurbelwelle zweimal durchdrehen und Einstellung überprüfen.
- Keilriemenscheibe für Kurbelwelle ausbauen.
- Zahnriemenschutz unten einbauen.
- Keilriemenscheibe und Keilriemen einbauen. Keilriemen spannen, siehe Seite 192.
- Zündzeitpunkt prüfen, ggf. einstellen, siehe Seite 204.

Achtung: Bei Reparaturen, die das Abnehmen des Zahnriemens nur vom Nockenwellenrad erfordern, ist die Zahnriemeneinstellung wie folgt vorzunehmen:

- Kurbelwelle auf OT-Zylinder stellen, siehe Seite 201.
- Markierung an Nockenwellenrad muß mit Zylinderkopfdeckel übereinstimmen, siehe Seite 18.
- Zahnriemen auflegen und spannen, siehe Seite 19.
- Prüfen, ob Verteilerläufer zur Markierung für Zylinder 1 am Verteilergehäuse zeigt. Sollte das nicht der Fall sein, ist der Zündverteiler so weit zu drehen, bis die Markierungen übereinstimmen, ggf. Zündverteiler neu einsetzen, siehe Seite 201.
- Kurbelwelle zweimal durchdrehen und prüfen, ob Nockenwellen- und Kurbelwellenmarkierung mit ihren Bezugspunkten übereinstimmen.
- Zündzeitpunkt prüfen, ggf. einstellen, siehe Seite 204.

Zahnriemen entspannen/spannen

- Oberen Zahnriemenschutz ausbauen.

15-346

- Spannrolle mit Maulschlüssel halten, Klemmschraube für Spannrolle mit Maulschlüssel lösen.
- Spannrolle nach links drehen: entspannen; Spannrolle nach rechts drehen: spannen.

13-081

- Spannrolle nach rechts drehen und Zahnriemen spannen.
- Der Zahnriemen muß sich mittig zwischen Nockenwellenrad und Zwischenwellenrad mit Daumen und Zeigefinger gerade noch um 90° verdrehen lassen.
- Klemmutter an der Spannrolle festziehen.
- Zahnriemenschutz einbauen.
- Motor laufen lassen. Ein pfeifender Zahnriemen ist in der Regel zu stark gespannt.

Nockenwelle/Ventiltrieb

Lagerdeckel probeweise aufsetzen und auf Mittenversatz der Bohrung achten. Die Lagerdeckel müssen so aufgesetzt werden, daß die Bohrungen von Lagerdeckel und Zylinderkopf übereinstimmen. Auf Markierung der Lagerdeckel achten.

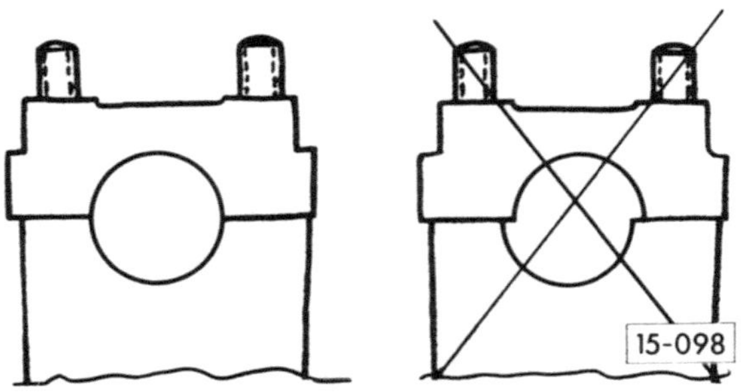

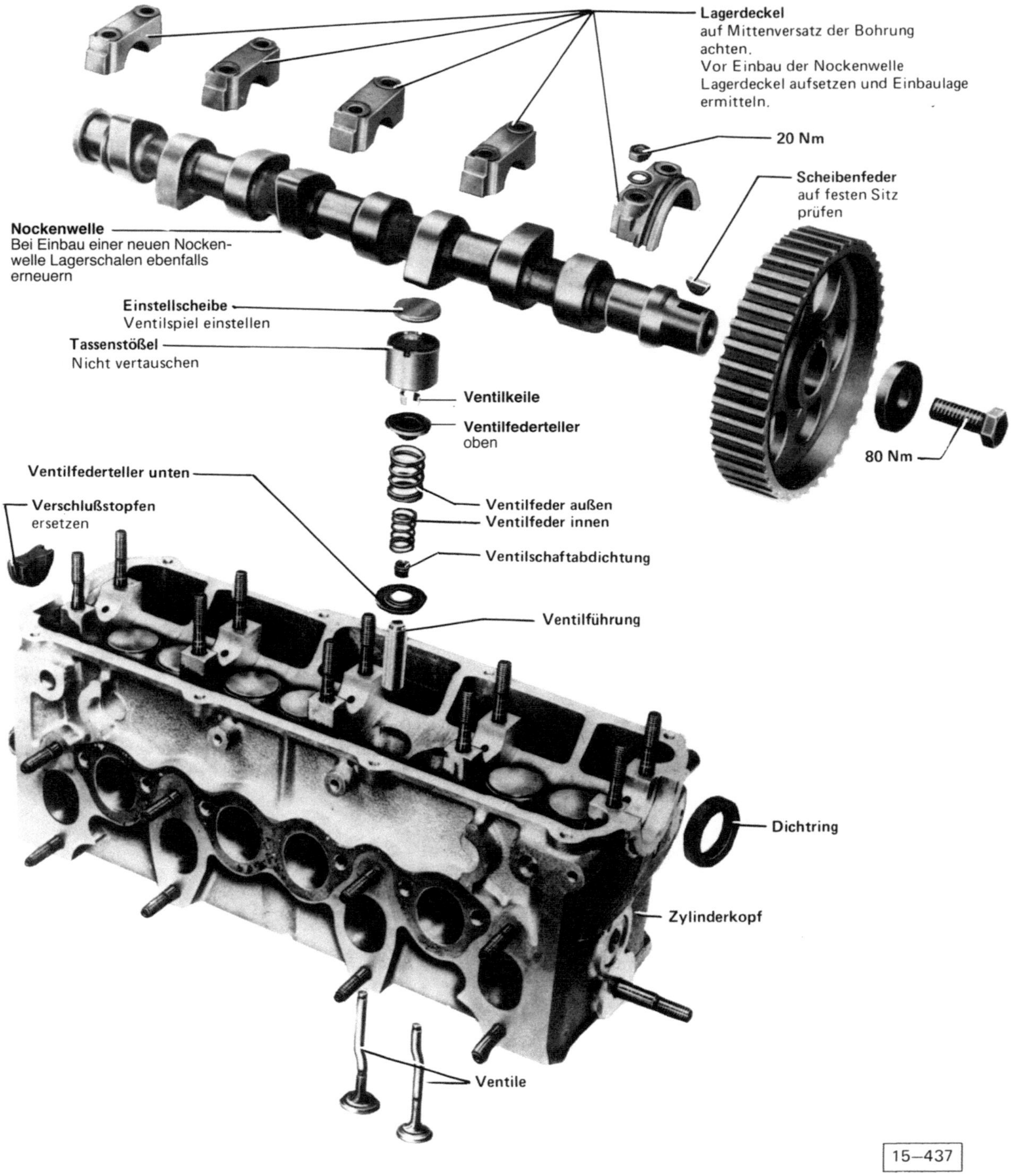

Nockenwelle aus- und einbauen

Ausbau

- Luftfilter ausbauen, siehe Seite 80.
- Zahnriemenschutz oben ausbauen, siehe Seite 17.
- Zylinderkopfdeckel ausbauen.

Achtung: Zum Ausbau des Zylinderkopfdeckels muß vorher der Zahnriemenschutz oben bei vollverkapseltem Zahnriemenschutz ausgebaut werden. Hierzu Innensechskant-Bundmutter abschrauben und Oberteil etwas anheben.

- Kurbelwelle auf OT Zylinder 1 stellen, siehe Seite 201.
- Motorstellung nicht mehr verändern.
- Zahnriemen entspannen und nur oben vom Nockenwellenrad abnehmen, siehe Seite 19.
- Nockenwellenrad von vorn mit einem Dorn arretieren, Nokkenwellenrad abschrauben. Scheibenfeder für Nockenwelle entfernen.

15-017

- Lagerdeckel mit 1, 2, 3 usw. kennzeichnen, siehe Abbildung.
- Lagerdeckel 1, 3 und 5 ausbauen. Dann Lagerdeckel 2 und 4 abwechselnd über Kreuz lösen.
- Nockenwelle herausnehmen.

Achtung: Falls die Einstellscheiben für Ventilspiel und die Tassenstößel herausgenommen werden, diese kennzeichnen, damit sie am alten Platz wieder eingesetzt werden können.

Einbau

Achtung: Austausch-Zylinderköpfe werden mit Lagerschalen für die Nockenwelle geliefert. Hierbei gibt es zwei verschiedene Ausführungen: Zylinderkopf mit nachgearbeiteter Nockenwellenlagerung unter Verwendung einer Normalmaß-Nockenwelle (26,00 mm ∅) und Lagerschalen (ET-Nr. 056 103 652). Zylinderkopf mit nachgearbeiteter Nockenwellenlagerung sowie einer Nockenwelle mit Untermaß-Lagerzapfen und Lagerschalen ET-Nr. 056 103 651 (Untermaß-Nockenwelle 25,75 mm ∅).

- Vor dem Einbau kann die Nockenwelle gegebenenfalls von einer Werkstatt auf Schlag geprüft werden. Verschleißgrenze: 0,01 mm.
- Wird bei Motoren mit höherer Laufleistung oder Geräuschen im Ventiltrieb die bisherige Nockenwelle wieder eingebaut, ist es zweckmäßig, das Axialspiel prüfen zu lassen. Verschleißgrenze: 0,15 mm. Die Messung erfolgt bei ausgebauten Tassenstößeln und montierten Lagerdeckeln 1 und 5.
- Neuen Dichtring für Nockenwelle einbauen.
- Verschlußstopfen bei Beschädigungen erneuern.
- Lagerdeckel probeweise aufsetzen und auf Mittenversatz achten, siehe Seite 20.

15-132

- Falls die Tassenstößel herausgenommen waren, Tassenstößel entsprechend der Markierung an gleicher Stelle wieder einsetzen. Tassenstößel leicht einölen und beim Einsetzen nicht verkanten.

Achtung: Die Tassenstößel dürfen nicht vertauscht werden.

- Falls die Ventileinstellscheiben herausgenommen waren, einölen und an gleicher Stelle einsetzen. Auf Markierung achten.

Achtung: Die Beschriftung auf den Einstellscheiben zeigt nach unten.

- Nockenwelle einölen und einsetzen. Lagerdeckel entsprechend der Markierung einsetzen. Auf Mittenversatz achten! Lagerdeckel 1, 3 und 5 abwechselnd über Kreuz mit Drehmomentschlüssel anziehen. Anzugsmoment **20 Nm**.
- Lagerdeckel 2 und 4 einbauen und mit **20 Nm** festziehen.
- Scheibenfeder für Nockenwellenrad einsetzen, Nockenwellenrad aufsetzen und mit **80 Nm** festziehen. Nockenwellenrad mit Dorn arretieren.

Achtung: Bei Einbau einer neuen Nockenwelle Ventilspiel – kalt – prüfen und gegebenenfalls einstellen. Zum Einstellen nur die Nockenwelle am Nockenwellenrad verdrehen.

- Zahnriemen auf Nockenwellenrad auflegen. Auf richtige Stellung von Zwischenwelle und Keilriemenscheibe achten, siehe Seite 18.
- Zahnriemen spannen, siehe Seite 19.
- Neue Deckeldichtungen für Zylinderkopfdeckel verwenden, Schrauben für Zylinderkopfdeckel vorsichtig mit 10 Nm festziehen.
- Zahnriemenschutz einbauen.
- Luftfilter anbauen, siehe Seite 80.

Der Zylinderkopf

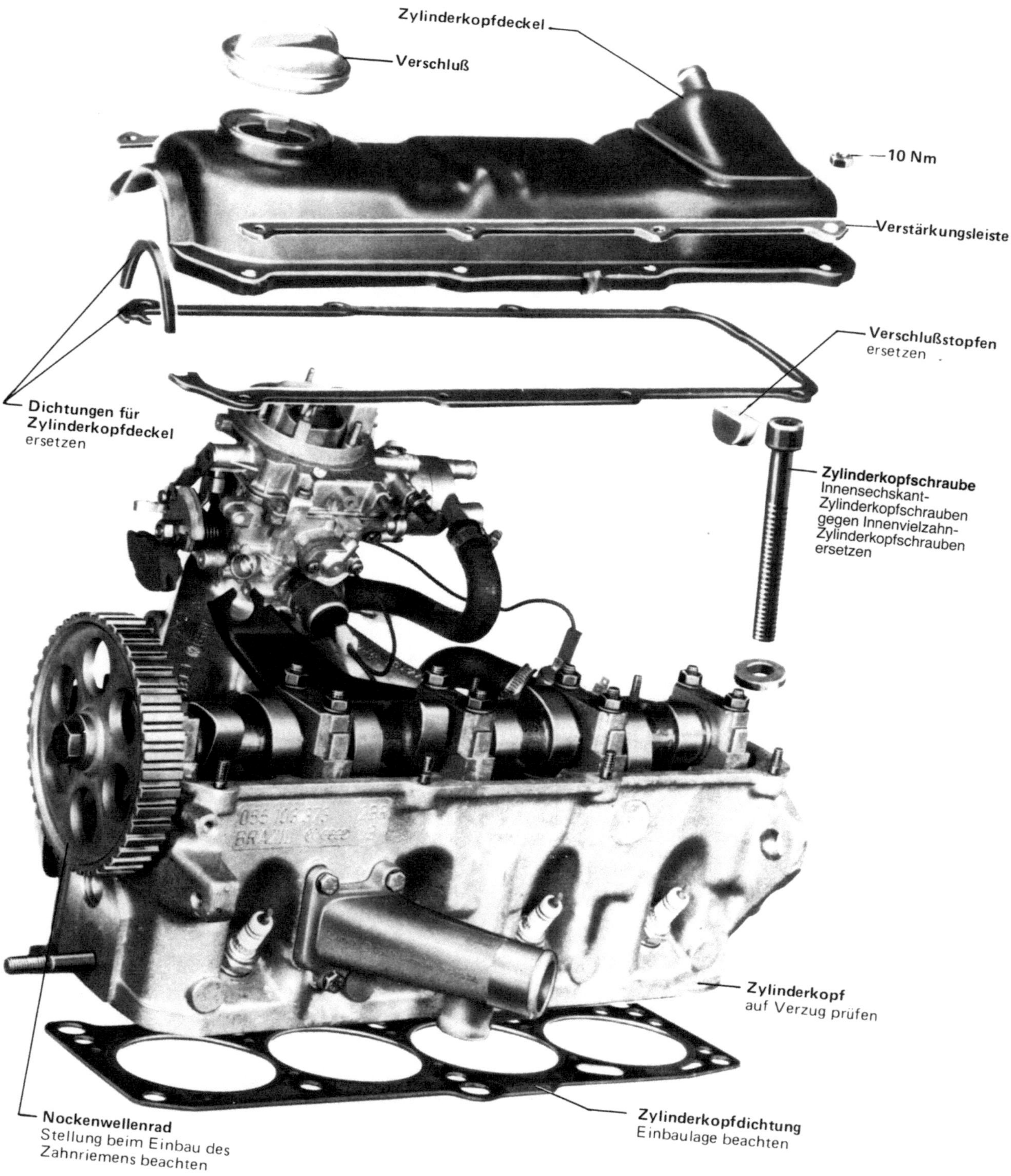

15-459

Zylinderkopf aus- und einbauen

Ausbau

Der Zylinderkopf kann auch bei eingebautem Motor ausgebaut werden.

Eine defekte Zylinderkopfdichtung macht sich durch Leistungsverlust, Kühlflüssigkeitsverlust oder Kühlflüssigkeit im Motoröl bemerkbar. Außerdem erkennt man eine defekte Zylinderkopfdichtung an Bläschenbildung der Kühlflüssigkeit. Hierzu Verschlußdeckel für Kühlerausgleichsbehälter abnehmen und Motor starten. Wenn die Kühlflüssigkeit stark sprudelt, ist das ein Hinweis auf eine defekte Zylinderkopfdichtung.

- Batterie-Masseband abklemmen.
- Kühlmittel ablassen, siehe Seite 41.
- Luftfilter ausbauen, siehe Seite 80.
- Generatorstütze am Zylinderkopf abschrauben.
- Wasserschläuche am Zylinderkopf und am Vergaser abnehmen.
- Vergaserzug abklemmen.
- Schlauch für Bremsservo abnehmen.
- Kraftstoffleitung am Vergaser abziehen.
- Elektrische Leitungen am Vergaser kennzeichnen und abziehen.
- Wärmeführungsblech am Krümmer abschrauben.
- Abgasrohr am Abgaskrümmer abbauen, siehe Seite 102.
- Schutzhaube für Zahnriemen ausbauen, siehe Seite 17.
- Spannrolle lösen und Zahnriemen oben von der Nockenwelle abnehmen, siehe Seite 19.
- Elektrische Leitungen von Öldruckschalter und Temperaturgeber kennzeichnen und abziehen.
- Zündkerzenstecker abziehen.
- Unterdruckschlauch für Zündverteiler am Vergaser abziehen.
- Zylinderkopfhaube ausbauen, siehe Seite 22.
- Befestigungsschelle für Kühlmittelrohr am Zylinderkopf abschrauben.
- Zylinderkopfschrauben herausdrehen.

Achtung: Die Schrauben müssen entgegen ihrer Numerierung (von 10 nach 1) gelöst werden.

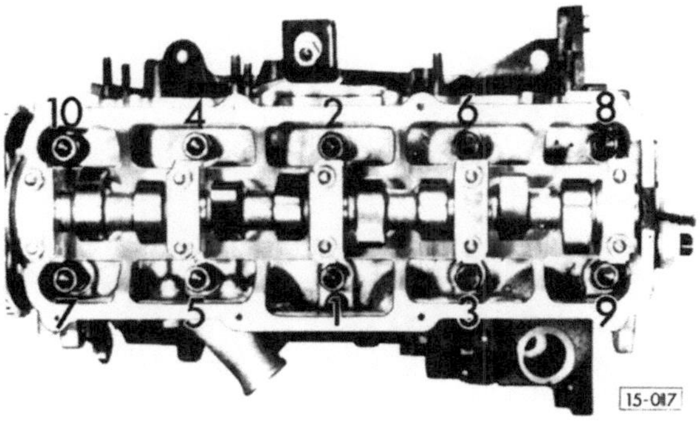

- Zylinderkopf und Zylinderkopfdichtung abnehmen.

Einbau

Vor dem Einbau Zylinderkopf von Dichtungsresten freimachen und auf Beschädigungen beziehungsweise auf Verzug prüfen. **Achtung:** Sind noch Innensechskantschrauben für den Zylinderkopf im Einsatz, müssen diese in jedem Fall durch **Innenvielzahn-Zylinderkopfschrauben** ersetzt werden.

- Verzug mit Stahllineal und Fühlerblattlehre an verschiedenen Stellen des Zylinderkopfes prüfen. Die zulässigen Unebenheiten dürfen maximal 0,1 mm nicht überschreiten.

- Zylinderköpfe mit Rissen zwischen den Ventilsitzen bzw. dem Ventilsitzring und den ersten Gewindegängen des Zündkerzengewindes können ohne Herabsetzung der Lebensdauer weiterverwendet und überholt werden, wenn der oder die Risse eine Breite von a = max. 0,5 mm nicht überschreiten.

● Zylinderkopfdichtung grundsätzlich ersetzen.

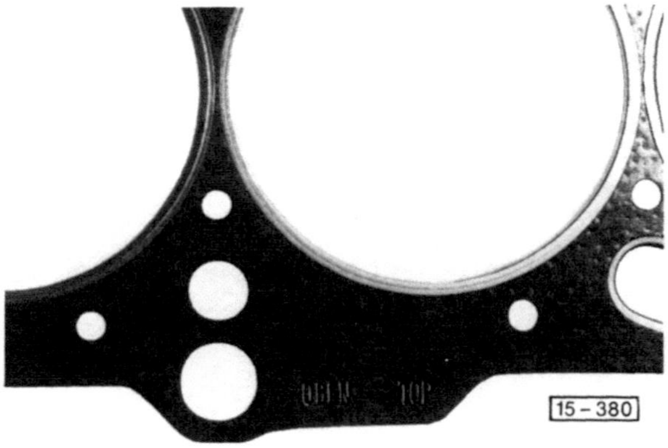

15-380

● Die Aufschrift „oben“ muß zum Zylinderkopf zeigen, Zylinderkopfdichtung ohne Dichtungsmittel auflegen.

A 9319

● Zum Zentrieren des Zylinderkopfes Führungsstifte anfertigen, indem man an zwei alten Zylinderkopfschrauben den Kopf absägt und jeweils eine Nut für den Schraubendreher anbringt.

● Führungsstifte in die Bohrungen 8 und 10 einschrauben.

● Kurbelwelle an der Riemenscheibe so verdrehen, daß alle Kolben ungefähr auf gleicher Höhe stehen.

● Zylinderkopf aufsetzen.

● Die übrigen 8 Zylinderkopfschrauben ansetzen und handfest anziehen.

● Führungsstifte mit Schraubendreher herausschrauben, die restlichen 2 Zylinderkopfschrauben einsetzen und handfest anziehen.

Achtung: Das Anziehen der Zylinderkopfschrauben ist mit größter Sorgfalt durchzuführen. Vor dem Anziehen der Schrauben sollte der Drehmomentschlüssel auf seine Genauigkeit geprüft werden. Die Zylinderkopfschrauben müssen bei kaltem Motor angezogen werden.

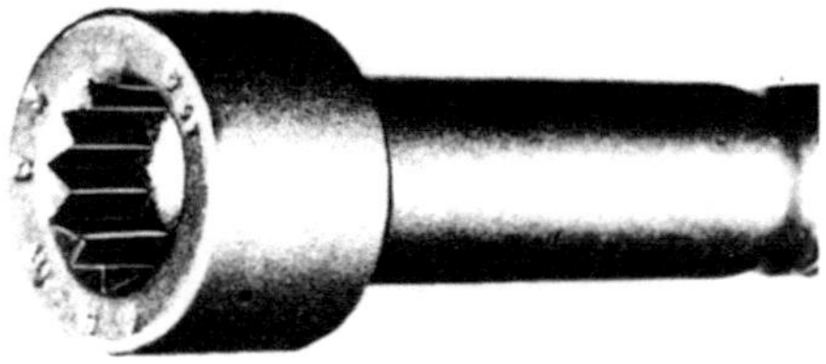

15-291

● Innenvielzahnkopfschrauben **dürfen nicht nachgezogen werden. Auch nach Reparaturen ist das Nachziehen unzulässig.**

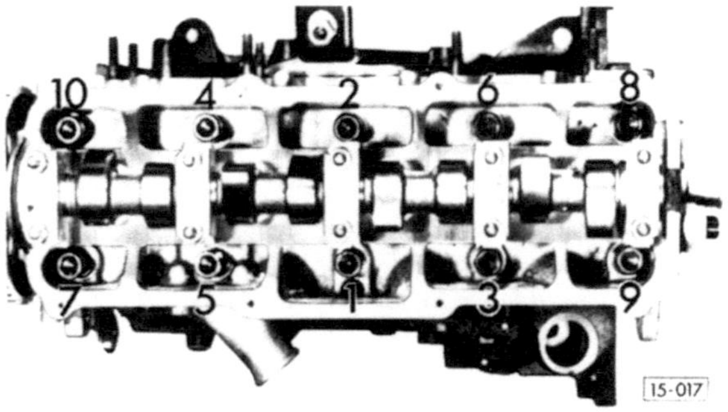

15-017

● Beim Anziehen zuerst Zylinderkopfschrauben der Reihe nach – von 1–10 – mit Drehmomentschlüssel **mit 40 Nm** festziehen. In der **2. Stufe alle Schrauben von 1–10 mit 60 Nm** festziehen. In der **3. Stufe alle Schrauben von 1–10 mit starrem Schlüssel 1/2 Umdrehung (180°) ohne abzusetzen weiterdrehen** (2 x 90° weiterdrehen ist zulässig).

● Zahnriemen montieren, siehe Seite 18.

● Ventilspiel kontrollieren.

Achtung: Beim Einbau eines Austausch-Zylinderkopfes mit montierter Nockenwelle ist das Einstellen des Ventilspiels nicht erforderlich.

● Zylinderkopfhaube aufsetzen, siehe Seite 20.

● Schutzhaube für Zahnriemen einbauen, siehe Seite 17.

● Generatorstütze montieren.

● Keilriemen spannen, siehe Seite 193.

● Abgasrohr am Abgaskrümmer montieren, neue Dichtung verwenden, siehe Seite 102.

● Elektrische Leitungen an Vergaser anschließen, Kraftstoffleitungen aufschieben und mit Schellen sichern.

● Vergaserzug anklemmen und einstellen, siehe unter „Vergaser“.

● Sämtliche Wasserschläuche anbringen und mit Schellen sichern.

● Unterdruckschlauch für Zündverteiler auf Vergaser aufschieben.

● Befestigungsschelle für Kühlmittelrohr an Zylinderkopf anschrauben.

● Wärmeführungsblech für Luftfilter an Krümmer anschrauben.

● Schlauch für Bremsservo aufschieben und mit Schelle sichern.

● Kühlmittel auffüllen, siehe Seite 41.

● Elektrische Leitungen an Temperaturgeber und Öldruckschalter anschließen, Zündkerzenstecker aufschieben.

● Luftfilter anbauen, siehe Seite 80.

● Ölstand im Motor kontrollieren, Batterie-Masseband anklemmen.

● Bei betriebswarmem Motor Kühlflüssigkeitsstand kontrollieren. Kühlmittelschläuche auf Dichtheit prüfen.

● Zündeinstellung überprüfen, siehe Seite 204.

● Leerlaufeinstellung überprüfen.

Ventil aus- und einbauen

Ausbau

- Zylinderkopf ausbauen, siehe Seite 23.

A72/649

Achtung: Werden Teile der Ventilsteuerung wieder verwendet, müssen diese an gleicher Stelle wieder eingebaut werden. Damit keine Verwechselungen vorkommen, empfiehlt es sich, ein entsprechendes Ablagebrett anzufertigen.

- Nockenwelle ausbauen, siehe Seite 20.
- Tassenstößel herausnehmen. Die hydraulischen Tassenstößel des VW CADDY seit 9.85 mit der Nockenwellenseite nach unten ablegen.

- Ventilfedern ausbauen. Hierzu benutzen die Werkstätten ein Spezialwerkzeug (VW 2037). Man kann die Ventilkegelstücke – und damit die Ventile einschließlich der Ventilfedern – auch mit Hilfe einer normalen Ventilfederzange ausbauen. Die Ventilteller lassen sich auch mit Hilfe von zwei Schraubendrehern herunterdrücken. Dann muß in den Brennraum des Zylinderkopfes ein Lappen gelegt werden, damit das Ventil nicht nach unten durchfällt.
- Ventilfedern zusammendrücken und Ventilkegelstücke herausnehmen. Ventilfederteller oben und Ventilfedern abnehmen. Ventil herausziehen.

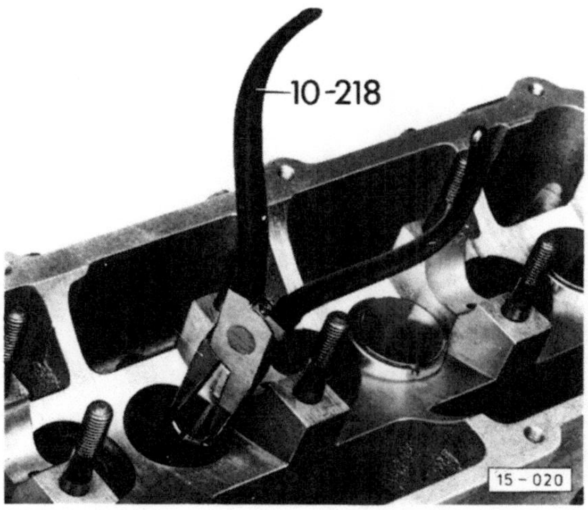

- Ventilschaftabdichtungen herausziehen. Zum Ausbau benutzen die Werkstätten ein Spezialwerkzeug (VW 10-218 oder Hazet 791-5). Werden andere Hilfsmittel benutzt, sind in jedem Fall die Ventilschaftabdichtungen zu erneuern.

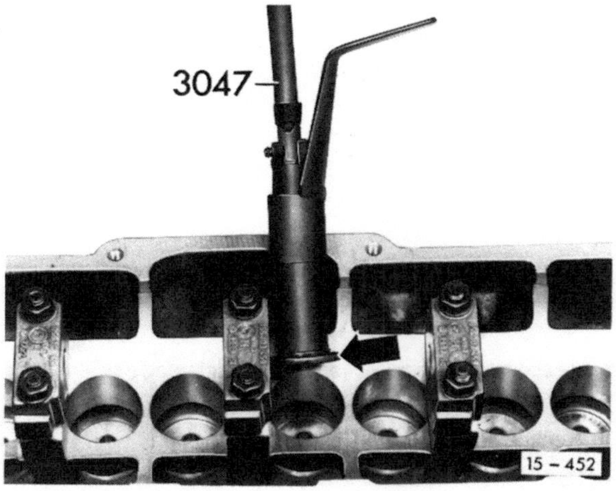

- Ventilfederteller mit Werkzeug VW-3047 oder Hazet-Werkzeug 791-5 ausbauen.

Einbau

Vor Einbau der Ventile Ventilführungen prüfen und eventuell Ventilsitze nacharbeiten bzw. einschleifen, siehe Seite 26.

Achtung: Ventilfederteller sind an der Unterkante der Bohrung für die Kegelstücke vereinzelt sehr scharfkantig. Dadurch können die Ventilschäfte beschädigt werden (Riefen etc.). Beschädigte Ventile sind zu ersetzen, Ventilfederteller vor dem Einbau ggf. zu entgraten.

- Untere Federauflage einsetzen.
- Ventilschaft an den Anlageflächen der Ventilkegelstücke entgraten.
- Aus Sicherheitsgründen Ventilschaftabdichtungen grundsätzlich erneuern.

- Ventilschaft leicht einölen und Ventil einsetzen.

- Kunststoffhülse –A– (wird mit Dichtungen mitgeliefert) auf Ventilschaft stecken. Ventilschaftabdichtung –B– leicht einölen und mit Treibdorn VW-10-204 oder Hazet 2577 vorsichtig auf die Ventilführung schieben. Hülse und Treibdorn abnehmen.

Achtung: Erfolgt die Montage ohne Verwendung der Kunststoffhülse, werden die Ventilschaftabdichtungen beschädigt! Der Motor braucht übermäßig viel Öl!

- Ventilfedern und Ventilteller oben einsetzen. Werden die Ventilfedern ersetzt, Ventilfedern nur paarweise auswechseln.
- Ventilfedern mit Ventilfederzange zusammendrücken und Ventilkegelstücke richtig einsetzen. Ventilfederzange entspannen und nächstes Ventil einsetzen.
- Tassenstößel entsprechend Kennzeichnung einölen und in die alte Bohrung einsetzen.
- Nockenwelle einbauen, siehe Seite 20.
- Zylinderkopfdichtung erneuern, Zylinderkopf einbauen, siehe Seite 26.

Achtung: Seit Mai '81 werden Ventile mit 3 Rillen am Schaft eingebaut. Sie gewährleisten in Verbindung mit einer Änderung des Ventilschaftes, der Ventilkegel und Ventilfederteller, daß die Drehbewegung des Ventils schon bei niedriger Motordrehzahl erfolgt. Im Reparaturfall können 1- und 3-Rillen-Ventile gemischt werden. Dabei ist jedoch darauf zu achten, daß die jeweiligen Ventile nur mit den vorgesehenen Ventilkegeln und Ventilfedertellern eingebaut werden.

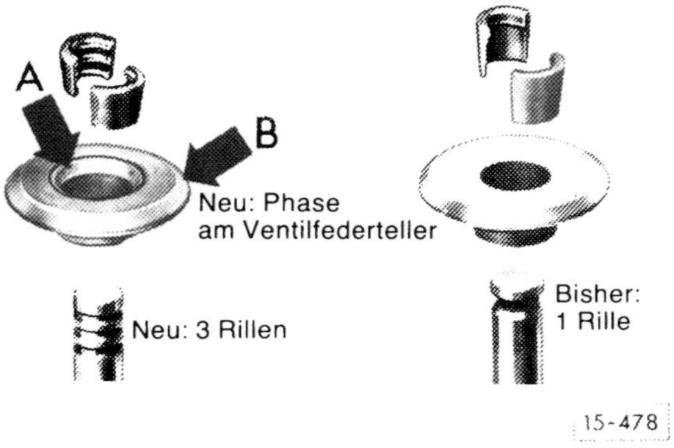

Ventilführungen prüfen

Bei Instandsetzungsarbeiten von Motoren mit undichten Ventilen genügt es nicht, die Ventile und Ventilsitze zu bearbeiten beziehungsweise zu ersetzen. Es ist außerdem dringend erforderlich, die Ventilführungen auf Verschleiß zu prüfen. Besonders wichtig ist die Prüfung an Motoren mit längerer Laufzeit. Ist der Verschleiß zu groß, sind entweder die Ventilführungen zu erneuern (Werkstattarbeit!) oder der Zylinderkopf ist auszutauschen.

- Rückstände an Ventilführungen mit Reinigungsahle entfernen.
- Neues Ventil einsetzen. Ventilschaftende muß mit Führung abschließen.

Achtung: Wegen der unterschiedlichen Schaftdurchmesser nur **Einlaßventil in Einlaßführung** bzw. **Auslaßventil in Auslaßführung** verwenden.

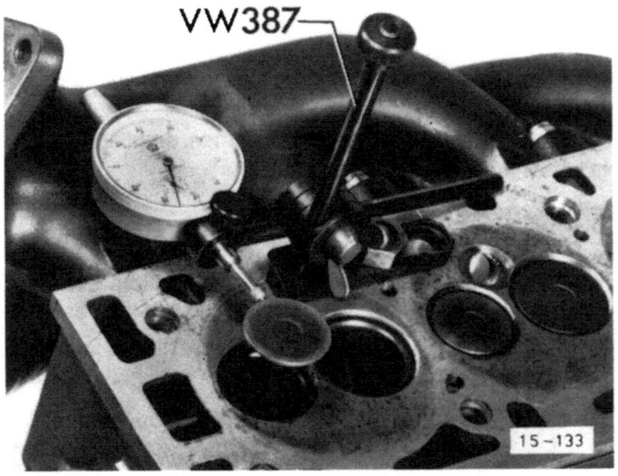

- Kippspiel ermitteln. Hierzu benutzen die VW/AUDI-Werkstätten ein Spezialwerkzeug (VW 387).

	Einlaßventilführung	Auslaßventilführung
Kippspiel max.	1,0 mm	1,3 mm

- Bei zu großem Kippspiel Ventilführungen von Werkstatt erneuern lassen.

Ventilsitz im Zylinderkopf nacharbeiten

Ventilsitze mit Verschleiß- oder Verbrennungsspuren können nachgearbeitet werden, solange die Korrekturwinkel und Sitzbreiten eingehalten werden. Andernfalls muß der Zylinderkopf ersetzt werden. Ventilsitzringe können mit den üblichen Werkstattmitteln erneuert werden (Werkstattarbeit!). Für das Nacharbeiten werden Reibahlen benötigt. Die Arbeiten sollte man von einer Werkstatt durchführen lassen.

Achtung: Auslaßventilsitzringe sind zusätzlich mit einer Verengung versehen. Beim Nacharbeiten ist unbedingt darauf zu achten, daß der Radius der Verengung nicht beschädigt wird.

Bearbeitungswinkel und Sitzbreiten für Ventilsitz

Motor	A = Auslaßventil	E = Einlaßventil
70–85 PS	a = 30,80 mm	d = 33,20 mm
110 PS	a = 30,80 mm	d = 37,20 mm
112 PS	a = 32,40 mm	d = 39,20 mm
Alle Motoren	b = 9,60 mm c = 2,40 mm	e = 9,20 mm f = 2,00 mm

Z – Zylinderkopf-Unterkante
30° – Korrekturwinkel oben
45° – Ventilsitzwinkel

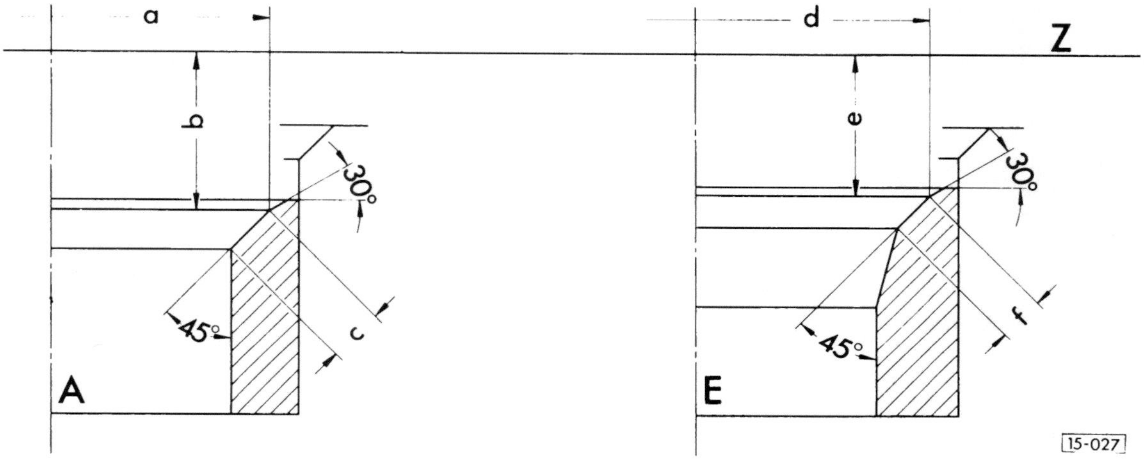

15-027

Ventile nacharbeiten

Alte Einlaßventile können auf einer Drehbank bis zu einem bestimmten Maß nachgearbeitet werden.

Achtung: Auslaßventile dürfen nicht nachgearbeitet werden. Nur das Einschleifen ist zulässig.

Bearbeitungsmaße für Einlaßventil

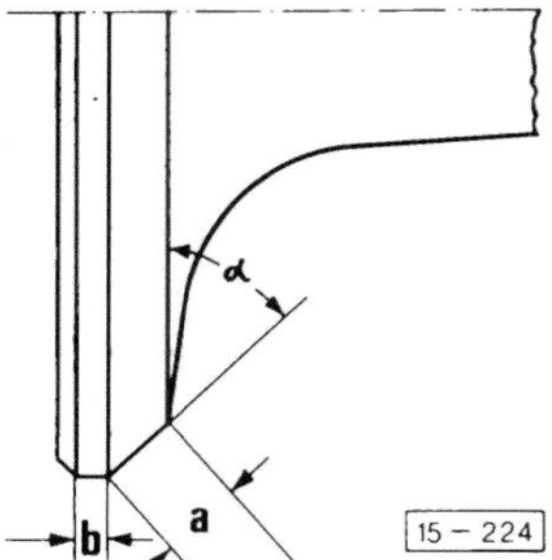

15 – 224

α = 45°
a = max. 3,5 mm
b = min. 0,5 mm

Ventilmaße

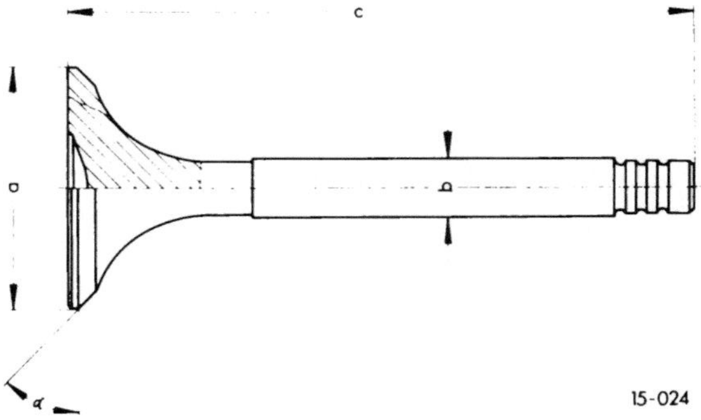

15-024

Motor	A = Auslaßventil	E = Einlaßventil
1,5 l mm ∅	a = 31,00	a = 34,00
1,6 l mm ∅	a = 31,00	a = 38,00
1,8 l mm ∅	a = 33,00	a = 40,00
Alle Motoren mm ∅	b = 7,95	b = 7,97
(Serie) mm	c = 98,50	c = 98,70
(Reparatur) mm	98,00	98,20
–	α = 45°	α = 45°

Ventilsitz einschleifen

Bei einwandfrei bearbeiteten Ventilsitzringen und neuen Ventilen ist das Einschleifen der Ventilsitze im Zylinderkopf nicht unbedingt erforderlich.

- Die Ventile werden mit Schleifpaste eingeschliffen. Für die notwendigen Drehbewegungen wird ein Gummisauger auf den Ventilteller gesetzt. Rillenbildung auf den Sitzflächen beim Einschleifen läßt sich durch häufiges Anheben und gleichmäßiges Weiterdrehen des Ventils während des Schleifvorgangs vermeiden.

Achtung: Die Schleifpaste ist nach dem Einschleifen sorgfältig zu entfernen.

- Geprüft werden kann der Schleifvorgang am Tragbild sowie mit Kraftstoff: Ventil lose einsetzen, Kraftstoff in Brennraum einfüllen. Kraftstoff darf nicht aus der Ventilführung auslaufen. Sonst Schleifvorgang wiederholen.

Wartung am Motor

W

Sichtprüfung auf Ölverlust

Bei ölverschmiertem Motor und hohem Ölverbrauch überprüfen, wo das Öl austritt. Dazu folgende Stellen überprüfen:

- Öleinfülldeckel abschrauben und Dichtung auf Porösität oder Beschädigung prüfen.
- Belüftungsschlauch vom Zylinderkopfdeckel zum Luftfilter auf festen Sitz prüfen.
- Zylinderkopfdeckel-Dichtungen
- Zylinderkopf-Dichtung
- Trennstelle Zündverteilerflansch
- Ölfilterdichtung: Ölfilterflansch an Motorblock sowie Ölfilter an Ölfilterflansch
- Öldruckschalter (Kupferdichtring)
- Ölablaßschraube (Kupferdichtring)
- Ölwannendichtung
- Trennstelle zwischen Motor und Getriebe bzw. Kupplungsabdeckblech (Dichtung an Schwungrad oder Getriebewelle).
- Wellendichtringe für Nockenwelle, Zwischenwelle und Kurbelwelle (Zahnriemenseite des Motors).

Da sich bei Undichtigkeiten das Öl meistens über eine größere Motorfläche verteilt, ist der Austritt des Öls nicht auf den ersten Blick zu erkennen. Bei der Suche geht man zweckmäßigerweise wie folgt vor:

- Motorwäsche durchführen. Motor mit handelsüblichem Kaltreiniger einsprühen und nach einer kurzen Einwirkungszeit mit Wasser abspritzen. Vorher Zündverteiler und Generator mit Plastiktüte abdecken.
- Trennstellen und Dichtungen am Motor von außen mit Kalk oder Talkumpuder bestäuben.
- Ölstand kontrollieren, ggf. auffüllen.
- Probefahrt durchführen. Da das Öl bei heißem Motor dünnflüssig wird und dadurch schneller an den Leckstellen austreten kann, sollte die Probefahrt über eine Strecke von ca. 30 km auf einer Schnellstraße durchgeführt werden.
- Anschließend Motor mit Lampe absuchen, undichte Stelle lokalisieren und Fehler beheben.

Kompression prüfen

Die Kompressionsprüfung erlaubt Rückschlüsse über den Zustand des Motors. Und zwar läßt sich bei der Prüfung feststellen, ob die Ventile oder die Kolben (Kolbenringe) in Ordnung bzw. verschlissen sind. Außerdem zeigen die Prüfwerte an, ob der Motor austauschreif ist bzw. komplett überholt werden muß. Für die Prüfung wird ein Kompressionsdruckprüfer benötigt, der recht preiswert (u. a. von Motometer, Leonberg) angeboten wird.

Der Druckunterschied zwischen den einzelnen Zylindern darf maximal 3,0 bar (atü) betragen. Falls ein oder mehrere Zylinder gegenüber den anderen einen Druckunterschied von mehr als 3,0 bar (atü) haben, ist dies ein Hinweis auf defekte Ventile, verschlissene Kolbenringe bzw. Zylinderlaufbahnen. Ist die Verschleißgrenze erreicht, muß der Motor überholt bzw. ausgetauscht werden.

Der Kompressionsdruck soll zwischen 10 – 13 bar (atü) liegen. Die Verschleißgrenze ist bei 7,5 bar (atü) erreicht.

- Zur Prüfung des Kompressionsdruckes soll der Motor betriebswarm sein. Sämtliche Zündkerzen rausdrehen. Kompressionsdruckprüfer nach Bedienungsanleitung anschließen.

Achtung: Bei Fahrzeugen mit TSZ-Anlage Hochspannungskabel (Klemme 4) aus Zündverteiler ziehen und mit geeignetem Verlängerungskabel (gleicher Querschnitt) gegen Masse legen.

- Von zweitem Mann Gaspedal durchtreten lassen, Gaspedal während der ganzen Prüfung mit Fuß festhalten.
- Motor etwa 5 Sekunden starten. Prüfwert des Zylinders festhalten.
- Nacheinander sämtliche Zylinder prüfen, mit Sollwert vergleichen.

Ventilspiel einstellen

Seit 9.85 ist der Motor des VW CADDY mit hydraulischen Tassenstößeln ausgerüstet. Bei diesem Fahrzeug muß das Ventilspiel im Rahmen der Wartung **nicht** mehr eingestellt werden.

Das Ventilspiel muß bei handwarmem Motor (ca. +35° C Kühlmitteltemperatur) geprüft beziehungsweise eingestellt werden.

Sollwerte warm	**Einlaßventil:**	**0,20–0,30 mm**
	Auslaßventil:	**0,40–0,50 mm**

Nach Reparaturen am Zylinderkopf ist das Ventilspiel bei kaltem Motor einzustellen.

Sollwerte kalt	**Einlaßventile:**	**0,15–0,25 mm**
	Auslaßventile:	**0,35–0,45 mm**

Das Ventilspiel ist im Rahmen der Wartung bei km-Stand 30000 und alle weiteren 30000 km zu prüfen und gegebenenfalls zu berichtigen. Grundsätzlich ist das Ventilspiel nach einer Zylinderkopfreparatur (nach 1000 km) zu prüfen beziehungsweise einzustellen.

Das Einstellen der Ventile hat nur dann den gewünschten Erfolg, wenn die Ventile einwandfrei abdichten, diese kein unzulässiges Spiel in den Ventilführungen haben und am Schaftende nicht eingeschlagen sind.

Bei zu geringem Spiel verändern sich die Steuerzeiten, die Verdichtung ist schlecht, die Motorleistung nimmt ab, der Motorlauf ist unregelmäßig. In extremen Fällen können sich die Ventile verziehen oder die Ventile bzw. Ventilsitze verbrennen.

Bei zu großem Spiel stellen sich starke mechanische Geräusche ein, die Steuerzeiten verändern sich, der Motor gibt wegen mangelhafter Zylinderfüllung weniger Leistung ab, der Motorlauf ist unregelmäßig.

Zum Einstellen des Ventilspiels stehen Einstellscheiben von 3,00 mm bis 4,25 mm Dicke zur Verfügung. Die Stärke der Einstellscheiben ist auf der Unterseite eingeätzt. **Beim Einbau ist unbedingt darauf zu achten, daß diese Kennzeichnung nach unten, das heißt in den Tassenstößel zeigt.**

Einstellscheiben und ihre Ersatzteilnummern:

Dicke	Teile-Nummer	Dicke	Teile-Nummer
3,00	056109555	3,65	056109568
3,05	056109556	3,70	056109569
3,10	056109557	3,75	056109570
3,15	056109558	3,80	056109571
3,20	056109559	3,85	056109572
3,25	056109560	3,90	056109573
3,30	056109561	3,95	056109574
3,35	056109562	4,00	056109575
3,40	056109563	4,05	056109576
3,45	056109564	4,10	056109577
3,50	056109565	4,15	056109578
3,55	056109566	4,20	056109579
3,60	056109567	4,25	056109580

Bereits gelaufene Einstellscheiben können, wenn keine mechanischen Beschädigungen vorliegen, wieder verwendet werden.

Einstellen

- Luftfilter ausbauen, siehe Seite 80.
- Das Einstellen des Ventilspiels erfolgt in der Reihenfolge 1. – 3. – 4. – 2. Zylinder. Der 1. Zylinder liegt gegenüber dem Schwungrad.
- Zylinderkopfhaube ausbauen, siehe Seite 22.

- Kurbelwelle an der Riemenscheibe – und somit Nockenwelle – mit Steckschlüssel (bzw. bei eingelegtem 4. Gang durch Verschieben des Fahrzeugs) so weit drehen, bis das Nockenpaar des einzustellenden Zylinders gleichmäßig nach oben zeigt (dabei sind die Nocken schräg versetzt). Das Nockenpaar liegt dann nicht mehr auf den Einstellscheiben auf.

Achtung: Nicht an der Befestigungsschraube für das Nockenwellenrad drehen, da sonst der Zahnriemen überbeansprucht wird.

- Ventilspiel mit Fühlerblattlehre messen.

Achtung: Die Reihenfolge der Ventile aus Richtung Stirnseite (gegenüber dem Schwungrad) des Motors ist: 1. Zylinder: Auslaß-Einlaßventil; 2. Zylinder: Auslaß-Einlaßventil; 3. Zylinder: Einlaß-Auslaßventil; 4. Zylinder: Einlaß-Auslaßventil. Die Fühlerblattlehre muß sich saugend zwischen Nocken- und Einstellscheibe hin- und herschieben lassen.

● Richtige Reihenfolge der Aus- und Einlaßventile beachten und vorhandenes Ventilspiel mittels Fühlerlehre messen und notieren.

● Vor Einsetzen des Niederhalters Tassenstößel so verdrehen, daß nach dem Niederdrücken die Zange in die Aussparungen eingreifen kann.

110/112 PS-Motor: Beim Einstellen des Ventilspiels darf der Kolben nicht im „OT" stehen. Kurbelwelle ca. $^1/_4$ Umdrehung weiterdrehen, damit die Ventile beim Niederdrücken der Tassenstößel nicht auf dem Kolben aufliegen.

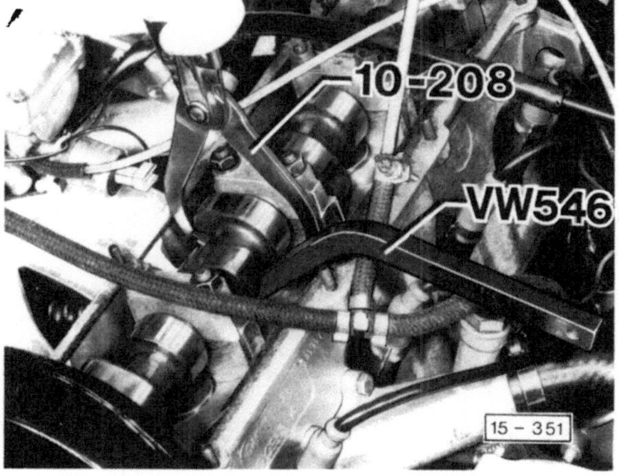

● Ventilspiel korrigieren. Hierzu benutzen die V.A.G-Werkstätten das Spezialwerkzeug VW 546 und 10-208, das in ähnlicher Ausführung von verschiedenen Werkzeugfirmen (u. a. von Hazet) angeboten wird. Ohne diese Werkzeuge ist ein Einstellen der Ventile nicht möglich. Mit dem Niederhalter wird der Tassenstößel nach unten gedrückt. Mit der Zange wird die Einstellscheibe herausgezogen.

Achtung: Seit August 1982 ist der Niederhalter 2078 zu verwenden, da der Abstand zwischen Ein- und Auslaßventil vergrößert wurde.

● Erforderliche Einstellscheibe einlegen.

Achtung: Beschriftung muß nach unten zeigen.

● Niederhalter (VW 546 und 2078) entfernen und Nockenwelle weiterdrehen.

● Ventile für Zylinder 3 usw. einstellen.

Achtung: Beim Rückwärtsdrehen des Motors an der Kurbelwelle, z. B. während des Ventileinstellens, kann es vorkommen, daß sich die Befestigungsschraube des Zahnriemenrades an der Kurbelwelle löst. In diesem Fall Schraube mit vorgeschriebenem Anzugsdrehmoment anziehen, gegebenenfalls mit D6 sichern, siehe Seite 17.

Hinweis: Mit zunehmender Laufleistung wird durch Setzen und Einschlagen der Ventile und Sitze das Ventilspiel kleiner, das heißt, die vorhandene Einstellscheibe ist dann zu dick und muß durch eine dünnere ersetzt werden.

Beispiel:

	Auslaß	Einlaß
Sollwerte (Einstellwerte)	0,40–0,50 mm	0,20–0,30 mm
gemessene Werte	0,35 mm	0,35 mm
Spiel um	0,05 mm zu klein	0,05 mm zu groß

Liegen die Werte innerhalb der Toleranz, ist ein Auswechseln der Einstellscheiben nicht erforderlich. Wird die Toleranz überschritten, ist beim Einstellen der Mittelwert – z. B. 0,25 mm – anzustreben.

Vorhandene Einstellscheibe	4,05 mm	3,65 mm
Erforderliche Einstellscheibe (um Mittelwert zu erreichen)	3,95 mm	3,75 mm

● Neue Deckeldichtungen verwenden, Deckel für Zylinderkopf aufschrauben, siehe Seite 22.

● Luftfilter anbauen, siehe Seite 80.

Störungstabelle Motor

Wenn der Motor nicht anspringt, Fehler systematisch einkreisen. Damit der Motor überhaupt anspringen kann, müssen immer zwei Grundvoraussetzungen erfüllt sein: Das Kraftstoff-Luftgemisch muß bis in die Zylinder gelangen, der Zündfunke muß an den Zündkerzen vorhanden sein. Als erstes ist deshalb immer zu prüfen, ob überhaupt Kraftstoff gefördert wird. Wie man dabei vorgeht, steht in der Störungstabelle „Vergaser".

Um festzustellen, ob ein Zündfunke vorhanden ist, Hochspannungskabel aus der Mitte der Zündverteilerkappe herausziehen und im Abstand von etwa 10 mm gegen Masse (Motor) legen, nicht mit der Hand festhalten, gegebenenfalls eine isolierte Zange nehmen. Von Hilfsperson Motor starten lassen. Diese Prüfung darf bei Fahrzeugen mit Transistorzündanlage **nicht** durchgeführt werden.

Achtung: Sicherheitshinweise für TSZ-Anlage beachten, siehe Seite 199.

Wenn ein Zündfunke überspringt, Zündkerzen herausschrauben, in Zündkerzenstecker stecken und einzeln gegen Masse halten. Von Hilfsperson Motor starten lassen. Wenn kein Zündfunke überspringt, Fehler nach Tabelle aufspüren.

Achtung: Beim Aufstecken der Zündkabel Zündfolge beachten: 1–3–4–2. Verteilerkappe abnehmen, auf dem Zündverteilergehäuse ist eine Kerbe eingeschlagen. Wenn die Verteilerkappe aufgesetzt wird, befindet sich über der Kerbe in der Verteilerkappe das Zündkabel für Zylinder 1. Es folgen – im Uhrzeigersinn – die Zündkabel für Zylinder 3–4–2.

Beim Messen der Spannung an Klemme 15 der Zündspule mit einem Voltmeter ist zur Vermeidung von Hochspannungsüberschlägen folgendermaßen vorzugehen:

- Voltmeter an Klemme 15 der Zündspule und an Masse anschließen.
- Zusätzliche Leitung von Klemme 1 der Zündspule an Masse legen.
- Anlasser betätigen und Eingangsspannung während des Startvorgangs mit Voltmeter messen.
- Die Spannung muß mindestens 9 Volt betragen.

Zur Überprüfung des Verteilerläufers mit Entstörteil für Radioempfang wird ein Ohmmeter benötigt.

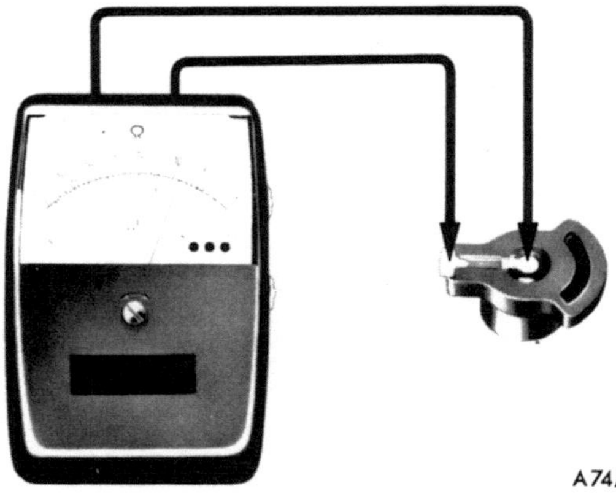

A74/18

- Ohmmeter nach Abbildung anschließen. Der Widerstand darf maximal 5 ± 1,0 kOhm betragen.

Störung: Der Motor springt schlecht oder gar nicht an

Ursache		Abhilfe
Bedienungsfehler beim Starten	**Vergasermotor:**	■ **Bei kaltem Motor:** Gaspedal einmal langsam durchtreten und wieder loslassen, Kupplung treten, Zündung einschalten, starten, kein Gas geben. Sofort losfahren. Nur bei strengem Frost Motor ca. 30 Sekunden warmlaufen lassen. ■ **Bei warmem Motor:** Während des Anlassens Gaspedal durchtreten und Vollgasstellung beibehalten. Nach dem Anspringen Gaspedal loslassen. ■ **Bei heißem Motor:** Vor dem Anlassen Gaspedal ganz niedertreten und Vollgas-Stellung beibehalten — nicht pumpen.
	Einspritzmotor:	■ Gaspedal etwas niederdrücken und festhalten. Kupplung durchtreten. ■ Zündschlüssel drehen und starten, bis der Motor anspringt. Dann erst Zündschlüssel loslassen.
Kein Zündfunke vorhanden. Verteilerkappe feucht, verschmutzt		■ Verteilerkappe reinigen und trocknen, innen mit Zündspray einsprühen
Risse in der Verteilerkappe, Brandkanäle		■ Verteilerkappe ersetzen
Schleifkohle in der Zündverteilerkappe abgenutzt		■ Schleifkohle erneuern
Unterbrecherkontaktabstand zu groß bzw. zu klein		■ Unterbrecherkontaktabstand berichtigen
Unterbrecherkontakt abgebrannt		■ Unterbrecherkontakt erneuern
Verteilerläufer defekt		■ Verteilerläufer erneuern
Widerstand des Verteilerläufers zu hoch		■ Verteilerläufer auswechseln
Widerstand in Zündkerzenleitung/Zündkerzenstecker zu hoch		■ Zündleitung/Zündkerzenstecker erneuern
Zündkerzenstecker in falscher Reihenfolge aufgesteckt		■ Zündkerzenstecker nach Zündfolge 1–3–4–2 aufstecken
Zündkerzen wegen zu vieler Startversuche naß		■ Zündkerzen trocknen
Zündkerzen außen feucht und verschmutzt		■ Zündkerzen reinigen, trocknen, Silikonschutzkappe auf Zündkerze und Stecker schieben
Leistung der Zündspule zu gering		■ Elektrische Leitungen an der Zündspule auf festen Sitz und guten Kontakt prüfen
Zu geringe Spannung an Klemme 15 der Zündspule (mindestens 9 Volt)		■ Batterie laden, gute Masseverbindung zwischen Batterie und Aufbau bzw. Getriebe und Aufbau herstellen. Spannungsverlust zwischen Batterie, Lichtschalter, Zündanlaßschloß bzw. Klemme 15 beseitigen
Zündspule gerissen, Brandkanäle		■ Zündspule erneuern
Spannungsverlust durch Berührung elektrischer Anschlüsse bzw. Leitungen mit Schläuchen des Motors		■ Elektrische Leitungen richtig führen
Kondensator am Zündverteiler lose oder defekt		■ Kondensator festziehen bzw. erneuern
Zündzeitpunkt grob verstellt		■ Zündzeitpunkt korrigieren
Anlasser dreht zu langsam		■ Batterie laden, in der kalten Jahreszeit Winteröl einfüllen. Anlasser überprüfen
Ventilspiel falsch		■ Ventilspiel korrigieren
Kompression schlecht		■ Ventilspiel einstellen, Motor überholen

Motor-Schmierung

Für die VW GOLF-Motoren sollen Mehrbereichsöle verwendet werden, so daß das Motoröl jahreszeitbedingt (Sommer/Winter) nicht gewechselt werden muß. Mehrbereichsöle bauen auf einem dünnflüssigen Einbereichsöl (z. B. 15 W) auf. Durch sogenannte Viskositätsindexverbesserer wird das Öl im heißen Zustand stabilisiert, so daß für jeden Betriebszustand die richtige Schmierfähigkeit gegeben ist.

Das »W« in der SAE-Bezeichnung weist das Öl als wintertauglich aus.

Bei Leichtlaufölen handelt es sich um Mehrbereichsöle denen unter anderem Reibwertverminderer zugesetzt wurden, wodurch sich die Reibung innerhalb des Motors vermindert. Für das Leichtlauföl wird als Grundöl ein Synthetiköl verwendet. Beim Kauf eines Leichtlauföles sollte man darauf achten, daß es von VW freigegeben wurde (steht auf dem Gebinde).

Anwendungsbereich/Viskositätsklassen

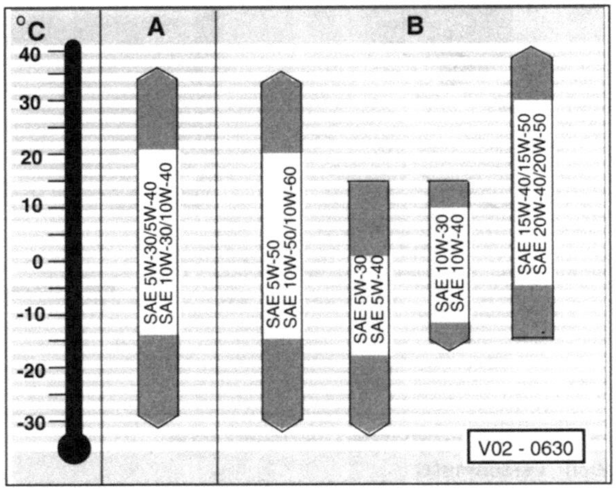

A – Mehrbereichs-Leichtlauföle, Spezifikation VW-500 00.
B – Mehrbereichsöle, Spezifikation VW-501 01 beziehungsweise API-SF oder SG.

Da sich die Einsatzbereiche benachbarter SAE-Klassen überschneiden, können kurzfristige Temperaturschwankungen unberücksichtigt bleiben. Es ist zulässig, Öle verschiedener Viskositätsklassen miteinander zu mischen, wenn einmal Öl nachgefüllt werden muß und die Außentemperaturen nicht mehr der Viskositätsklasse des im Motor befindlichen Öles entsprechen.

Zusatzschmiermittel – gleich welcher Art – sollen weder dem Kraftstoff noch den Schmierölen beigemischt werden.

Motoröl 5W-20 ist nur für sehr kalte Klimazonen geeignet. Nicht verwenden bei längeren Hochgeschwindigkeitsfahrten. Für gemäßigte Klimazonen ist ein Motoröl 10W-30 und für heiße Klimazonen 20W-40 oder 20W-50 zu empfehlen.

Spezifikation des Motoröls

Die Qualität eines Motoröls wird durch Normen der Automobil- sowie der Ölhersteller gekennzeichnet.

Die Klassifikation der Motoröle amerikanischer Ölhersteller erfolgt nach dem **API**-System (API: American Petroleum Institut): Die Kennzeichnung erfolgt durch jeweils zwei Buchstaben. Der erste Buchstabe gibt den Anwendungsbereich an: **S** = Service, für **Ottomotoren** geeignet; **C** = Commercial, für **Dieselmotoren** geeignet. Der zweite Buchstabe gibt die Qualität in alphabetischer Reihenfolge an. Von höchster Qualität sind Öle der Spezifikation SH für Ottomotoren und CF für Dieselmotoren.

Europäische Ölhersteller geben eine **CCMC**-Spezifikation an. Dabei wird insbesondere die europäische Motorentechnologie berücksichtigt. Öle für Benzinmotoren erhalten je nach Qualität die Klassen CCMC-G1 bis **-G5**; Dieselmotoröle für PKW gibt es in den Spezifikationen CCMC-PD1 und der höherwertigen Spezifikation CCMC-**PD2**.

Die europäische CCMC-Kommission wurde von der **»ACEA«** (Association des Constructeurs Européens de l'Automobile) abgelöst, welche weitere Tests und Qualitätsstufen festlegt. Öle für PKW-Benzinmotoren erhalten je nach Qualität die Klassen ACEA A1-96 bis A3-96; Dieselmotoröle erhalten die Klassen B1-96 bis B3-96. Von höchster Qualität sind Öle **A3** für Ottomotoren und **B3** für Dieselmotoren.

Achtung: Motorenöle, die vom Hersteller ausdrücklich als Öle für Diesel-Motoren bezeichnet werden, sind für Ottomotoren nicht geeignet. Es gibt Öle, die sowohl für den Otto- als auch für den Diesel-Motor geeignet sind. In diesem Fall sind beide Spezifikationen (Beispiel: ACEA A3-96/B3-96 oder API SH/CD) auf der Öldose vermerkt.

Das richtige Motoröl für den VW Golf

VW hat für seine Modelle **eigene Ölnormen** festgelegt. Grundsätzlich sollen nur Öle verwendet werden, die diese Normen erfüllen. Die VW-Norm steht dann auf der Öldose. **Achtung:** Hinter der Norm muß ein Datum nicht älter als 10/91 stehen.

Für den **Benzinmotor** sind Mehrbereichsöle erforderlich, die die **VW-Norm 501 01** erfüllen. Es können auch Leichtlauföle der **VW-Norm 500 00** eingefüllt werden. Die Mehrbereichsöle (VW-501 01) sind in der Regel preiswerter. Sollte kein Öl dieser Spezifikation zur Verfügung stehen, kann vorübergehend ein Mehrbereichsöl der Spezifikation API-SF oder SG verwendet werden.

Ölverbrauch

Bei einem Verbrennungsmotor versteht man unter dem Ölverbrauch diejenige Ölmenge, die als Folge des Verbrennungsvorganges verbraucht wird. Auf keinen Fall ist Ölverbrauch mit Ölverlust gleichzusetzen, wie er durch Undichtigkeiten an Ölwanne, Zylinderkopfdeckel usw. auftritt.

Normaler Ölverbrauch entsteht durch Verbrennung jeweils kleiner Mengen im Zylinder; durch Abführen von Verbrennungsrückständen und Abrieb-Partikeln. Zudem verschleißt das Öl durch hohe Temperaturen und hohe Drücke, denen es im Motor fortwährend ausgesetzt ist.

Ferner haben auch äußere Betriebsverhältnisse, Fahrweise sowie Fertigungstoleranzen einen Einfluß auf den Ölverbrauch. Der Ölverbrauch darf höchstens 1,0 l/1000 km betragen.

Unbedingt muß Öl nachgefüllt werden, wenn die »Nachfüll«-Markierung erreicht ist. **Achtung:** Nicht zuviel Öl auf einmal nachfüllen. Nachfüllmenge: max. 1 l.

Der Ölkreislauf

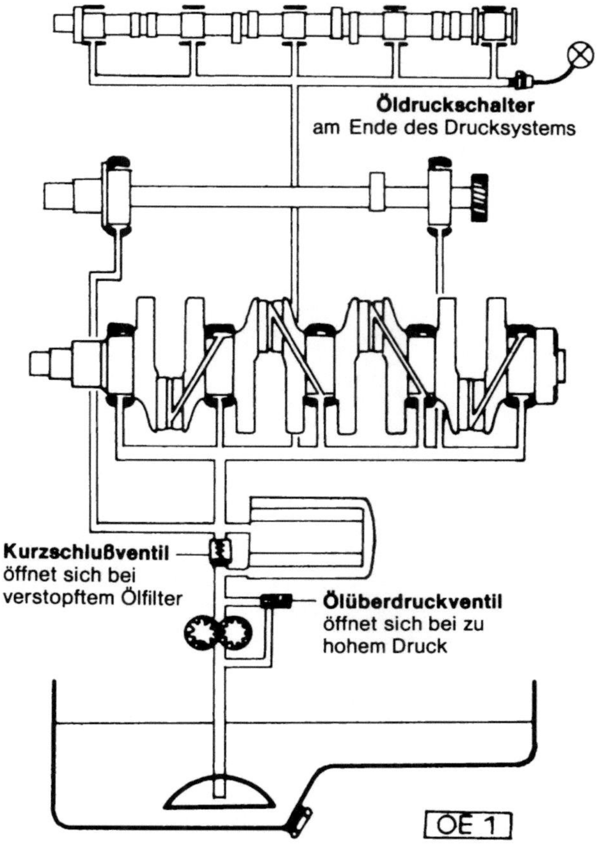

Die Ölpumpe saugt das Motoröl aus der Ölwanne an und drückt es in den Hauptstromölfilter. Ein im Ölpumpengehäuse untergebrachtes Überdruckventil (Öldruckregelventil) regelt den Öldruck. Bei zu hohem Druck öffnet das Ventil und ein Teil des Öls kann in die Ölwanne zurückfließen.

Durch die Mittelachse der Filterpatrone gelangt das gefilterte Öl in den Hauptölkanal. Bei verstopftem Ölfilter leitet ein Kurzschlußventil das Öl direkt und ungefiltert in den Hauptölkanal.

Vom Hauptölkanal zweigen Kanäle ab zur Schmierung der Kurbelwellenlager. Durch schräge Bohrungen in der Kurbelwelle wird das Öl an die Pleuellager geleitet und von dort gegen Kolbenbolzen und Zylinder gespritzt.

Gleichzeitig gelangt Motoröl über eine Steigleitung vom Hauptölkanal zur Nockenwelle.

Ölwanne/Ölpumpe

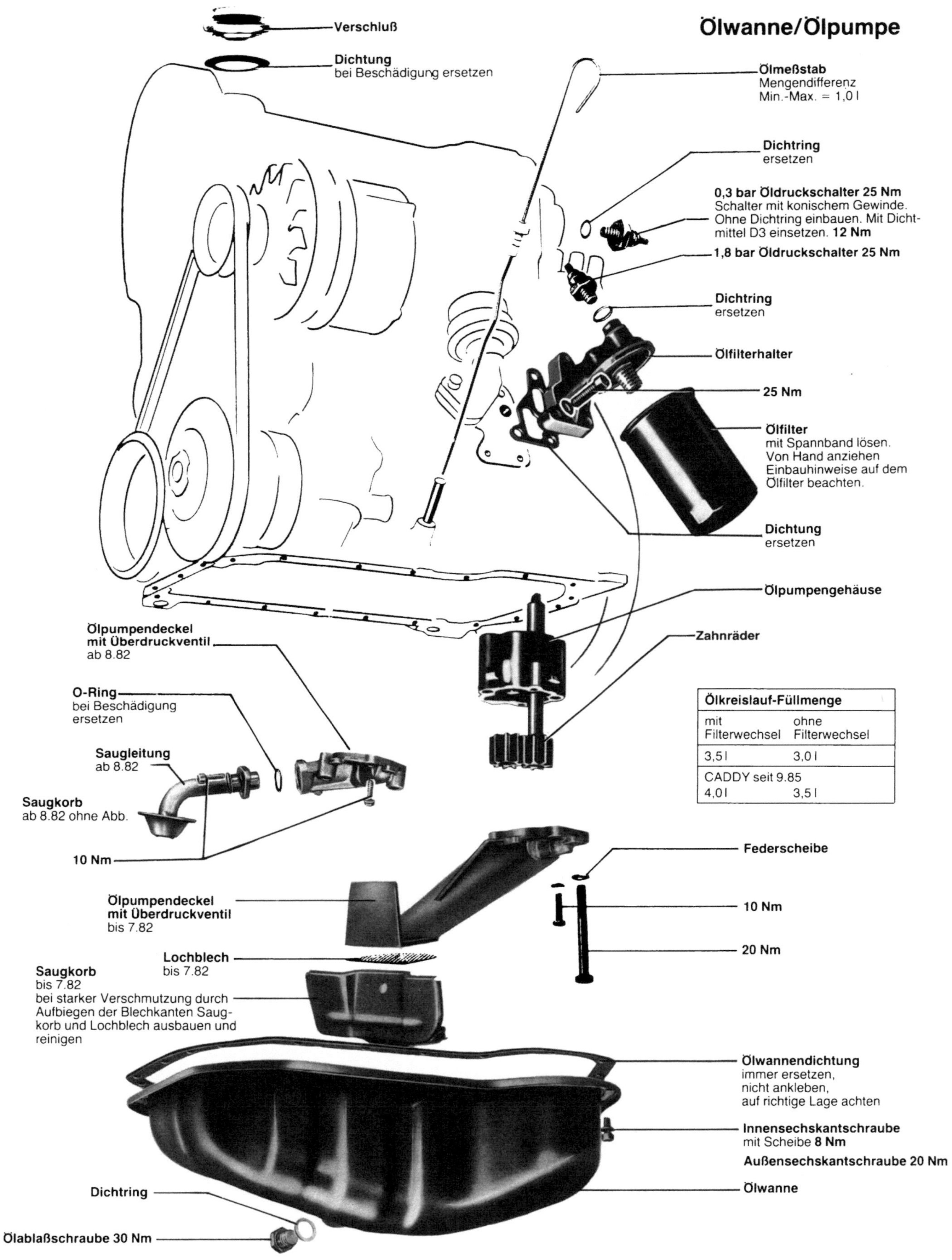

Ölkreislauf-Füllmenge	
mit Filterwechsel	ohne Filterwechsel
3,5 l	3,0 l
CADDY seit 9.85	
4,0 l	3,5 l

Öldruck überprüfen

- Ölstand kontrollieren.
- Öldruckschalter ausbauen.
- Anstelle des Öldruckschalters geeignetes Prüfgerät einschrauben.

- Motor starten, Drehzahl auf 2000/min erhöhen. Bei einer Öltemperatur von 80° C soll der Öldruck bei dieser Motordrehzahl mindestens 2,0 bar betragen.
- Geringer Öldruck weist auf verschlissene Kurbelwellenlager hin.
- Öldruckschalter mit konischem Gewinde ohne Dichtring mit Dichtungsmittel D3 einsetzen. Sofern Dichtring vorhanden, mit neuem Dichtring einsetzen.

Ölwanne aus- und einbauen/ Dichtung für Ölwanne ersetzen

- Wagen aufbocken.
- Motoröl ablassen.
- Ölwanne abschrauben.
- Dichtung für Ölwanne ersetzen.
- Innensechskantschrauben mit 8 Nm festziehen; Außensechskantschrauben mit 20 Nm anziehen.
- Öl auffüllen.

Ölpumpe aus- und einbauen

- Ölwanne ausbauen.
- Befestigungsschrauben abschrauben, Ölpumpe herausnehmen.

- Ölpumpe zerlegen. Das Flankenspiel (siehe Abbildung) darf maximal 0,05–0,20 mm betragen.

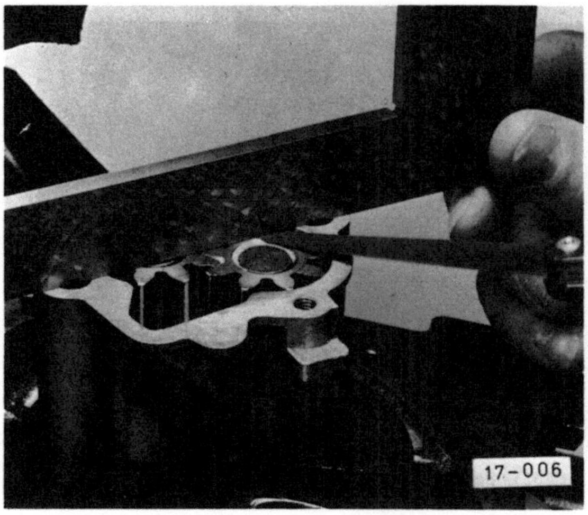

- Axialspiel mit Stahllineal und Fühlerblattlehre prüfen. Das Axialspiel darf maximal 0,15 mm betragen.
- Saugkorb von Ölpumpendeckel mit Schraubenzieher abhebeln. Dichtung ersetzen, Lochblech säubern.
- Ölpumpe komplettieren und einsetzen.
- Befestigungsschrauben mit 10 Nm bzw. 20 Nm festziehen.
- Ölwanne montieren.
- Ölablaßschraube: Dichtring erneuern, Schraube mit 30 Nm festziehen.

Wartung an der Motor-Schmierung

Motorölwechsel

Bei Fahrzeugen bis August 1982 ist der Ölwechsel alle 7500 km oder, falls sehr wenig gefahren wird, alle 6 Monate durchzuführen. **Bei jedem zweiten Ölwechsel wird der Ölfilter ersetzt.**

Seit 9/82 ist der Ölwechsel alle 15000 km oder, falls sehr wenig gefahren wird, einmal im Jahr durchzuführen. Dabei wird gleichzeitig die Filterpatrone gewechselt.

Bei erschwerten Einsatzbedingungen wie Kurzstreckenverkehr, häufiger Kaltstart und staubige Straßenverhältnisse sollten Motoröl und Filter in kürzeren Abständen gewechselt werden.

Ablassen

- Motor auf Betriebstemperatur bringen (Öltemperatur 60 °C).

Hinweis: Das Öl darf auch mittels einer Sonde über die Öffnung für den Ölpeilstab abgesaugt werden.

- Gefäß zum Auffangen des Altöls unterstellen.

- Ölablaßschraube herausdrehen und Altöl ganz ablassen. Die Ablaßschraube befindet sich, in Fahrtrichtung gesehen, hinten an der Ölwanne.

Achtung: Werden im Motoröl Metallspäne und Abrieb in größeren Mengen festgestellt, deutet dies auf Freßschäden hin, zum Beispiel Kurbelwellen- oder Pleuellagerschäden. Um Folgeschäden zu vermeiden, ist nach erfolgter Reparatur die sorgfältige Reinigung von Ölkanälen und Ölschläuchen unerläßlich. Zusätzlich soll der Ölkühler, falls vorhanden, erneuert werden.

- Anschließend Ölablaßschraube mit neuem Dichtring einschrauben und fest, aber nicht mit zu großer Gewalt anziehen. Anzugsdrehmoment 30 Nm.
- Ölfilter ausbauen. Die Werkstätten benutzen hierzu ein spezielles Werkzeug. Steht dieses nicht zur Verfügung, kann auch ein Lederriemen genommen werden. Man kann auch einen spitzen Schraubendreher seitlich in den Ölfilter eintreiben. Beim Drehen läuft dann allerdings Öl aus – Gefäß unterstellen.

Einbau

- Beim Einbau Hinweise auf dem Ölfilter beachten.
- Ölfilterflansch mit Kraftstoff reinigen.
- Gummidichtring am Ölfilter leicht einölen.

- Neuen Ölfilter nur handfest anschrauben.
- Neues Öl am Einfüllstutzen des Zylinderkopfdeckels einfüllen.

Ölkreislauf-Füllmenge

alle Modelle	mit Filterwechsel 3,5 l	ohne Filterwechsel 3,0 l
Caddy seit 9.85	4,0 l	3,5 l

Die Mengendifferenz zwischen der Min.- und Max.-Markierung am Ölpeilstab beträgt 1 Liter.

- Nach Probefahrt Dichtigkeit der Ablaßschraube und des Ölfilters überprüfen, gegebenenfalls vorsichtig nachziehen.
- Um die Betriebsverhältnisse des Motors besser überwachen zu können, soll beim Ölwechsel immer ein Öl gleichen Typs und möglichst auch gleicher Marke verwendet werden. Daher ist es zweckmäßig, bei jedem Ölwechsel ein Hinweisschild am Motor zu befestigen, auf dem Marke und Viskosität des Öles vermerkt sind.
- Wahllos abwechselnder Gebrauch verschiedener Öltypen ist ungünstig. Motorenöle gleichen Typs, aber verschiedener Marken, sollen möglichst nicht gemischt werden. Motorenöle gleichen Typs und gleicher Marke, aber verschiedener Viskosität, können im Bedarfsfall während jahreszeitlicher Überschneidung ohne weiteres nachgefüllt werden.

Die dynamische Öldruckkontrolle

Seit August 1982 ist der Golf mit einer dynamischen Öldruckkontrolle ausgerüstet. Das heißt, die Öldruckkontrolle erfolgt in Abhängigkeit von der Motordrehzahl.

Liegt die Motordrehzahl unter 2000/min und sinkt gleichzeitig der Öldruck unter 0,3 bar, so blinkt die Warnleuchte für Öldruck am Armaturenbrett. Bei einer Motordrehzahl über 2000/min muß der Öldruck mindestens 1,8 bar betragen, sonst blinkt wiederum die Warnleuchte auf und der Summer ertönt.

Blinkt während der Fahrt die Öl-Warnleuchte und der Summer ertönt, so kann dies folgende Ursachen haben:

1. Ölstand zu niedrig
2. Störung in der Elektrik von Schalter und Warnleuchte
3. Ölpumpe fördert nicht
4. Lager der Kurbelwelle defekt

Zunächst also sofort den Motor abstellen und den Ölstand kontrollieren, ggf. Öl nachfüllen. Anschließend Motor starten und im Leerlauf drehen lassen, die Warnleuchte darf nun nicht mehr blinken; Drehzahl auf über 2000/min erhöhen, Leuchte darf nicht blinken und der Summer darf nicht ertönen. Ist dies der Fall, kann die Fahrt fortgesetzt werden.

War der Ölstand jedoch in Ordnung, keinesfalls weiterfahren, sondern Fahrzeug abschleppen lassen. In der Werkstatt besteht die Möglichkeit, den Öldruckschalter und das elektrische Leitungsnetz für die Warneinrichtung überprüfen zu lassen, ggf. zum Vergleich Neuteil einbauen.

Störungstabelle Ölkreislauf

Störung	Ursache	Abhilfe
Kontrolleuchte blinkt nicht nach Einschalten der Zündung	● Öldruckschalter 0,3 bar (braune Isolierung) defekt	Zündung einschalten, Leitung vom Öldruckschalter abziehen und gegen Masse halten. Wenn Leuchtdiode blinkt, Schalter ersetzen
	● Leuchtdiode defekt	Leuchtdiode mit Voltmeter prüfen
	● Strom zum Schalter unterbrochen, Kontakte korrodiert	Anschlüsse prüfen
	● Steuergerät defekt	Steuergerät ersetzen. Das Steuergerät sitzt hinter der Abdeckung für den Geschwindigkeitsmesser im Schalttafeleinsatz
Kontrollicht verlischt nicht nach Anspringen des Motors	● Öl sehr warm	Unbedenklich, wenn Kontrollicht beim Gasgeben verlischt, andernfalls Schalter auswechseln
	● Öldruckschalter schadhaft	Schalter auswechseln
	● Öldruck zu gering	Druck nach Vorschrift prüfen
Kontrolleuchte blinkt während der Fahrt, Summer ertönt	● Öldruck zu gering	Druck nach Vorschrift prüfen
	● Öldruckschalter 0,3 bar defekt	Elektrische Leitung für Schalter überprüfen, siehe oben
	● Öldruckschalter 1,8 bar (weiße Isolierung) defekt	Motor starten, Drehzahl auf über 2000/min erhöhen, Leitung vom Öldruckschalter abziehen (**nicht** gegen Masse halten). Wenn nun die Leuchtdiode blinkt und der Summer ertönt, Schalter ersetzen
Zu niedriger Öldruck	● Zu wenig Öl im Motor	Ölstand prüfen
	● Ölpumpe defekt	Ölpumpe prüfen
	● Lagerschaden	Motor demontieren

Motor-Kühlung

Hinweis
Bei Instandsetzungen Dichtungen immer ersetzen. Alle Teile des Kühlsystems können bei eingebautem Motor aus- und eingebaut werden.

Seit August 1982 besitzt der Ausgleichsbehälter einen elektrischen Schalter. Bei Kühlmittelverlust wird die Temperaturkontrolleuchte über den Schalter eingeschaltet und blinkt.

Achtung: Bei Arbeiten im Motorraum daran denken, daß bei warmem Motor der Lüfter für das Kühlmittel anlaufen kann. Verletzungsgefahr!

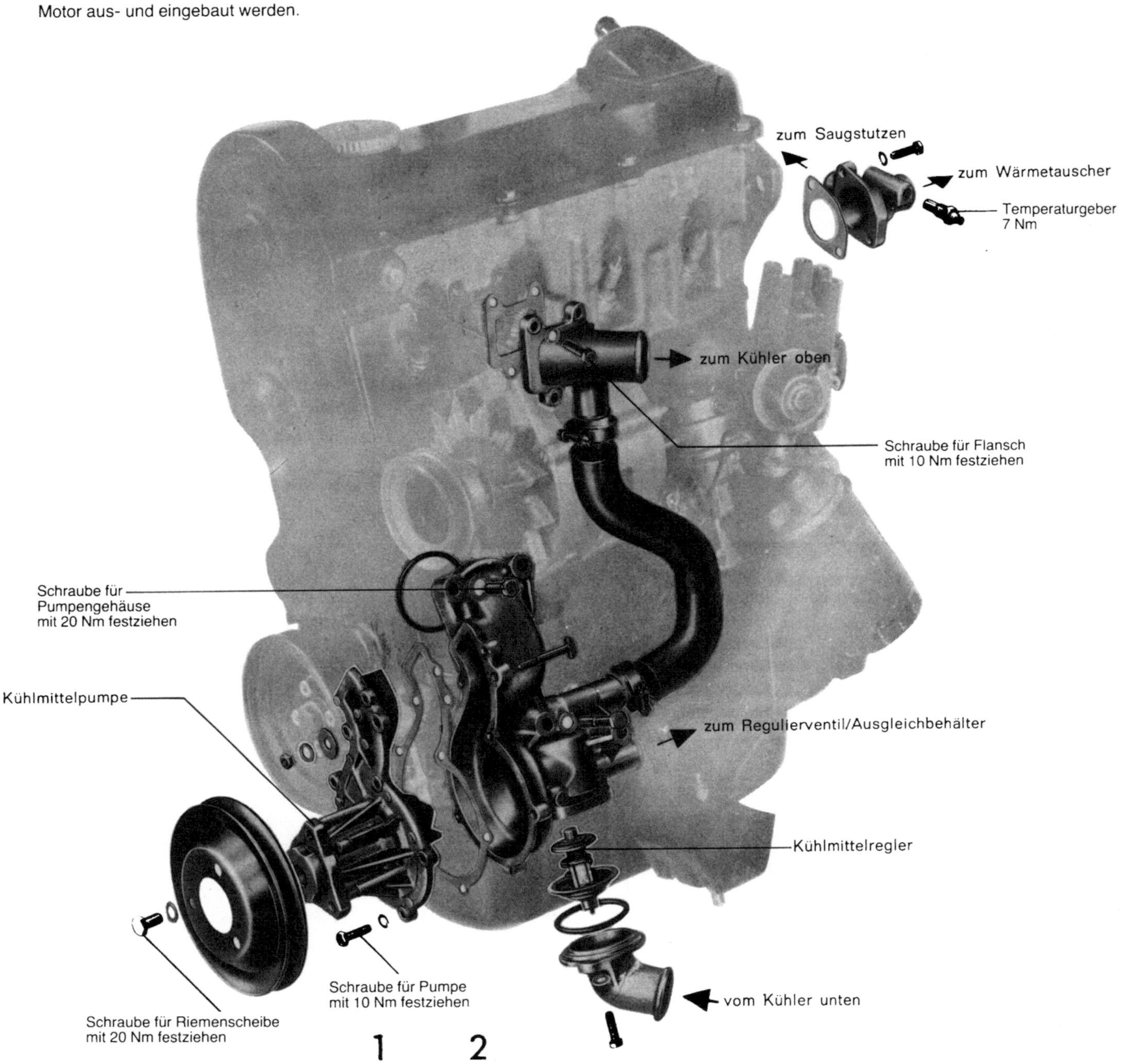

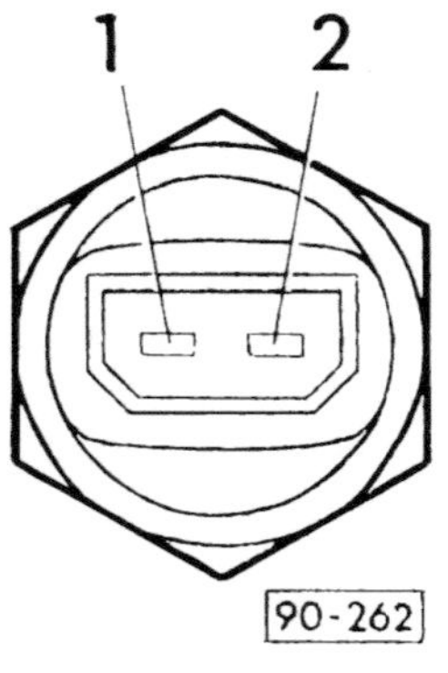

Anschlüsse am Temperatur-Kontrollschalter

1 – Leitung gelb/rot
Motor zu heiß – über 120° C,
rote Kontrollampe leuchtet.

2 – Leitung blau/gelb
Motor kalt – bis ca. 60° C
gelbe Kontrollampe leuchtet.

Kühlmittel wechseln

Das Kühlmittel muß nur nach Reparaturen am Kühlsystem, bei denen das Kühlmittel abgelassen wurde, erneuert werden. Ein Wechsel im Rahmen der jährlichen Wartung ist nicht vorgesehen. Falls bei Reparaturen der Zylinderkopf, die Zylinderkopfdichtung, der Kühler, der Wärmetauscher oder der Motor ersetzt werden, muß die Kühlflüssigkeit auf jeden Fall ersetzt werden. Das ist erforderlich, weil sich die Korrosionsschutzanteile in der Einlaufphase an den neuen Leichtmetallteilen absetzen und somit eine dauerhafte Korrosionsschutzschicht bilden. Bei gebrauchter Kühlflüssigkeit ist der Korrosionsschutzanteil in der Regel nicht mehr groß genug, um eine ausreichende Schutzschicht an den neuen Teilen zu bilden.

Achtung: Abgelassene Kühlflüssigkeit darf nicht wiederverwendet werden. Kühlflüssigkeit ist giftig und darf nicht einfach weggeschüttet oder dem Hausmüll mitgegeben werden. Gemeinde- und Stadtverwaltungen informieren darüber, wo sich die nächste Sondermüll-Sammelstelle befindet.

Ablassen

- Heizungsschalter im Innenraum auf maximale Heizleistung stellen.
- Fahrzeug aufbocken, siehe Seite 228.
- Verschlußdeckel am Kühler beziehungsweise am Ausgleichbehälter öffnen.

Achtung: Bei heißem Motor vor dem Öffnen des Deckels einen dicken Lappen auflegen, um Verbrühungen durch heiße Kühlflüssigkeit oder Dampf zu vermeiden. Deckel nur bei Kühlmitteltemperaturen unter +90° C abnehmen.

- Sauberes Auffanggefäß unter die Kühlmittelpumpe stellen.

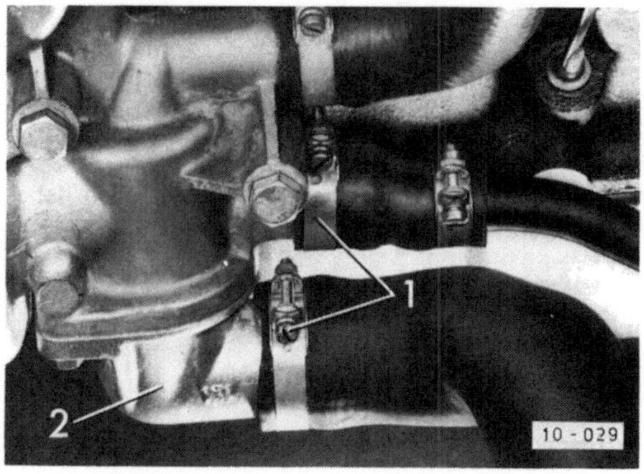

- Schellen –1– öffnen und ganz zurückschieben. Falls Klemmschellen eingebaut sind, Schellen an den Nasen mit Rohrzange zusammendrücken, dadurch Schellen spreizen. Kühlmittelschläuche abziehen und Kühlmittel vollständig ablassen.

Auffüllen

- Kühlmittelschläuche aufschieben, Schellen festziehen.
- Fahrzeug ablassen, siehe Seite 228.
- Heizregulierung voll öffnen.

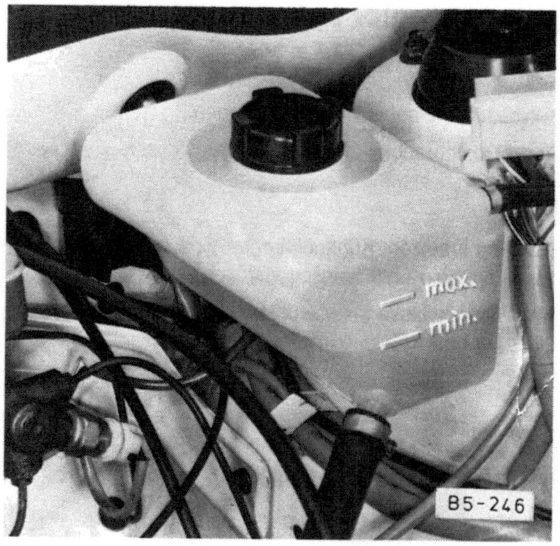

- Neues Kühlmittel bis zur Markierung am Ausgleichbehälter auffüllen.
- Ausgleichbehälter verschließen.

Bei Fahrzeugen ohne Ausgleichbehälter:

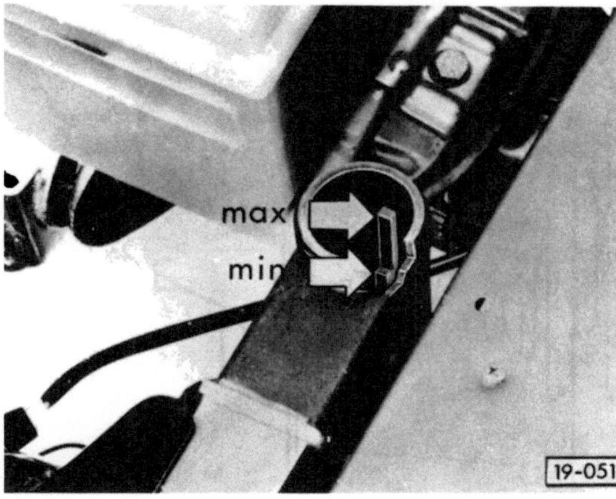

- Bei kaltem Motor muß das Kühlmittel zwischen der Min.- und Max.-Markierung stehen.
- Motor laufen lassen, bis sich der Lüfter einschaltet, damit sich der Kühlkreislauf entlüftet.
- Kühlmittelstand prüfen und gegebenenfalls bis zur Markierung ergänzen.

Kühlmittelregler aus- und einbauen

Ausbau

- Kühlflüssigkeit ablassen und auffangen.
- Deckel abschrauben und Kühlmittelregler herausnehmen.

Einbau

- Dichtring ersetzen, Kühlmittelregler einsetzen und Deckel anschrauben, Kühlflüssigkeit auffüllen.
- Motor laufen lassen, bis Kühlmittelregler öffnet. Deckel-Dichtung und Kühlmittelschlauch auf Dichtigkeit überprüfen.

Kühlmittelregler prüfen

- Kühlflüssigkeit ablassen.
- Kühlmittelregler ausbauen, Regler im Kühlmittelbad erwärmen.
- Temperatur mit einem Thermometer kontrollieren.

Regler-Öffnungsbeginn: ca. 80° C, Ende 94° C.
Seit August 1978: Beginn ca. 87° C, Ende 102° C.

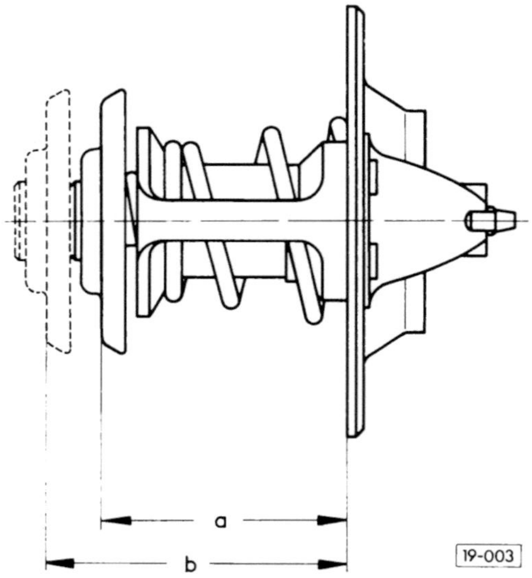

- Vor Erhitzen des Reglers Maß „a" messen.
- Nach Erhitzen des Reglers auf 94° C bzw. 100° C muß Maß „b" gegenüber Maß „a" um mindestens 7 mm größer sein.

Achtung: Der Regler für höhere Kühlmitteltemperatur darf nicht in Fahrzeuge bisheriger Fertigung eingebaut werden.

Kühlmittelpumpe aus- und einbauen

- Kühlmittel ablassen.
- Keilriemen ausbauen, siehe Seite 193.
- Schellen für Kühlmittelschläuche am Kühlmittelpumpengehäuse lösen.
- Kühlmittelschläuche abziehen, Befestigungsschrauben für Pumpengehäuse abschrauben.
- Dichtring ersetzen, Pumpengehäuse anschrauben, Schrauben mit 20 Nm festziehen, Kühlmittelschläuche aufsetzen und festziehen.
- Kühlflüssigkeit auffüllen.
- Keilriemen montieren, siehe Seite 193.
- Nach Probefahrt: Kühlmittelschläuche und Dichtring überprüfen.

Geber für Kühlmitteltemperaturanzeiger aus- und einbauen

- Batterie-Massekabel abklemmen.
- Kabel vom Geber abnehmen. Geber herausdrehen.

- Beim Einbau beachten: Geber vorsichtig festziehen. Kabel anbringen, Batterie anschließen.

Thermoschalter für Elektrolüfter prüfen

Der Thermoschalter für den Elektrolüfter sitzt am Kühler. Der Schalter ist zu prüfen, wenn bei heißem Motor der Elektrolüfter nicht einschaltet. Prüfvoraussetzung: Kühlmittelregler, Kühler und Verschlußdeckel für Kühlsystem sind in Ordnung.

- Prüfen, ob der Kühler im Bereich des Thermoschalters überhaupt heiß wird.
- Stecker vom Thermoschalter abziehen, die Klemmen der beiden Leitungen mit kurzer Prüfleitung verbinden. Wenn der Elektrolüfter jetzt anläuft, Thermoschalter ersetzen. Andernfalls elektrische Leitungen gemäß Stromlaufplan überprüfen.
- Neuen Thermoschalter auf Funktion überprüfen. Motor warmfahren und solange im Leerlauf laufen lassen, bis der Lüfter für Kühlmittel einschaltet.

Der Kühler

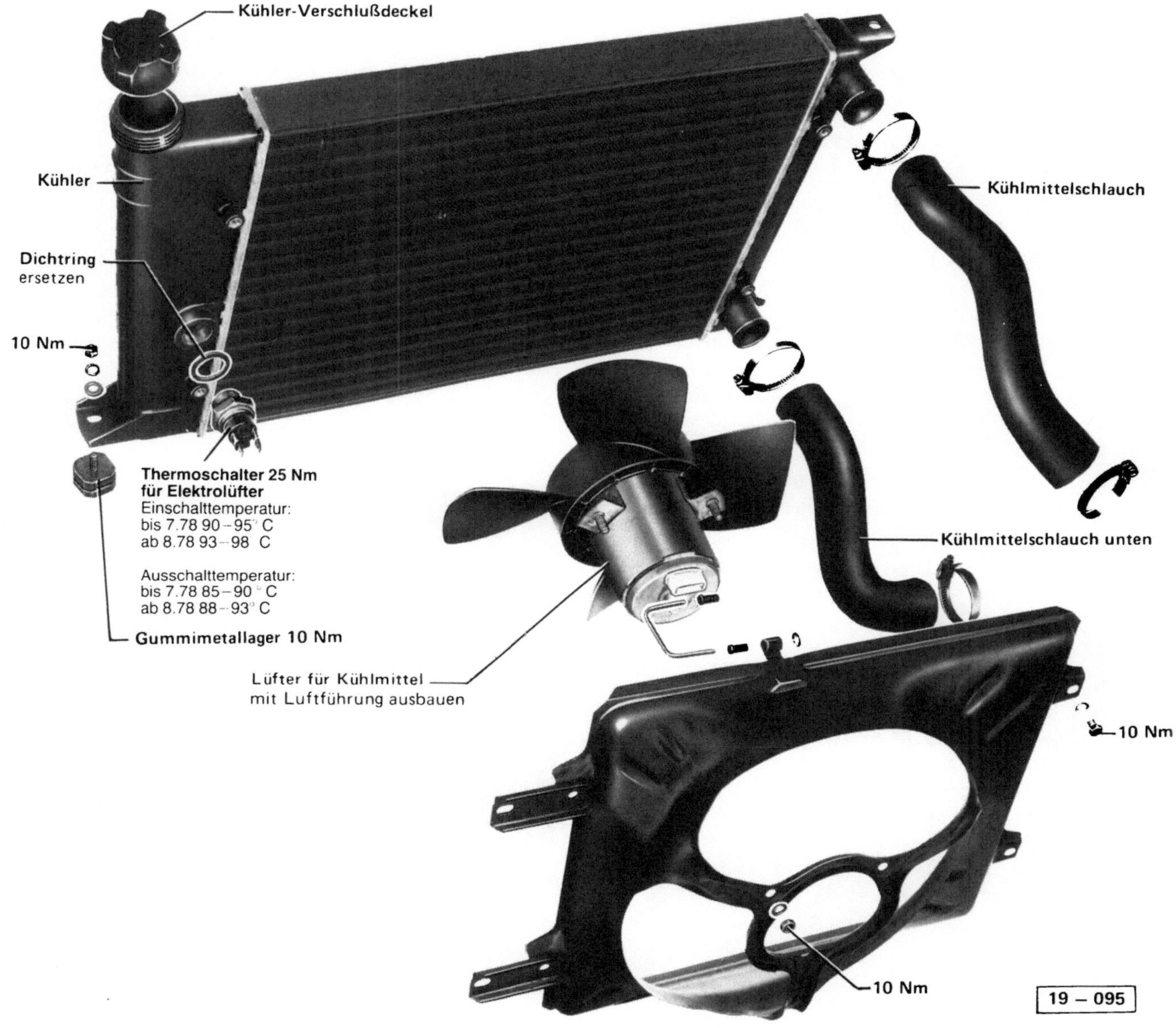

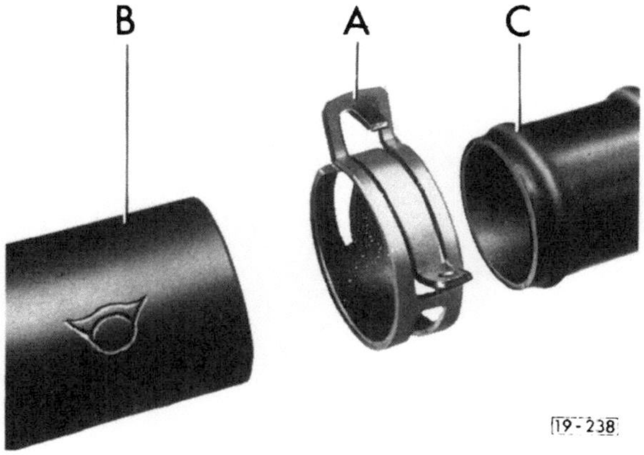

Hinweis: Seit Oktober 1981 werden einige Schlauchverbindungsstellen mit Federbandschellen –A– gesichert. Die Oberfläche des Kühlmittelschlauches –B– ist im Anschlußbereich glatt (bisher leicht wellig). Der Anschlußstutzen –C– wurde verlängert, der Wulst erhöht. Die Montage der Federbandschelle erfolgt mit einer Universalzange oder Schlauchklemmenzange 798-5 (Fa. HAZET). Dabei ist darauf zu achten, daß die Schellenenden die gleiche Lage einnehmen wie vor dem Ausbau.

Achtung: Federbandschellen dürfen nur mit den entsprechenden Schläuchen und Stutzen eingebaut werden. Neue und bisherige Ausführungen sind nicht miteinander austauschbar.

Kühler aus- und einbauen

Ausbau

- Kühlmittel ablassen und auffangen.
- Elektrische Stecker vom Thermoschalter seitlich am Kühler und vom Lüftermotor abziehen.
- Kühlmittelschlauch oben und unten vom Kühler abnehmen.
- Verbindungsschlauch zum Ausgleichbehälter abnehmen, falls vorhanden.
- Halterungen für Kühler oben abnehmen und unten links und rechts abschrauben, Kühler herausnehmen.

Achtung: Seit 8.81 geänderte Kühlerbefestigung. Oben am Kühler 2 Halter abschrauben und Kühler mit Lüfter nach oben herausheben.

Als Ersatzteil wird nur noch die neue Kühlerausführung geliefert.

Einbau

- Verschlissene Gummilager erneuern, Kühler einsetzen.
- Kühler anschrauben und Halterungen oben einhängen. **Seit 1.81** Kühler unten in die Aufnahmetrichter einhängen und oben links und rechts anschrauben.
- Kühlmittelschläuche unten und oben aufschieben und mit Schellen sichern.
- Elektrische Stecker auf Lüfter und Thermoschalter aufschieben.
- Kühlmittel auffüllen.
- Nach Probefahrt sämtliche Anschlüsse Kühler/Kühlmittelschlauch auf Dichtigkeit überprüfen.

Nachträglicher Einbau eines neuen Kühlers in Fahrzeuge bis 12.80

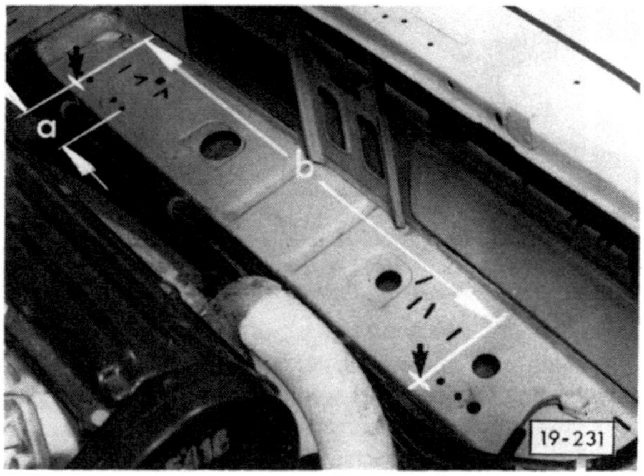

- Linke und rechte Bohrung so anreißen, daß der Aufnahmetrichter mit dem Querträger hinten abschließt.

Blocklänge des Kühlers in mm	a in mm	b in mm
430	10	498
525	62	593

- Löcher (∅ = 11,5 mm) unten in den Querträger bohren und Aufnahmetrichter in die Bohrungen einsetzen.
- Lüfterring und Lüfter auf neuen Kühler umbauen.
- Gummiunterlagen auf die Zapfen am Kühler schieben und Kühler in die Aufnahmetrichter einsetzen.
- Halter in den Kühler einsetzen. Kühler oben an den Schloßträger ansetzen und Bohrungen anreißen.
- 2 Löcher (∅ = 6,5 mm) in Schloßträger bohren.
- Halter mit Sechskantschrauben, Unterlegscheiben, Federscheiben und Sechskantmuttern am Schloßträger befestigen.

Kühlsystem prüfen

Prüfen

Undichtigkeiten im Kühlsystem und die Funktion des Überdruckventils im Kühler-Verschluß können mit dem Prüfgerät VW 1274 überprüft werden.

- Prüfgerät auf Kühler-Einfüllstutzen aufsetzen. Mit der Handpumpe des Gerätes einen Überdruck von ca. 1,0 bar (atü) erzeugen. Fällt der Druck ab, undichte Stelle suchen und beseitigen.
- Zum Überprüfen des Überdruckventils im Kühlerverschluß Prüfgerät auf Verschluß aufsetzen. Überdruck mit der Handpumpe erzeugen. Bei einem Überdruck von 0,9–1,15 bar (Verschlußdeckel 171 121 321 A) bzw. 1,2–1,5 bar (Verschlußdeckel 171 131 321 B) muß das Überdruckventil öffnen.

Wartung an der Motor-Kühlung

W

Kühlmittelstand prüfen

- Der Kühlmittelstand sollte in regelmäßigen Abständen – etwa alle vier Wochen – geprüft werden, zumindest aber vor jeder größeren Fahrt.

Achtung: Verschlußdeckel für Ausgleichbehälter bei heißem Motor vorsichtig öffnen. Verbrühungsgefahr! Beim Öffnen Lappen über den Verschlußdeckel legen.

- Das Kühlmittel muß bei kaltem Motor zwischen den „min."- und „max."-Marken stehen. Bei warmem Motor kann es auch etwas über die „max."-Marke reichen.
- **Kaltes** Kühlmittel nur bei **kaltem Motor** nachfüllen, um Motorschäden zu vermeiden.
- Zum Nachfüllen – auch in der warmen Jahreszeit – nur eine Mischung von Original-V.A.G-Kühlerfrostschutz G 11 und sauberem, kalkarmem Wasser verwenden.

  Es können auch andere Kühlmittelkonzentrate verwendet werden, die der VW-Norm „TL VW 774 A" entsprechen.
- Sichtprüfung auf Dichtheit durchführen, wenn der Kühlmittelstand häufig unterhalb der Min.-Markierung steht.

Frostschutz prüfen

Vor Beginn der kühleren Jahreszeit sollte die Konzentration des Frostschutzmittels geprüft werden.

- Motor warmfahren, bis Kühlmittel im Ausgleichbehälter bzw. der Kühler am Wasserkasten ca. handwarm ist.
- Verschlußdeckel des Ausgleichbehälters vorsichtig öffnen, siehe unter „Kühlmittelstand prüfen".
- Mit Meßspindel Kühlflüssigkeit ansaugen und am Schwimmer Kühlmitteldichte ablesen. Der Frostschutz soll in unseren Breiten bis mindestens –25°C reichen.

V.A.G-Kühlkonzentrat ergänzen

Beispiel: Die Frostschutz-Messung mit der Spindel ergibt einen Frostschutz bis –10° C. In diesem Fall aus dem Kühlsystem 2 l (1,5 l) Kühlflüssigkeit ablassen und dafür 2 l (1,5 l) reines Frostschutzkonzentrat auffüllen.

Gemessener Wert in °C	Differenzmenge in Liter **mit** Ausgleichbehälter	**ohne** Ausgleichbehälter
0	3,5	2,0
–5	3,0	2,0
–10	2,0	1,5
–15	1,5	1,0
–20	1,0	0,5
–25	0,5	0,5

- Verschlußdeckel für Ausgleichbehälter verschließen und nach Probefahrt Frostschutz erneut überprüfen.

Sichtprüfung auf Dichtheit

- Kühlmittelschläuche durch Zusammendrücken und Verbiegen auf poröse Stellen untersuchen.
- Die Schläuche dürfen nicht zu kurz auf den Anschlußstutzen sitzen.
- Festen Sitz der Schlauchschellen kontrollieren.
- Dichtung des Verschlußdeckels vom Kühler bzw. Ausgleichbehälter auf Beschädigungen überprüfen.
- Motor warmlaufen lassen, bis Lüfter für Kühler einschaltet. Darauf achten, ob Kühlflüssigkeit im Bereich der Kühlmittelpumpe austritt.

Mitunter ist es schwierig, die Leckstelle ausfindig zu machen. Dann empfiehlt sich eine Druckprüfung (Spezialgerät erforderlich) durch die Werkstatt. Hierbei kann ebenfalls das Überdruckventil des Verschlußdeckels geprüft werden.

Kühler-Frostschutzmittel

Achtung: Die Kühlanlage wird vom VW-Werk ganzjährig mit einer Mischung aus Wasser und VW-Kühlerfrost- und Korrosions-Schutzmittel G 11 gefüllt. G 11 verhindert Frost- und Korrosionsschäden, Kalkansatz und hebt außerdem die Siedetemperatur des Wassers an.

Deshalb muß das Kühlsystem unbedingt ganzjährig mit Kühlerfrost- und Korrosions-Schutzmittel gefüllt sein. Besonders in Ländern mit tropischem Klima trägt das Kühlmittel durch den höheren Siedepunkt bei hoher Belastung des Motors zur Betriebssicherheit bei.

Empfohlene Mischungsverhältnisse mit VW-Kühlerfrost- und Korrosions-Schutzmittel:

Frostschutz bis	Wasserkühler mit Ausgleichbehälter		Wasserkühler ohne Ausgleichbehälter	
	G 11	Wasser	G 11	Wasser
–25° C	2,6 ltr	3,9 ltr	1,8 ltr	2,7 ltr
–35° C*	3,25 ltr	2,7 ltr	2,25 ltr	2,25 ltr

* Für Länder mit kaltem Klima als Mehrausstattung 642 lieferbar.

Achtung: Bei einem Anteil von mehr als 60 % Kühlmittelzusatz nimmt der Frostschutz wieder ab.

Störungstabelle Kühlmitteltemperatur

Störung: Die Kühlmitteltemperatur-Anzeige steht im roten Bereich, bzw. Warnleuchte blinkt bei heißem Motor.

Ursache	**Abhilfe**
Zu wenig Kühlmittel im Kreislauf	● Kühler muß bis zur Markierung voll sein
Kühlmittelregler öffnet nicht	● Prüfen, ob Kühler am Wasserkasten warm wird. Wenn nicht, Kühlmittelregler ersetzen.
Thermoschalter für Elektrolüfter defekt	● Beide Anschlüsse am Thermoschalter mit Hilfsleitung verbinden. Elektrolüfter muß anlaufen. Wenn nicht, Thermoschalter ersetzen, vorausgesetzt Kühlmittelregler, Kühler und Kühlsystem-Verschlußdeckel sind in Ordnung
Kühlmittelpumpe defekt	● Kühlmittelpumpe ausbauen und überprüfen
Geber für Kühlmitteltemperaturanzeiger defekt	● Geber überprüfen lassen
Kühlmitteltemperaturanzeige defekt	● Anzeigegerät überprüfen lassen

Thermoschalter für Lüfter für Kühlmittel F 18 schaltet nicht ein 4/78

Batterie-Massekabel abklemmen.
Leitungen am Thermoschalter abziehen und mit kurzer Prüfleitung verbinden.
Batterie-Masseband anklemmen

- Lüfter für Kühlmittel V 7 läuft → Thermoschalter für Lüfter für Kühlmittel F 18 ersetzen. Anschließend Motor warmfahren und solange im Leerlauf weiterlaufen lassen, bis Lüfter für Kühlmittel einschaltet
- Lüfter für Kühlmittel V 7 läuft nicht → Lüfter für Kühlmittel V 7 defekt

Lüfter für Kühlmittel V 7 defekt

Prüfleitung an den Leitungen des Thermoschalter-Anschlusses nicht entfernen. Spannung am Plus-Anschluß und am Masse-Anschluß des Motors prüfen. Am Plus-Anschluß muß Prüflampe leuchten, am Masse-Anschluß darf Prüflampe nicht leuchten

- Spannungsprüfung i. O. → Lüfter für Kühlmittel V 7 ersetzen
- Prüflampe leuchtet nicht am Plus-Anschluß → Fortsetzung: Ⓐ
- Prüflampe leuchtet am Masse-Anschluß → Leitungen zwischen Masse-Anschluß des Motors und Thermoschalter sowie Thermoschalter und Masse-Anschluß am Längsträger vorn links instandsetzen

Ⓐ

Unterbrechung in der rot/schwarzen Leitung von der Relaisplatte, Kontakt G 6 zum Plus-Anschluß des Lüfters für Kühlmittel

Spannung an Kontakt G 6 der Relaisplatte prüfen

- Prüflampe leuchtet → Rot/Schwarze Leitung Instandsetzen
- Prüflampe leuchtet nicht → Relaisplatte mit Sicherungshalter hat Unterbrechung

Relaisplatte mit Sicherungshalter hat Unterbrechung

Spannung an Kontakt G 1 der Relaisplatte prüfen

- Prüflampe leuchtet → Relaisplatte mit Sicherungshalter ersetzen
- Prüflampe leuchtet nicht → Unterbrechung in der roten Leitung zwischen den Kontakten H und G an der Relaisplatte

Unterbrechung in der roten Leitung zwischen den Kontakten H und G an der Relaisplatte

Spannung an Kontakt H an der Relaisplatte prüfen

- Prüflampe leuchtet → Rote Leitung instandsetzen
- Prüflampe leuchtet nicht → Relaisplatte mit Sicherungshalter ersetzen

Die Kraftstoff-Anlage

Zur Kraftstoffanlage gehören der Kraftstoffbehälter, die Kraftstoffleitung, die Kraftstoffpumpe und der Vergaser bzw. die Einspritzung mit Luftfilter.

Der Kraftstoffbehälter liegt hinten unter den Fondsitzen. Der jeweilige Kraftstoffvorrat wird dem Fahrer durch eine Kraftstoffuhr angezeigt. Durch ein Entlüftungssystem wird der Tank belüftet.

Vergaser/Einspritzanlage

Die GOLF/SCIROCCO-Motoren sind mit unterschiedlichen Vergasern bestückt.

GOLF/SCIROCCO 70/75 PS: Solex 34 PICT, seit August 1979: Solex 1B3

SCIROCCO 85 PS: Solex 2B2/2B5

Der GOLF/SCIROCCO/JETTA-Motor mit 110 und 112 PS ist mit einer Einspritzanlage ausgestattet, die praktisch wartungsfrei arbeitet.

Vergasereinstellung

Jeder Vergaser wird im VW-Werk geprüft und auf Markenbenzin eingestellt. An dieser Einstellung sollte nichts verändert werden. Sehr hoher Kraftstoffverbrauch und schlechte Motorleistung haben nämlich fast immer andere Ursachen, wobei Fahrweise und Verkehrsbedingungen eine besonders große Rolle spielen. Man kann sich für gewöhnlich auf ein sorgfältiges Einstellen des Leerlaufs beschränken. Eine korrekte Leerlaufeinstellung ist überhaupt wichtiger als man gemeinhin glaubt, denn sie beeinflußt noch bis zu mittleren Drehzahlen hinauf den Übergang des Motors.

Achtung: Bei Fahrzeugen, die mit einer Transistor-Zündanlage ausgestattet sind, müssen verschiedene Punkte beachtet werden, um Verletzungen von Personen bzw. die Zerstörung der TSZ-Anlage zu vermeiden, siehe Seite 199.

Bei Fahrzeugen, die mit einer digitalen Leerlaufstabilisierung (DLS) ausgestattet sind, müssen beim Einstellen von Leerlaufdrehzahl und CO-Gehalt die Stecker vom Gerät abgezogen und miteinander verbunden werden, siehe Seite 204.

Hinweis: Seit September 76 müssen die Schrauben am Vergaser, mit denen die Abgaszusammensetzung verändert werden kann, aufgrund gesetzlicher Bestimmungen eingriffsicher gemacht werden. Die Lage und Anzahl der Einstellschrauben ist vom Vergasertyp abhängig. Gesichert werden: CO-Einstellschraube, Begrenzungsschraube für Grundleerlauf und Begrenzungsschraube für Drosselklappenspaltmaß.

Die Sicherungskappen lassen sich mit einer Zange oder einem Schraubenzieher entfernen. Sie werden dabei zerstört. Nach einer Einstellung müssen die Einstellschrauben mit blauen Kappen (Ersatzteil) gesichert werden.

Sofern die Abgas-Werte nicht den gesetzlichen Vorschriften entsprechen, erlischt die ABE (Allgemeine Betriebserlaubnis). Fehlen am Vergaser die Sicherungskappen, kann dies bei einer polizeilichen Überprüfung des Fahrzeugs zu einem Bußgeldverfahren führen.

Sauberkeitsregeln bei Arbeiten an der Kraftstoffversorgung

Bei Arbeiten an der Kraftstoffversorgung sind die folgendenRegeln zur Sauberkeit sorgfältig zu beachten:

- Verbindungsstellen und deren Umgebung vor dem Lösen gründlich reinigen.
- Ausgebaute Teile auf einer sauberen Unterlage ablegen und abdecken. Folien oder Papier verwenden. Keine fasernden Lappen benutzen!
- Geöffnete Bauteile sorgfältig abdecken bzw. verschließen, wenn die Reparatur nicht umgehend ausgeführt wird.
- Nur saubere Teile einbauen.
- Ersatzteile erst unmittelbar vor dem Einbau aus der Verpackung nehmen.
- Keine Teile verwenden, die unverpackt (z. B. in Werkzeugkästen usw.) aufgehoben wurden.
- Bei geöffneter Anlage möglichst nicht mit Druckluft arbeiten.
- Das Fahrzeug möglichst nicht bewegen.

Vergaser 34 PICT

Alle Vergasergelenke mit MoS_2-Fett schmieren.

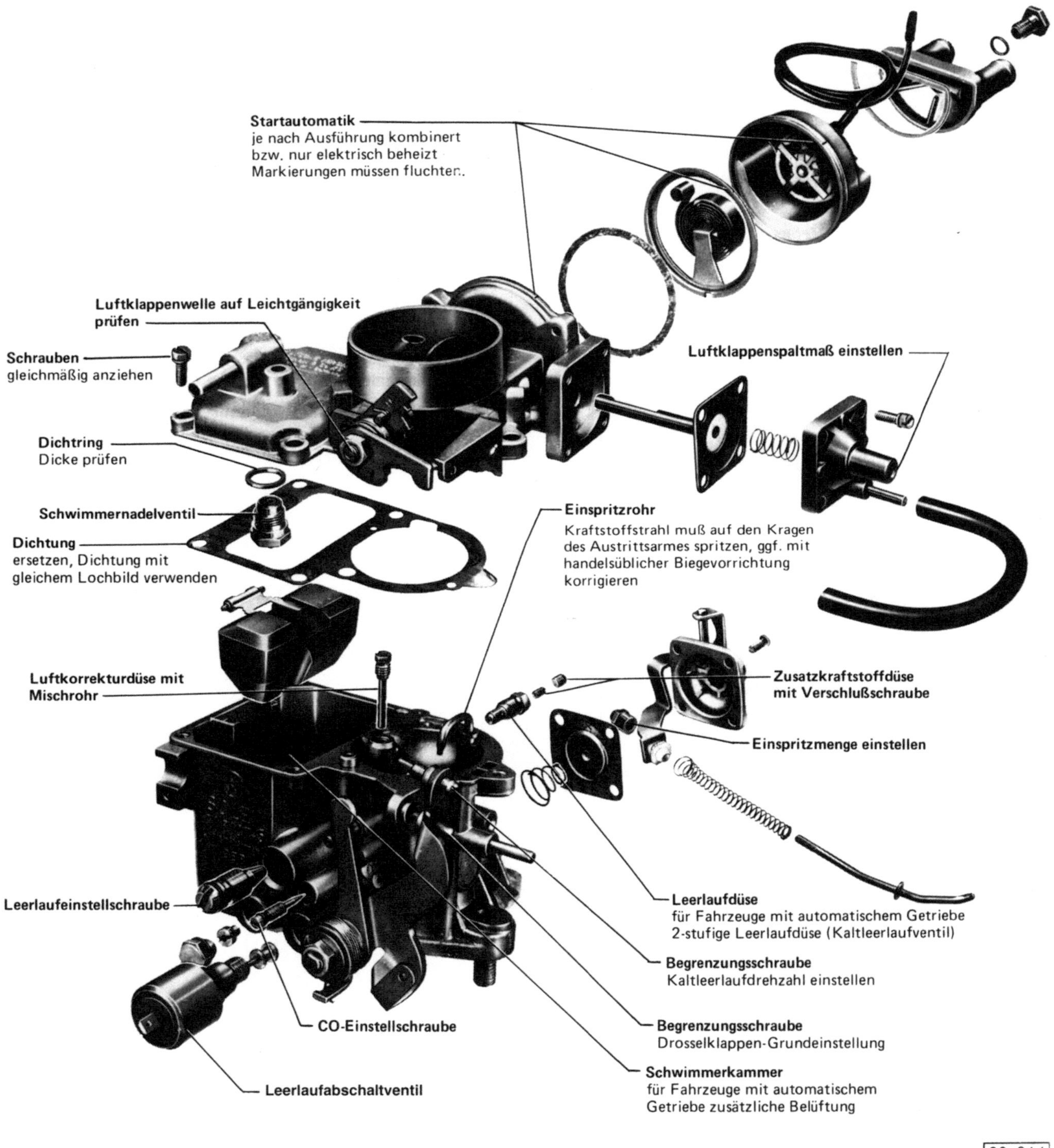

22-264

Vergaser aus- und einbauen

Ausbau

Bei Montagen am Vergaser grundsätzlich Masseband an der Batterie abklemmen.

- Luftfilter abnehmen.
- Vergaserzug abklemmen, elektrische Leitungen von Startautomatik und elektromagnetischem Leerlaufabschaltventil kennzeichnen und abziehen.
- Bei Fahrzeugen mit Warmwasserbeheizung der Startautomatik: Deckel abschrauben.
- Kraftstoffschlauch und Unterdruckschlauch vom Vergaser abziehen.
- Zwei Sechskantmuttern mit gekröpftem Ringschlüssel von unten am Flansch abschrauben.
- Vergaser abnehmen.
- Ansaugöffnung des Saugrohrs mit sauberem Lappen verschließen.

Einbau

- Vergaser aufsetzen, Muttern gleichmäßig fest anziehen.
- Elektrische Leitungen für Startautomatik und Leerlaufabschaltventil anklemmen.
- Unterdruckschlauch und Kraftstoffschlauch aufschieben, Kraftstoffschlauch mit Schlauchklemme sichern.
- Falls abgenommen, Deckel für Startautomatik anschrauben.
- Vergaserzug und Leerlauf einstellen.
- Luftfilter aufsetzen, Batterie-Massekabel anklemmen.

Vergaser zerlegen

In der Regel muß der Vergaser nur dann vollständig zerlegt werden, wenn eine Generalüberholung notwendig ist. Diese Arbeit sollte man einer Fachwerkstatt überlassen. Auch wenn sich Schmutz im Vergaser angesammelt hat, genügt es meistens, wenn nur das Oberteil abgenommen und die Verschlußschraube rausgedreht wird. Alsdann läßt sich das Schwimmergehäuse mit Benzin und Preßluft reinigen.

Schwimmernadelventil prüfen/ aus- und einbauen

Ausbau

- Masseband von Batterie abklemmen.
- Luftfilter abnehmen.
- Rückzugfeder für Drosselklappe aushängen, 5 Schrauben von Oberteil rausdrehen, Oberteil abnehmen.
- Schwimmernadelventil aus Oberteil abschrauben.

Schwimmernadelventil prüfen

Das Schwimmernadelventil darf beim hineinblasen (mit dem Mund) von oben keine Luft durchlassen, wenn der kleine Betätigungsstift für den Schwimmer von unten leicht mit dem Finger hineingedrückt wird. Der Stift muß leicht beweglich sein.

Einbau

- Schwimmernadelventil mit richtiger Dichtung (siehe Sollwerttabelle) einschrauben, nicht zu stramm anziehen, die Dichtung muß zentrisch unter dem Schwimmernadelventil anliegen.
- Neue Vergaserdeckeldichtung verwenden, Vergaseroberteil aufsetzen und mit 5 Schrauben anziehen.
- Rückzugfeder für Drosselklappe einhängen.
- Gegebenenfalls Gaszug neu einstellen.
- Luftfilter aufsetzen, Batterie-Masseband anklemmen.

Vergaserzug einstellen

- Vergaserzug (siehe Foto) anklemmen.

Achtung: Der Gaszug ist sehr knickempfindlich und somit beim Einbau besonders sorgfältig zu behandeln.

- Ein einziger leichter Knick kann zum späteren Bruch im Fahrbetrieb führen. Züge, die geknickt wurden, dürfen daher **nicht** eingebaut werden.
- Beim Einbau ist darauf zu achten, daß der Gaszug zwischen seinen Stützlagern und den Zugbefestigungspunkten fluchtet.

- Von Hilfsperson Gaspedal in Vollgasstellung drücken.
- Vergaserzug an den beiden Einstellmuttern (Pfeile) so einstellen, daß am Drosselklappenhebel die Vollgasstellung **knapp** erreicht wird. Maximales Spiel am Drosselklappenhebel 1 mm.
- Drehzahlmesser nach Bedienungsanleitung anschließen. Leerlaufdrehzahl prüfen. Der Sollwert, siehe Seite 75.
- Gegebenenfalls Leerlaufdrehzahl an der Umluftschraube (3) einstellen.
- Schlauch für Kurbelgehäuseentlüftung wieder aufschieben.

Leerlaufdrehzahl prüfen/einstellen

- Da sich beim Einstellen des Leerlaufs der CO-Gehalt im Abgas verändern kann, ist es sinnvoll, während der Leerlaufeinstellung ein CO-Meßgerät anzuschließen.
- Wandert der CO-Gehalt bei der Einstellung der Leerlaufdrehzahl aus dem Toleranzbereich heraus, sind die Leerlaufdrehzahl und der CO-Gehalt durch **wechselseitiges** Verdrehen der Einstellschrauben auf die jeweiligen Sollwerte einzustellen.
- Motor warmfahren, Öltemperatur muß mindestens +60° C betragen.
- Elektrische Verbraucher (Radio, Scheinwerfer usw.) ausschalten.
- Luftklappe (obere Klappe im Vergaser) muß vollständig geöffnet sein. Luftfilter aufgeschraubt lassen.
- Falls vorhanden, Klimaanlage ausschalten.
- Drehzahlmesser nach Vorschrift anschließen.
- CO-Meßgerät anschließen.
- Sicherungskappe entfernen.
- Schlauch für Kurbelgehäuseentlüftung am Zylinderkopfdeckel abziehen, Schlauch verschließen.
- Zündeinstellung muß in Ordnung sein, ggf. prüfen.
- Bei Automatikfahrzeugen: Gaszugstellung muß in Ordnung sein.

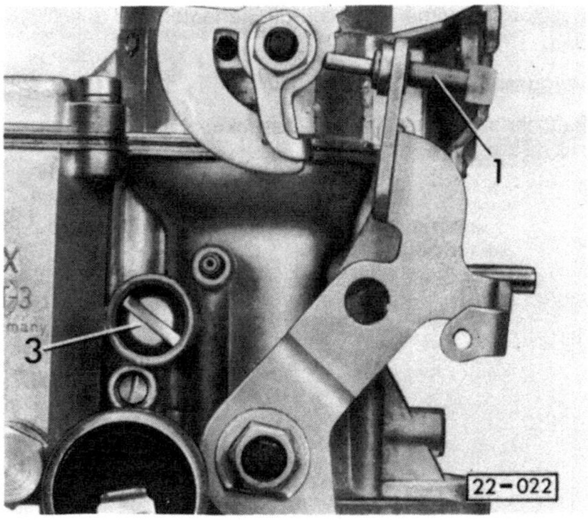

- Leerlaufdrehzahl durch Verdrehen der Regulierschraube –3– einstellen. Sollwert siehe Seite 75.

Achtung: Drehzahl nicht an der Begrenzungsschraube (1) einstellen.

CO-Gehalt einstellen

- Motor warmfahren, Öltemperatur muß mindestens +60° C betragen.
- Elektrische Verbraucher (Radio, Scheinwerfer) ausschalten.
- Luftklappe (obere Klappe im Vergaser) muß vollständig geöffnet sein.
- Schlauch für Kurbelgehäuseentlüftung am Zylinderkopfdeckel abziehen und in Richtung Luftfilter verschließen.
- Drehzahlmesser und CO-Prüfgerät anschließen, Motor starten.
- Falls vorhanden, Klimaanlage ausschalten.
- Sicherungskappe an Einstellschraube zerstören.
- Zündzeitpunkt prüfen, siehe Seite 204.
- Leerlaufdrehzahl prüfen.

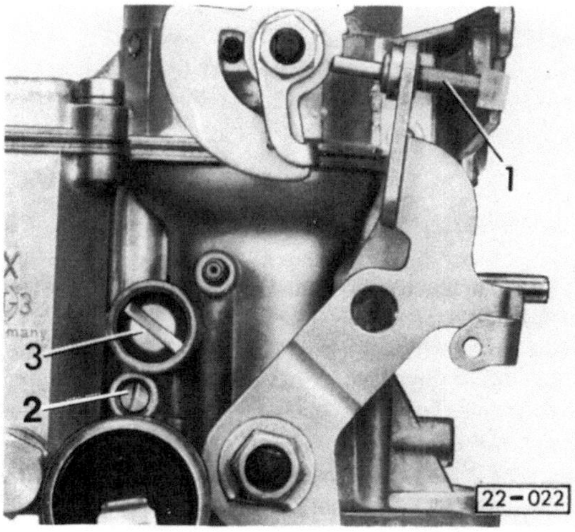

- CO-Wert an der Regulierschraube –2– einstellen, Sollwert siehe Seite 75.

Achtung: Bei den Einstellarbeiten darf der Lüfter für Kühler nicht laufen.

- Leerlaufdrehzahl prüfen, gegebenenfalls korrigieren.
- Neue Sicherungskappe auf Einstellschrauben aufsetzen.

Achtung: Nach der CO-Einstellung muß der Schlauch für die Kurbelgehäuseentlüftung wieder aufgesteckt werden. Wenn jetzt der CO-Gehalt ansteigt, liegt das nicht an einer falschen Einstellung, sondern an einer Anfettung aus dem Kurbelgehäuse infolge Ölverdünnung bei überwiegendem Kurzstreckenverkehr. Bei längeren zügigen Überlandfahrten verringert sich der Kraftstoffanteil im Öl und der CO-Gehalt normalisiert sich wieder. Kurzfristig läßt sich das auch durch eine ca. 30-minütige scharfe Fahrt oder durch einen sowieso anstehenden Ölwechsel erreichen.

Die Startautomatik

Die Startautomatik wird elektrisch beheizt, die Einstellung sollte nur, wenn unbedingt nötig, geändert werden.

Richtig eingestellt ist die Startautomatik, wenn die Kerben (Körnerschlag) von Vergasergehäuse und Starterdeckel übereinstimmen.

Ausbau

- Massekabel von Batterie abklemmen.
- Elektrische Leitung für Startautomatik abziehen.
- 3 Schrauben herausdrehen, Starterdeckel abnehmen.

Einbau

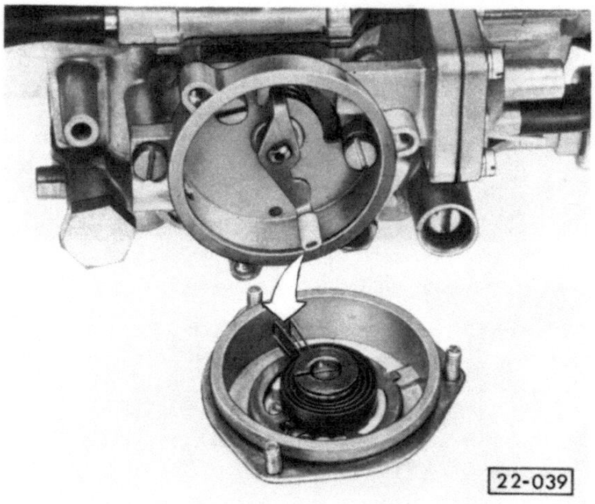

- Beim Einbau des Starterdeckels darauf achten, daß die Heizspirale in den Mitnehmerhebel greift.
- Starterdeckel ansetzen, 3 Schrauben reindrehen, Kerben von Starterdeckel und Vergasergehäuse müssen gegenüberliegen, Starterdeckel festziehen.
- Leitung für Startautomatik aufstecken, Batterie-Massekabel anschließen.
- Luftfilter abbauen, Schrauben am Starterdeckel lösen, Starterdeckel verdrehen. Soll die Starterklappe länger geschlossen bleiben, Starterdeckel so verdrehen, daß die Starterklappe sich in Richtung „zu" bewegt (höchstens 5 mm von der Markierung).
- Anschließend Startautomatik prüfen. Die Starterklappe muß nach der Warmlaufphase offen sein (senkrecht stehen).
- Falls die Startautomatik eher abschalten soll, Starterdeckel entgegengesetzt verdrehen (max. 5 mm).
- Masseband an Batterie anklemmen.

Thermoschalter für Startautomatik prüfen

Die elektrische Beheizung der Startautomatik wird seit September 1975 in Abhängigkeit von der Kühlmitteltemperatur abgeschaltet. Die Aufheizung der Startautomatik erfolgt über zwei Thermoschalter.

Fahrzeuge mit Schaltgetriebe von 8.75 bis 7.77:

Thermoschalter	–a–	unter ca. + 9° C – 0 Ω
		über ca. +18° C – ∞ Ω
	–b–	unter ca. +23° C – 0 Ω
		über ca. +31° C – ∞ Ω
Widerstand	–c–	ca. 3 Ω
ab 8.77		
Thermoschalter	–b–	unter ca. +25° C – 0 Ω
		über ca. +30° C – ∞ Ω

(ohne Widerstand)

Fahrzeuge mit automatischem Getriebe:

Thermoschalter	–b–	unter ca. +25° C – 0 Ω
		über ca. +30° C – ∞ Ω

(ohne Widerstand)

Startautomatik prüfen

- Luftfilter von Vergaser abbauen.
- Gaspedal einmal langsam durchtreten, Luftklappe (obere Klappe im Vergaser) muß geschlossen sein.
- Motor starten.
- Etwas Gas geben, damit die Begrenzungsschraube nicht gegen die Stufenscheibe drückt.
- Je nach Außentemperatur muß sich die Luftklappe nach etwa 5 Minuten geöffnet haben. Sonst Bimetallfeder auf Bruch untersuchen, bzw. Stromanschluß für Startautomatik überprüfen.

Leerlaufabschaltventil prüfen

Das Leerlaufabschaltventil verschließt beim Abschalten der Zündung den Zulauf des Leerlauf- und Zusatzgemisches in die Mischkammer. Dadurch wird verhindert, daß der abgeschaltete Motor aufgrund von Glühzündungen nachläuft. Bei einem Defekt des Ventils springt der Motor nicht an.

Prüfen

- Zündung einschalten und elektrische Zuleitung zum Ventil mehrmals aufstecken und abziehen. Dabei muß das Ventil hörbar klicken.

Das Ventil kann auch in ausgebautem Zustand überprüft werden:

- Ventil abschrauben und an Masse legen (auf Motor oder Vergaser).
- Von Batterie-Pluspol Leitung an die Klemme für Leerlaufabschaltventil anschließen.
- Vorn am Ventil den Stift ca. 3 bis 4 mm einschieben. Dabei muß der Kern angezogen werden, sonst Ventil auswechseln bzw. elektrische Zuleitung überprüfen.

Pulldown-Einrichtung prüfen

Der zur Starteinrichtung gehörende Pulldown hat die Aufgabe, die Starter-(Luft-)klappe unmittelbar nach dem Anspringen des Motors auf ein bestimmtes Spaltmaß aufzuziehen, um eine Überfettung des Startgemisches zu vermeiden. Die Steuerung erfolgt über Unterdruck, der in einem Speicher gesammelt wird. Durch den Unterdruck wird die Pulldownmembrane angezogen. Eine mit der Membrane verbundene Zugstange greift an den Mitnehmerhebel und öffnet die Starterklappe gegen die Spannung der Bimetallfeder auf einen genau festgelegten Spalt.

- Luftfilterdeckel abnehmen.
- Motor im Leerlauf laufen lassen.
- Luftklappe (obere Klappe im Vergaser) von Hand schließen. Läßt sich die Luftklappe bis zu einem Spalt von ca. 4 mm leicht schließen und tritt dann ein größerer Widerstand auf, ist die Pulldown-Einrichtung i. O.
- Kann die Luftklappe ohne Widerstand ganz geschlossen werden, ist entweder die Membran gerissen oder das Unterdrucksystem undicht.
- Luftfilterdeckel montieren.

Einspritzmenge der Beschleunigungspumpe prüfen/einstellen

Die Einspritzmenge der Beschleunigungspumpe ist immer dann zu überprüfen, wenn der Benzinverbrauch zu hoch ist, der Übergang beim Gasgeben zu schlecht ist, der Motor nur schlecht Gas annimmt und verzögert beschleunigt.

- Motor kurz warmlaufen lassen, damit die Schwimmerkammer gefüllt wird.
- Luftfilter ausbauen.
- Luftklappe öffnen und mit einem Stück Draht festklemmen.
- Röhrchen über Pumpenrohr der Beschleunigungspumpe schieben.
- Drosselklappe am Gasgestänge betätigen (mehrmals Vollgas geben), bis Kraftstoff aus dem Röhrchen austritt.

- Geeigneten Meßzylinder unter Abspritzröhrchen halten, Drosselklappe (Vollgas geben) zügig, aber nicht zu schnell, bis zum Anschlag 5mal voll öffnen (mindestens 3 Sekunden pro Hub).
- Eingespritzte Menge durch 5 dividieren und errechneten Wert mit Sollwert vergleichen, siehe Seite 75.

Vergaser 055 129 015 D und E

- Wird der Sollwert nicht erreicht, Gestänge verstellen. Einspritzmenge geringer = (–); Einspritzmenge größer = (+).

Vergaser 055 129 015 K, L, S und T sowie 055 129 022 S, T und 055 129 023 D und J.

- Einspritzmenge einstellen: b – Einspritzmenge vergrößern; a – Einspritzmenge verkleinern.

Achtung: Der Kraftstoffstrahl muß auf den in der Mitte des Lufttrichters befindlichen Kragen des Austrittarmes treffen.

Kaltleerlaufdrehzahl einstellen

(Drosselklappenspalt)

Im Januar 1975 erhielt der Vergaser zwei Einstellschrauben am Drosselklappenhebel.

Falls der Motor im kalten Zustand stehen bleibt, kann die erhöhte Leerlaufdrehzahl mit der Begrenzungsschraube (2) verändert werden.

1 – Begrenzung für Grundeinstellung der Drosselklappe,
2 – Begrenzungsschraube für Kaltleerlauf.

- Motoröltemperatur mindestens 60° C.
- Zündzeitpunkteinstellung i. O.
- Leerlaufeinstellung i. O.

Achtung: Einstellung ist nur bei Vergaser 055129015 K, L, S und T sowie 055129022 S, T und 055129023 D und J mit zwei Begrenzungsschrauben am Drosselklappenhebel möglich.

- Drehzahlmesser anschließen. Motor laufen lassen. Begrenzungsschraube auf dritte Stufe der Rastscheibe (Pfeil) stellen.
- Drehzahl einstellen. Sollwert, siehe Seite 75.

Luftklappenspaltmaß einstellen

Ab Januar 1975 kann das Luftklappenspaltmaß eingestellt werden. Das Spaltmaß ist nach einer vollständigen Vergaser-Überholung einzustellen, oder wenn der Motor schlecht Gas annimmt, beziehungsweise Übergangsstörungen vorhanden sind.

- Starterdeckel für Startautomatik abschrauben.

- Zugstange für Unterdruckmembrane bis zum Anschlag drücken (Pfeil).
- Luftklappe im Vergaser schließen.
- In dieser Stellung Spaltmaß mit Spiralbohrer prüfen. Sollwert siehe „Vergaserdaten". Spiralbohrer zwischen Luftklappe und Vergasergehäuse schieben.
- Luftklappenspalt gegebenenfalls an der Einstellschraube (Pfeil) einstellen.
- Starterdeckel anschrauben und Startautomatik einstellen, siehe Seite 75.

Belüftung für Schwimmerkammer

Im Januar 1975 erhielten Fahrzeuge mit automatischem Getriebe (34 PICT-Vergaser) eine zusätzliche Schwimmerkammer-Belüftung. Die Belüftung erfolgt bei voll geöffneter Drosselklappe bis ca. 1800 U/min. Dadurch wird das Fahrverhalten unter Vollast und an Steigungen oder mit Anhänger verbessert.

Funktion

Ein Drehzahlrelais, in der Relaisplatte untergebracht, wird von der Zündspule gesteuert. Bis ca. 1800 U/min schaltet das Relais Masse auf ein Umschaltventil, das im Motorraum neben der Zündspule angebracht ist. Das Umschaltventil bleibt bis zu dieser Drehzahl geöffnet und belüftet über eine Schlauchleitung die Schwimmerkammer. Oberhalb 1800 U/min schließt das Umschaltventil.

- Anschluß –1– zur Klemme 15, Anschluß –2– zum Drehzahlrelais in Relaisplatte, Anschluß –3– Unterdruckschlauch zum Saugrohr.

Prüfen

- Drehzahlmesser anschließen, Prüflampe am Umschaltventil anschließen.
- Motor anlassen und im Leerlauf laufen lassen. Dabei muß die Prüflampe aufleuchten.

- Zwischen 1700–1900 U/min muß die Prüflampe erlöschen. Sonst Relais und Leitungen (zwischen Zündspule Klemme 1 und Relais) überprüfen.

Funktionsgesteuerte Leerlaufdüse

Fahrzeuge mit automatischem Getriebe erhielten von Januar 1975 bis September 75 eine Leerlaufdüse (52,5/60), deren Bohrung sich je nach Motortemperatur (Kühlwassertemperatur) ändert. Unter +17° ± 3° C Düsengröße 60, Kühlmitteltemperatur über +17° ± 3° C Düsengröße 52,5.

Funktion

Die Leerlaufdüse im Vergaser wird durch Unterdruck gesteuert. Bei Temperaturen unter +17° ± 3° C gelangt Unterdruck über das thermopneumatische Ventil (2, befindet sich im Kühlmittelschlauch) zur Leerlaufdüse und gibt die große Bohrung (60) frei. Oberhalb +17° ± 3° C schließt das thermopneumatische Ventil. In der Leerlaufdüse wird die kleine Bohrung (52,5) freigegeben. **Achtung:** Der außermittige Anschluß am thermopneumatischen Ventil muß immer mit der Leerlaufdüse verbunden werden. –1– Kaltleerlaufventil.

1B3-Vergaser

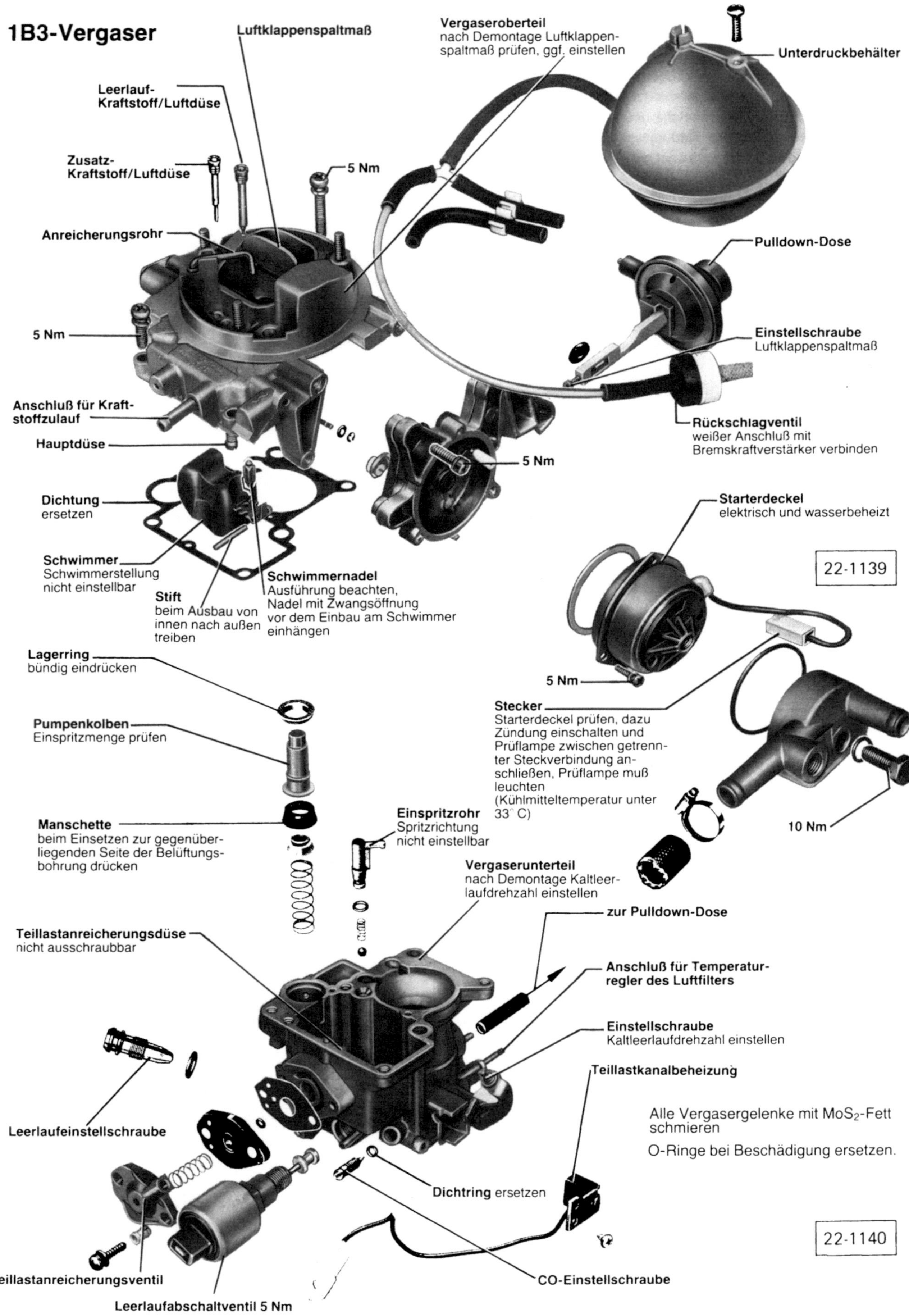

Alle Vergasergelenke mit MoS_2-Fett schmieren

O-Ringe bei Beschädigung ersetzen.

Düsenanordnung 1B3-Vergaser

Düsenanordnung im Vergaseroberteil

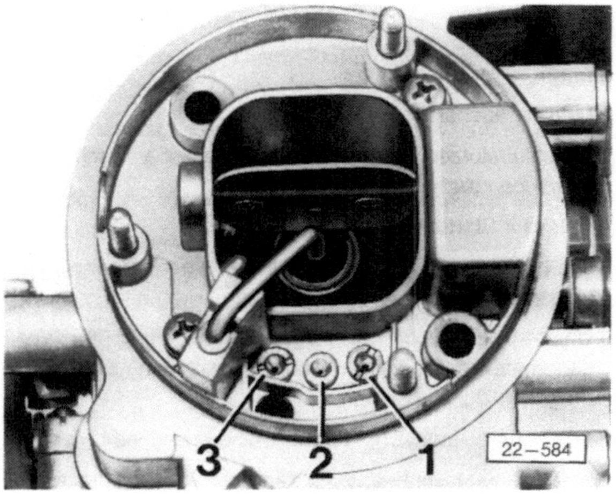

1 – Leerlauf-Kraftstoff/Luftdüse
2 – Luftkorrekturdüse mit Mischrohr
(nicht ausschraubbar)
3 – Zusatz-Kraftstoffdüse/Luftdüse

- Seit Juni 1980 ist ein Vergaser mit geänderter Schwimmerkammerentlüftung eingesetzt. Als Ersatzteil wird nur das neue Vergaseroberteil geliefert. Beim Einbau eines neuen Vergaseroberteils in Fahrzeuge, die nicht mit einem Kraftstoff-Vorratsbehälter ausgestattet sind, ist zusätzlich der Einbau des Vorratsbehälters erforderlich, siehe Seite 65.

- Seit Oktober 1981 hat die Luftklappe des 1B3-Vergasers eine Aussparung. Dadurch gelangt der Luftstrom ungehindert zum Vorzerstäuber und verbessert damit die Gemischaufbereitung in der Warmlaufphase.

Hauptdüsenanordnung

Anreicherungsrohr einstellen bis 9.81

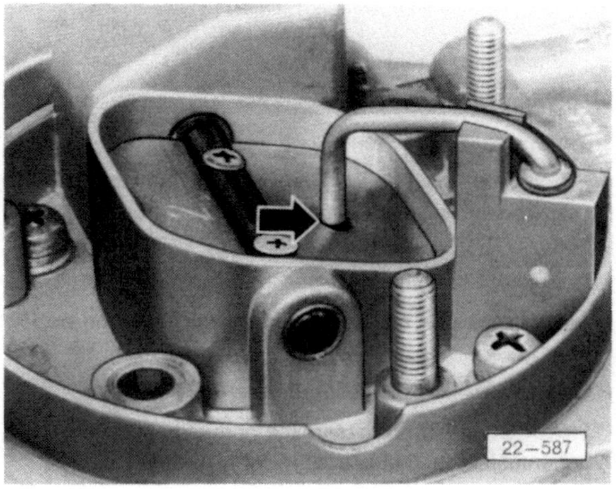

- Unterkante Anreicherungsrohr muß mit Oberkante Luftklappe abschließen.

Achtung: Steht das Anreicherungsrohr zu tief, so treten Ruckelerscheinungen im Fahrbetrieb auf. Steht das Rohr zu hoch, treten Kaltstart-Schwierigkeiten auf.

Seit 10.81: Zwischen der Unterkante des Anreicherungsrohres und der Luftklappe muß ein Spalt von 1,0 ± 0,3 mm vorhanden sein.

Vergaser aus- und einbauen

Ausbau

- Batterie-Masseband abklemmen.
- Luftfilter abnehmen, siehe Seite 80.
- Vergaserzug abklemmen.
- Elektrische Anschlüsse von Leerlaufabschaltventil und Umluftbeheizung und Startautomatik markieren und abziehen.
- Deckel für Startautomatik abschrauben.
- Benzinschläuche am Vergaser kennzeichnen und abziehen.
- Unterdruckschläuche kennzeichnen und abziehen.
- 2 Schrauben aus Vergasermitte herausdrehen, Vergaser abnehmen, Ansaugrohr abdecken.

Einbau

- Vergaser aufsetzen und anschrauben.
- Elektrische Anschlüsse für Leerlaufabschaltventil und Startautomatik aufschieben.
- Benzinschläuche entsprechend der Markierung aufschieben und mit Schellen sichern.
- Unterdruckschläuche aufschieben.
- Batterie-Masseband anklemmen.
- Vergaserzug anklemmen und einstellen.
- Deckel für Startautomatik anschrauben.
- Luftfilter aufbauen, siehe Seite 80.
- Leerlauf einstellen.

Vergaseroberteil aus- und einbauen

Falls nur das Vergaseroberteil abgebaut werden muß, kann diese Arbeit auch bei eingebautem Vergaser durchgeführt werden.

Ausbau

- Luftfilter ausbauen, siehe Seite 80.
- Anschlußstutzen für Startautomatik an der Sechskantschraube abschrauben.
- Kabel für Startautomatik abziehen.
- Kraftstoffschläuche kennzeichnen und vom Vergaseroberteil abziehen.
- Unterdruckschlauch für Pulldown-Einrichtung am Vergaserunterteil abziehen. **Achtung:** Schlauch nicht an der Pulldown-Dose abziehen.
- 4 Schrauben aus Vergaseroberteil herausschrauben.
- 2 Befestigungsschrauben für Vergaser oben aus Vergasermitte herausschrauben, der Vergaser bleibt auf dem Ansaugflansch.
- Vergaseroberteil abnehmen.

Einbau

- Neue Dichtung auf Vergaserunterteil auflegen.
- Vergaseroberteil aufsetzen und mit 6 Schrauben befestigen.
- Kabel für Startautomatik aufschieben.
- Kraftstoffschläuche aufsetzen. **Achtung:** Kraftstoffschläuche nicht verwechseln. Der blaue Kraftstoffrücklaufschlauch muß auf den Stutzen mit Pfeil (oben im Vergasergehäuse) aufgesteckt werden.
- Unterdruckschlauch für Pulldown-Dose aufstecken.
- Deckel für Startautomatik anschrauben, Gummidichtring nicht vergessen.
- Luftfilter anbauen.

Leerlaufdrehzahl prüfen/einstellen

- Da sich beim Einstellen des Leerlaufs der CO-Gehalt im Abgas verändern kann, ist es sinnvoll, während der Leerlaufeinstellung ein CO-Meßgerät anzuschließen.
- Motor warmfahren, Öltemperatur muß mindestens +60° C betragen.
- Automatikfahrzeuge: Gaszugeinstellung muß in Ordnung sein.
- Elektrische Verbraucher (Radio, Scheinwerfer usw.) ausschalten.

Achtung: Bei Fahrzeugen mit TSZ-H (Transistor-Zündung) und DLS (Leerlaufstabilisierung) müssen die Prüfgeräte bei ausgeschalteter Zündung angeschlossen werden.

- Zündzeitpunkteinstellung überprüfen, siehe Seite 204.
- Luftklappe (obere Klappe im Vergaser) muß vollständig geöffnet sein. Luftfilter aufgeschraubt lassen.
- Falls vorhanden, Klimaanlage ausschalten.
- Drehzahlmesser nach Vorschrift anschließen.
- CO-Meßgerät anschließen.
- Sicherungskappe entfernen.
- Schlauch für Kurbelgehäuseentlüftung am Zylinderkopfdeckel abziehen, Schlauch verschließen.

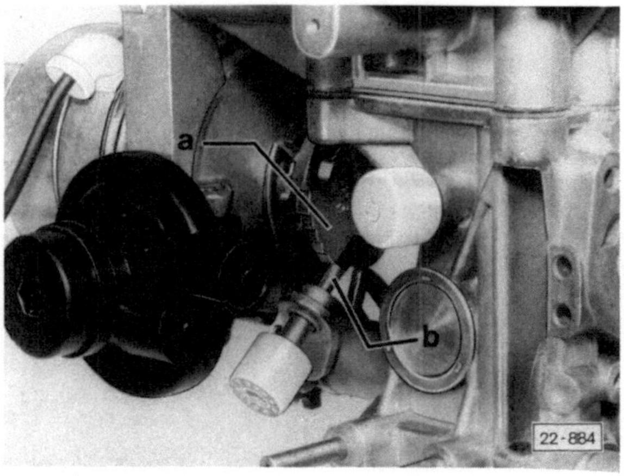

- Stellung der Stufenscheibe –a– bei der Leerlauf- und CO-Einstellung.

Achtung: Luftklappe und Stufenscheibe sind an diesem Vergaser entkoppelt. Es kann vorkommen, daß nach dem Öffnen der Luftklappe und betätigen der Drosselklappe die Einstellschraube –b– noch auf der Stufenscheibe –a– aufliegt. In diesem Fall Stufenscheibe –a– so verdrehen, daß die Einstellschraube –b– nicht aufliegt.

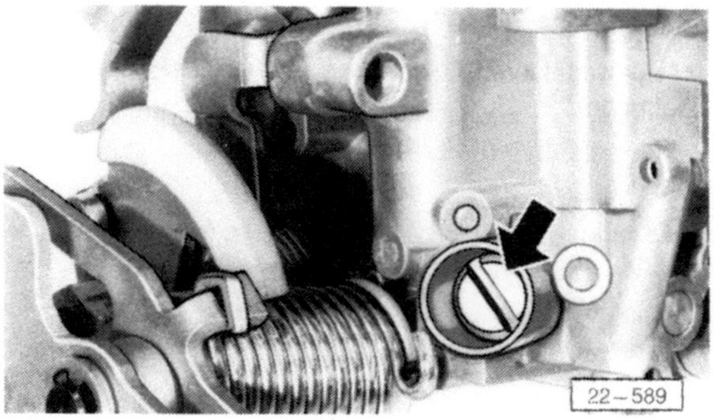

- Motor starten.
- Leerlaufdrehzahl an Einstellschraube einregulieren. Sollwert, siehe unter „Vergaserdaten“ Seite 76.
- Wandert der CO-Gehalt bei der Einstellung der Leerlaufdrehzahl aus dem Toleranzbereich heraus, sind die Leerlaufdrehzahl und der CO-Gehalt durch **wechselseitiges** Verdrehen der Einstellschrauben auf die jeweiligen Sollwerte einzustellen.

Achtung: Während der Einstellarbeiten darf der Lüfter für Kühler nicht laufen.

Leerlaufeinstellung bei Fahrzeugen mit DLS- und TSZ-H-Anlage

- Vor dem Einstellen Stecker vom Schaltgerät für Leerlaufstabilisierung abziehen und miteinander verbinden, siehe Seite 199.
- Leerlaufdrehzahl und CO-Gehalt durch **wechselweises** Verdrehen der Einstellschraube auf Soll- bzw. Einstellwerte einstellen. Einstellwert für Leerlaufdrehzahl 800 ± 50/min, CO-Gehalt 1,0 ± 0,5 %.
- Schaltgerät für Leerlaufstabilisierung wieder anschließen.
- Motor starten und Drehzahl kurzfristig erhöhen (Gasstoß geben).
- Leerlauf muß auf Prüfwert (850–950/min) ansteigen, ggf. Schaltgerät austauschen.

CO-Gehalt einstellen

- Motor warmfahren, Öltemperatur muß mindestens +60° C betragen.
- Elektrische Verbraucher (Radio, Scheinwerfer) ausschalten.
- Luftklappe (obere Klappe im Vergaser) muß vollständig geöffnet sein.
- Schlauch für Kurbelgehäuseentlüftung am Zylinderkopfdeckel abziehen und in Richtung Luftfilter verschließen.
- Drehzahlmesser und CO-Prüfgerät anschließen, Motor starten.
- Falls vorhanden, Klimaanlage ausschalten.

Achtung: Bei den Einstellarbeiten darf der Lüfter für Kühler nicht laufen.

- Sicherungskappe an Einstellschraube zerstören.
- Zündzeitpunkt prüfen, siehe Seite 204.
- Leerlaufdrehzahl prüfen.

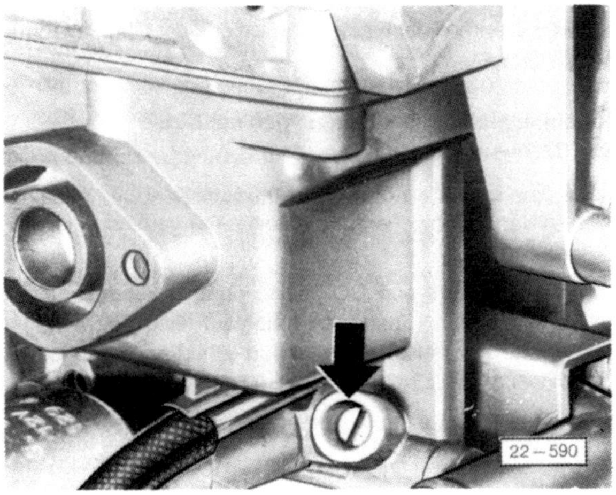

- CO-Gehalt (Pfeil) einstellen, Sollwert siehe Seite 76.
- CO-Gehalt nochmals prüfen, ggf. korrigieren.
- Nach einer Korrektur CO-Einstellschraube mit blauer Sicherungskappe sichern.

Achtung: Nach der CO-Einstellung muß der Schlauch für die Kurbelgehäuseentlüftung wieder aufgesteckt werden. Wenn jetzt der CO-Gehalt ansteigt, liegt das nicht an einer falschen Einstellung, sondern an einer Anfettung aus dem Kurbelgehäuse infolge Ölverdünnung bei überwiegendem Kurzstreckenverkehr. Bei längeren zügigen Überlandfahrten verringert sich der Kraftstoffanteil im Öl und der CO-Gehalt normalisiert sich wieder. Kurzfristig läßt sich das auch durch eine ca. 30-minütige scharfe Fahrt oder durch einen sowieso anstehenden Ölwechsel erreichen.

Saugrohrvorwärmung prüfen

Zur Verbesserung des Fahrverhaltens während der Warmlaufphase ist im Ansaugrohr seit August 1980 ein elektrisch beheizter Saugrohrvorwärmer eingebaut. Der Saugrohrvorwärmer heizt sich sekundenschnell auf und gibt seine Wärme an das Kraftstoffluftgemisch ab.

- Isolation der Anschlußleitung (rot) auf Rißbildung und auf Beschädigungen durch möglichen Grat am Ansaugrohr prüfen.
- Zugentlastung (Schutzschlauch) auf korrekten Sitz prüfen.
- Ist die Anschlußleitung beschädigt, Saugrohrvorwärmer ersetzen.
- Sitz der Kabelbinder für die Anschlußleitung überprüfen, hierbei darauf achten, daß sich die Leitung nicht an Metallteilen durchscheuern kann.

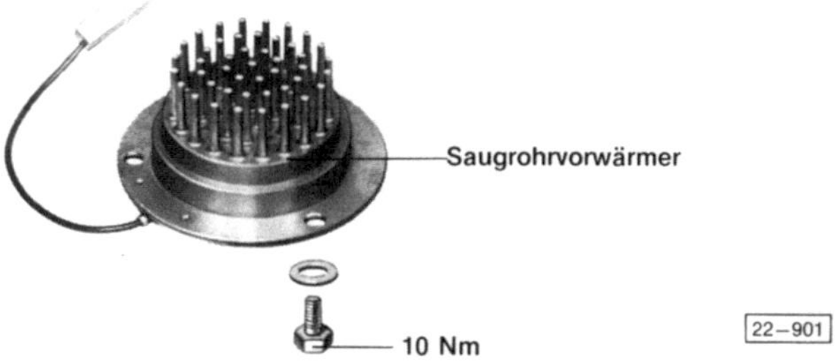

- Spannungsversorgung am Saugrohrvorwärmer mit Voltmeter prüfen. Sollwert mindestens 11,5 V.
- Motor muß zur Prüfung kalt sein.

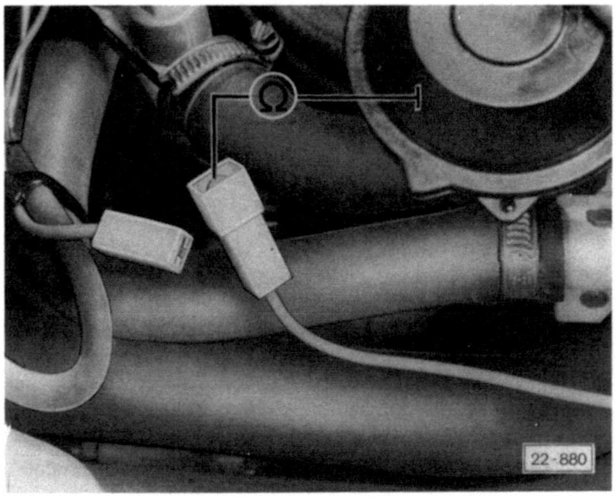

- Mit Ohmmeter Widerstand zwischen Anschlußkabel und Masse messen. Sollwert 0,25–0,50 Ω.

Vergaserzug einstellen

Achtung: Der Gaszug ist sehr knickempfindlich und somit beim Einbau besonders sorgfältig zu behandeln.

- Ein einziger leichter Knick kann zum späteren Bruch im Fahrbetrieb führen. Züge, die geknickt wurden, dürfen daher **nicht** eingebaut werden.
- Beim Einbau ist darauf zu achten, daß der Gaszug zwischen seinen Stützlagern und den Zugbefestigungspunkten fluchtet.
- Luftfilter ausbauen.
- Luftklappe (obere Klappe im Vergaser) voll öffnen.
- Gaspedal in Vollgasstellung drücken.

- Vergaserzug einstellen. Dazu Sicherung am Widerlager (Pfeil) in die entsprechende Steckraste –A– bringen, bis der Vergaserzug straff ist.
- Kontrolle: Bei Vollgasstellung des Gaspedals muß zwischen Drosselklappenhebel und Anschlag –a– ein Spiel von max. 1 mm vorhanden sein. Gegebenenfalls Sicherung am Widerlager umstecken.
- Luftfilter anbauen, siehe Seite 80.

Kaltleerlaufdrehzahl prüfen und einstellen

Die Kaltleerlaufdrehzahl ist immer dann zu überprüfen und neu einzuregulieren, wenn der Vergaser völlig demontiert war oder der Motor während der Warmlaufphase einen schlechten Übergang hat.

- Drehzahlmesser anschließen.
- Leerlaufeinstellung überprüfen.
- Motortemperatur muß mindestens 60° C betragen.
- Die Zündzeitpunkteinstellung muß in Ordnung sein, prüfen, siehe Seite 204.
- Luftfilter ausbauen, siehe Seite 80.

Achtung: Voraussetzung für eine einwandfreie Einstellung ist eine dichte Pulldown-Einrichtung.

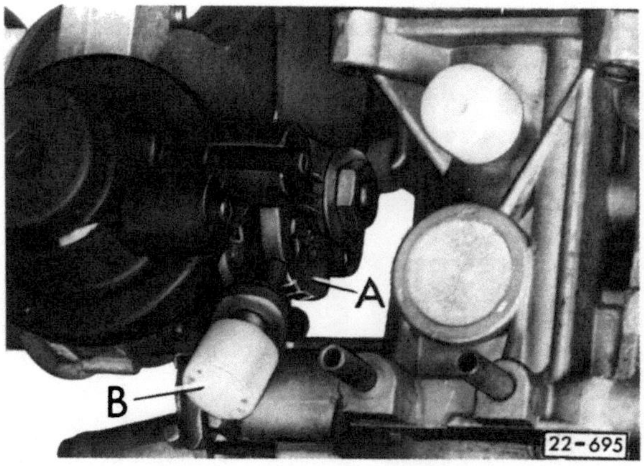

- Drosselklappe betätigen und Stufenscheibe –A– der Kaltstarteinrichtung so verdrehen, daß die Begrenzungsschraube –B– **auf der höchsten Stufe der Stufenscheibe steht.**
- Motor ohne Betätigung des Gaspedals starten.
- Kaltleerlaufdrehzahl prüfen und ggf. mit Einstellschraube –B– einstellen.
- Sollwert für Kaltleerlaufdrehzahl, siehe Seite 76.
- Luftfilter montieren, siehe Seite 80.

Pulldown-Einrichtung prüfen

Der zur Starteinrichtung gehörende Pulldown hat die Aufgabe, die Starter- (Luft-)klappe unmittelbar nach dem Anspringen des Motors auf ein bestimmtes Spaltmaß aufzuziehen, um eine Überfettung des Startgemisches zu vermeiden. Die Steuerung erfolgt über Unterdruck, der in einem Speicher gesammelt wird. Durch den Unterdruck wird die Pulldownmembrane angezogen. Eine mit der Membrane verbundene Zugstange greift in den Mitnehmerhebel und öffnet die Starterklappe gegen die Spannung der Bimetallfeder auf einen genau festgelegten Spalt.

- Luftfilter abnehmen.
- Motor im Leerlauf laufen lassen.
- Luftklappe von Hand schließen. Läßt sich die Luftklappe bis zu einem Spalt von ca. 4 mm leicht schließen und tritt dann ein größerer Widerstand auf, ist die Pulldown-Einrichtung i. O.
- Kann die Luftklappe ohne Widerstand ganz geschlossen werden, ist entweder die Membran gerissen oder das Unterdrucksystem undicht.
- Luftfilter montieren.

Achtung: Seite 8/81 ist eine größere Pulldown-Dose, Durchmesser 53 mm (bisher 43 mm), im Einsatz. Bei nachträglichem Einbau ist ggf. die Abdeckung oberhalb der Dose nachzuarbeiten. Anschließend Luftklappenspalt einstellen und Dichtigkeit der Pulldown-Einrichtung überprüfen lassen.

Luftklappenspalt einstellen

Das Luftklappenspaltmaß ist nach einer vollständigen Vergaserüberholung und nach Ausbau des Vergaseroberteils einzustellen oder wenn der Motor schlecht Gas annimmt, beziehungsweise Übergangsstörungen vorhanden sind.

Achtung: Voraussetzung ist ein dichtes Unterdrucksystem der Pulldown-Einrichtung.

- Startautomatik ausbauen.

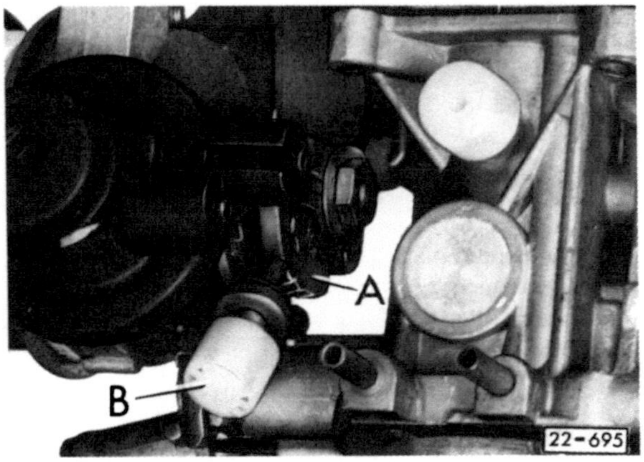

- Drosselklappe betätigen und Stufenscheibe –A– der Kaltstarteinrichtung so verdrehen, daß die Einstellschraube –B– **auf der höchsten Stufe** der Stufenscheibe steht.

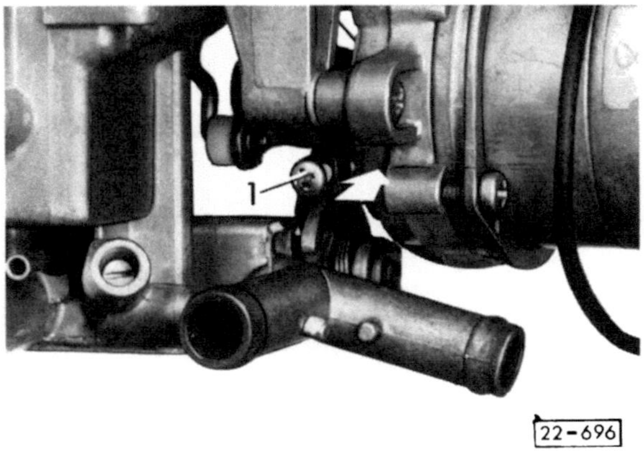

- Betätigungsstange für Luftklappe mit Schraubendreher an der Einstellschraube –1– in Richtung Pulldown-Dose –Pfeil– auf Anschlag drücken.

- In dieser Stellung ist das größtmögliche Spaltmaß (2. Stufe) erreicht. Maß mit Spiralbohrer prüfen. Eine genaue Prüfung/Einstellung von 1. und 2. Stufe ist nur mit einem Unterdruck-Prüfgerät möglich. Sollwert, siehe Seite 76.

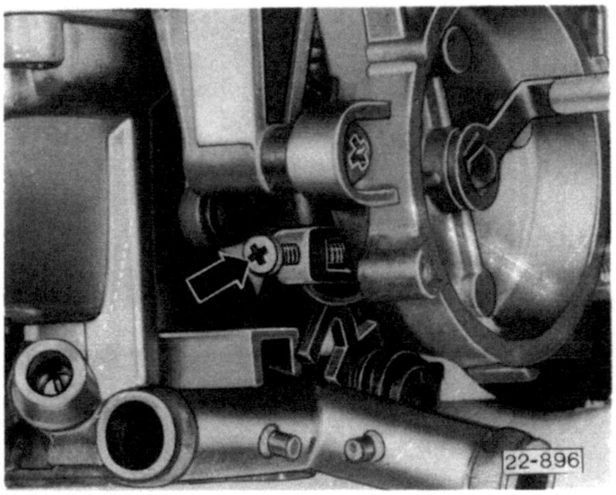

- Luftklappenspalt an der Einstellschraube (Pfeil) einstellen.

Einspritzmenge prüfen und einstellen

Die Einspritzmenge der Beschleunigungspumpe ist immer dann zu überprüfen, wenn das Übergangsverhalten des Motors beim Beschleunigen schlecht ist, beziehungsweise dann, wenn der Motor zuviel Kraftstoff verbraucht.

- Motor kurz laufen lassen, damit sich die Schwimmerkammer füllt.
- Vergaser ausbauen.
- Geeigneten Trichter unter Vergaser halten, Kraftstoffmenge im Meßglas auffangen.
- Drosselklappenhebel 10mal langsam öffnen. Mindestens 3 Sekunden pro Hub.
- Abgelesenen Wert der eingespritzten Menge durch 10 dividieren und mit Sollwert vergleichen. Sollwert siehe Seite 76.

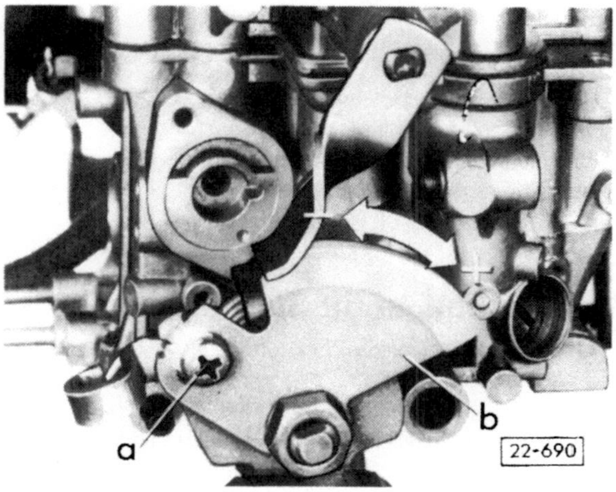

- Einspritzmenge durch Lösen der Klemmschraube –a– und Verdrehen der Kurvenscheibe –b– einstellen. + = Einspritzmenge größer; – = Einspritzmenge geringer.
- Wird die erforderliche Einspritzmenge nicht erreicht: Pumpenkolben, -manschette prüfen. Rücklaufsperrventil, Einspritzrohr auf Durchgang prüfen. **Achtung:** Die Einspritzrichtung ist nicht verstellbar.
- Einstellmutter nach der Einstellung mit Sicherungslack sichern.

Die Startautomatik

Die Startautomatik wird elektrisch- und wasserbeheizt. Die elektrische Beheizung wird über einen Thermoschalter im Kühlmittelkreislauf bei Kühlmitteltemperaturen über ca. 35° C abgeschaltet. Die Grundeinstellung sollte nur, wenn unbedingt erforderlich, verändert werden.

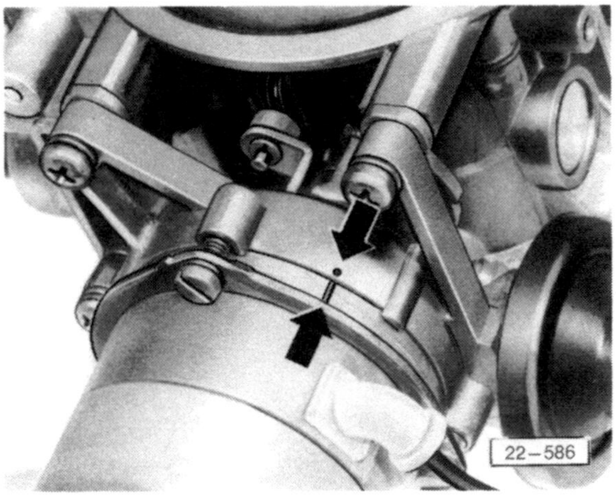

- Markierung am Deckel muß mit Markierung am Vergaseroberteil fluchten.

Ausbau

- Massekabel von Batterie abklemmen.
- Elektrische Leitung für Startautomatik abziehen.
- Deckel für Startautomatik abschrauben.
- 3 Schrauben am Einstellring herausdrehen, Starterdeckel abnehmen.

Einbau

- Auf richtige Lage der Isolierscheibe achten.
- Dichtung erneuern. Beim Einbau darauf achten, daß die Heizspirale in den Mitnehmerhebel greift.
- Starterdeckel ansetzen, Dichtung nicht vergessen, 3 Schrauben reindrehen. Kerben von Starterdeckel und Vergasergehäuse müssen fluchten. Starterdeckel festziehen.
- Leitung für Startautomatik aufstecken, Deckel mit neuem Dichtring anschrauben, Batterie-Massekabel anschließen.
- Falls die Startautomatik zu früh abschaltet (Motor bleibt während der Warmlaufphase stehen), kann der Starterdeckel um etwa 5 mm (zwischen Markierung Vergasergehäuse und Markierung Starterdeckel) verdreht werden (vorher die 3 Schrauben am Deckel lösen), doch muß dann auf alle Fälle bei betriebswarmem Motor die Stufenscheibe noch bis zum Anschlag herabfallen können.
- Luftfilter abbauen, Schrauben am Starterdeckel lösen, Starterdeckel verdrehen. Soll die Starterklappe länger geschlossen bleiben, Starterdeckel so verdrehen, daß die Starterklappe sich in Richtung „zu" bewegt (höchstens 5 mm von der Markierung).
- Anschließend Startautomatik prüfen. Die Starterklappe muß nach der Warmlaufphase offen sein (senkrecht stehen).
- Falls die Startautomatik eher abschalten soll, Starterdeckel entgegengesetzt verdrehen (max. 5 mm).

Startautomatik prüfen

- Luftfilter von Vergaser abbauen, siehe Seite 76.
- Gaspedal einmal langsam durchtreten, Luftklappe (obere Klappe im Vergaser) muß geschlossen sein.
- Zündung einschalten, Motor starten.
- Je nach Außentemperatur muß sich die Luftklappe nach etwa 5 Minuten geöffnet haben. Sonst Bimetallfeder auf Bruch untersuchen bzw. Stromanschluß bei Startautomatik oder Thermoschalter überprüfen.

Thermoschalter für Startautomatik prüfen

Die elektrische Beheizung der Startautomatik wird über einen Thermoschalter gesteuert, der in Abhängigkeit der Kühlmittel-Temperatur arbeitet. Dadurch erfolgt die Aufheizung der Bimetallfeder oberhalb von +35° C nur noch mit etwa 9 Volt. Geprüft wird der Thermoschalter mit einem Ohmmeter.

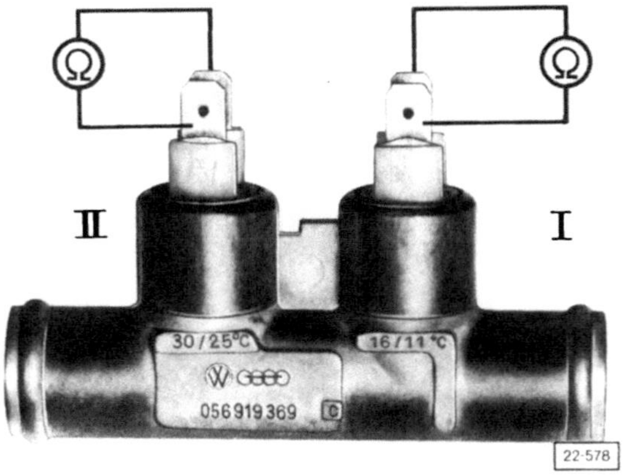

- Schalter I für Startautomatik prüfen. Die Isolierung der Steckzungen ist rot. Sollwert unter ca. 30° C = 0 Ω, über ca. 40° C = ∞ Ω.
- Zur Prüfung Schalter ausbauen und im Wasserbad auf Prüftemperaturen erwärmen und Widerstand mit Ohmmeter prüfen.

Leerlaufabschaltventil prüfen

Das Leerlaufabschaltventil verschließt beim Abschalten der Zündung den Zulauf des Leerlauf- und Zusatzgemisches in die Mischkammer. Dadurch wird verhindert, daß der abgeschaltete Motor aufgrund von Glühzündungen nachläuft. Bei einem Defekt des Ventils springt der Motor nicht an.

Prüfen

- Zündung einschalten und elektrische Zuleitung zum Ventil mehrmals aufstecken und abziehen. Dabei muß das Ventil hörbar klicken.

Das Ventil kann auch in ausgebautem Zustand überprüft werden:

- Ventil abschrauben und an Masse legen (auf Motor).
- Von Batterie-Pluspol Leitung an die Klemme für Leerlaufabschaltventil anschließen.
- Vorn am Ventil den Stift ca. 3 bis 4 mm einschieben. Dabei muß der Kern angezogen werden, sonst Ventil auswechseln bzw. elektrische Zuleitung überprüfen.

Kraftstoffvorratsbehälter

In der Leitung zwischen der Kraftstoffpumpe und dem Vergaser ist seit März 1980 ein Kraftstoffvorratsbehälter angeordnet. Er stellt sicher, daß dem Vergaser dampfblasenfreier Kraftstoff zugeführt wird und eventuell vorhandene Dampfblasen über die Rücklaufleitung – R – zum Tank abgeleitet werden.

K – Kraftstoffpumpe, R – Rücklaufleitung, V – Vergaser.

Elektrische Teillastkanalbeheizung

Anstelle der bisherigen wasserbeheizten Teillastkanalbeheizung ist seit März 1980 eine elektrische Teillastkanalbeheizung im Einsatz.

Heizelement prüfen

- Elektrische Leitung am Leerlaufabschaltventil – 1 – und Steckverbinder – 2 – abziehen.

- Prüflampe an Leitung und an Batterieplus anklemmen. Prüflampe muß aufleuchten, ggf. Heizelement austauschen.

Teillast-Anreicherungsventil

Seit 11.80 wird ein geändertes Teillast-Anreicherungsventil eingebaut. Das neue Ventil besitzt eine Membranstange mit Bund und einen braunen Dichtring.

Im Reparaturfall ist grundsätzlich ein neues Anreicherungsventil (mit Bund) einzubauen. Die Wiederverwendung ausgebauter Ventile ist nicht zulässig.

Aufgequollene und von der Membranstange abgerutschte Dichtringe können die Ursache sein für:

- Unregelmäßigen bzw. nicht einstellbaren Leerlauf.
- Hohen Kraftstoffverbrauch.

2B2-Vergaser

Hinweis:

Alle Vergasergelenke mit MoS_2-Fett schmieren. Dichtringe, Dichtungen und Sicherungskappen ersetzen.

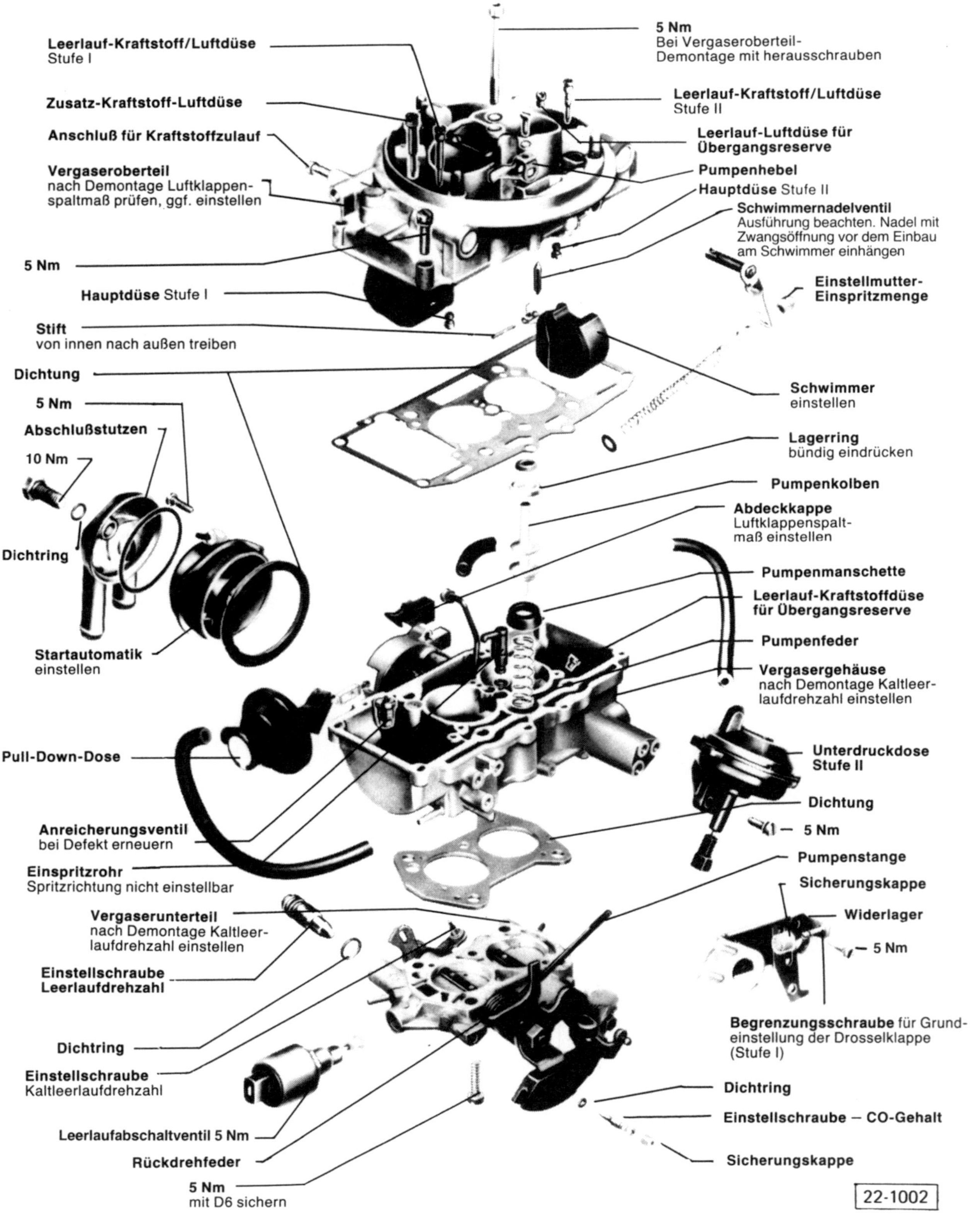

Vergaser aus- und einbauen

2B2 / 2B5

Ausbau

- Batterie-Masseband abklemmen.
- Luftfilter abnehmen, siehe Seite 80.
- Vergaserzug abklemmen.
- Elektrische Anschlüsse vom Leerlaufabschaltventil und von der Startautomatik abziehen.
- Anschlußstutzen für Startautomatik abschrauben.
- Kraftstoffschläuche – Zulauf und Rücklauf – markieren und abziehen.
- Unterdruckschläuche, die zum Vergaser führen, markieren und abziehen.
- Vier Schrauben von oben aus dem Vergaser herausschrauben.
- Vergaser abnehmen.
- Ansaugstutzen mit sauberem Tuch abdecken.

Einbau

- Zwischenflansch, falls abgenommen, mit neuer Dichtung anschrauben. Vergaser aufsetzen und aufschrauben. Unterlegscheiben nicht vergessen.
- Elektrische Anschlüsse für Leerlaufabschaltventil und Startautomatik aufschieben.
- Abschlußstutzen für Startautomatik aufschrauben, Dichtring nicht vergessen.
- Kraftstoffschläuche aufschieben und mit Schellen sichern.

Achtung: Zu- und Rücklauf nicht verwechseln, Kraftstoffschläuche entsprechend der Markierung aufschieben.

- Sämtliche Unterdruckschläuche aufschieben.
- Vergaserzug anklemmen.
- Batterie-Masseband anklemmen.
- Luftfilter ausbauen, siehe Seite 80.
- Leerlauf überprüfen und gegebenenfalls einstellen, siehe Seite 69.

Vergaserzug einstellen

2B2-/2B5-Vergaser

Achtung: Der Gaszug ist sehr knickempfindlich und somit beim Einbau besonders sorgfältig zu behandeln.

- Ein einziger leichter Knick kann zum späteren Bruch im Fahrbetrieb führen. Züge, die geknickt wurden, dürfen daher **nicht** eingebaut werden.
- Beim Einbau ist darauf zu achten, daß der Gaszug zwischen seinen Stützlagern und den Zugbefestigungspunkten fluchtet.
- Luftfilter ausbauen.
- Luftklappe (obere Klappe im Vergaser) voll öffnen.
- Gaspedal in Vollgasstellung drücken.

Bis 8.80

- Gaszug an der Klemmschraube (Pfeil) anklemmen.
- Einstellkontrolle: Bei Vollgasstellung des Gaspedals muß zwischen Drosselklappenhebel und Anschlag ein Spiel von maximal 1 mm vorhanden sein. Gegebenenfalls Gaszug neu einstellen.

Seit 9.80

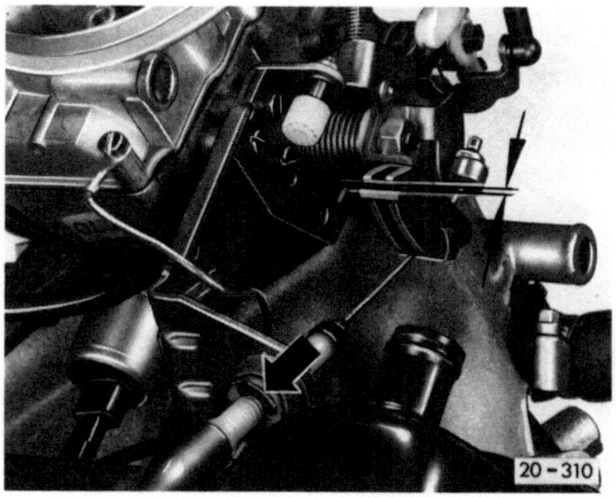

- Vergaserzug einstellen. Dazu Sicherung am Widerlager –Pfeil– in die entsprechende Steckraste bringen, bis der Vergaserzug straff ist und am Drosselklappenhebel die Vollgasstellung knapp erreicht ist.
- Kontrolle: Bei Vollgasstellung am Vergaser muß das Gaspedal dicht (ca. 5 mm) über dem Bodenbelag stehen.
- Luftfilter einbauen.

Vergaseroberteil aus- und einbauen

Ausbau

- Luftfilter abbauen, siehe Seite 80.
- Schlauch von Unterdruckdose/Vergaseroberteil abziehen.
- Kraftstoffschlauch vom Vergaserdeckel abziehen.

- Umlenkhebel lösen. Sicherungssplint (a) herausziehen, Unterlegscheibe (b) abnehmen. Umlenkhebel ausklinken.

- Verbindungsstange (c) aus Befestigung (d) ausklinken. **Achtung:** Einstellmutter „e" nicht verdrehen.
- Schlitzschrauben aus Vergaseroberteil herausschrauben. Vergaserdeckel abnehmen. Beim 2B5-Vergaser sitzt eine zusätzliche Inbus-Befestigungsschraube in der Mitte des Vergasers.

Einbau

- Neue Vergaserdeckeldichtung auflegen. 6 Schrauben in Vergaserdeckel einschrauben. Auf richtiges Lochbild der Vergaserdeckeldichtung achten.
- Verbindungsstange (c) in Befestigung (d) eindrücken.
- Umlenkhebel in Verbindungsstange einschieben. Unterlegscheibe (b) aufschieben. Sicherungssplint (a) durch Verbindungsstange schieben und umbiegen.
- Unterdruckschlauch aufschieben, Benzinschlauch aufschieben und mit Klemme sichern.
- Luftklappenspaltmaß einstellen, siehe Seite 72.
- Luftfilter aufbauen, siehe Seite 80.

Schwimmer einstellen

Das Kraftstoffniveau wird durch Einstellen der Schwimmer reguliert. Das Kraftstoffniveau ist dann zu überprüfen und gegebenenfalls einzustellen, wenn der Kraftstoffverbrauch sehr hoch ist oder Magerruckeln auftritt. Wenn also der Motor im Teillastbereich einen schlechten Übergang hat. Normalerweise verstellt sich der Schwimmerstand nicht.

- Vergaseroberteil ausbauen.

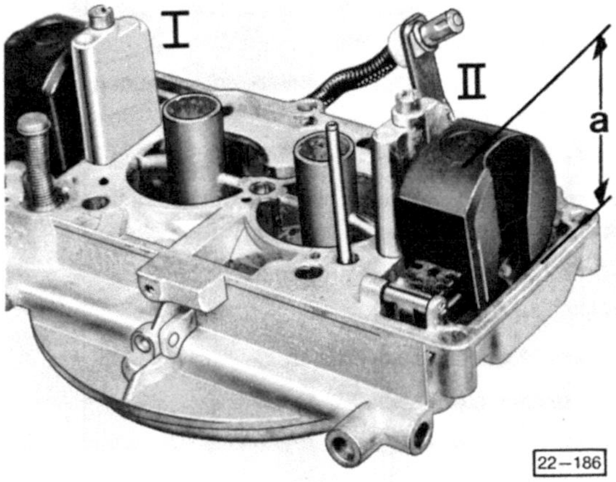

- Maß –a– durch Verbiegen des Schwimmers herstellen. Hierzu Vergaseroberteil in die linke Hand nehmen, damit die Schwimmer frei nach unten hängen. Mit der rechten Hand Schwimmer auf das vorgeschriebene Maß biegen.
- **Achtung:** Gefederter Stift des Schwimmernadelventils darf nicht eingefedert sein.
- Sollwert – a – , siehe Seite 76.

Leerlaufdrehzahl prüfen/einstellen

2B2-/2B5-Vergaser

- Da sich beim Einstellen des Leerlaufs der CO-Gehalt im Abgas verändern kann, ist es sinnvoll, während der Leerlaufeinstellung ein CO-Meßgerät anzuschließen.
- Motor warmfahren, Öltemperatur muß mindestens +60° C betragen.
- Elektrische Verbraucher (Radio, Scheinwerfer usw.) ausschalten.

Achtung: Bei Fahrzeugen mit TSZ-H (Transistor-Zündung) und DLS (Leerlaufstabilisierung) müssen die Prüfgeräte bei ausgeschalteter Zündung angeschlossen werden.

- Luftklappe (obere Klappe im Vergaser) muß vollständig geöffnet sein. Luftfilter aufgeschraubt lassen.
- Schlauch für Kurbelgehäuseentlüftung vom Zylinderkopfdeckel abziehen und luftfilterseitig verschließen.
- Falls vorhanden, Klimaanlage ausschalten.
- Drehzahlmesser nach Vorschrift anschließen.
- CO-Meßgerät anschließen.
- Sicherungskappe entfernen.

2B5-Vergaser

- Bei geöffneter Luftklappe darf die Einstellschraube – A – nicht auf der Stufenscheibe – B – stehen, eventuell Stufenscheibe verdrehen.
- Zündzeitpunkt muß stimmen, siehe Seite 204.

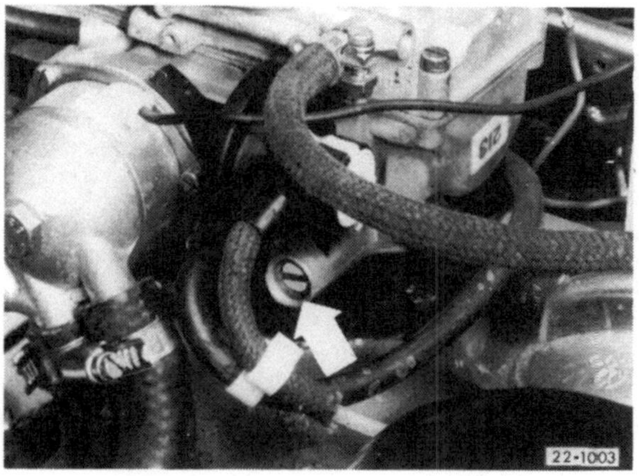

- Leerlaufdrehzahl prüfen, ggf. mit Leerlaufeinstellschraube einstellen. Sollwert siehe Seite 76.

Achtung: Während des Einstellens darf der Lüfter für Kühler nicht laufen.

- Einstellschraube sichern.
- Schlauch für Kurbelgehäuseentlüftung aufschieben.

2B2-Vergaser

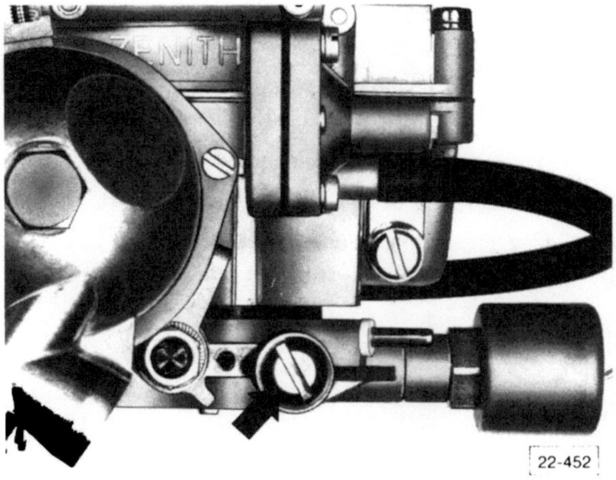

- Leerlaufdrehzahl an der Leerlaufregulierschraube einstellen, Sollwert siehe Seite 76.
- Wandert der CO-Gehalt bei der Einstellung der Leerlaufdrehzahl aus dem Toleranzbereich heraus, sind die Leerlaufdrehzahl und der CO-Gehalt durch **wechselseitiges** Verdrehen der Einstellschrauben auf die jeweiligen Sollwerte einzustellen.
- Einstellschraube sichern.
- Schlauch für Kurbelgehäuseentlüftung wieder aufstecken.

Leerlaufeinstellung bei Fahrzeugen mit DLS- und TSZ-H-Anlage

- Vor dem Einstellen Stecker vom Schaltgerät für Leerlaufstabilisierung abziehen und miteinander verbinden, siehe Seite 204.
- Leerlaufdrehzahl und CO-Gehalt durch **wechselweises** Verdrehen der Einstellschraube auf Soll- bzw. Einstellwerte einstellen. Einstellwert für Leerlaufdrehzahl 800 ± 50/min, CO-Gehalt 1,0 ± 0,5 %.
- Schaltgerät für Leerlaufstabilisierung wieder anschließen.
- Motor starten und Drehzahl kurzfristig erhöhen (Gasstoß geben).
- Leerlauf muß auf Prüfwert (850–950/min) ansteigen, ggf. Schaltgerät austauschen.

CO-Gehalt einstellen

2B2-/2B5-Vergaser

- Motor warmfahren, Öltemperatur muß mindestens +60° C betragen.
- Elektrische Verbraucher (Radio, Scheinwerfer) ausschalten.
- Luftklappe (obere Klappe im Vergaser) muß vollständig geöffnet sein.
- Schlauch für Kurbelgehäuse am Zylinderkopfdeckel abziehen und verschließen.
- Drehzahlmesser und CO-Prüfgerät anschließen. Motor starten.
- Falls vorhanden, Klimaanlage ausschalten.
- Sicherungskappe an Einstellschraube zerstören.
- Zündzeitpunkt prüfen, siehe Seite 204.
- Leerlaufdrehzahl prüfen.

2B5-Vergaser

22-1004

- CO-Gehalt an der Einstellschraube (Pfeil) einstellen, dabei darf der Lüfter für Kühler nicht laufen. Sollwert siehe Seite 76.
- Neue Sicherungskappe auf Einstellschrauben aufsetzen.

2B2-Vergaser

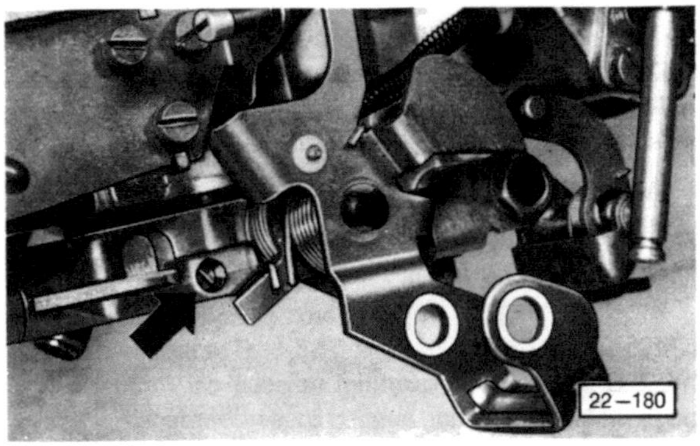
22–180

- CO-Wert an der Regulierschraube (Pfeil) einregulieren, dabei darf der Lüfter für Kühler nicht laufen, Sollwert siehe Seite 76.
- Leerlaufdrehzahl prüfen und korrigieren.
- Neue Sicherungskappe auf Einstellschrauben aufsetzen.

Achtung: Nach der CO-Einstellung muß der Schlauch für die Kurbelgehäuseentlüftung wieder aufgesteckt werden. Wenn jetzt der CO-Gehalt ansteigt, liegt das nicht an einer falschen Einstellung, sondern an einer Anfettung aus dem Kurbelgehäuse infolge Ölverdünnung bei überwiegendem Kurzstreckenverkehr. Bei längeren zügigen Überlandfahrten verringert sich der Kraftstoffanteil im Öl und der CO-Gehalt normalisiert sich wieder. Kurzfristig läßt sich das auch durch eine ca. 30-minütige scharfe Fahrt oder durch einen sowieso anstehenden Ölwechsel erreichen.

Einspritzmenge der Beschleunigerpumpe prüfen/einstellen

2B2-/2B5-Vergaser

Die Einspritzmenge der Beschleunigerpumpe ist immer dann zu überprüfen, wenn der Benzinverbrauch zu hoch ist, der Übergang beim Gasgeben zu schlecht ist, der Motor nur schlecht Gas annimmt oder verzögert beschleunigt.

- Motor kurz warmlaufen lassen, damit die Schwimmerkammer gefüllt wird.
- Luftfilter ausbauen, siehe Seite 80.
- Vergaser ausbauen, siehe Seite 67.
- Trichter und Meßzylinder unter Vergaser halten.
- Drosselklappenhebel 10mal langsam öffnen, mindestens 3 Sekunden pro Hub.
- Abgelesenen Wert der eingespritzten Menge durch 10 dividieren und mit Sollwert (siehe unter „Vergaserdaten") vergleichen.

2B5-Vergaser

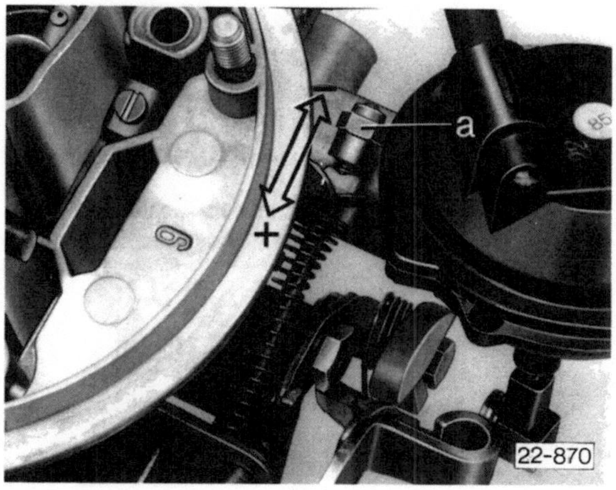

- Einspritzmenge an der Einstellmutter – a – einstellen. + = Einspritzmenge größer; – = Einspritzmenge geringer.

2B2-Vergaser

- Die Einspritzmenge kann an der Einstellmutter –a– verändert werden. + = Einspritzmenge größer, – = Einspritzmenge geringer.
- Einstellmutter –a– nach der Einstellung mit Sicherungslack sichern.

Achtung: Wird nach der Korrektur die erforderliche Einspritzmenge nicht erreicht: Pumpenkolben, -manschette prüfen. Einspritzrohr auf Durchgang prüfen.

- Vergaser einbauen, siehe Seite 67.
- Luftfilter einbauen, siehe Seite 80.
- Leerlaufdrehzahl einstellen.
- CO-Gehalt prüfen.

Kaltleerlaufdrehzahl prüfen und einstellen

Der Drosselklappenspalt kann auch über die Kaltleerlaufdrehzahl eingestellt werden. Das hat den Vorteil, daß zum Einstellen der Vergaser nicht ausgebaut werden muß. Die Kaltleerlaufdrehzahl ist immer dann zu überprüfen bzw. einzustellen, wenn der Motor beim Gasgeben einen schlechten Übergang hat oder der kalte Motor schlecht Gas annimmt. Außerdem ist die Einstellung nach der Demontage des Vergaseroberteils zu überprüfen.

Achtung: Prüfgeräte nur bei ausgeschalteter Zündung anschließen.

- Motortemperatur mindestens +50° C.
- Luftfilterdeckel ausbauen, siehe Seite 80.
- Sicherungsschraube für Begrenzungsschraube entfernen.
- Zündeinstellung muß in Ordnung sein.
- Leerlaufeinstellung muß stimmen.
- Drehzahlmesser bei ausgeschalteter Zündung anschließen.
- Drosselklappe öffnen, Luftklappe voll verschließen.

- Drosselklappe loslassen. Die Einstellschraube –A– steht dann auf der höchsten Stufe der Stufenscheibe –Pfeil–.
- Luftklappe loslassen (muß voll geöffnet sein). Motor ohne Betätigung des Gaspedals starten.
- Drehzahl prüfen und ggf. mit Einstellschraube –A– einstellen.
- Sollwert siehe Seite 76.
- Schraube nach der Einstellung mit Sicherungslack sichern.

Achtung: Steht die Begrenzungsschraube auf der höchsten Stelle der Stufenscheibe, ist sie schlecht zugängig. Deshalb zur Einstellung Drosselklappe kurz betätigen und Schraube nach Gefühl verdrehen. Anschließend Prüfung der Kaltleerlaufdrehzahl wiederholen.

Luftklappenspaltmaß prüfen und einstellen

Das Luftklappenspaltmaß ist nach einer vollständigen Vergaserüberholung und nach Abbau des Vergaseroberteils einzustellen oder wenn der Motor schlecht Gas annimmt, beziehungsweise Übergangsstörungen vorhanden sind.

Prüfen

- Luftfilter ausbauen, siehe Seite 80.
- Deckel für Startautomatik ausbauen, siehe Seite 74.
- Abdeckkappe für Einstellschraube abnehmen.

- Drosselklappe betätigen und Stufenscheibe der Kaltstarteinrichtung so verdrehen, daß die Einstellschraube auf der höchsten Stufenscheibe steht.

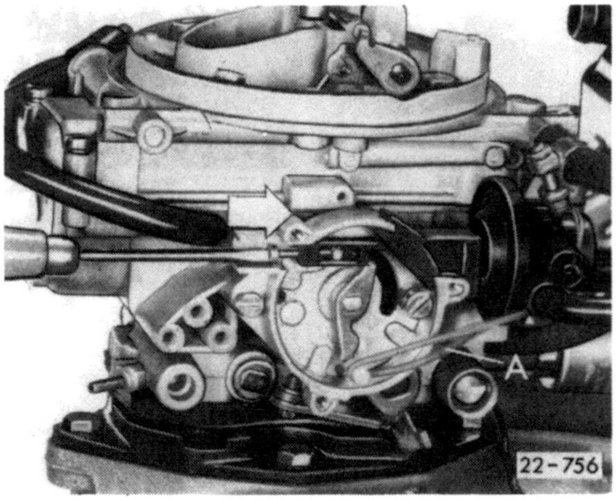

- Schlepphebel mittels Gummi –A– zur Anlage bringen (spannen).
- Zugstange bis Anschlag eindrücken –Pfeil–.

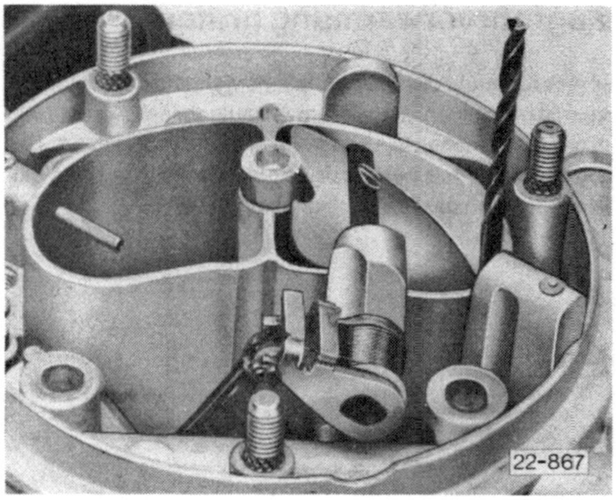

- Luftklappenspalt mit geeignetem Spiralbohrer prüfen.
- Sollwert für Spiralbohrer siehe Seite 76.

- Luftklappenspaltmaß an der Einstellschraube –Pfeil– einstellen.
- Deckel für Startautomatik anbauen, siehe Seite 76.
- Luftfilter montieren, siehe Seite 80.

Thermopneumatisches Ventil

Bei Fahrzeugen mit Vergaser 055 129 017 A/Q (Automatikfahrzeuge) wird beim Beschleunigen des Fahrzeuges die Einspritzmenge temperaturabhängig gesteuert. Dazu befindet sich im Kühlmittelkreislauf ein thermopneumatisches Ventil und im Vergaser ein Regelventil.

- Beim thermopneumatischen Ventil – 1 – muß der außermittige Anschluß (Pfeil) mit dem Regelventil verbunden werden.
- Das thermopneumatische Ventil muß unter +20° C geöffnet und über +25° C geschlossen sein (ausbauen und mit Mund durchblasen).

- Regelventil – 2 – im Vergaser.
- Da bei der Prüfung der Einspritzmenge kein Unterdruck am Regelventil anliegt, wird der für den warmen Motor angegebene Wert gemessen. Anschließend mit dem Mund Unterdruck am Regelventil erzeugen und Einspritzmenge nochmals prüfen. In diesem Fall muß der für den kalten Motor angegebene Wert erreicht werden. Ggf. Regelventil ersetzen.
- Sollwert, siehe Seite 76.

Die Startautomatik

2B2-/2B5-Vergaser

Die Startautomatik wird elektrisch und wasserbeheizt. Die Grundeinstellung sollte nur, wenn unbedingt erforderlich, verändert werden. Die elektrische Beheizung ist jedoch nur bei niedrigen Temperaturen wirksam, siehe Seite 52.

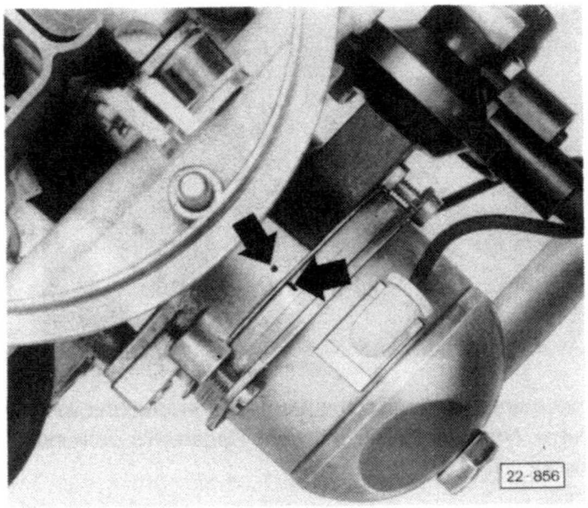

- Richtig eingestellt ist die Startautomatik, wenn die Markierungen von Startautomatikdeckel und Vergaseroberteil (Pfeile) fluchten.

Ausbau

- Massekabel von Batterie abklemmen.
- Elektrische Leitung für Startautomatik abziehen.
- Deckel für Startautomatik an der Sechskantschraube abschrauben.
- 3 Schrauben am Einstellring herausdrehen, Starterdeckel abnehmen.

Einbau

- Dichtung erneuern. Beim Einbau darauf achten, daß die Heizspirale in den Mitnehmerhebel greift.
- Starterdeckel ansetzen, Dichtung nicht vergessen, 3 Schrauben reindrehen. Kerben von Starterdeckel und Vergasergehäuse müssen fluchten. Starterdeckel festziehen.
- Leitung für Startautomatik aufstecken, Batterie-Massekabel anschließen.
- Abschlußstutzen mit neuem Dichtring ansetzen, neuen Dichtring für Sechskantschraube verwenden. Abschlußstutzen anschrauben.

Saugrohrvorwärmung prüfen

Zur Verbesserung des Fahrverhaltens während der Warmlaufphase ist bei einigen Modellen im Ansaugrohr seit August 1980 ein elektrisch beheizter Saugrohrvorwärmer eingebaut. Der Saugrohrvorwärmer heizt sich sekundenschnell auf und gibt seine Wärme an das Kraftstoffluftgemisch ab.

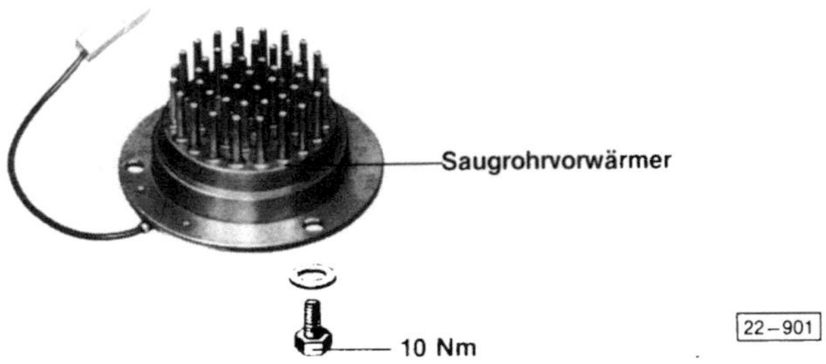

- Spannungsversorgung am Saugrohrvorwärmer mit Voltmeter prüfen. Sollwert mindestens 11,5 V.
- Motor muß zur Prüfung kalt sein.

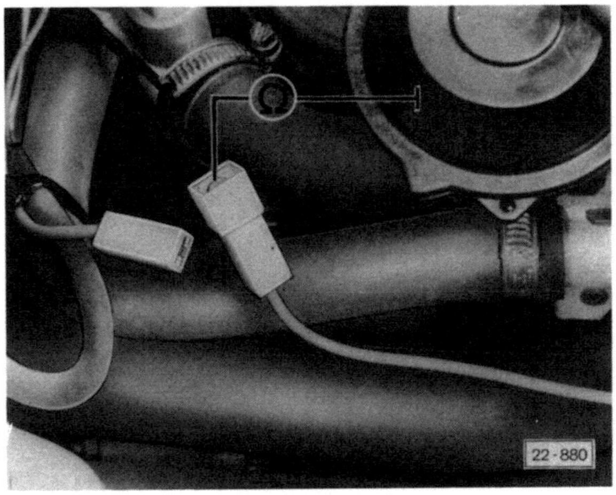

- Mit Ohmmeter Widerstand zwischen Anschlußkabel und Masse messen. Sollwert 0,25–0,50 Ω .

Vergaserdaten I

		1,5 l Schalt-getriebe	1,5 l Automatik	1,5 l Schalt-getriebe	1,5 l Automatik	1,6 l Schalt-getriebe	1,6 l Automatik	1,5 l Schalt-getriebe	1,5 l Automatik	1,5 l Schalt-getriebe	1,5 l Automatik
Aus-führung											
Motor	Einsatz	4. 74	8. 74	1. 75	1.75	9.75	9.75	8. 77	8. 77	1. 78	1. 78
	Motor-Nummer	FH 000001	FH 000001	FH 081804	FH 081804	FP 000001 FT 000001	FP 000001 FT 000001	JB 000001	JB 000001	JB 060001	JB 060001
	PS	70	70	70	70	75/70	75/70	70	70	70	70
Vergaser	Typ	34 PICT-5	34 PICT-5	34 PICT-5	34 PICT-5	34 PICT-5	34 PICT-5	34 PICT-5	34 PICT-5	34 PICT-5	34 PICT-5
	Ersatzteil-Nr.	055129015D	055129015E[2])	055129015K	055129015L	055129015S	055129015T	055129022S	055129022T	055129023D	055129023J
	Änderungszustand	–	–	VW 480-2	VW 481-2	VW 530-1	VW 531-1	–	–	–	–
Vergaser-bestük-kung	Lufttrichter mm ∅	27	27	27	27	27	27	26	26	26	26
	Hauptdüse	x 135	x 135	x 135	x 135	x 142,5	x 142,5	x 135	x 132,5	x 135	x 132,5
	Luftkorrekturdüse mit Mischrohr	115 z	115 z	115 z	115 z	115 z	115 z	100 z	100 z	100 z	100 z
	Leerlaufkraftstoffdüse	52,5	52,5	52,5	52,5/60	52,5	52,5	50	50	50	50
	Leerlaufluftdüse	100	100	95	95	140	140	120	135	130	135
	Zusatzkraftstoffdüse	40	40	40	40	40	40	40	40	40	40
	Zusatzluftdüse	140	140	140	140	160	160	120	120	120	120
	Anreicherung mit/ohne Kugel	0,7/ohne	0,7/ohne	0,7/ohne	0,7/ohne	85/85	85/85	0,9/ohne	0,9/ohne	0,9/ohne	0,95/ohne
	Einspritzmenge cm^3/Hub	1,1±0,15	1,1±0,15	1,1±0,15	1,1±0,15	1,1±0,15	1,1±0,15	1,1±0,15	1,1±0,15	1,1±0,15	1,1±0,15
	Schwimmernadelventil mm ∅	1,5	1,5	1,5	1,5	1,5	1,5	1,5	1,5	1,5	1,5
	Dichtung unter Schwimmernadelventil mm	0,5	0,5	0,5	0,5	0,5	0,5	0,5	0,5	0,5	0,5
	Kaltleerlaufdrehzahl 1/mm	–	–	2400±50	2400±50	2400±50	2400±50	2400±50	2400±50	2400±50	2400±50
	Luftklappenspaltmaß mm	3,2±0,5	3,2±0,5	3,2±0,5	3,2±0,5	4,4±0,15	4,0±0,15	4,8±0,15	3,8±0,15	4,6±0,15	3,8±0,15
	Kennzeichnung des Starterdeckels	106	106	130	130	137	133	162	162	162	162
	Oktanzahlbedarf/Benzin	91/N	91/N	91/N	91/N	91/N	91/N	91/N	91/N	91/N	91/N
Leerlauf-einstel-lung[1])	Drehzahl 1/min	950±50	950±50	950±50	950±50	950±50	950±50	950±50	950±50	950±50	950±50
	CO-Gehalt Vol. %	1,5±0,5	1,5±50	1,5±0,5	1,5±0,5	1,0±0,2	1,0±0,2	1,5±0,5	1,5±0,5	1,5±0,5	1,5±0,5

1) Prüf- und Einstellbedingungen beachten.

2) Als Ersatz wird der Vergaser 055 129 015 L geliefert.

Vergaserdaten II

Ausführung			1,5 l Schalt-getriebe	1,5 l Automatik	1,5 l Schalt-getriebe	1,5 l Automatik
Motor	Einsatz		ab 8. 79	ab 8. 79	ab 10. 81	ab 10. 81
	Motor-Nummer		JB 330 001	JB 330 001	JB	JB
	PS		70	70	70	70
Vergaser	Typ		1 B 3	1 B 3	1 B 3	1 B 3
	Ersatzteil-Nr.		055 129 024	055 129 024 A	055 129 025 J	055 129 025 K
			055 129 024 N[1]	055 129 024 P[1]		
Vergaser bestückung	Lufttrichter	mm ∅	26	26	26	26
	Hauptdüse		x 122,5	x 120	x 122,5	x 120
	Luftkorrekturdüse mit Mischrohr		100	100	100	100
	Leerlauf-Kraftstoff/Luftdüse		50/130	50/130	50/130	50/130
	Zusatz-Kraftstoff/Luftdüse		37,5/130	37,5/130	37,5/130	37,5/130
	Pumpen-Einspritzrohr	mm ∅	0,55	0,55	0,55	0,50
	Einspritzmenge	cm^3/Hub	0,9±0,15	0,9±0,15	0,9±0,15	0,9±0,15
	Schwimmernadelventil	mm ∅	2,0	2,0	1,75[2]	1,75[2]
	Anreicherungsdüse		–	–	100	105
	Kaltleerlaufdrehzahl	1/min	3900±200	3700±200	3900±200	3700±200
	Luftklappenspaltmaß					
	1. Stufe	mm	2,0±0,15	2,4±0,15	2,0±0,15	2,1±0,15
	2. Stufe	mm	4,3±0,15	4,3±0,15	3,5±0,15	3,1±0,15
	Kennzeichnung des Starterdeckels		214	213	254	213
	Oktanzahlbedarf		91/N	91/N	91	91
Leerlauf-einstellung[3]	Drehzahl	1/min	950±50	950±50	950±50	950±50
	Scirocco: Prüfwert	1/min	850–950	850–950	850–950	850–950
	Einstellwert	1/min	800±50	800±50	800±50	800±50
	CO-Gehalt	Vol. %	1,0±0,5	1,0±0,5	1,0±0,5	1,0±0,5

[1] Seit 5. 80 mit elektrisch beheizter Teillastkanalbeheizung
[2] Seit 8. 82 Schwimmernadel mit Zwangsöffnung
[3] Prüf- und Einstellbedingungen beachten.

Vergaserdaten III

Ausführung			1,5 l Schaltgetriebe		1,5 l Automatik		1,5 l Schaltgetriebe		1,5 l Automatik	
Motor	Einsatz		5. 74		8. 74		4. 75		5. 75	
	Motor-Nummer		FD 000 001		FD 000 001		FD 014 750		FD 017 967	
	PS		85		85		85		85	
Vergaser	Typ		2 B 2		2 B 2		2 B 2		2 B 2	
	Ersatzteil-Nr.		055 129 017		055 129 017 A		055 129 017 P		055 129 017 O	
	Änderungszustand		475		486		VW 505-1		VW 506-1	
Vergaser-bestückung			1. Stufe	2. Stufe	1. Stufe	2. Stufe	1. Stufe	2. Stufe	1. Stufe	2. Stufe
	Lufttrichter	mm ∅	24	27	24	27	24	27	24	27
	Hauptdüse		x 115	x 125	x 115	x 125	x 117,5	x 125	x 117,5	x 125
	Luftkorrekturdüse mit Mischrohr		140	92,5	140	92,5	140	92,5	140	92,5
	Leerlauf-Kraftstoff/Luftdüse		52,5/135	70/100	52,5/135	70/100	52,2/135	70/100	52,5/135	70/100
	Zusatz-Kraftstoff/Luftdüse		42,5/130	–	42,5/130	–	42,5/130	–	52,5/140	–
	Leerlaufluftdüse für Übergangsreserve		–	–	–	–	–	–	–	–
	Leerlaufkraftstoffdüse für Übergangsreserve		–	–	–	–	–	–	–	–
	Schwimmernadelventil	mm ∅	2	2	2	2	2	2	2	2
	Pumpen-Einspritzrohr		–	–	–	–	–	–	–	–
	Anreicherungsventil		–	–	–	–	–	–	–	–
	Schwimmereinstellmaß	mm	28 ± 0,5	30 ± 0,5	28 ± 0,5	30 ± 0,5	28 ±0,5	30 ± 0,5	28 ± 0,5	30 ± 0,5
	Kennzeichnung des Starterdeckels		107		107		107		107	
	Einspritzmenge (langsam)									
	kalt	cm³/Hub	0,9 ± 0,2		1,5 ± 0,2		0,9 ± 0,2		1,5 ± 0,2	
	warm	cm³/Hub	–		0,9 ± 0,2		–		0,9 ± 0,2	
	Luftklappenspaltmaß	mm	3,5 ± 0,2		3,5 ± 0,2		3,5 ± 0,2		3,5 ± 0,2	
	Kaltleerlaufdrehzahl	1/min	3200 ± 50		3400 ± 50		3200 ± 50		3400 ± 50	
Leerlauf-einstellung*	Oktanzahlbedarf/Benzin		98/S		98/S		98/S		98/S	
	Drehzahl	1/min	950 ± 50		950 ± 50		950 ± 50		950 ± 50	
	Prüfwert	1/min	–		–		–		–	
	Einstellwert	1/min	–		–		–		–	
	CO-Gehalt	Vol %	1,5 ± 0,5		1,5 ± 0,5		1,5 ± 0,5		1,5 ± 0,5	

* Prüf- und Einstellbedingungen beachten.

			1. Stufe	2. Stufe	1. Stufe	2. Stufe	1. Stufe	2. Stufe	1. Stufe	2. Stufe
Ausführung			1,6 l Schaltgetriebe		1,6 l Automatik		1,6 l Schaltgetriebe		1,6 l Automatik	
Motor	Einsatz		9. 75		9. 75		5. 78		5. 78	
	Motor-Nummer		FR 000 001		FR 000 001		FR 027 310		FR 027 310	
	PS		85		85		85		85	
Vergaser	Typ		2 B 2		2 B 2		2 B 2		2 B 2	
	Ersatzteil-Nr.		055 129 017 T		049 129 015 E		055 129 023 K		049 129 015 E	
	Änderungszustand		AU 36-1		AU 35-1		55		AU 35	
Vergaser-bestückung			1. Stufe	2. Stufe	1. Stufe	2. Stufe	1. Stufe	2. Stufe	1. Stufe	2. Stufe
	Lufttrichter	mm ∅	24	28	24	28	24	28	24	28
	Hauptdüse		x 117,5	x 125	x 117,5	x 125	x 117,5	x 125	x 117,5	x 125
	Luftkorrekturdüse mit Mischrohr		135	92,5	135	92,5	135	92,5	135	92,5
	Leerlauf-Kraftstoff/Luftdüse		52,5/135	40/125	52,5/135	40/125	52,5/135	40/125	52,5/135	40/125
	Zusatz-Kraftstoff/Luftdüse		42,5/130	–	42,5/130	–	42,5/130	–	42,5/130	–
	Leerlaufluftdüse für Übergangsreserve		–	200	–	200	–	180	–	180
	Leerlaufkraftstoffdüse für Übergangsreserve		–	100	–	100	–	130	–	100
	Schwimmernadelventil	mm ∅	2	2	2	2	2	2	2	2
	Pumpen-Einspritzrohr		45	–	45	–	–	–	–	–
	Anreicherungsventil		65	–	65	–	65	–	65	–
	Schwimmereinstellmaß	mm	28 ± 0,5	30 ± 0,5	28 ± 0,5	30 ± 0,5	28 ± 1,0	30 ± 1,0	28 ± 1,0	30 ± 1,0
	Kennzeichnung des Starterdeckels		141		141		141		141	
	Einspritzmenge (langsam) kalt	cm^3/Hub	0,9 ± 0,15		0,9 ± 0,15		1,3 ± 0,2		0,9 ± 0,15	
	warm	cm^3/Hub	–		–		–		–	
	Luftklappenspaltmaß	mm	4,5 ± 0,15		4,5 ± 0,15		3,15 ± 0,15		4,3 ± 0,15	
	Kaltleerlaufdrehzahl	1/min	3200 ± 50		3400 ± 50		3200 ± 50		3400 ± 50	
	Oktanzahlbedarf/Benzin		91/N		91/N		91/N		91/N	
Leerlauf-einstellung*	Drehzahl	1/min	950 ± 50		950 ± 50		950 ± 50		950 ± 50	
	Prüfwert	1/min	–		–		–		–	
	Einstellwert	1/min	–		–		–		–	
	CO-Gehalt	Vol %	1,0 ± 0,5		1,0 ± 0,5		1,0 ± 0,5		1,0 ± 0,5	

* Prüf- und Einstellbedingungen beachten.

Ausführung			1,6 l Schaltgetriebe		1,6 l Automatik		1,6 l Schaltgetriebe		1,6 l Automatik	
Motor	Einsatz		8. 79		8. 79		8. 80		8. 80	
	Motor-Nummer		FR 064 001		FR 064 001		FR		FR	
	PS		85		85					
Vergaser	Typ		2 B 5		2 B 5		2 B 5		2 B 5	
	Ersatzteil-Nr.		055 129 024 C		049 129 016 F		055 129 024 T		049 129 017 055 129 025 F[1]	
	Änderungszustand		AU 86		AU 87		AU 110-1		AU 111-1/AU 135[1]	
Vergaser-bestückung			1. Stufe	2. Stufe	1. Stufe	2. Stufe	1. Stufe	2. Stufe	1. Stufe	2. Stufe
	Lufttrichter	mm ∅	24	28	24	28	24	28	24	28
	Hauptdüse		x 117,5	x 125	x 117,5	x 125	x 117,5	x 125	x 117,5	x 125
	Luftkorrekturdüse mit Mischrohr		135	92,5	135	92,5	135	92,5	135	92,5
	Leerlauf-Kraftstoff/Luftdüse		52,5/135	40/125	52,5/135	40/125	52,5/135	40/125	52,5/135	40/125
	Zusatz-Kraftstoff/Luftdüse		42,5/130	–	42,5/130	–	42,5/130	–	42,5/130	–
	Leerlaufluftdüse für Übergangsreserve		–	180	–	180	–	180	–	180
	Leerlaufkraftstoffdüse für Übergangsreserve		–	130	–	100	–	130	–	100
	Schwimmernadelventil	mm ∅	2	2	2	2	2[2]	2[2]	2[2]	2[2]
	Pumpen-Einspritzrohr		40/37,5	–	40/37,5	–	0,4/0,4	–	0,4/0,4	–
	Anreicherungsventil		65	–	65	–	65	–	65	–
	Schwimmereinstellmaß	mm	28 ± 1,0	30 ± 1,0	28 ± 1,0	30 ± 1,0	–	–	–	–
	Kennzeichnung des Starterdeckels		218		218		232		232	
	Einspritzmenge (langsam)									
	kalt	cm³/Hub	1,0 ± 0,15		0,9 ± 0,15		1,0 ± 0,15		0,9 ± 0,15	
	warm	cm³/Hub	–		–		–		–	
	Luftklappenspaltmaß	mm	3,9 ± 0,15		3,7 ± 0,15		–		–	
	Stufe I		–		–		1,8 ± 0,15		1,8 ± 0,15	
	Stufe II		–		–		3,9 ± 0,15		3,7 ± 0,15	
	Kaltleerlaufdrehzahl	1/min	3400 ± 50		3600 ± 50		3400 ± 50		3600 ± 50	
	Oktanzahlbedarf/Benzin		91/N		91/N		91/N		91/N	
Leerlauf-einstellung[3]	Drehzahl	1/min	–		–		950 ± 50		950 ± 50	
	Scirocco: Prüfwert	1/min	850 – 950		850 – 950		850 – 950		850 – 950	
	Einstellwert	1/min	800 ± 50		800 ± 50		800 ± 50		800 ± 50	
	CO-Gehalt	Vol %	1,0 ± 0,5		1,0 ± 0,5		1,0 ± 0,5		1,0 ± 0,5	

[1] Einsatz ab 5.81
[2] Ab 8.82 Schwimmernadel mit Zwangsöffnung
[3] Prüf- und Einstellbedingungen beachten

Luftfilter aus- und einbauen

Ausbau

- Schraube am Gehäuse, wo vorhanden, lösen.
- Warmluftschlauch am Ansaugschnorchel abnehmen.
- Vom Filtergehäuse linken Unterdruckschlauch abziehen. Dabei mit Schraubenzieher die Klammer zur Seite drücken.
- Schlauch für Kurbelgehäusebelüftung am Zylinderkopfdeckel abnehmen.
- Mit Schraubenzieher Klemme für Luftfilterunterteil abheben, Luftfilter abnehmen.

Einbau

- Luftfilter aufsetzen und mit Klemme befestigen. Darauf achten, daß die Dichtung zum Vergaser-Lufttrichter einwandfrei anliegt. Schraube am Gehäuse fest, aber nicht mit zu hoher Gewalt anziehen.
- Schlauch für Kurbelgehäusebelüftung am Zylinderkopfdeckel mit Schelle befestigen.
- Unterdruckschlauch am Luftfilter aufschieben, dabei Klemme mit Schraubenzieher zur Seite biegen.
- Warmluftschlauch für Ansaugschnorchel einsetzen.
- Luftansaugschlauch vorn in Halter am Karosserieblech einschieben.

Ansaugluftvorwärmung

Seit September 1975 haben alle Modelle eine automatisch geregelte Ansaugluftvorwärmung. Bei den älteren Modellen muß der Ansaugschlauch entsprechend der Jahreszeit umgesteckt werden.

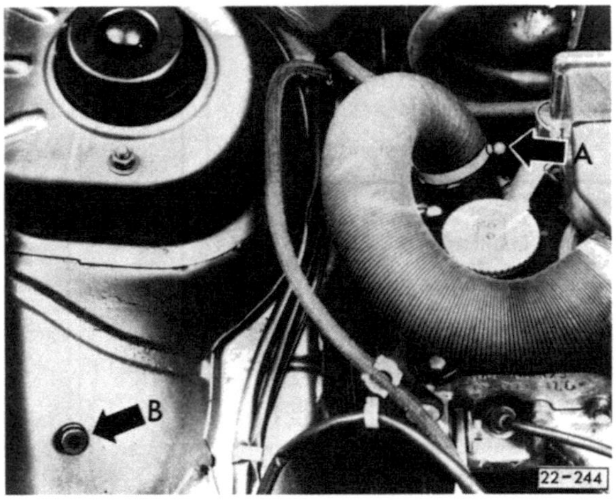

A = Winterbetrieb, B = Sommerbetrieb

Winterbetrieb

- Ansaugschlauch des Luftfilters auf den Stutzen über dem Auspuffkrümmer schieben und Klemmschelle festziehen.

Sommerbetrieb

- Über ca. +15° C Klemmschelle lösen, Ansaugschlauch vom Stutzen abziehen.
- Ansaugschlauch am Seitenteil befestigen. Dazu Klemmschelle mit dem Kugelkopf so weit verdrehen, daß der Kugelkopf in die Gummitülle des Seitenteils gedrückt werden kann.

Ansaugluftvorwärmung prüfen

Die Ansaugluftvorwärmung wird last- und temperaturabhängig geregelt. Dazu befinden sich im Ansaugschnorchel des Luftfilters eine Unterdruckdose und ein Thermostat, im Luftfiltergehäuse ist ein Temperaturregler untergebracht.

Falls die Ansaugluftvorwärmung defekt ist, können verschiedene Beanstandungen auftreten.

- Schlechter Leerlauf in der Warmlaufphase.
- Übergangsstörungen.
- Schlechte Leistung, Höchstgeschwindigkeit wird nicht erreicht.
- Hoher Kraftstoffverbrauch.

- Schlauch vom Anschluß aus Messing bzw. mit Kerbe des Temperaturreglers am Luftfilter abziehen und durch Saugen mit dem Mund am Schlauch die Funktion der Warmluftklappe überprüfen. Die Klappe muß hörbar schließen bzw. öffnen.

Gegebenenfalls:

- Regelklappe der Unterdruckdose auf Leichtgängigkeit prüfen.
- Temperaturregler ersetzen.

- Unterdruckschläuche prüfen. Der Anschluß am Temperaturregler (Pfeil) mit Kerbe muß mit der Unterdruckdose verbunden sein.

Kraftstoffpumpe aus- und einbauen

Ausbau

- Masseband von der Batterie abklemmen.

Achtung: Brandgefahr, kein offenes Feuer.

- Kraftstoffschläuche abziehen und verschließen.

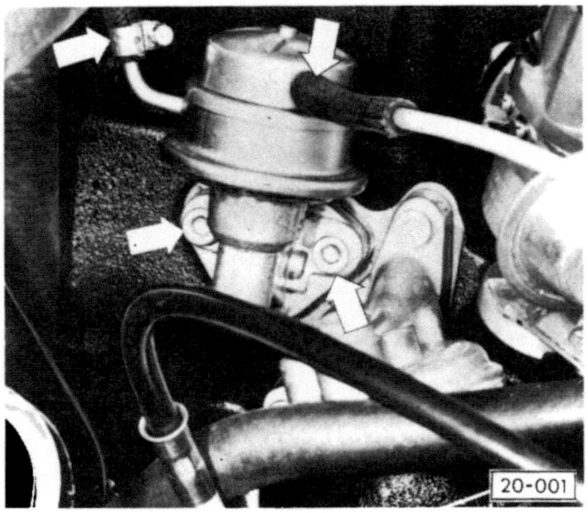

- Innensechskantschrauben herausdrehen und Pumpe mit Zwischenflansch abnehmen.

Einbau

- Zwischenflansch leicht einfetten und Kraftstoffpumpe gegebenenfalls mit neuem Gummidichtring einsetzen.
- Innensechskantschrauben mit 20 Nm festziehen.
- Kraftstoffschläuche mit neuen Schellen sichern. Der untere Kraftstoffschlauch führt zum Vergaser, der obere, am Deckel, zum Kraftstofftank.
- Masseband an Batterie anklemmen.

Kraftstoff-Rücklaufleitung

Alle Fahrzeuge haben eine Kraftstoff-Rücklaufleitung (blau). Sie ist am Kraftstoffschlauch, der von der Kraftstoffpumpe zum Vergaser führt, angeschlossen. Beim 1B3-Vergaser (bis 4.80) ist die Rücklaufleitung direkt mit der Schwimmerkammer verbunden.

In der Rücklaufleitung befindet sich eine Reduzierdüse –Pfeil–. Seit 8.78 sitzt die Reduzierdüse im Verteilerstück der Kraftstoffleitung.

Achtung: Bei der Montage der Schläuche dürfen diese nicht vertauscht werden. Darauf achten, daß die Reduzierdüse nicht verloren geht.

Wartung an der Kraftstoffanlage

Vergaser prüfen

- Vergasergelenke sowie Gaszug reinigen und leicht ölen.
- Funktion der Ansaugluft-Vorwärmung prüfen, siehe Seite 81.
- Leerlaufdrehzahl und CO-Gehalt prüfen.

Luftfiltereinsatz reinigen/erneuern

- Alle 30000 km Filtereinsatz erneuern, alle 15000 km ausklopfen.
- Bei starkem Staubanfall Filtereinsatz in kürzeren Abständen reinigen. Dazu Filtereinsatz ausbauen und mit der Schmutzluftseite nach unten vorsichtig ausklopfen.
- Filtergehäuse sorgfältig auswischen, dabei die Ansaugöffnung gegebenenfalls abdecken.

Achtung: Filtereinsatz weder mit Benzin reinigen noch mit Öl benetzen.

- Beim Einbau des Filtereinsatzes auf richtige Lage achten.

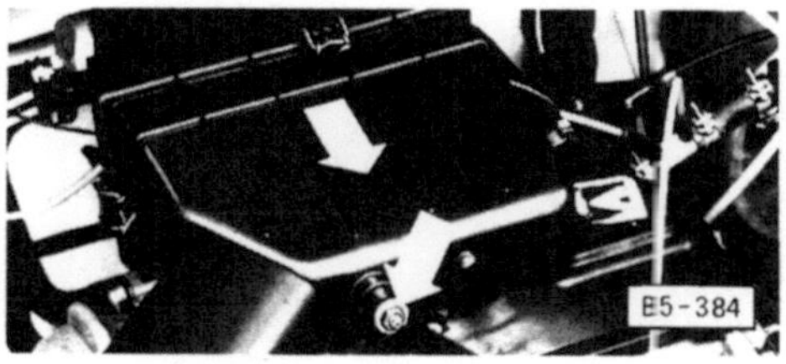

- Mutter vorn am Filtergehäuse lösen, Schnellverschlüsse öffnen. Vorderteil des Gehäuses etwas anheben und nach vorn ziehen.
- Filtereinsatz nach vorn herausnehmen.
- Nach dem Zusammenbau des Filtergehäuses Mutter sorgfältig festschrauben.

Kraftstoffilter auswechseln

Das Kraftstoff-Durchlauffilter sitzt vorn im Motorraum und muß im Rahmen der Wartung alle 30000 km erneuert werden.

Ausbau

- Masseband von Batterie abklemmen.
- Klemmen an den Kraftstoffschläuchen mit Zange aufbiegen, Schläuche vom Filter abziehen.

Einbau

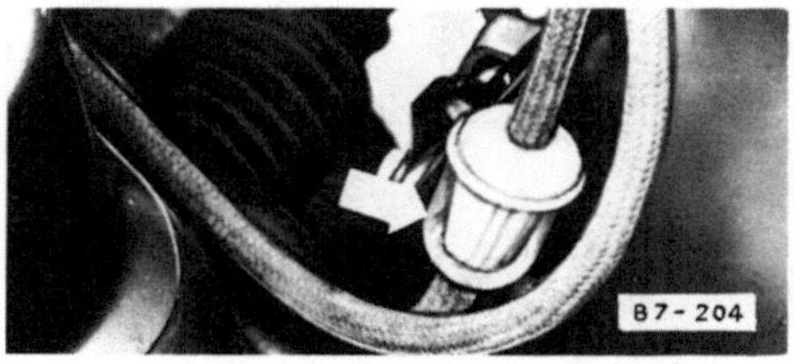

- Filter einsetzen. **Achtung:** Pfeil am Filter muß in Durchlaufrichtung, also zur Kraftstoffpumpe, zeigen.
- Schläuche aufschieben und mit Schellen sichern.
- Batterie-Masseband anklemmen.

Kraftstoffilter in der Druckleitung

In der Kraftstoffleitung zwischen Kraftstoffpumpe und Vergaser ist ein Filter eingebaut. Dieser dient nur zur Beseitigung evtl. vorhandener Fertigungsrückstände. Deshalb ist der Filter nicht auszutauschen. Bei Bedarf ist der Filter gegen einen neuen Kraftstoffschlauch bzw. ein neues T-Stück (2B5) zu ersetzen.

- Kraftstoffilter in der Druckleitung, Vergaser 1B3.

W

Sieb der Kraftstoffpumpe reinigen

Um das Kraftstoffilter zu reinigen, muß die Pumpe nicht ausgebaut werden. Das Filter sollte etwa alle 15000 km gereinigt werden.

- Masseband von Batterie abklemmen.

Achtung: Brandgefahr, kein offenes Feuer.

- Kraftstoffpumpe äußerlich mit Benzin reinigen.

- Schlitzschraube des Deckels herausschrauben, Deckel abnehmen, Siebfilter und Dichtring aus dem Deckel herausnehmen.
- Sieb in Benzin reinigen, mit Preßluft ausblasen.
- Siebfilter und neuen Dichtring in Deckel legen.
- Deckel so auf das Pumpengehäuse aufsetzen, daß die Nase am Deckelrand in die Aussparung des Pumpengehäuses greift. Durch leichtes Hin- und Herdrehen spürt man das Einrasten.
- Deckelschraube festziehen, Batterie anklemmen und bei laufendem Motor prüfen, ob die Pumpe dicht ist.

Störungstabelle Vergaser

Bei Störungen in der Kraftstoffzufuhr ist die Anlage in folgender Reihenfolge zu prüfen:

- Prüfen, ob Kraftstoff im Behälter ist.
- Kraftstoffschlauch von Benzinpumpe am Vergaser lösen, Motor mit dem Anlasser kurz durchdrehen und beobachten, ob aus dem Schlauch stoßweise Kraftstoff austritt (Vorsicht, Brandgefahr!).

Wird Kraftstoff gefördert:

- Erweist sich das Schwimmergehäuse als leer: Schwimmernadelventil auf freien Durchgang sowie Druck der Kraftstoffpumpe prüfen.

Wird kein Kraftstoff gefördert:

- Zuleitung zur Kraftstoffpumpe lösen.

Läuft dort Kraftstoff heraus, Kraftstoffpumpe auf Dichtigkeit prüfen, eventuell ausbauen und untersuchen.

- Läuft kein Kraftstoff heraus, Kraftstoffleitung durchblasen, Kraftstoffbehälter ausbauen und reinigen.

Störung	Mögliche Ursache	Abhilfe
1. Der kalte Motor springt nicht an	1. Starterklappe schließt nicht	
	a) Starterdeckel steht nicht auf Markierung	Auf Markierung stellen
	b) Starterklappe schwergängig	Gangbarmachen
	c) Bimetallfeder defekt oder ausgehängt	Erneuern oder einhängen
	2. Drosselklappe nicht weit genug geöffnet	Drosselklappenspalt einstellen
2. Motor bleibt nach dem Kaltstart stehen	1. Starterklappe öffnet nicht	
	a) Starterklappe schwergängig	Gangbarmachen
	b) Starterklappenspalt zu groß/zu klein	Einstellen
	c) Startermembrane oder Schlauch zur Membrane defekt	Erneuern
	2. Starterklappe öffnet zu weit	Einstellen
	3. Drosselklappe ist nicht genügend angestellt	Drosselklappenspalt einstellen
	4. Nicht genügend Kraftstoff in der Schwimmerkammer (Motor heiß abgestellt)	Durchstarten
3. Motor bleibt vor Erreichen der Betriebstemperatur stehen	1. Wie unter 2. 1—3	Wie unter 2. 1—3
	2. Falsche Leerlaufeinstellung	Drehzahl und CO-Vol.-% einstellen
	3. Starterklappe öffnet zu schnell/zu langsam	
	a) Starterdeckel nicht auf Markierung	Auf Markierung stellen
	b) Keine Beheizung	Anschluß wieder herstellen, evtl. Starterdeckel erneuern
	c) Bimetallfeder defekt oder ausgehängt	Starterdeckel erneuern oder Feder einhängen

Störung	Mögliche Ursache	Abhilfe
4. Heißstart schwierig	Überfetten durch Ausdampfen und Tropfen von Kraftstoff infolge des Hitzestaus	Mit Vollgas starten (Gaspedal festhalten)
5. Leerlauf unregelmäßig — Motor bleibt stehen (Motor warm)	1. Leerlaufeinstellung	
	a) Drehzahl zu niedrig	Einstellen
	b) CO-Wert zu niedrig/zu hoch	Einstellen
	2. Leerlaufdüsendurchgang zu gering	
	a) Düsen verschmutzt	Reinigen
	b) Düsen beschädigt	Erneuern
	3. Undichtigkeiten	
	a) Am Saugrohr	Dichtungen bzw. Zwischenflansch erneuern
	b) Am Zwischenflansch	Dichtungen bzw. Zwischenflansch erneuern
	c) Am Vergaser	Dichtungen bzw. Zwischenflansch erneuern
	4. Kraftstoffniveau zu hoch	
	a) Schwimmernadelventil undicht	Reinigen, evtl. erneuern
	b) Schwimmer zu schwer	Erneuern
	5. Umluftabschaltventil	Ventil prüfen
	a) Öffnet nicht	Erneuern
	b) Schließt zeitweise	Für einwandfreien elektrischen Anschluß sorgen
	6. Starterdeckel defekt	
	a) Keine Beheizung	Anschluß herstellen
	b) Bimetallfeder defekt oder ausgehängt	Erneuern bzw. Feder einhängen
	c) Heizwendel	Erneuern
6. Ruckeln bei konstanter Fahrt (Teillast)	1. Wie unter 5. 2. + 3.	
	a) Spritzrichtung falsch	Einstellen
7. Übergangsfehler beim Beschleunigen	1. Wie unter 5. 2. + 3.	
	2. Beschleunigungspumpe	
	a) Einspritzmenge zu groß/zu klein	Einstellen
	b) Pumpensaughebel oder Druckventil klebt	Reinigen
	c) Einspritzrohr verschmutzt	Reinigen
	d) Spritzrichtung falsch	Einstellen

Störung	Mögliche Ursache	Abhilfe
	3. Drosselklappe schwergängig	
	a) Klappe ist nicht angestellt	Einstellen
	b) Gaszug hakt	Gangbarmachen bzw. erneuern
	c) Drosselklappenwellenlager ausgeschlagen	Vergaser austauschen
8. Endleistung wird nicht erreicht	1. Kraftstoff-Luftgemisch zu mager oder viel zu fett	
	a) Kraftstoff-Filter verschmutzt	Erneuern
	b) Kraftstoffzufluß mit Rücklauf verwechselt	Anschluß korrigieren
	c) Düsenbestückung nicht nach Vorschrift	Düsen nach Tabelle einbauen
	d) Düsen verschmutzt	Reinigen
	e) Kraftstoffniveau zu tief/zu hoch	Schwimmer prüfen, evtl. erneuern
	f) Tankbelüftung zu	Reinigen
	2. Luftdurchsatz zu klein	
	a) Starterklappe öffnet nicht vollständig	Beheizung prüfen Bimetallfeder prüfen, evtl. erneuern
	b) Vollgasstellung wird nicht erreicht	Gaszug einstellen
	c) Luftfiltereinsatz verschmutzt	Erneuern
9. Motor läuft nach	1. Umluftabschaltventil defekt	Erneuern
	2. Anstellung der Drosselklappe zu groß	Einstellen
10. Knallen im Auspuff beim Schieben	Gemisch zu mager Wie unter 5. 1 — 3 + 5.5	Wie 5. 1 — 3 + 5.5
11. Verbrauch zu hoch. Der Kraftstoffverbrauch wird ganz entscheidend von den Einsatzbedingungen des Fahrzeugs, der Verkehrsdichte und dem Fahrstil des Fahrers beeinflußt und kann, ohne daß ein Fehler am Fahrzeug vorliegt, mehr als den doppelten Normverbrauch erreichen.	1. Leerlaufgemisch zu fett	
	a) CO-Einstellung falsch	Einstellen
	b) Leerlauf- und Zusatzluftdüsen	Reinigen und einstellen
	2. Einspritzmenge zu groß	Einstellen
	3. Kraftstoffniveau zu hoch	Schwimmer und Dichtring prüfen, evtl. erneuern
	4. Starterklappe öffnet nicht ganz	Wie unter 1.1 c) oder 3.3 b)
	5. Düsenbestückung falsch	Düsen nach Tabelle einbauen
	6. Luftfilter verschmutzt, verölt	Erneuern

Die Einspritzanlage/K-Jetronic

Golf und Scirocco GTI mit 110/112 PS

Der Kraftstoff wird aus dem Kraftstoffbehälter von der elektrischen Kraftstoffpumpe angesaugt und über Kraftstoffspeicher und -Filter zum Kraftstoffmengenteiler gefördert. Die Luftmenge wird vom Motor über das Sammelsaugrohr angesaugt und vom Luftmengenmesser gemessen. Der Kraftstoffmengenteiler teilt entsprechend der gemessenen Luftmenge den einzelnen Zylindern über das jeweilige Einspritzventil die Kraftstoffmenge zu. Zusätzliche Fühler und Geber sorgen auch in extremen Temperatur- und Fahrsituationen für die richtig bemessene Kraftstoffmenge.

- Der Kraftstoffspeicher hält den Kraftstoff auch nach Abschalten des Motors über einen längeren Zeitraum unter Druck. Dadurch verhindert man Dampfblasenbildung und verbessert das Heißstartverhalten.
- Der elektrischbeheizte Zusatzluftschieber stabilisiert während der Warmlaufphase die Motordrehzahl.
- Der Warmlaufregler fettet während der Warmlaufphase das Gemisch an.
- Das Kaltstartventil, gesteuert von einem elektrischbeheizten Thermozeitschalter, spritzt zusätzlich Kraftstoff in das Sammelsaugrohr.

Achtung: Bei Arbeiten an der Einspritzanlage ist auf peinliche Sauberkeit zu achten. Vor der Demontage sind die entsprechenden Teile mit Benzin zu säubern. Die Anlage steht unter hohem Druck. Deshalb ist vor dem Auswechseln von Teilen der Tankdeckel abzuschrauben.

Leerlaufdrehzahl einstellen

- Motor warmfahren, Öltemperatur muß mindestens +60° C betragen. Drehzahlmesser anschließen.
- Fernlicht einschalten, alle anderen Verbraucher ausschalten. Lüfter für Kühler darf nicht laufen.

Achtung: Sicherheitsmaßnahmen zur TSZ-H-Anlage beachten, siehe Seite 199.

- Zündeinstellung überprüfen, siehe Seite 204.
- Kurbelgehäuse-Entlüftungsschlauch vom Zylinderkopfdeckel abziehen und verschließen.
- Druckmeßvorrichtung nicht angeschlossen.
- Wurden Einspritzleitungen gelöst bzw. erneuert, ist vor der Einstellung der Motor mehrmals auf 3000/min zu bringen und mindestens 2 Minuten im Leerlauf zu belassen.

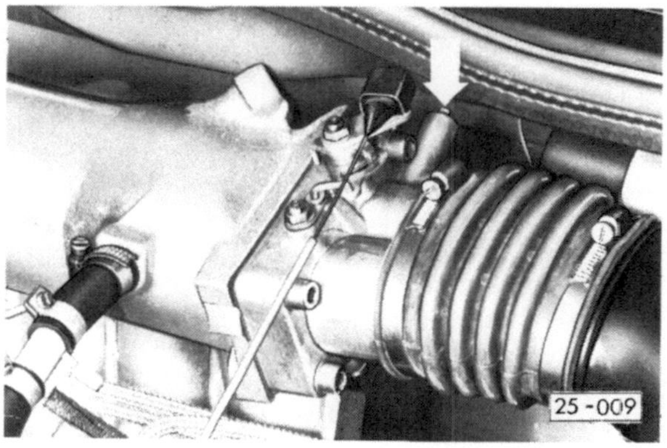

- Drehzahl mit Leerlaufeinstellschraube –Pfeil– einstellen, **Einstellwert 1,6 l:** 950±50/min, **1,8 l:** 950±50/min.

Leerlaufdrehzahl einstellen bei Fahrzeugen mit TSZ-H und DLS/Scirocco, Modelljahr 80.

Achtung: Sicherheitsmaßnahmen zur TSZ-H-Anlage beachten, siehe Seite 199.

- Stecker vom Schaltgerät für Leerlaufstabilisierung abziehen und miteinander verbinden (Pfeil).
- Drehzahl mit der Leerlauf-Einstellschraube einstellen. **Einstellwert:** 800 ± 50/min.
- Schaltgerät für Leerlaufstabilisierung wieder anschließen.
- Motor starten und Drehzahl kurzfristig erhöhen.
- Leerlauf muß auf Prüfwert = 900 ± 50/min. ansteigen, ggf. Schaltgeräte ersetzen.
- Kurbelgehäuse-Entlüftungsschlauch auf Zylinderkopfdeckel aufschieben.

Gaszug einstellen

Achtung: Der Gaszug ist sehr knickempfindlich und somit beim Einbau besonders sorgfältig zu behandeln.

- Ein einziger leichter Knick kann zum späteren Bruch im Fahrbetrieb führen. Züge, die geknickt wurden, dürfen daher **nicht** eingebaut werden.
- Beim Einbau ist darauf zu achten, daß der Gaszug zwischen seinen Stützlagern und den Zugbefestigungspunkten fluchtet.
- Bei Vollgasstellung des Gaspedals muß zwischen Drosselklappenhebel und Anschlag ein Spiel von max. 1 mm vorhanden sein.

Grundeinstellung der Drosselklappe

Die Begrenzungsschraube ist im Werk eingestellt und darf nicht verändert werden. Sollte die Schraube trotzdem verdreht worden sein, so ist die Einstellung wie folgt vorzunehmen:

- Begrenzungsschraube –Pfeil– herausdrehen, bis ein Spalt zwischen Schraube und Anschlag vorhanden ist.
- Begrenzungsschraube hineindrehen, bis diese den Anschlag berührt.
- Von diesem Punkt aus 1/2 Umdrehung weiter hineindrehen.
- Leerlauf und CO-Gehalt einstellen.

CO-Gehalt prüfen/einstellen

- Motoröltemperatur mind. 60° C.
- Fernlicht eingeschaltet.
- Elektrische Verbraucher ausgeschaltet (Lüfter für Kühler darf bei der Prüfung bzw. Einstellung nicht laufen).
- Zündzeitpunkteinstellung i. O.
- Druckmeßvorrichtung nicht angeschlossen.
- Wurden Einspritzleitungen gelöst bzw. erneuert, ist vor der Einstellung der Motor mehrmals auf 3000/min. zu bringen und mindestens 2 Minuten im Leerlauf zu belassen.
- Drehzahlmesser und CO-Prüfgerät anschließen.

Achtung: Bei TSZ-H-Anlage Sicherheitsmaßnahmen beachten, siehe Seite 199.

- Leerlaufdrehzahl prüfen, ggf. einstellen, siehe Seite 89.
- CO-Gehalt prüfen, **Sollwert 1,6 l:** 1,5±0,5 Vol. %, **1,8 l:** 1,0±0,5 Vol. %.

25-010

- Verschlußstift für CO-Einstellschraube herausziehen und CO-Gehalt mit Einstellschlüssel P 377 auf Sollwert einstellen. Rechtsdrehung = CO-Gehalt größer, Linksdrehung = CO-Gehalt geringer.

Achtung: Während der CO-Einstellung die Einstellschraube mit dem Einstellschlüssel **nicht** nach unten drücken bzw. anheben.

- Bei eingesetztem Einstellschlüssel **nicht** Gas geben (Verbiegungsgefahr).
- Einstellschlüssel nach jeder Verstellung sofort entfernen und kurz Gas geben.

Fahrzeuge mit TSZ-H und DLS/Scirocco, Modelljahr 80

Achtung: Sicherheitsmaßnahmen bei TSZ-Anlagen beachten, siehe Seite 199.

- Stecker vom Schaltgerät für Leerlaufstabilisierung abziehen und miteinander verbinden, siehe Seite 89.
- Drehzahl prüfen, ggf. mit Leerlauf-Einstellschraube einstellen, siehe Seite 89.
- CO-Gehalt prüfen, Sollwert: 1,5 ± 0,5 Vol. %.
- Verschlußstift für CO-Einstellschraube herausziehen und CO-Gehalt mit Einstellschlüssel P 377 auf 1,5 ± 0,5 Vol % einstellen. Rechtsdrehung = CO-Gehalt größer, Linksdrehung = CO-Gehalt geringer.

Achtung: Während der CO-Einstellung die Einstellschraube mit dem Einstellschlüssel **nicht** nach unten drücken bzw. anheben.

- Bei eingesetztem Einstellschlüssel **nicht** Gas geben (Verbiegungsgefahr).
- Einstellschlüssel nach jeder Verstellung sofort entfernen und kurz Gas geben.
- Schaltgerät für Leerlaufstabilisierung anschließen.
- CO-Gehalt nochmals prüfen, ggf. korrigieren.
- Kurbelgehäuse-Entlüftungsschlauch aufschieben.

Achtung: Nach der CO-Einstellung muß der Schlauch für die Kurbelgehäuseentlüftung wieder aufgesteckt werden. Wenn jetzt der CO-Gehalt ansteigt, liegt das nicht an einer falschen Einstellung, sondern an einer Anfettung aus dem Kurbelgehäuse infolge Ölverdünnung bei überwiegendem Kurzstreckenverkehr. Bei längeren zügigen Überlandfahrten verringert sich der Kraftstoffanteil im Öl und der CO-Gehalt normalisiert sich wieder. Kurzfristig läßt sich das auch durch eine ca. 30-minütige scharfe Fahrt oder durch einen sowieso anstehenden Ölwechsel erreichen.

Dichtringe des Systemdruckreglers/ Aufstoßventils ersetzen

- Zum Druckabbau Steuerdruckleitung vom Warmlaufregler (großer Anschluß) lösen, Lappen auf Anschluß legen – Spritzgefahr.

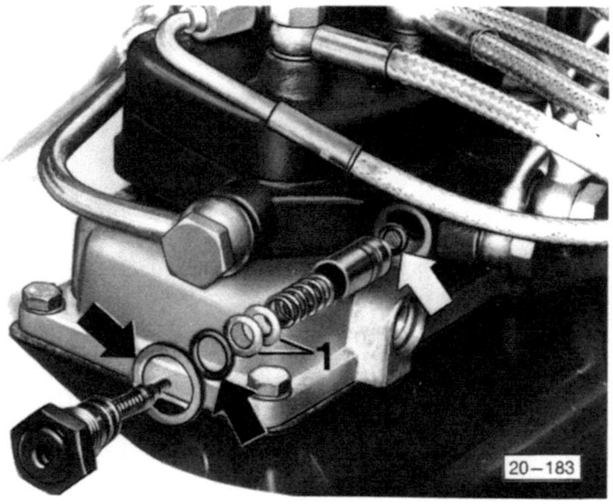

20–183

- Aufstoßventil mit Kolben ausbauen und Dichtringe (Pfeile) ersetzen. Serienmäßig eingebaute Einstellscheiben –1– nicht verändern.

Thermozeitschalter prüfen

Der Thermozeitschalter begrenzt die Spritzzeit des Kaltstartventils in Abhängigkeit von der Motortemperatur. Ein defekter Thermozeitschalter verursacht Kaltstart-Schwierigkeiten.

Prüfen

- Der Motor muß bei der Prüfung kalt sein.

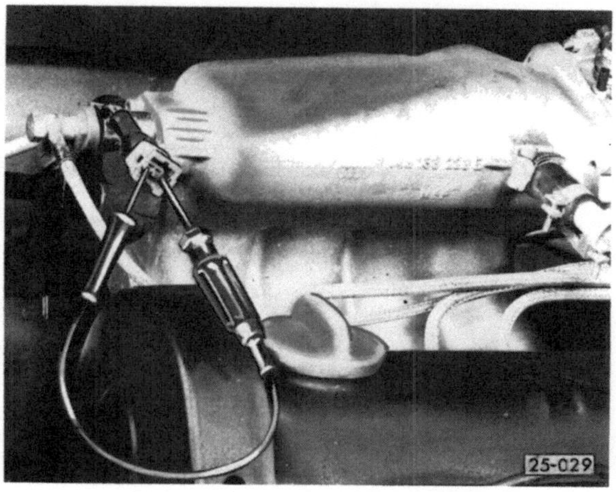

- Stecker am **Kaltstartventil** (sitzt im Sammelsaugrohr) abziehen und Prüflampe anschließen.
- Hochspannungsleitung aus der Mitte der Zündspule herausziehen und fest gegen Masse legen.
- Anlasser betätigen.
- Prüflampe muß bei **kaltem** Motor für ca. 1 bis 8 Sekunden leuchten. Ist dieses nicht der Fall, Thermozeitschalter erneuern.

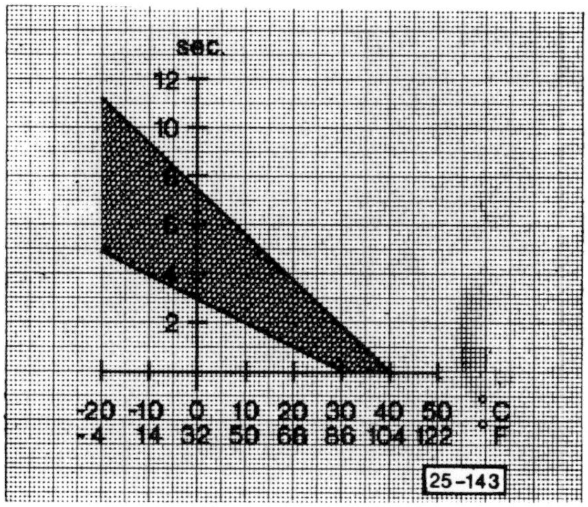

Hinweis: Die Einspritzzeit muß der Einschaltzeit des Thermozeitschalters entsprechen. Zum Beispiel Kühlmitteltemperatur 10° C, Einschaltdauer 2–5,6 Sekunden.

- Auf dem Thermozeitschalter ist die Abschalttemperatur eingeschlagen. Temperatur niedriger: Prüflampe muß leuchten. Temperatur höher: Prüflampe darf nicht leuchten.

Kaltstartventil prüfen

Das Kaltstartventil spritzt während der Starterbetätigung bei kaltem Motor zusätzlich Kraftstoff in das Sammelsaugrohr.

Ein defektes Kaltstartventil verursacht Startschwierigkeiten (kalt und warm), Übergangsstörungen und hohen Kraftstoffverbrauch.

Prüfen

- Motor muß bei der Prüfung kalt sein, Kühlmitteltemperatur unter 30° C.

Achtung: Bei warmem Motor muß der Thermozeitschalter ausgebaut und abgekühlt werden, z. B. in kaltem Wasser.

- Während der Prüfung Schalter an Masse halten.
- Kaltstartventil aus Sammelsaugrohr ausbauen. Kraftstoffleitung und elektrische Steckverbindung angeschlossen lassen.

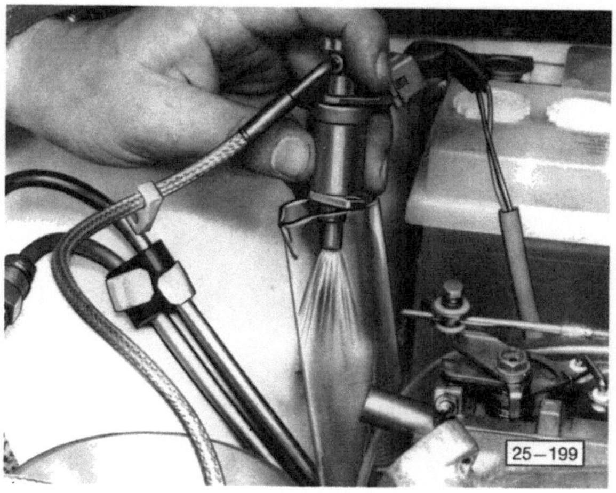

- Behälter unter Kaltstartventil halten.
- Hochspannungsleitung aus der Mitte der Zündspule herausziehen und fest gegen Masse legen.
- Anlasser betätigen. Für ca. 1 bis 8 Sekunden muß der Kraftstoff in einem gleichmäßigen Kegel abspritzen.

Achtung: Die Einspritzzeit muß der Einschaltzeit des Thermozeitschalters entsprechen, siehe Abbildung 25-143.

- Kaltstartventil an der Düse trocknen.
- Zündung ausschalten. Danach darf innerhalb von 1 Minute kein Tropfen abfallen. Auch äußerlich darf das Ventil nicht feucht werden.

Zusatzluftschieber prüfen

Während der Warmlaufphase wird dem Motor eine größere Menge Kraftstoff-Luftgemisch zugeführt, als es der Drosselklappenstellung entspricht. Man erreicht dies durch Umgehung der Drosselklappe mittels eines Zusatzluftschiebers. In betriebswarmem Zustand muß der Zusatzquerschnitt geschlossen sein.

Ein defekter Zusatzluftschieber verursacht Stehenbleiben des Motors bzw. unrunden Lauf während der Warmlaufphase bzw. eine zu hohe Leerlaufdrehzahl.

Prüfen

- Motor muß zur Prüfung kalt sein, unter 30 °C.

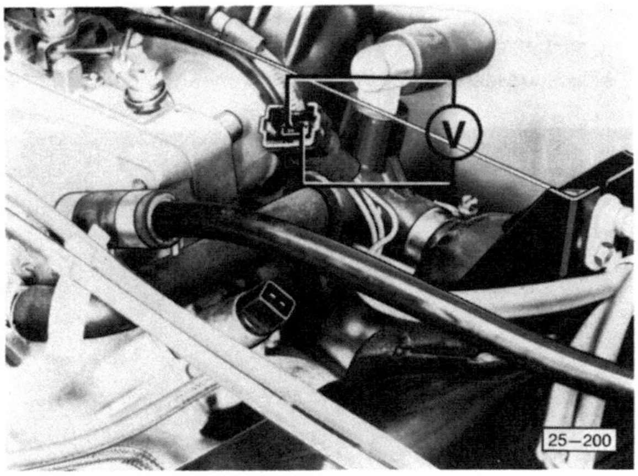

- Spannungsversorgung prüfen. Dazu bei laufendem Motor mit Prüflampe prüfen, ob an dem vom Zusatzluftschieber abgezogenen Stecker Spannung anliegt.
- Stecker wieder aufstecken.

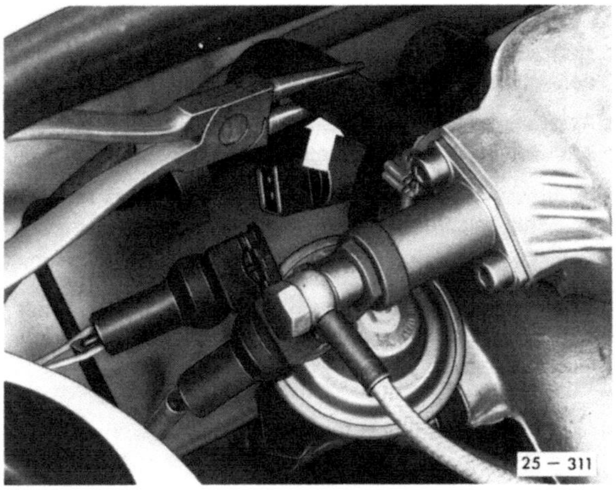

- Schlauch zum Zusatzluftschieber zusammenklemmen. Drehzahl muß abfallen (nach etwa 10 Minuten Laufzeit darf sich die Drehzahl nicht mehr verändern).

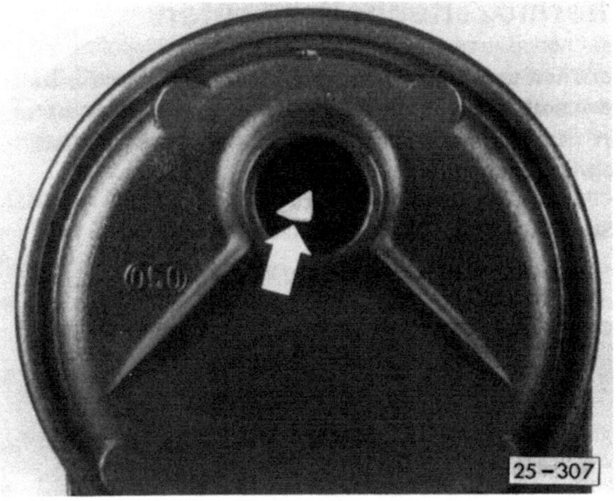

- Ein einwandfreier Zusatzluftschieber hat bei +20° C den gezeigten Blendenausschnitt, ggf. mit neuem Zusatzluftschieber vergleichen.

Kraftstoffpumpen-Relais prüfen

Das Kraftstoffpumpen-Relais sitzt in der Fassung L auf der Relaisplatte/Sicherungshalter. Auf dem Relais befindet sich eine 16 A-Sicherung.

Prüfen

- Sicherung überprüfen, gegebenenfalls auswechseln.
- Relais ausbauen.

- Kontakt L 13 mit L 14 auf der Relaisplatte mit Leitung verbinden. **Achtung:** In die Prüfleitung, Querschnitt 1,5 mm^2, ist eine 8 A-Sicherung zwischenzuschalten.
- Zündung einschalten. Wenn die Kraftstoffpumpe jetzt anläuft, Relais ersetzen.

Achtung: Spannungsabfall am Kontaktstift –8– in der Kammer –A– der Relaisplatte kann dazu führen, daß die Kraftstoffpumpe nicht einschaltet. (–A– ist unten in die Relaisplatte eingeprägt). In diesem Fall Kraftstoffpumpen-Relais mit Zusatz-Adapter außerhalb der Relaisplatte anschließen.

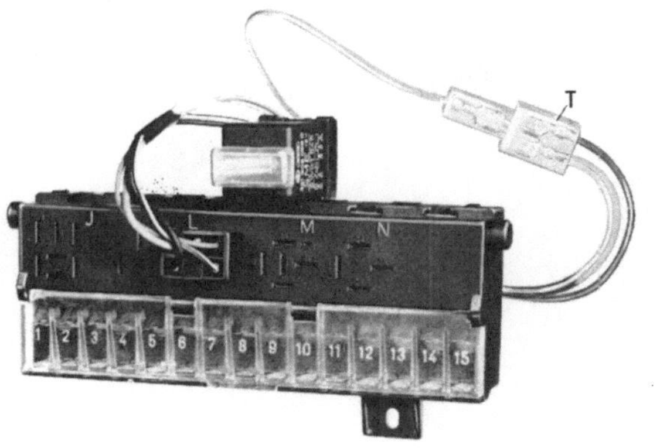

- Masseband an der Batterie abklemmen.
- Kraftstoffpumpen-Relais von der Relaisplatte –Platz L– abziehen.
- Kraftstoffpumpen-Relais auf den Zusatz-Adapter stecken und auf der Relaisplatte befestigen.
- Steckgehäuse vom Zusatz-Adapter auf die Relaisplatte –Platz L– stecken.
- Leitung (schwarz/grün – 1,5 mm²) aus dem Leitungsverteiler –T– ziehen und dafür Leitung (rot/gelb – 1,5 mm²) vom Zusatz-Adapter in die freie Kammer des Leitungsverteilers –T– stecken.
- Masseband an der Batterie anklemmen.

Fördermenge der Kraftstoffpumpe prüfen

Achtung: Diese Prüfung sowie das Diagramm gelten nur für Kraftstoffpumpen, bei denen die elektrischen Anschlüsse **geschraubt** sind. Bei elektrischen Kraftstoffpumpen mit **gesteckten** Anschlüssen braucht die Spannung an der Pumpe nicht gemessen zu werden. Die Mindestförderleistung beträgt hier 750 cm³/30 Sekunden.

Prüfvoraussetzungen:

Batterie vollgeladen (12 Volt), Kraftstoffilter in einwandfreiem Zustand.

- Voltmeter an die elektrischen Anschlüsse der Kraftstoffpumpe anschließen.
- Kraftstoffpumpen-Relais mit 16 Ampere Sicherung ausbauen.
- Mit Prüfleitung (1,5 mm² und 8 Amp.-Sicherung) die Kontakte L 13 und L 14 der Fassung für das Kraftstoffpumpen-Relais verbinden. Die elektrische Kraftstoffpumpe muß anlaufen.
- Angezeigte Spannung X am Voltmeter ablesen und notieren (ca. 2 V unter Batteriespannung).
- Prüfleitung abklemmen.
- Verschluß vom Kraftstoffeinfüllstutzen abnehmen (Druckabbau).
- Koppelung der Rücklaufleitung trennen und Meßglas unter Leitung halten.
- Prüfleitung für 30 Sekunden anklemmen, Kraftstoff-Fördermenge messen und mit Sollwert Y für Mindestfördermenge vergleichen, siehe Diagramm.

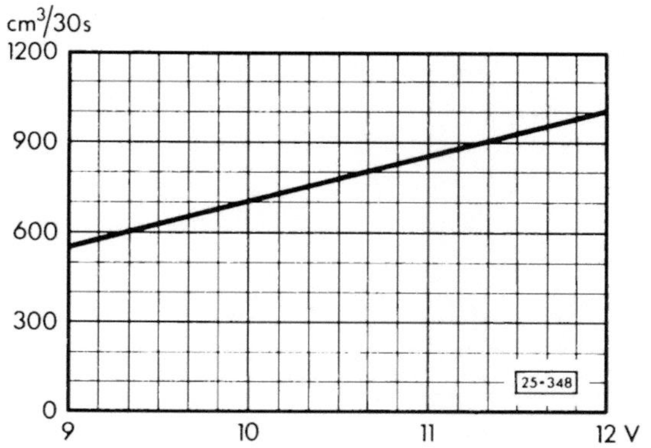

- Entsprechend der gemessenen Spannung X Mindestfördermenge Y aus dem Diagramm ermitteln. Z. B. Spannung X = 10 V entspricht einer Mindestfördermenge Y = 700 cm³/30 s.

Achtung: Ist die Stromversorgung in Ordnung, die Fördermenge jedoch zu gering, Kraftstoffpumpe ersetzen.

- Rückschlagventil der Kraftstoffpumpe durch Messen des Haltedrucks prüfen lassen.

Warmlaufregler prüfen

Der Warmlaufregler fettet während der Warmlaufphase das Gemisch an. Bei Übergangsstörungen kann der Warmlaufregler defekt sein.

Spannungsversorgung prüfen

- Stecker am Warmlaufregler und am Zusatzluftschieber abziehen.

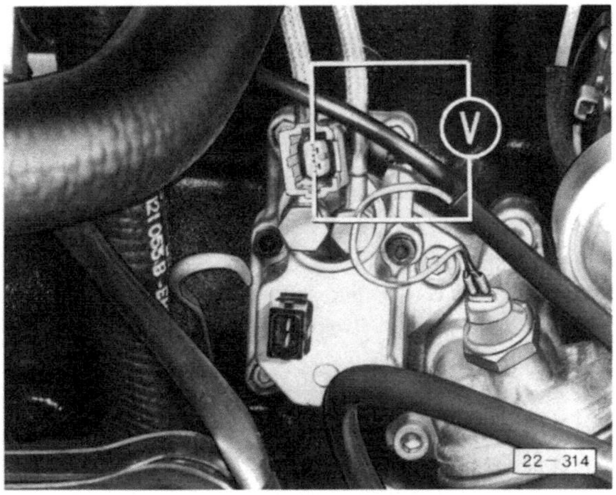

22–314

- Voltmeter zwischen die Anschlüsse des Warmlaufreglers anschließen.
- Anlasser kurz betätigen (Helfer). Die Spannung muß mindestens 11,5 Volt betragen.
- Steckfahnen des Steckers auf richtige Lage prüfen.

Widerstand der Heizwicklung prüfen

- Ohmmeter an die 2 Kontakte des Warmlaufreglers anschließen. Der Sollwert beträgt 16–22 Ω.
- Zeigt das Meßgerät als Widerstand unendlich (∞) an, dann ist die Heizwicklung des Bimetallstreifens defekt. In diesem Fall Warmlaufregler ersetzen.

Achtung: 1,8-l- und 1,6-l-Motoren besitzen unterschiedliche Warmlaufregler.

- Stecker auf Warmlaufregler und Zusatzluftschieber aufschieben.

Einspritzventile auf Dichtheit prüfen

- Stauscheibe in Ruhelage bringen, siehe Seite 95.

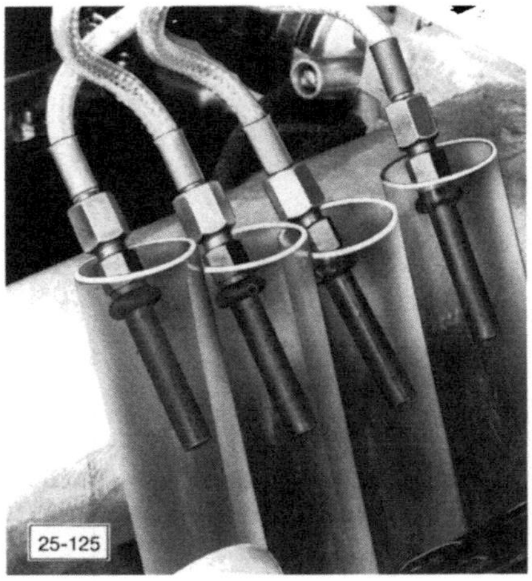
25-125

- Einspritzventil aus dem Sitz ziehen und in ein geeignetes Gefäß (Meßzylinder) halten. Die Kraftstoffleitung bleibt angeschlossen und muß ohne Knick verlegt sein, gegebenenfalls Schlauchbinder öffnen.

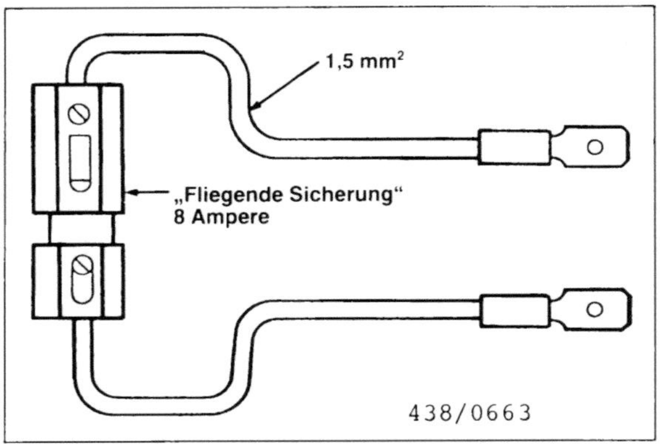

438/0663

- Kraftstoffpumpen-Relais abziehen und die Kontakte L 13 und L 14 in der Relaisplatte mit einer Prüfleitung **ca. 2 Minuten lang** verbinden.
- Anschließend darf das Einspritzventil nicht nachtropfen, sonst Ventil ersetzen.
- Einspritzventil mit neuem Dichtring in den Sitz schieben. Dichtring vorher mit Kraftstoff anfeuchten.
- Die restlichen Ventile auf dieselbe Weise prüfen.

Lage der Stauscheibe prüfen und einstellen

Die Stauscheibe im Luftmengenmesser wird in Abhängigkeit der angesaugten Luftmenge mehr oder weniger angehoben. Wenn die Ruhelage der Stauscheibe zu tief ist, springt der Motor nicht mehr an. Überdies kann es bei falsch eingestellter Ruhelage der Stauscheibe zu Heißstartschwierigkeiten und zu Übergangsstörungen kommen.

- Motoröltemperatur mind. 50° C.

Prüfen

- Motor ca. 15 Sekunden laufen lassen.
- Luftführungshutze ausbauen.

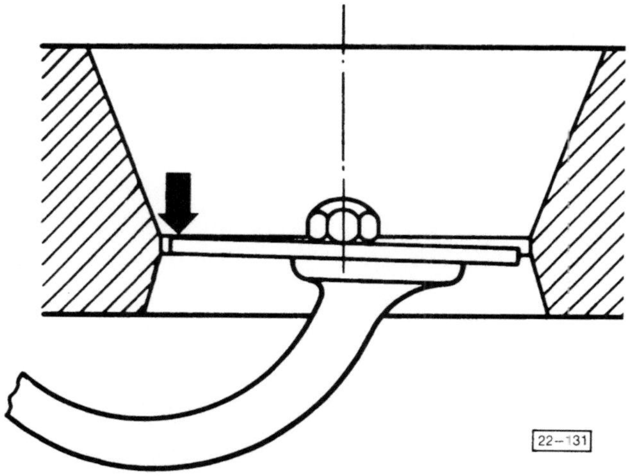

- Oberkante der Stauscheibe muß an der mit Pfeil gekennzeichneten Stelle (Kegelanfang des Lufttrichters) bündig bzw. max. 0,5 mm unterhalb des Kegelanfangs stehen.

Einstellen

- Stauscheibe anheben.

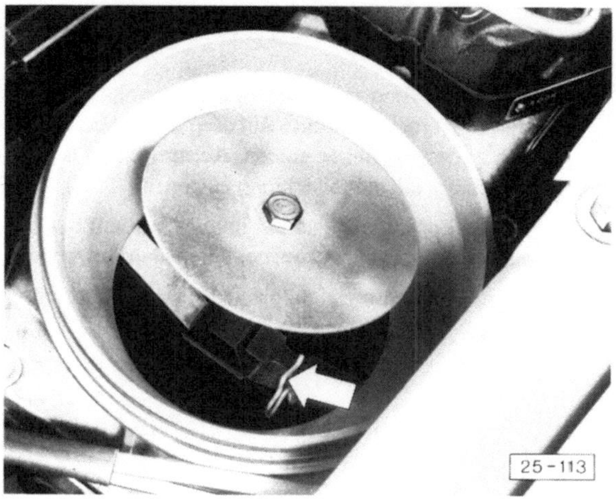

- Lage der Stauscheibe durch Nachbiegen des Haltedrahtbügels (Pfeil) einstellen.

Achtung: Trichter des Luftmengenmessers nicht beschädigen. Nicht die Blattfeder verbiegen.

- Anschließend Leerlaufdrehzahl und CO-Gehalt einstellen.

Verstellhebel und Steuerkolben prüfen

- Motor ca. 1 Minute laufen lassen.
- Luftführungshutze abbauen.

- Stauscheibe anheben, dabei muß über den gesamten Weg gleicher Widerstand spürbar sein.
- Stauscheibe schnell abwärts bewegen, hierbei darf kein Widerstand sein, andernfalls Luftmengenmesser ersetzen.
- Stauscheibe nach oben und schnell nach unten bewegen, jedoch Stauscheibe kurz vor der Ruhestellung halten, hier muß der Druck des nachfolgenden Steuerkolbens spürbar sein, andernfalls Kraftstoffmengenteiler ersetzen.
- Läßt sich der Verstellhebel nur schwer nach oben jedoch leicht nach unten bewegen, hängt der Steuerkolben, in diesem Fall Kraftstoffmengenteiler ersetzen.

Achtung: 1,8-l-Motor: Der Kraftstoffmengenteiler entspricht dem des 1,6-l-Motors, Modelljahr 82. Der Luftmengenmesser hingegen ist speziell auf den 1,8-l-Motor abgestimmt.

Geber für Kraftstoffanzeiger aus- und einbauen

Ausbau

- Masseband von Batterie abklemmen.
- Tank-Ablaßschraube, wo vorhanden, öffnen, Benzin auffangen.

Achtung: Brandgefahr, kein offenes Feuer.

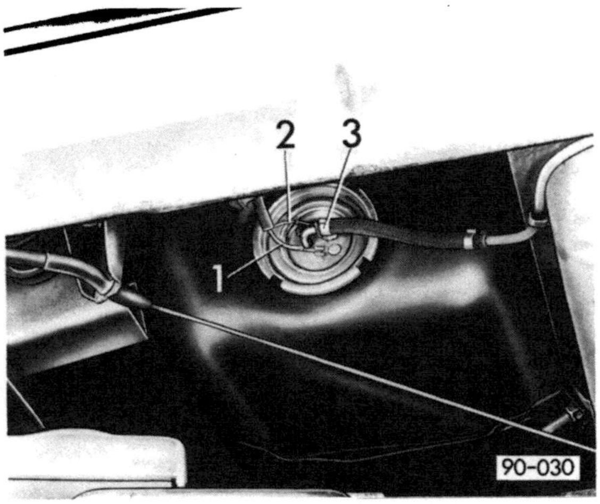

- Masseleitung (1) (kennzeichnen), Leitung zum Kraftstoffvorratsanzeiger (2), Schlauchschelle für Kaltstoffschlauch (3) abnehmen.
- Bajonettverschluß des Gebers mit Wasserpumpenzange bis zum Ausrasten nach links drehen. Geber mit Dichtung herausnehmen.
- Seit Fahrgestell-Nr. 1763164888 bzw. 5362021963 ist der Geber für die Kraftstoffvorratsanzeige durch eine mit einem Deckel verschlossene Öffnung, die sich unter dem Rücksitz befindet, zugänglich. Zum Ausbau des Gebers muß der Rücksitz ausgebaut werden.

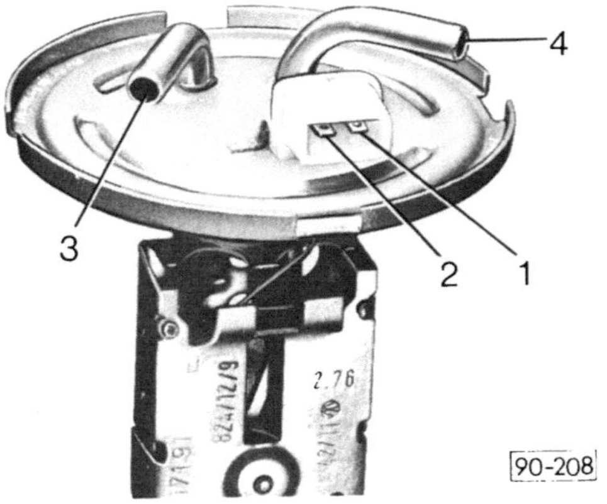

1 – Anschluß für Leitung zum Kraftstoffvorratsanzeiger, 2 – Masseanschluß, 3 – Rücklaufleitung, 4 – Saugleitung

Einbau

- Dichtring für Geber erneuern und mit Graphit-Pulver bestreichen.

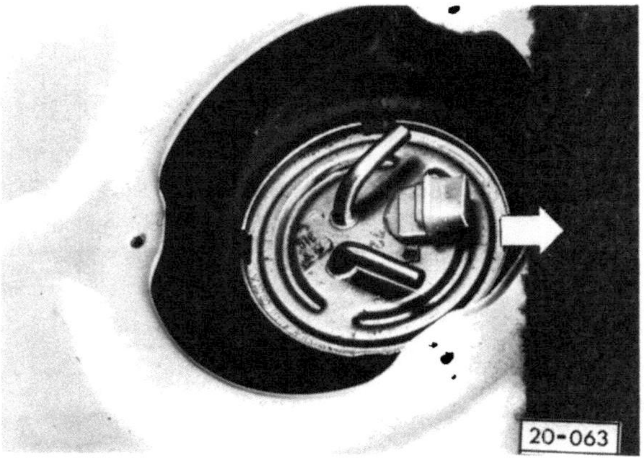

- Geber einsetzen und mit Wasserpumpenzange bis zum Einrasten nach rechts drehen. Auf sorgfältige Abdichtung zwischen Tank und Geber achten. **Achtung:** Der elektrische Anschluß muß in Pfeilrichtung zeigen.
- Elektrische Leitungen (siehe unter Ausbau) sowie Kraftstoffschläuche aufstecken, neue Schellen verwenden.
- Tank verschließen, Benzin auffüllen, Batterie-Massekabel anschließen.

Wartung an der Einspritzanlage

Luftfiltereinsatz reinigen/erneuern

- Alle 30000 km Filtereinsatz erneuern, alle 15000 km ausklopfen.
- Bei starkem Staubanfall Filtereinsatz in kürzeren Abständen reinigen. Dazu Filtereinsatz ausbauen und mit der Schmutzluftseite nach unten vorsichtig ausklopfen.
- Filtergehäuse sorgfältig auswischen, dabei die Ansaugöffnung gegebenenfalls abdecken.

Achtung: Filtereinsatz weder mit Benzin reinigen noch mit Öl benetzen.

- Beim Einbau des Filtereinsatzes auf richtige Lage achten.

- Nach dem Öffnen der Schnellverschlüsse den Gemischregler mit Luftfilteroberteil anheben und Filtereinsatz seitlich aus dem Gehäuse ziehen.
- Nach Einbau des Einsatzes alle Schnellverschlüsse befestigen.

Kraftstoff-Filter auswechseln

Alle 30000 Kilometer ist das Kraftstoff-Filter zu erneuern. Das Filter sitzt im Motorraum hinter der Batterie.

- Tankdeckel abschrauben, dadurch wird der Druck abgebaut.
- Kraftstoffschläuche vor dem Lösen reinigen, Halter für Filter abschrauben.

- Kraftstoff-Filter einsetzen. **Achtung:** Durchflußrichtung beachten. Der Pfeil zeigt in Durchflußrichtung zum Kraftstoffmengenteiler.
- Ein zweites Kraftstoff-Filter sitzt im Tank. Es ist nur dann zu reinigen, wenn es verschmutzt ist (wenn die Kraftstoffförderung versagt).
- Kraftstoffleitungen aufschrauben.

Störungstabelle Einspritzanlage K-Jetronic

Bevor anhand der Störungstabelle der Fehler aufgespürt wird, müssen folgende Prüfvoraussetzungen erfüllt sein: Bedienungsfehler beim Starten ausgeschlossen: Sowohl für den kalten wie warmen Motor gilt: Gaspedal etwas niederdrücken und während des Startvorganges festhalten. Bei heißem Motor: Gaspedal vor dem Starten ganz durchtreten und Vollgasstellung beibehalten, bis der Motor anspringt.

Kraftstoff im Tank, Motor mechanisch in Ordnung, Ventilspiel richtig, Batterie geladen, Anlasser dreht mit ausreichender Drehzahl, Zündeinstellung und Zündanlage ist in Ordnung, keine Undichtigkeiten an der Kraftstoffanlage, Verschmutzungen im Kraftstoffsystem ausgeschlossen, Kurbelgehäuse-Entlüftung in Ordnung, elektrische Masseverbindung (Motor–Getriebe–Aufbau) vorhanden. **Achtung:** Wenn Kraftstoffleitungen gelöst werden, müssen diese vorher mit Benzin gesäubert werden.

Der kalte Motor springt schlecht an

Thermozeitschalter defekt, prüfen

- Prüflampe leuchtet → weiter bei „Kaltstartventil spritzt nicht ein, prüfen"
- Prüflampe leuchtet nicht →

Mögliche Ursachen:
- Leitungsunterbrechung von Anlasser Klemme 50 zum Stecker für Kaltstartventil bzw. von Kaltstartventil an Masse

Kaltstartventil spritzt nicht ein, prüfen

- Kaltstartventil spritzt → weiter bei „Warmlaufregler defekt, prüfen"
- Kaltstartventil spritzt nicht →

Mögliche Ursachen:
- Kaltstartventil erhält keinen Kraftstoff, eventuell Kraftstoffleitungen verstopft, gequetscht oder vertauscht
- Kaltstartventil defekt, ersetzen

Warmlaufregler defekt, prüfen

Steuerdruck „kalt" zu hoch, prüfen lassen

Steuerdruck nicht in Ordnung →

Mögliche Ursachen:
- Kraftstoffrücklaufleitung vom Warmlaufregler zum Tank bzw. vom Kraftstoffmengenteiler zum Tank verstopft oder gequetscht
- Warmlaufregler defekt, prüfen, ggf. ersetzen. Anschließend Leerlaufdrehzahl und CO-Gehalt einstellen

Der heiße Motor springt schlecht an

Achtung: Treten Heißstartschwierigkeiten nur bei extrem hohen Außentemperaturen auf, ist zu prüfen, ob bei den Fahrzeugen bis einschließlich Modelljahr 1976 der große Druckspeicher eingebaut ist, ggf. einbauen.

CO-Gehalt zu niedrig

Leerlaufdrehzahl und CO-Gehalt prüfen

- CO-Gehalt in Ordnung → weiter bei „Einspritzventile undicht, prüfen"
- CO-Gehalt nicht in Ordnung, einstellen →

Verändert sich der CO-Gehalt bei der Einstellung nicht, muß der Kraftstoffmengenteiler ersetzt werden

Einspritzventile undicht, prüfen

- Einspritzventile dicht →
- Einspritzventile undicht, ersetzen

Thermozeitschalter schaltet nicht ab, prüfen

- Prüflampe leuchtet nicht →
- Prüflampe leuchtet, Schalter ersetzen

Ruhelage der Stauscheibe falsch, Einstellung überprüfen

- Einstellung in Ordnung →
- Einstellung nicht in Ordnung, einstellen

Haltedruck fällt zu schnell ab

Haltedruck im Kraftstoffsystem prüfen lassen →

Mögliche Ursachen:
- Rückschlagventil in der Kraftstoffpumpe defekt
- Warmlaufregler defekt
- Kaltstartventil undicht
- Druckspeicher, Kraftstoffilter oder Kraftstoffleitungen undicht
- Systemdruckregler bzw. Aufstoßventil undicht, ggf. Gummidichtring bzw. beim Aufstoßventil beide Dichtringe ersetzen

Motor springt nicht an (Motor kalt oder warm)

Kraftstoffpumpe läuft nicht	
Anlasser betätigen und hören ggf. fühlen, ob Kraftstoffpumpe läuft	
Kraftstoffpumpe läuft	Kraftstoffpumpe läuft nicht

Sicherung für Kraftstoffpumpenrelais defekt	
Sicherung überprüfen	
Sicherung in Ordnung	Sicherung nicht in Ordnung, ersetzen

Kraftstoffpumpe erhält keine Spannung	
■ Relais ausbauen ■ Kontakt 2 mit 3 in Relaisplatte verbinden (Prüfleitung 1,5 mm^2 mit 8 Amp. Sicherung verwenden)	
Kraftstoffpumpe läuft	Kraftstoffpumpe läuft nicht

Prüflampe an Pumpenstecker anschließen. Kontakt 2 mit 3 weiterhin verbunden.	
Prüflampe leuchtet nicht	Prüflampe leuchtet, Pumpe ersetzen

Mögliche Ursachen:
- ■ Leitungsunterbrechung vom Pumpenstecker zur Relaisplatte Kontakt E 14 oder
- ■ Leitungsunterbrechung vom Pumpenstecker an Masse. Leitungen abklemmen und mit Ohmmeter prüfen:
  Widerstand ∞ Ω – Leitungen ersetzen
  Widerstand 0 Ω – Relaisplatte ersetzen

Relaisplatte defekt	
■ Zündung einschalten ■ Prüflampe an Kontakt 4 und Masse, anschl. an 4 und 1 anschließen. Bei beiden Prüfungen muß die Prüflampe leuchten	
Prüflampe leuchtet	Prüflampe leuchtet nicht, Relaisplatte ersetzen

Kraftstoffpumpenrelais defekt	
■ Prüflampe an 5 und 1 anschließen ■ Anlasser betätigen, Prüflampe muß flackern bzw. leuchten	
Prüflampe flackert bzw. leuchtet nicht	Prüflampe flackert bzw. leuchtet, Pumpenrelais ersetzen

Mögliche Ursachen:
- ■ Leitungsunterbrechung zwischen Relaisplatte Kontakt D 26 und Zündspule Klemme 1. Leitungen abklemmen und mit Ohmmeter prüfen:
  Widerstand ∞ Ω – Leitungen ersetzen
  Widerstand 0 Ω – Relaisplatte ersetzen

Motor bekommt zu wenig Luft	
Luftfiltereinsatz stark verschmutzt bzw. falsch eingebaut	
Keinen Fehler gefunden	Fehler gefunden und beseitigt

Zahnriemen übergesprungen	
Stellung von Nockenwelle und Kurbelwelle (OT-Markierung auf Schwungrad) prüfen	
Keinen Fehler gefunden	Fehler gefunden und beseitigt

Motor zieht Nebenluft	
Sichtprüfung durchführen	
Keinen Fehler gefunden	Fehler gefunden und beseitigt

Mögliche Ursachen:
Undichtigkeiten zwischen:
- ■ Gemischregler und Saugrohr
- ■ Zusatzluftschieber und Saugrohr
- ■ Bremskraftverstärker und Saugrohr
- ■ Einspritzventilen und Zylinderkopf
- ■ Saugrohr und Zylinderkopf
- ■ Saugrohr und Kaltstartventil
- ■ den Unterdruckschläuchen an Saugrohr, Bremskraftverstärker und Unterdruckverstärker
- ■ Unterdruckbegrenzer und Saugrohr
- ■ Drosselklappenteil und Saugrohr

CO-Gehalt zu niedrig	
■ CO-Einstellschraube ca. $1^1/_2$ Umdrehungen hineindrehen ■ Anlasser betätigen	
Motor springt nicht an	Motor springt an, anschließend Leerlaufdrehzahl und CO-Gehalt einstellen

Hinweis:
Verändert sich der CO-Gehalt bei der Einstellung nicht, muß der Kraftstoffmengenteiler ersetzt werden

Ruhelage der Stauscheibe zu tief	
Einstellung überprüfen	
Einstellung in Ordnung	Ruhelage nicht in Ordnung, einstellen

Verstellhebel bzw. Steuerkolben im Gemischregler schwergängig	
Verstellhebel und Steuerkolben auf Leichtgängigkeit prüfen	
Verstellhebel und Steuerkolben leichtgängig	Luftmengenmesser bzw. Kraftstoffmengenteiler ersetzen, anschließend Leerlaufdrehzahl und CO-Gehalt einstellen

Kraftstoffdruck baut sich nicht auf	
System- und Steuerdruck prüfen lassen	
Druck in Ordnung	Drücke nicht in Ordnung

Mögliche Ursachen:
a – Systemdruck niedriger als 4,5 bar
- ■ Kraftstoffleitungen geknickt, verstopft, undicht
- ■ Druckspeicher undicht
- ■ Kraftstoffilter verstopft
- ■ Fördermenge der Kraftstoffpumpe zu gering, prüfen lassen, ggf. Pumpe ersetzen
- ■ Kraftstoffmengenteiler defekt, ersetzen, anschließend Leerlaufdrehzahl und CO-Gehalt einstellen

b – Steuerdruck nicht in Ordnung
- ■ Kraftstoffleitungen geknickt, verstopft, undicht
- ■ Warmlaufregler defekt, prüfen, ggf. ersetzen, anschließend Leerlaufdrehzahl und CO-Gehalt einstellen

Kaltstartventil undicht
Kaltstartventil prüfen
Kaltstartventil undicht, ersetzen

Der Motor springt an, bleibt aber nach kurzer Zeit stehen

Prüfvoraussetzung:
Motor zu Beginn der Prüfung kalt

Zusatzluftschieber schließt zu schnell	
Zusatzluftschieber ausbauen und mit Neuteil unter gleichen Temperaturverhältnissen abkühlen bzw. erwärmen (Kühlschrank, Wasser). Dabei Blendenöffnung beobachten	
Zusatzluftschieber in Ordnung	Zusatzluftschieber defekt, ersetzen

Kaltstartventil undicht, prüfen	
Kaltstartventil dicht	Kaltstartventil undicht, ersetzen

Warmlaufregler defekt Steuerdruck (kalt) steigt zu schnell an	
Steuerdruck „kalt" prüfen lassen	
Steuerdruck i. O.	Steuerdruck nicht i. O.

Mögliche Ursachen:
- Kraftstoffrücklaufleitung geknickt, verstopft
- Warmlaufregler defekt, prüfen, ggf. ersetzen, anschließend Leerlaufdrehzahl und CO-Gehalt einstellen

CO-Gehalt zu niedrig	
Leerlaufdrehzahl und CO-Gehalt prüfen	
CO-Gehalt in Ordnung	CO-Gehalt nicht in Ordnung, einstellen

Hinweis:
Besonders im Winter oder bei Fahrzeugen, die überwiegend im Kurzstreckenverkehr betrieben werden, kann das Leerlaufgemisch durch Gase aus dem Kurbelgehäuse angereichert werden. In diesen Fällen ist der CO-Gehalt zwar in Ordnung, trotzdem läuft der Motor nicht einwandfrei, da sich das Gemisch aus Kraftstoff (von den Einspritzventilen) und Kraftstoffgasen (aus dem Kurbelgehäuse) zusammensetzt. In Zweifelsfällen ist deshalb bei der CO-Einstellung der Schlauch für die Kurbelgehäuseentlüftung abzuziehen. Die entsprechende Öffnung am Luftfilter muß verschlossen werden.

Hinweis:
Verändert sich der CO-Gehalt während der Einstellung nicht, muß der Kraftstoffmengenteiler ersetzt werden.

Weitere mögliche Ursachen:
Motor zieht Nebenluft zwischen:
- Gemischregler und Saugrohr
- Zusatzluftschieber und Saugrohr
- Bremskraftverstärker und Saugrohr
- Einspritzventilen und Zylinderkopf
- Saugrohr und Zylinderkopf
- Saugrohr und Kaltstartventil
- den Unterdruckschläuchen an Saugrohr, Bremskraftverstärker und Unterdruckverstärker
- Unterdruckbegrenzer und Saugrohr
- Drosselklappenteil und Saugrohr

Kraftstoffverbrauch zu hoch

Prüfvoraussetzungen:
- Tacho-Anzeige normal
- Reifengröße und Reifenart entsprechen der Serienausstattung
- Räder sind freigängig (Bremsen, Radlager)
- Kupplung und Kupplungsspiel einwandfrei
- Einlaufvorgang abgeschlossen (ab ca. 5000 km)

Kraftstoffanlage undicht	
Sichtprüfung an allen Leitungen und Anschlüssen durchführen	
Keinen Fehler gefunden	Fehler gefunden und beseitigt

Fehler in der Motorgrundeinstellung	
■ Zahnriemen übergesprungen ■ Luftfilter auf Verschmutzung bzw. richtige Einbaulage des Luftfiltereinsatzes prüfen ■ Einlaßöffnung des Ansaugschlauches am Luftfilter prüfen (zusammengedrückt) ■ Ansaugluftvorwärmung auf Stellung Sommer – Winterbetrieb prüfen ■ Zündzeitpunkt prüfen ■ Fliehkraft-Endverstellung prüfen ■ Zündkerzen prüfen ■ Kompressionsdruck prüfen ■ Ventilspiel prüfen	
Keinen Fehler gefunden	Fehler gefunden und beseitigt

Warmlaufregler defekt	
Steuerdruck steigt von kalt nach warm zu langsam, prüfen lassen	
Steuerdruck in Ordnung	Steuerdruck nicht in Ordnung

Warmlaufregler erhält keine Spannung	
■ Prüflampe an Stecker für Warmlaufregler anschließen ■ Anlasser betätigen	
Spannung liegt an	Spannung liegt nicht an
Warmlaufregler defekt, ersetzen und anschließend Leerlaufdrehzahl und CO-Gehalt einstellen	Leitungsunterbrechung vom Kraftstoffpumpenrelais zum Warmlaufregler und Masse

Kaltstartventil bei warmem Motor undicht	
Kaltstartventil dicht	Kaltstartventil undicht, ersetzen

Verstellhebel bzw. Steuerkolben im Gemischregler schwergängig	
Verstellhebel und Steuerkolben auf Leichtgängigkeit prüfen	
Verstellhebel und Steuerkolben leichtgängig	Verstellhebel bzw. Steuerkolben schwergängig

Luftmengenmesser bzw. Kraftstoffmengenteiler ersetzen, anschließend Leerlaufdrehzahl und CO-Gehalt einstellen

Leerlaufgemisch zu fett	
Leerlaufdrehzahl und CO-Gehalt prüfen	
CO-Gehalt in Ordnung	CO-Gehalt nicht in Ordnung, einstellen

Weitere mögliche Ursachen:
- Auspuffanlage verstopft
- Tankbelüftung verstopft

Die Abgasanlage

Die Abgasanlage besteht aus Abgasrohr, Vorschalldämpfer bzw. doppelwandigem Zwischenrohr, Wellrohr und Hauptschalldämpfer. Sämtliche Teile sind miteinander verschraubt und lassen sich einzeln auswechseln. Schalldämpfer und Abgasrohr sind in Gummihalterungen gelagert, das Abgasrohr ist vorn im Motorraum am Abgaskrümmer angeschraubt. Falls die komplette Abgasanlage ausgebaut werden soll, ist vorher der hintere Hauptschalldämpfer auszubauen.

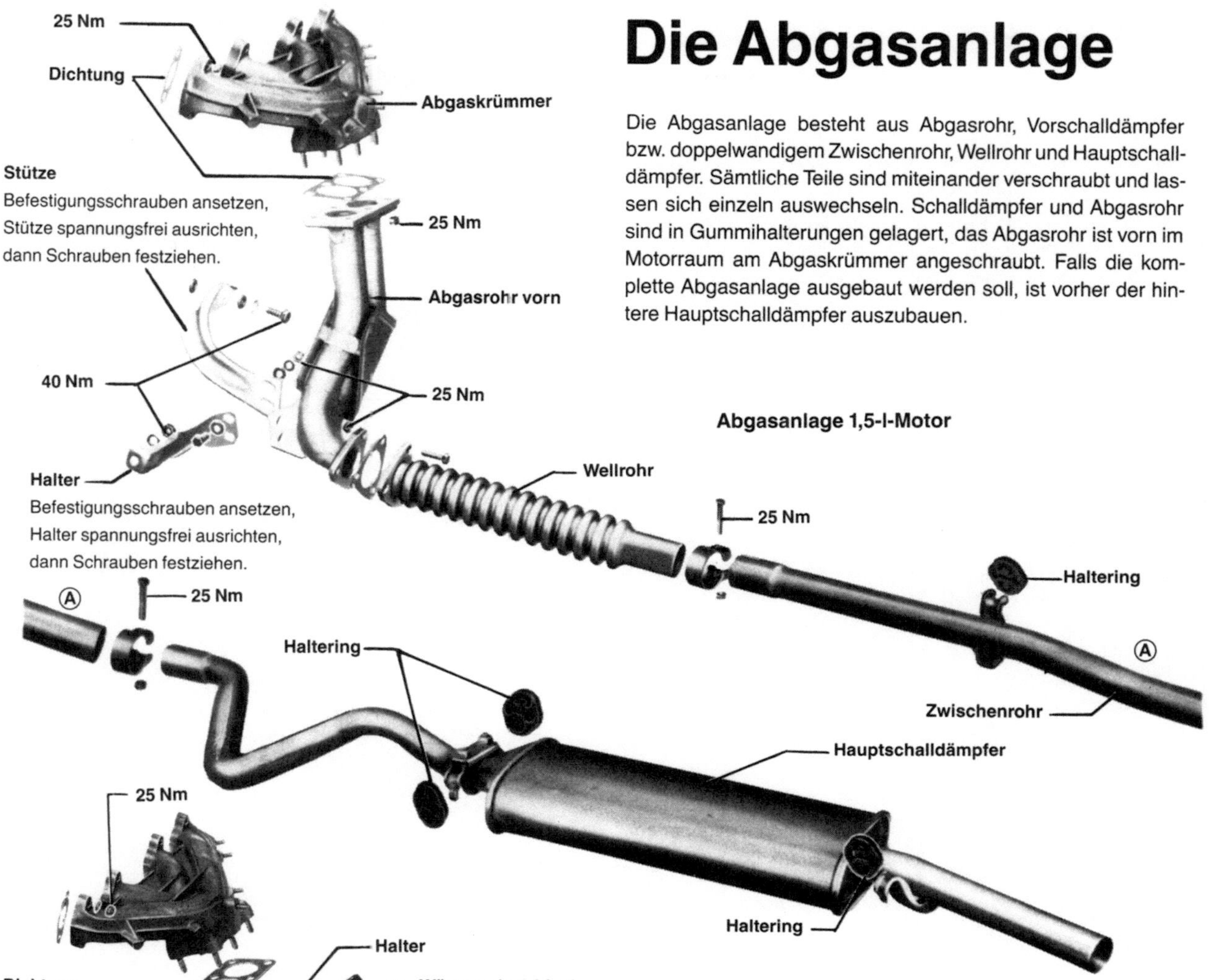

Abgasanlage 1,5-l-Motor

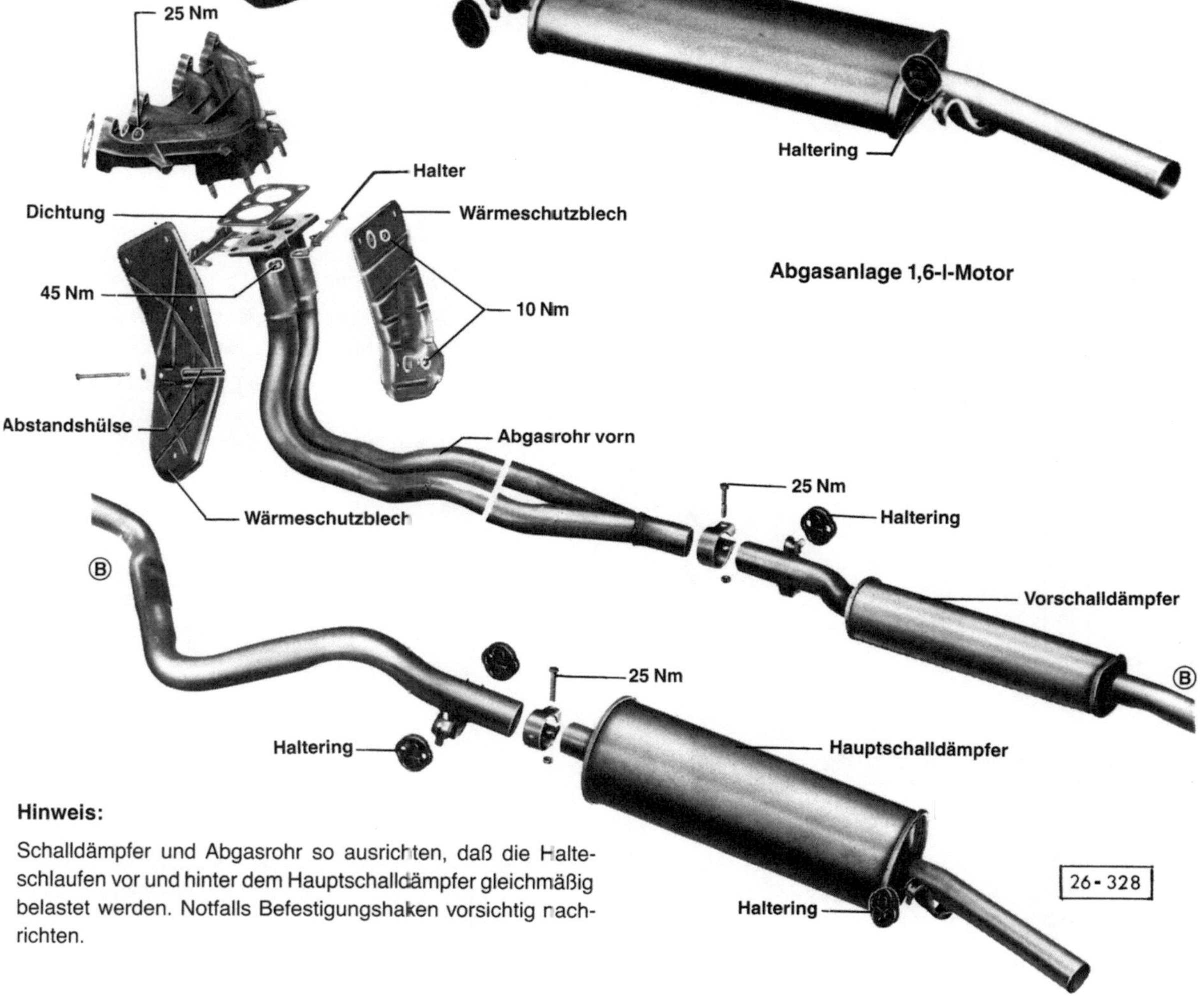

Abgasanlage 1,6-l-Motor

Hinweis:

Schalldämpfer und Abgasrohr so ausrichten, daß die Halteschlaufen vor und hinter dem Hauptschalldämpfer gleichmäßig belastet werden. Notfalls Befestigungshaken vorsichtig nachrichten.

Abgasanlage aus- und einbauen

Ausbau

- Wagen aufbocken.
- Sämtliche Schrauben und Muttern der Abgasanlage mit rostlösendem Mittel einsprühen.
- Klemmschellen Hauptschalldämpfer/Abgasrohr lösen. 3 Gummihalterungen am Hauptschalldämpfer aushängen, Schalldämpfer herausziehen.
- Muttern am Abgaskrümmer/Abgasrohr vorn im Motorraum abschrauben.
- Beim Einspritz- und beim SCIROCCO-Motor Wärmeschutzbleche abschrauben.
- Befestigungsschrauben am Halter für vorderes Abgasrohr abschrauben.
- Haltering am Zwischenrohr aushängen, Abgasanlage nach unten herausnehmen.

Achtung: Seit August 79 hat der SCIROCCO und seit August 80 auch der GOLF eine Abgasanlage mit einer federbelasteten Kugelgelenk-Verbindung am Abgaskrümmer. Die Federn lassen sich nur mit einem speziellen Federspanner entspannen. Ohne dieses Spezialwerkzeug kann die Abgasanlage nur bis zum vorderen Abgasrohr ausgebaut werden.

Einbau

- Vor dem Einbau alle Dichtflächen reinigen. Grundsätzlich neue Dichtungen und Schrauben verwenden, gegebenenfalls auch die Gummihalterungen erneuern. Die Schrauben lassen sich später leichter lösen, wenn sie vor dem Einbau mit Hochtemperaturpaste bestrichen werden.
- Abgasanlage einsetzen, am Krümmer und am Halter anschrauben, nicht festziehen.
- Zwischenrohr bzw. Vorschalldämpfer mit Haltering befestigen, Hauptschalldämpfer aufschieben und mit 3 Halteringen aufhängen.

richtig

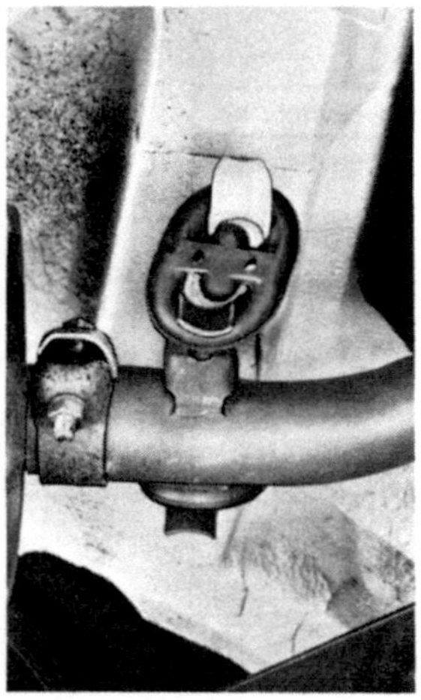

verspannt

- Abgasanlage durch Drehen und Verschieben in Längsrichtung so ausrichten, daß überall ausreichend Abstand zum Aufbau vorhanden ist und die Halteringe gleichmäßig belastet werden.
- Mutter am Abgaskrümmer, an Stütze für Abgasrohr (vorher spannungsfrei ausrichten) und an den Klemmschellen gleichmäßig mit 25 Nm festziehen.
- Wo vorhanden, Wärmeschutzblech anbringen.

Klemmfedern aus- und einbauen

Seit August 1979 ist beim SCIROCCO und seit August 1980 auch beim GOLF die Abgasanlage mit einem federbelasteten Kugelgelenk am Abgaskrümmer ausgerüstet. Zum Ausbau des vorderen Abgasrohres wird ein spezieller Federspanner benötigt, z. B. V.A.G-3049 A oder HAZET 2585. Leichter geht es mit dem Spannkeil-Spezialwerkzeug V.A.G-3140. **Achtung: Die Klemmfedern stehen unter starker Vorspannung. Auf keinen Fall die Feder mit anderen Hilfsmitteln entspannen.**

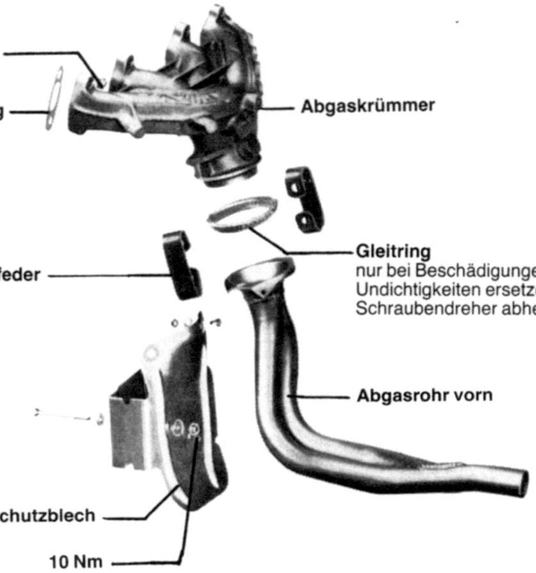

Ausbau mit Federspanner

- Zapfenabstand der Spannvorrichtung auf den Abstand der Bohrungen der Klemmfeder einstellen.
- Federspanner in die Bohrungen der Klemmfeder einstekken und von Hand etwas vorspannen. Dazu beim V.A.G-Werkzeug Rändelscheiben in Pfeilrichtung (Pfeil an der Stirnscheibe der Rändelscheibe) drehen.
- T-Griff in Spannvorrichtung stecken und Feder bis zum Anschlag spannen.
- Klemmfeder aus den Aussparungen von Abgaskrümmer und Abgasrohr herausnehmen, dazu Abgasrohr in Richtung der auszubauenden Klemmfeder drücken.
- 2. Klemmfeder auf dieselbe Weise ausbauen.

Einbau

- Gleitring im Abgasrohr nur bei Beschädigungen, beziehungsweise Undichtigkeiten erneuern und mit Schraubendreher abhebeln.
- Zapfen des Federspanners in die Bohrungen der Klemmfeder einsetzen. Klemmfeder spannen und einsetzen. Dabei Klemmfeder zuerst in die Aussparung am Abgaskrümmer einsetzen.

- Spanner entspannen und 2. Feder einsetzen. Anschließend richtigen Sitz der Federn in den Aussparungen kontrollieren.

Ausbau mit Spannkeilen

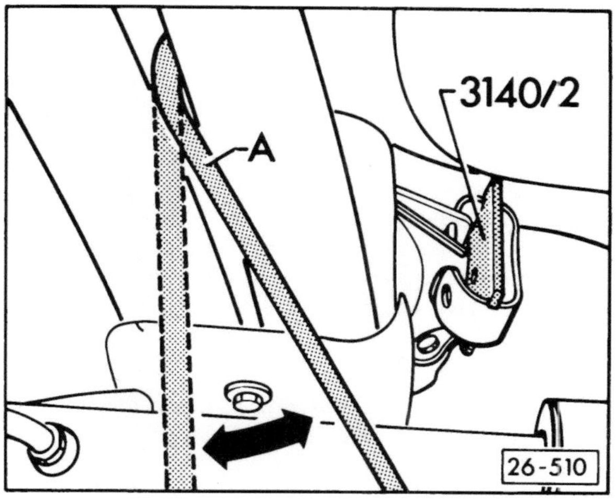

- Abgasrohr zur Seite drücken, wodurch die entgegengesetzte Klemmfeder gedehnt wird. In dieser Stellung kurzen Spannkeil V.A.G-3140/2 bis zum Anschlag in die Klemmfeder einschieben. 2. Klemmfeder ebenfalls dehnen und Spannkeil einsetzen.

Achtung: Zum Dehnen der Klemmfedern Montierhebel –A– zwischen die beiden Rohre stecken, beziehungsweise bei der Einfachrohranlage Abgasrohr mit einer Wasserrohrzange packen und seitlich wegdrücken. Falls erforderlich, Abgasanlage aus den Halteringen aushängen.

- Abgasrohr vorn in die Richtung der Klemmfeder drücken, die zuerst ausgebaut werden soll. Festen Sitz der Klemmfeder auf dem Spannkeil prüfen und Klemmfeder abnehmen.

Einbau

- Mit Spannkeilen gedehnte Klemmfedern einsetzen und darauf achten, daß die Endstücke in die Aussparungen am Abgaskrümmer und -rohr eingreifen.
- Spannkeile herausnehmen, dazu vorderes Abgasrohr seitlich wegdrücken.

Klemmfedern auswechseln

Nur bei Verwendung von Spannkeilen

Entspannen

- Klemmfeder so auf Schraubstock legen, daß sich der Spannkeil mit der Anschlagseite zwischen den ca. 15 mm geöffneten Schraubstockbacken befindet.
- Spannkeil mit Kunststoffhammer vorsichtig nach unten heraustreiben.

Spannen

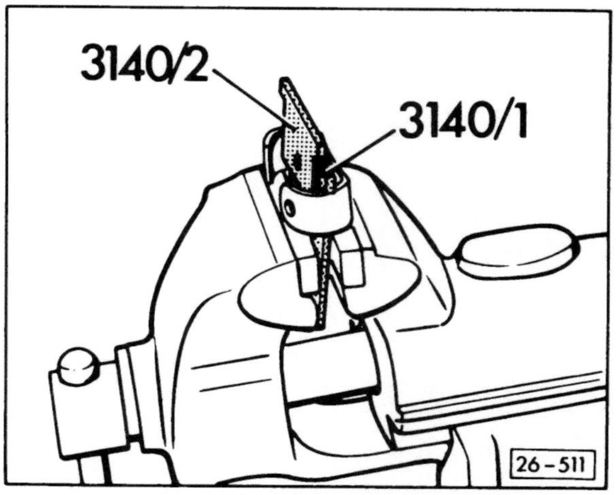

- Klemmfeder wie in der Abbildung gezeigt auf den Schraubstock legen.
- Langen Spannkeil 3140/1 durch die Klemmfeder bis zum Anschlag eintreiben. Dabei stehen die Schraubstockbacken ca. 15 mm auseinander.

Achtung: Falls sich die Klemmfeder wegen beengter Platzverhältnisse (z. B. Automatikgetriebe) mit dem langen Spannkeil am Fahrzeug nicht einbauen läßt, kurzen Spannkeil 3140/2 neben dem langen Spannkeil eintreiben. Anschließend Klemmfeder um 180° drehen (auf den Kopf stellen) und so über den Schraubstock halten, daß der kurze Spannkeil mit der Anschlagseite am Schraubstockbacken aufliegt, während der lange Spannkeil sich über der Öffnung zwischen den Backen befindet. Langen Spannkeil vorsichtig mit Kunststoffhammer aus der Klemmfeder heraustreiben.

Wartung an der Abgasanlage

W

Sichtprüfung

- Fahrzeug aufbocken.
- Befestigungsschellen auf festen Sitz prüfen.
- Abgasanlage mit Lampe und leichtem Hammer auf Löcher, durchgerostete Teile sowie Scheuerstellen absuchen.
- Stark gequetschte Abgasrohre ersetzen.
- Gummihalterungen durch Drehen und Dehnen auf Porosität überprüfen und gegebenenfalls austauschen.

Die Kupplung

Die Kupplung ist in das Schwungrad eingebaut. Sie dient beim Schalten der Gänge zum Trennen von Motor und Getriebe. Nach dem Schaltvorgang – ebenso wie beim Anfahren aus dem Stand – verbindet sie wieder durch Reibung stoßfrei das Getriebe mit dem Motor.

Die Kupplung besteht aus der Kupplungsdruckplatte und der Kupplungsscheibe. Die Kupplungsdruckplatte ist mit dem Schwungrad verschraubt. Normalerweise ist das Schwungrad an der Motorkurbelwelle angeflanscht. Beim Golf/Scirocco 1,5-, 1,6- und 1,8-l-Motor) ist die Kupplungsdruckplatte an der Kurbelwelle befestigt. Das Schwungrad wiederum ist an der Druckplatte angeschraubt. Dadurch ist auch das Ausrücklager anders gelagert, und zwar befindet es sich im hinteren Teil des Getriebes. Die sonst im Getriebe quer angeordnete Ausrückwelle wird beim Golf/Scirocco-Getriebe durch eine Kupplungsdruckstange ersetzt, die in der hohlgebohrten Antriebswelle gelagert ist.

Funktionsweise

In eingekuppeltem Zustand wird durch die Kupplungsmembranfeder die Kupplungsscheibe gegen das Schwungrad gepreßt. Über die Kupplungsscheibe, in deren Innenverzahnung die Getriebe-Antriebswelle steckt, wird die Motorkraft auf das Getriebe übertragen. Beim Niedertreten des Kupplungspedals wird über Kupplungsseil und Kupplungshebel die Kupplungsdruckstange gegen die Ausrückplatte gedrückt, die ihrerseits gegen die Membranfeder der Druckplatte drückt. Dadurch wird die Druckplatte ein wenig angehoben. Die Kupplungsscheibe wird dadurch frei, der Kraftstoff zwischen Motor und Getriebe ist aufgehoben.

Achtung: Kupplung so zusammenbauen, daß die Zentrierstifte im Schwungrad in die Zentrierbohrungen bzw. Zentrierschlitze in der Druckplatte greifen. Andernfalls stimmt der obere Totpunkt (OT) auf Schwungrad nicht mehr.

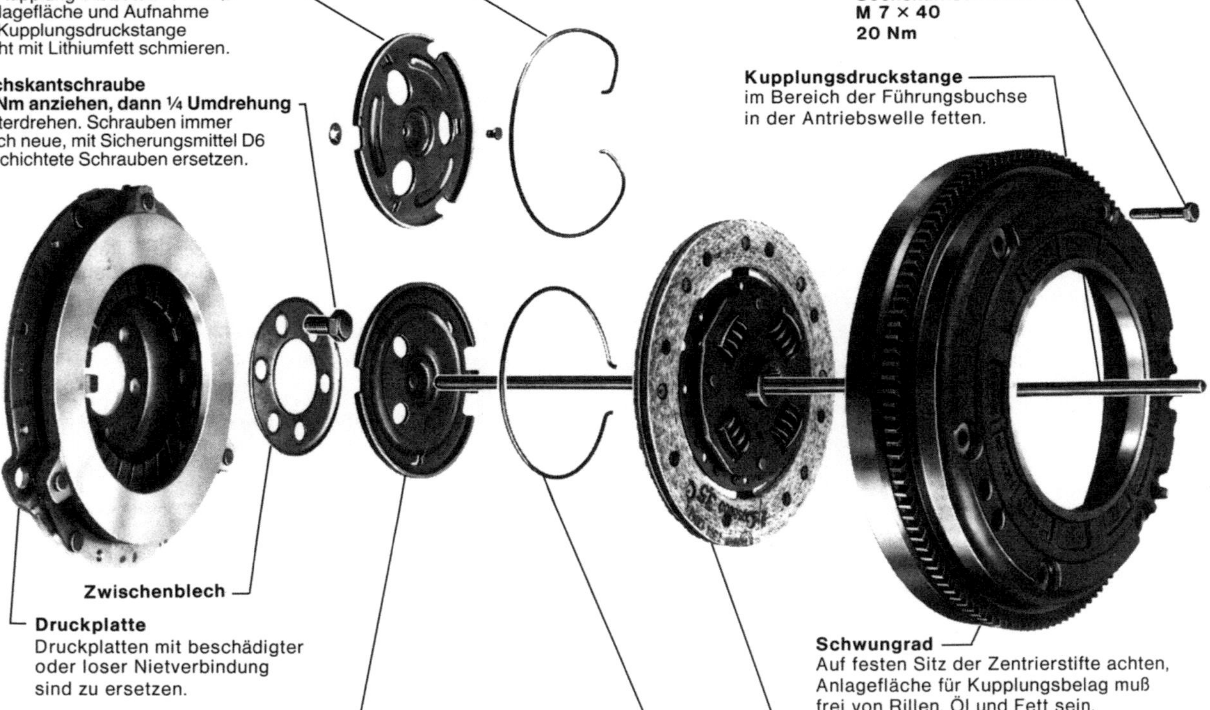

Ausbau

Um die Kupplung ausbauen zu können, kann sowohl der Motor als auch das Getriebe ausgebaut werden. Sinnvollerweise baut man das Getriebe aus, siehe Seite 108.

- Sechskantschrauben für Schwungrad herausdrehen, Schwungrad mit Kupplungsscheibe abnehmen.
- Haltering mit Schraubenzieher heraushebeln, Ausrückplatte abnehmen.
- Druckplatte von Kurbelwelle abschrauben.

Einbau

- Vor dem Einbau Nietbefestigungen der Druckplatte auf festen Sitz überprüfen. Druckplatten mit losen oder beschädigten Nietverbindungen sind zu erneuern.

30-018

- Druckplatte auf Risse, Brandstellen und Verschleiß prüfen. Die Druckplatte darf bis zu 0,3 mm durchgebogen sein. Prüfung mit Lineal und Fühlerblattlehre durchführen.

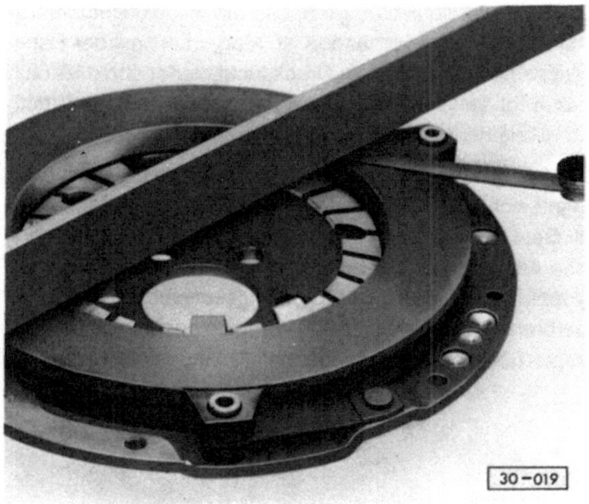

30-019

Achtung: Kupplung so zusammenbauen, daß die Zentrierstifte im Schwungrad in die Zentrierbohrungen bzw. Zentrierschlitze in der Druckplatte greifen. Andernfalls stimmt der OT auf dem Schwungrad nicht mehr.

- Druckplatte an die Kurbelwelle anschrauben. Damit sich die Kurbelwelle nicht verdrehen kann, wird in den Werkstätten die Kurbelwelle mit dem Werkzeug VW 558 arretiert. Die Druckplatte läßt sich auch mit einem Schraubendreher arretieren. **Achtung:** Neue, mit Sicherungsmittel beschichtete Schrauben verwenden, Anzugsmethode beachten, siehe Abbildung.

30-026

- Ausrückplatte einsetzen. Haltering einsetzen, auf richtige Lage der Drahtenden achten (siehe Abbildung, Pfeile).

30-209

- Bei Kupplung mit 200 mm Durchmesser Haltering wie auf der Abbildung montieren.
- Die Kupplungsscheibe darf nicht verzogen sein, der Seitenschlag darf maximal 0,4 mm betragen, bei einem Kupplungsscheibendurchmesser von 175 mm (Prüfung nur notwendig, wenn die alte Kupplung wieder eingebaut wird und diese vorher gerupft hat).
- Zum Einbauen der Kupplungsscheibe wird eine Zentrierlehre benötigt. Sie besteht aus Kunststoff und wird in den Werkstätten unter der Nummer VW 547 geführt.
- Kerbverzahnung der Kupplungsscheibe von Korrosion reinigen und hauchdünn mit Moly-Gleitpaste schmieren. Die V.A.G-Werkstätten verwenden das Fett G 000 100. Überschüssiges Fett unbedingt entfernen, sonst gelangt es später auf die Reibflächen und führt zum Ausfall der Kupplung.

- Zentrierscheibe (VW 547) in Schwungrad einsetzen, Kupplungsscheibe in Schwungrad einlegen und zentrieren. Schwungrad anschrauben.
- Das Schwungrad muß frei von Rillen, Fett und Öl sein, die Zentrierstifte müssen einen festen Sitz haben.

- Das Schwungrad muß beim Anziehen arretiert werden. Es gibt dafür das Werkzeug VW 558, man kann sich auch mit Schraubenzieher und Dorn behelfen.
- Schrauben für Schwungrad über Kreuz mit 20 Nm festziehen.
- Getriebe einbauen, siehe Seite 108.

W

Wartung an der Kupplung

Kupplungsspiel einstellen

Eingestellt wird das Kupplungsspiel bei Fahrzeugen bis Juni 74 im Wageninnern an der Einstellmutter am Kupplungsfußhebel. An Fahrzeugen der Fertigung nach Juni 1974 wird das Kupplungsspiel an der Getriebeabstützung im Motorraum eingestellt.

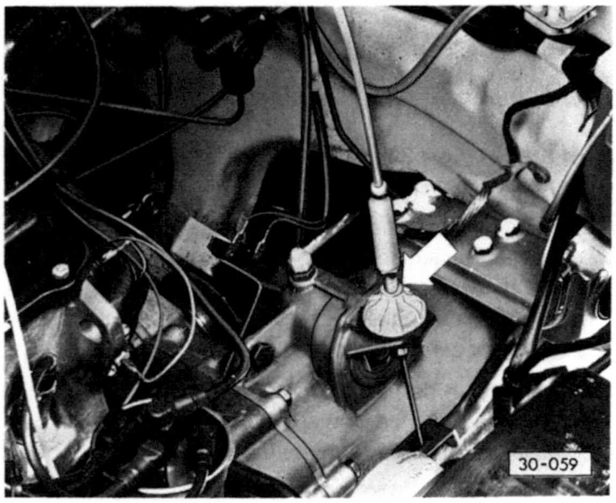

- Kontermutter an der Einstellhülse am Kupplungsseil (im Motorraum/Getriebeabstützung) lösen. Einstellhülse rausdrehen = weniger Spiel, Einstellhülse reindrehen = mehr Spiel. Einstellhülse nach erfolgter Einstellung kontern.
- Kupplung im Stand mehrmals durchtreten, Spiel nochmal kontrollieren.
- Gewindestück mit Fett einschmieren.

Kupplungsspiel einstellen

Die Kupplung ist so einzustellen, daß am Kupplungsfußhebel ein Spiel von 15 mm vorhanden ist. Man drückt mit der Hand das Kupplungspedal bis zum Druckpunkt nieder und mißt den Weg. Beträgt der Weg mehr oder weniger als etwa 15 mm, muß die Kupplung nachgestellt werden.

Achtung: Mit fortschreitendem Verschleiß der Belagscheibe verringert sich das Spiel zwischen Ausrücklager und Ausrückhebel. Geht das Spiel ganz verloren, verringert sich der erforderliche Anpreßdruck der Kupplung. Das führt zum Rutschen der Kupplung, der Belag der Kupplungsscheibe kann mit der Zeit verbrennen. Etwa alle 15000 km sollte deshalb das Kupplungsspiel überprüft und gegebenenfalls eingestellt werden.

Störungstabelle Kupplung

Störung	Ursache	Abhilfe
Kupplung rutscht	● Zu wenig Spiel am Pedal	Spiel vergrößern bis zu 20 mm
	● Belag verhärtet oder verölt	Kupplungsscheibe austauschen
	● Federspannung zu gering	Druckplatte auswechseln
Kupplung trennt nicht richtig	● Zu viel Spiel am Pedal	Spiel verkleinern bis 10 mm
	● Belag durch Abrieb verklebt	Kupplungsscheibe austauschen
	● Kerbverzahnung auf der Antriebswelle trocken oder verklebt	Kerbverzahnung reinigen, entgraten und mit MoS_2-Puder einbürsten
	● Kupplungsseil, Ausrückhebel oder Fußhebel schwergängig	Teile reinigen und mit Universalfett schmieren
	● Kupplungsscheibe schlägt	Kupplungsscheibe auswechseln
	● Kupplungsseil verschlissen	Seil auswechseln
Kupplung rupft	● Getriebe liegt in der Aufhängung nicht fest	Befestigungsschrauben nachziehen
	● Seilführung falsch verlegt	Seilführung in Ordnung bringen
	● Druckplatte trägt ungleichmäßig	Druckplatte auswechseln
	● Kupplungsscheibe zu stark oder ungleichmäßig geschränkt	Scheibe erneuern
Geräusch beim Auskuppeln	● Ausrückwelle läuft trocken	Lagerbuchsen der Ausrückwelle schmieren
Geräusch in ausgekuppeltem Zustand	● Ausrücklager schadhaft	Ausrücklager auswechseln
	● Kupplungsscheibe schlägt an die Druckplatte	Kupplungsscheibe austauschen

Das Getriebe

Das Getriebe bildet mit dem Achsantrieb eine Einheit. Das komplette Aggregat kann ohne Ausbau des Motors ausgebaut werden. Ein Ausbau ist aber meistens nur dann notwendig, wenn Austausch bzw. Überholung des kompletten Antriebs notwendig ist. Da es jedoch in keinem Fall anzuraten ist, Reparaturen am Getriebe oder am Achsantrieb mit Heimwerkermitteln in Angriff zu nehmen, verweisen wir in dieser Hinsicht auf die Werkstatt und beschreiben lediglich den Ausbau des Aggregates.

Getriebe aus- und einbauen

Ausbau

- Masseband von der Batterie abklemmen (1).

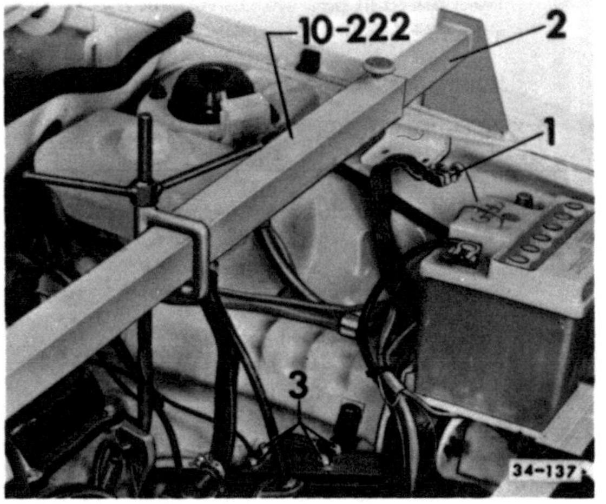

- Aufhängevorrichtung einhängen (2) oder geeignetes Rohr über den Motorraum legen und in den Kotflügelsicken abstützen. Nicht das Rohr auf die Kotflügel legen! Mit Draht oder Haken Rohr und Motor verbinden (Öse am Motor vorhanden). Haken oder Draht spannen. Getriebeaufhängung links (3) abschrauben.
- Totpunktmarkengeber (4) (wo vorhanden): elektrische Leitung abziehen, Totpunktmarkengeber mit Zündkerzenschlüssel (VW-Nr. 311 012 205 A) herausdrehen oder Gummistopfen abziehen. Schwungrad über den Keilriemen (keinen Gang einlegen) so verdrehen, bis die Nase vom Schwungrad (33° vor OT) in der Bohrung für Totpunktmarkengeber erscheint. Seit September 1974: Statt Nase ist eine Vertiefung (76° vor OT) vorhanden.

Achtung: Nur in dieser Schwungradstellung ist ein Trennen von Motor und Getriebe möglich. Seit November 78 ist die Markierung entfallen. Das Getriebe läßt sich in jeder Stellung vom Motor trennen.

- Antriebswelle für Geschwindigkeitsmesser (5) ausbauen, Öffnung mit geeigneter Gummikappe abdecken, damit beim Ausbau des Getriebes kein Öl ausläuft.

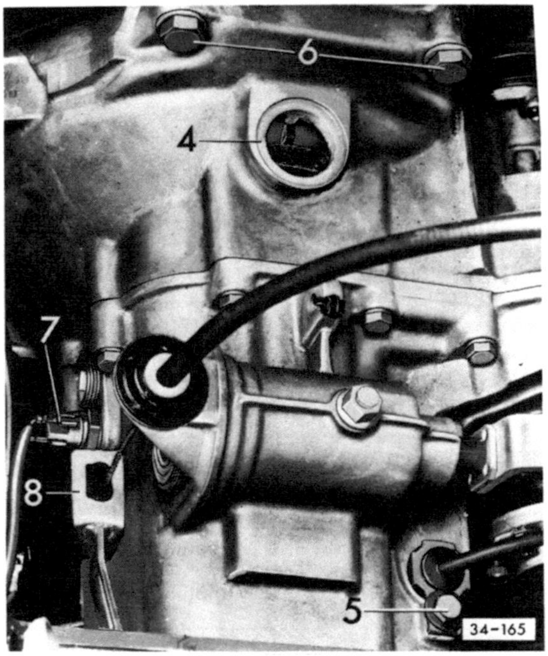

- Schrauben oben (6) zur Getriebe-Motor-Befestigung herausschrauben.
- Kabel für Rückfahrscheinwerfer (7) abziehen.
- Kupplungsseil (8) an der Einstellhülse lösen und aushängen.

- Schaltbetätigung abnehmen. 9a – von der Schaltwelle abschrauben, 9b – Umlenkwinkel bzw. Lagerbock von der Lagerschale abnehmen.
- Wagen aufbocken.

Achtung: Bei Fahrzeugen mit 110/112 PS-Motor ist der Gelenkflansch auf der Motorseite abgeflacht. Zum Trennen von Motor und Getriebe Abflachung zum Schwungrad stellen.

Achtung: Seit 11.78 entfallen die Ausnehmungen und die Nase 76° vor OT im Schwungrad. Getriebe beim Ausbau so drehen, bis zwischen Schwungrad und Gelenkflansch genügend Freigang vorhanden ist. Damit ist das Ausrichten von Schwungrad oder Gelenkflansch nicht mehr erforderlich.

Bei „E"-Getriebe Stecker vom Getriebe abziehen.

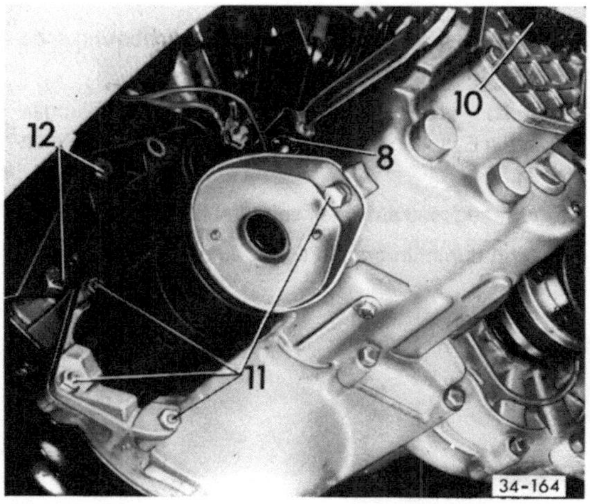

- Masseband vom Getriebe (10), Anlasser (11) abschrauben, Leitungen abziehen.
- Drehmomentstütze (12) vom Getriebe und Aufbau abschrauben.

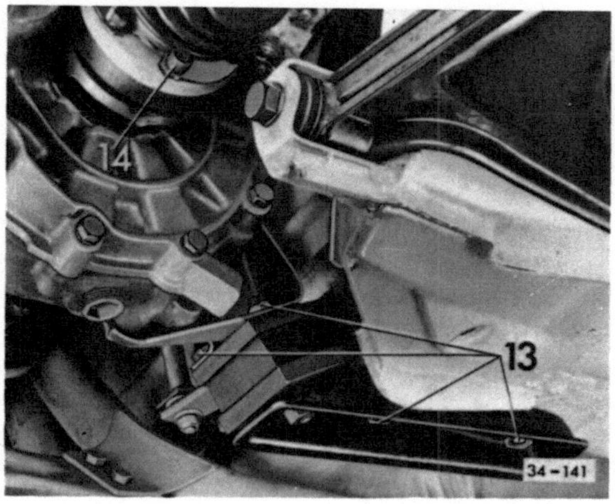

- Getriebeaufhängung (13) hinten abschrauben. Gelenkwelle links (14) abschrauben, mit Drahthaken nach oben hängen.
- Gelenkwelle rechts (15) abschrauben, mit Drahthaken nach oben hängen.
- Schrauben für großes Abdeckblech (16) herausschrauben. Abdeckblech bleibt am Motor.
- Schraube für kleines Abdeckblech (17) herausschrauben, Abdeckblech abnehmen.
- Sechskantmutter (18) abschrauben.
- Getriebe mit Montiereisen von den Paßhülsen abdrücken und nach unten – zweiter Mann erforderlich – herausnehmen.

Einbau

- Der Einbau des Getriebes erfolgt in umgekehrter Reihenfolge.

Achtung: Ausnehmung am Schwungrad in Höhe des Gelenkflansches stellen (Pfeil). Nur in dieser Stellung kann das Getriebe angesetzt werden, seit 11.78 nicht mehr erforderlich.

- Rastet das Getriebe beim Einsetzen nicht in die Kupplungs-Mitnehmerscheibe ein, Motorkurbelwelle verdrehen.
- Beim Anschrauben müssen die Befestigungspunkte 6, 12, 18 mit 55 Nm, die Befestigungspunkte 14, 15 mit 45 Nm und der Befestigungspunkt 9a mit 15 Nm festgezogen werden.
- Motor und Getriebe ausrichten, siehe Seite 15.

W Wartung am Getriebe

Sichtprüfung auf Dichtheit

Folgende Leckstellen sind möglich:

- Trennstelle zwischen Motorblock und Getriebe (Schwungraddichtung/Wellendichtung-Getriebe).
- Öleinfüllschraube.
- Gelenkwelle an Getriebe.

Bei der Suche nach der Leckstelle folgendermaßen vorgehen:

- Getriebegehäuse mit Kaltreiniger reinigen.
- Mögliche Leckstellen mit Kalk oder Talkumpuder bestäuben.
- Ölstand kontrollieren, ggf. auffüllen.
- Probefahrt durchführen. Damit das Öl besonders dünnflüssig wird, sollte die Probefahrt auf einer Schnellstraße über eine Entfernung von ca. 30 km durchgeführt werden.
- Anschließend Fahrzeug aufbocken und Getriebe mit einer Lampe nach der Leckstelle absuchen.
- Leckstellen umgehend beseitigen.

Ölwechsel – Schaltgetriebe und Achsantrieb

Die gemeinsame Hypoidfüllung für Wechselgetriebe und Achsantrieb muß nicht gewechselt werden.

Die Ölkontrolle – etwa alle 20 000 km – und die Ölbefüllung erfolgen über die Einfüllbohrung, die in Höhe des Ölspiegels angebracht ist.

- Das Fahrzeug muß auf einer waagerechten Fläche stehen.
- Probefahrt durchführen und Motor auf Betriebstemperatur bringen.

- Einfüllschraube – Pfeil – herausdrehen und mit Finger Ölstand prüfen.
- Der Ölstand soll in Höhe der Einfüllöffnung liegen. Gegebenenfalls Getriebeöl nachfüllen.

Achtung: Hierfür wird eine Ölspritzkanne benötigt. Beim Nachfüllen Gefäß unterstellen und überschüssiges Öl ablaufen lassen. Nicht zuviel Öl auf einmal einfüllen. Getriebeöl ist ziemlich zähflüssig, daher dauert es einige Zeit, bis es nach unten fließt und sich sammelt.

Getriebeölspezifikation:

Zur Schmierung von Schaltgetriebe und Achsantrieb ist ein Hypoid-Markenöl SAE 80 oder SAE 80 W/90 der Spezifikation Mil L 2105 GL 4 vorgeschrieben. Dieses Öl gilt für alle Klimazonen und ganzjährig.

Zum Nachfüllen beziehungsweise Neubefüllung im Reparaturfall kann auch das neuere Getriebeöl G 50 (Synthetiköl), Ersatzteil-Nr. G 005 000, verwendet werden. Es ist mit dem seitherigen Öl mischbar.

Die Schaltung

Schalthebel/Schaltstange aus- und einbauen

Ausbau

- Wagen aufbocken.
- Unten an der Schaltstange Klemmschelle lösen.
- Lager abschrauben.
- Am Schalthebel Abdeckung zurückschieben, Lagerplatte abschrauben. Komplettes Schaltgestänge nach oben herausnehmen.

Einbau

- Schaltung komplettieren, sämtliche Gleitflächen mit MoS_2-Schmierfett einfetten.
- Lager anschrauben.
- Schaltung von oben einsetzen, Schaltstange auf Winkelfinger aufschieben, Klemmscheibe noch nicht festziehen.
- Oben am Tunnel Lagerplatte aufschrauben.
- Schaltung einstellen, Klemmschelle anziehen.
- Abdeckung für Schaltung aufdrücken, Wagen ablassen.

- Von unten Klemmschelle (Pfeil) an der Schaltstange lösen. **Achtung:** Die Verbindung Schaltstange/Wählhebel muß leichtgängig sein. Große Schutzhülle von den Anschlagblechen abziehen und auf der Schaltstange nach vorn schieben.

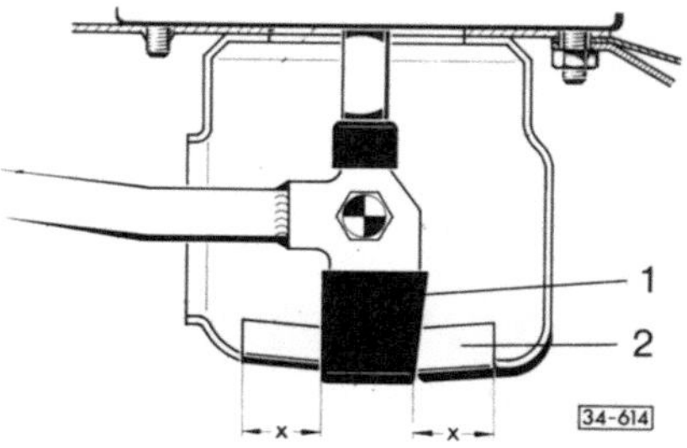

- Der Schaltfinger (1) muß in der Mitte des Anschlagbleches (2) stehen. Maß „x" muß gleich sein.

Schalthebel einstellen

- Gang herausnehmen, Wagen aufbocken.

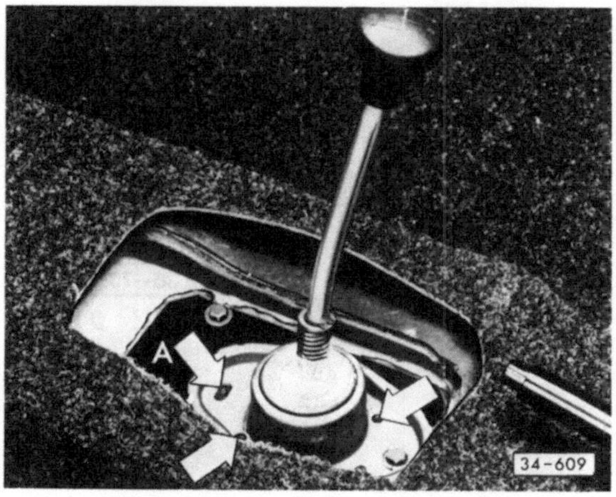

- Abdeckung für Schalthebel abziehen. Zentrierbohrungen (Pfeile) von Schaltbock und Abdeckplatte mit Schraubenzieher übereinanderstellen. **Kontrolle:** Die Gewindebohrung für die Befestigungsschrauben (Pfeil A) müssen jetzt exakt in der Mitte der Langlöcher stehen. Andernfalls Lagerbock ausbauen und um 180° drehen.
- Schaltbock festschrauben.

- Blechstreifen mit 20 mm (15 mm) Breite herstellen. Maß „a" 20 mm (5-Gang: „a" = 15 mm, max. 13 mm) am Schaltfinger und am Anschlagblech einstellen. Dabei den Schalthebel in Längsrichtung nicht mehr verschieben.
- Klemmschelle in dieser Stellung festziehen.
- Alle Gänge durchschalten. Die Gänge müssen sich leicht und ohne zu haken einlegen lassen. Besonders auf die Wirksamkeit der Rückwärtsgangsperre achten.
- Abdeckung für Schalthebel aufdrücken.

Achtung: Wenn die Schaltung trotz einwandfreier Einstellung noch hakelig oder schwammig ist, Arretierschraube an der Schaltwelle einstellen, siehe Seite 113.

Die Tauchdruckschaltung

Die Schaltbetätigung wurde im Lauf der Produktionsjahre mehrmals geändert. Seit September 1975 hat der Golf/Scirocco eine Tauchdruckschaltung. Die Schaltung wird so genannt, da zum Einlegen des Rückwärtsganges der Schalthebel runtergedrückt werden muß.

Hinweis: Seit Februar 1982 hat der Wählhebel als Ersatzteil 2 Kugelbolzen –Pfeil–. Die Wählstange daher beim 5-Gang-Getriebe in den oberen, beim 4-Gang-Getriebe in den unteren Bolzen eindrücken.

Achtung: Sämtliche Gelenke und Gleitflächen mit MoS_2-Fett schmieren. Falls die Schaltbetätigung mit Festschmierstoffpaste – weiß – gefettet ist, zuerst weiße Paste entfernen, dann mit MoS_2-Fett schmieren.

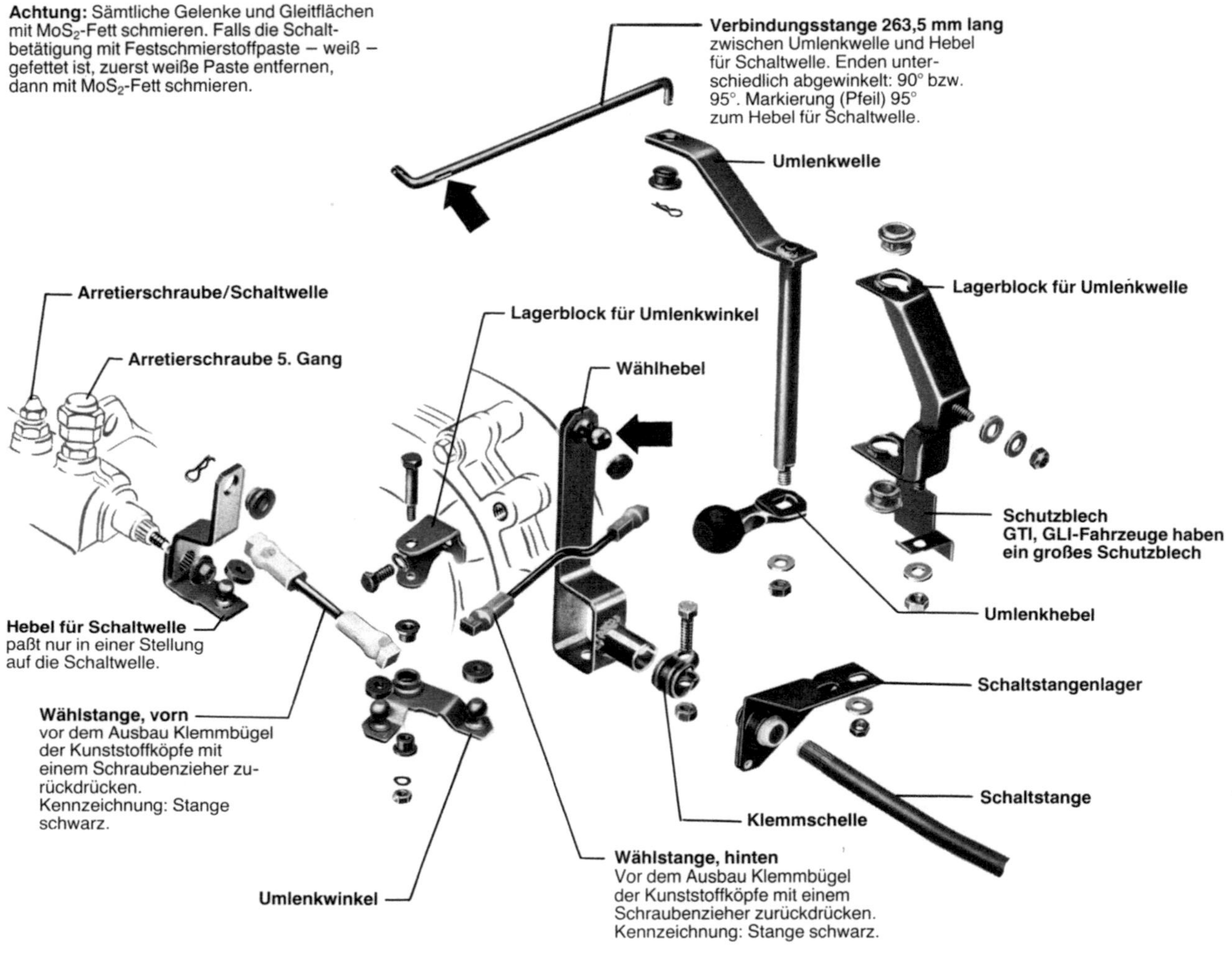

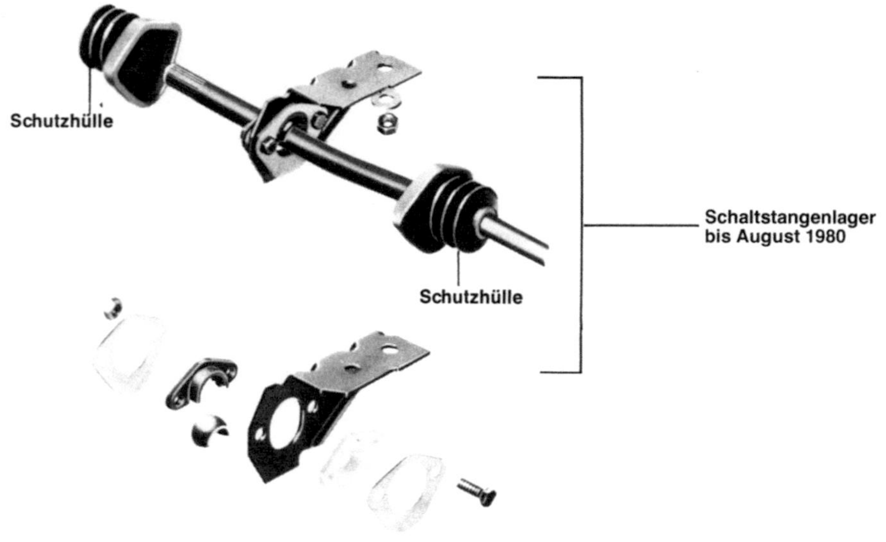

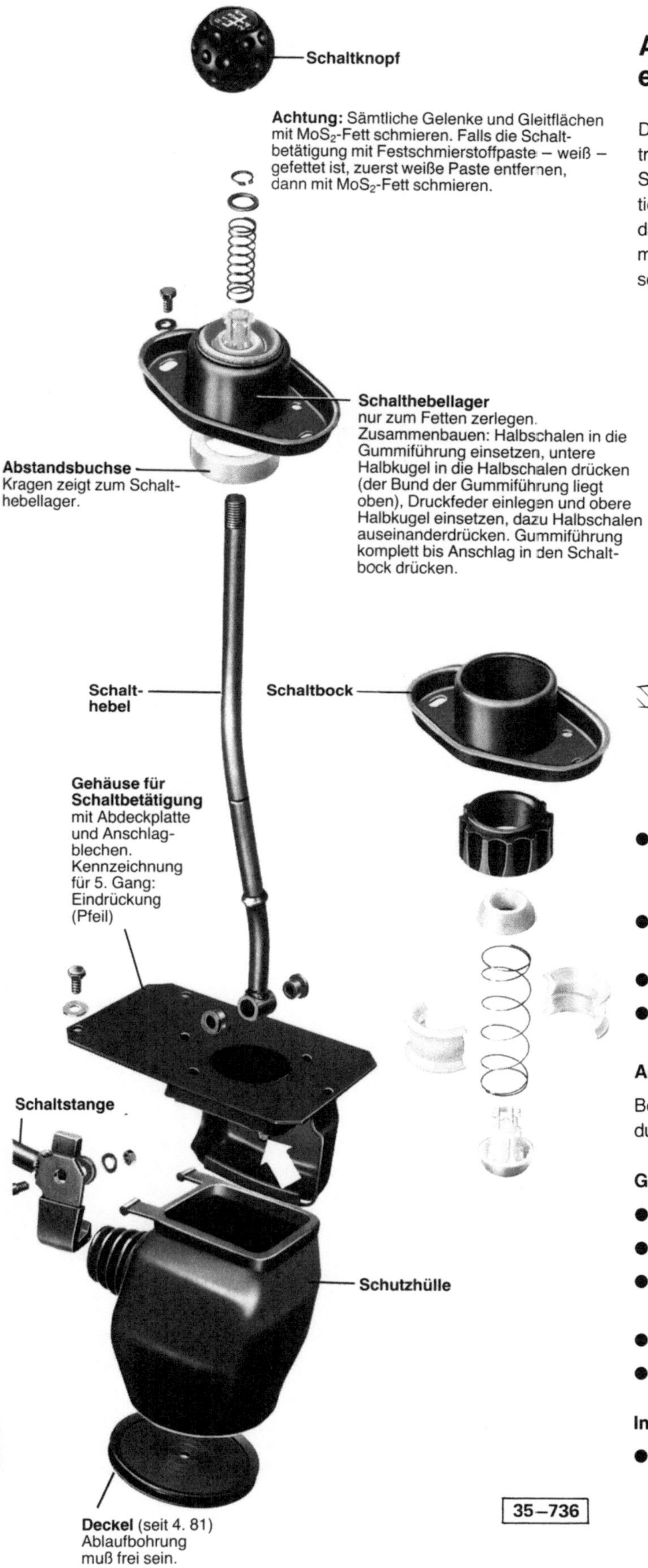

35–736

Arretierschraube für Schaltwelle einstellen

Die Einstellung der Arretierschraube ist bei ausgebautem Getriebe vorzunehmen. Andernfalls Gestänge vom Hebel für Schaltwelle abbauen, Getriebe in Leerlaufstellung. Die Arretierschraube muß immer dann neu eingestellt werden, wenn das Getriebe zerlegt wurde oder wenn die Schaltung schwammig oder hakelig ist. Arbeitshinweise gelten für Tauchdruckschaltung.

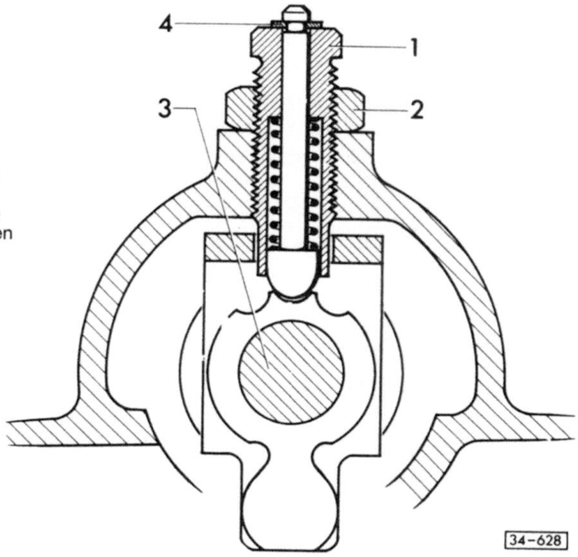

34-628

- Kontermutter – 2 – lösen und Arretierschraube – 1 – hineindrehen, bis Sicherungsclip – 4 – von der Arretierschraube abhebt.
- Arretierschraube zurückdrehen, bis der Sicherungsring gerade wieder anliegt.
- Arretierschraube kontern.
- Kontrolle: Sicherungsclip muß bei geringfügigem Drehen der Schaltwelle – 3 – abheben.

Arretierschraube für 5. Gang einstellen

Bei zu geringem oder zu großem Kraftaufwand zur Überwindung der 5-Gang Sperre.

Grundeinstellung:

- Getriebe in Leerlaufstellung.
- Kappe von der Arretierschraube abnehmen.
- Kontermutter lösen und Arretierschraube hineindrehen, bis der Stift in der Mitte gerade sichtbar abhebt.
- Arretierschraube 1/3 Umdrehung zurückdrehen.
- Arretierschraube kontern, Kappe aufstecken.

Individuelle Einstellung

- Arretierschraube um jeweils 60° verdrehen. Dadurch ändert sich die Kraft zur Überwindung der 5-Gang-Sperre.
  Drehung nach rechts – mehr Kraft
  Drehung nach links – weniger Kraft

Die Vollautomatik

Der Golf/Scirocco wird auf Wunsch mit einer Getriebevollautomatik ausgestattet. Die Automatik hat drei Vorwärtswählbereiche, die automatisch geschaltet werden. Um dennoch, zum Beispiel bei Überholvorgängen, schneller beschleunigen zu können, hat die Automatik einen sogenannten Kickdown-Schalter, der sich beim vollen Niedertreten des Gaspedals einschaltet. Der Kickdown-Effekt sorgt dafür, daß das Getriebe entweder länger im kürzeren Gang verweilt oder von einem höheren in einen niedrigeren zurückschaltet.

Für die Beurteilung der Funktion der Getriebeautomatik und für die richtige Fehlersuche ist Erfahrung mit automatischen Getrieben und die Kenntnis der Arbeitsweise unerläßlich. Da diese Materie nur durch lange Berufserfahrung erworben werden kann, beschränke ich mich deshalb im Kapitel Automatik auf einige leichte Überprüfungsarbeiten.

Flüssigkeitsstand im automatischen Getriebe prüfen

Der vorgeschriebene Flüssigkeitsstand ist für die einwandfreie Funktion des automatischen Getriebes äußerst wichtig. Darum ist die Prüfung mit großer Sorgfalt alle 15000 km durchzuführen! Der Peilstab für die Prüfung befindet sich im Motorraum. Hier wird auch das ATF eingefüllt.

ATF-Stand im Planetengetriebe prüfen

- Wagen auf ebene Fläche stellen.
- Wählhebel in „N" (Leerlauf) legen und Handbremse anziehen.
- Motor muß während der Prüfung im Leerlauf laufen.
- ATF-Flüssigkeit soll handwarm sein (40°–60° C).

Achtung: Bei höheren oder niedrigeren Temperaturen kann der Ölstand darüber oder darunter liegen (Wärmeausdehnung des ATF). Eine einwandfreie Messung ist deshalb nur in dem angegebenen Temperaturbereich möglich.

- Der Flüssigkeitsstand muß unbedingt zwischen den beiden Marken des Peilstabes liegen. Die Differenz zwischen unterer und oberer Marke beträgt 0,4 Liter.
- Muß ATF nachgefüllt werden: Sauberen Trichter und passenden Schlauch verwenden.
- Zum Abwischen des Peilstabs darf nur ein sauberer, nicht fasernder Lappen verwendet werden.
- Nicht zuviel ATF einfüllen. Zuviel Öl kann Störungen in der Automatik hervorrufen. In jedem Fall muß zuviel eingefülltes ATF wieder abgelassen werden.
- Altes ATF gleichzeitig am Peilstab auf Aussehen und Geruch prüfen. Verbrannte Reibbeläge verursachen Brandgeruch. Durch verschmutztes Öl können Störungen an der Getriebesteuerung auftreten.

Achtung: Es dürfen nur die vom Werk freigegebenen ATF-Öle verwendet werden.

Alle zugelassenen ATF-Öle lassen sich miteinander mischen. Keine Zusatzschmiermittel verwenden.

Ohne ATF-Füllung im Drehmomentwandler und automatischem Getriebe darf weder der Motor laufen noch darf der Wagen abgeschleppt werden.

Abschleppen von Fahrzeugen mit Automatik

- Wählhebelstellung „N".
- **Maximale Schleppgeschwindigkeit: 50 km/h!**
- **Maximale Schleppentfernung: 50 Kilometer!**
- Über große Entfernungen muß der Wagen **vorn** angehoben werden. Grund: Bei stehendem Motor arbeitet die Getriebeölpumpe nicht, das Getriebe wird für höhere Drehzahlen und längere Laufzeiten daher nicht ausreichend geschmiert.

Einsatz eines Abschleppwagens

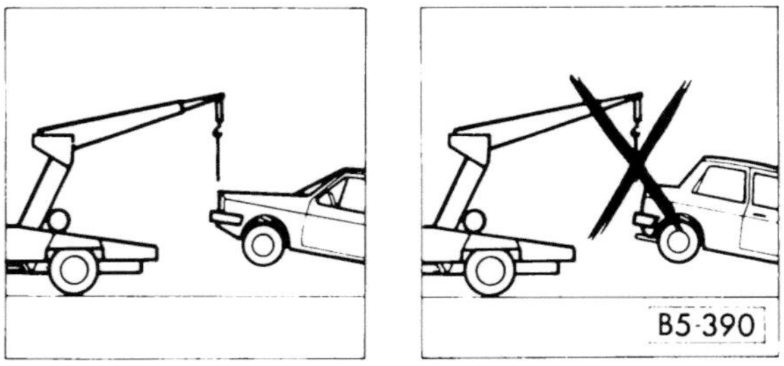

Achtung: Frontangetriebene Fahrzeuge dürfen nur vorne angehoben werden! Grund: Bei hinten angehobenem Wagen würden die rückwärts drehenden Antriebswellen der Vorderräder die Planetenräder im automatischen Getriebe in extrem hohe Drehzahlen zwingen. Das Getriebe würde dadurch in kurzer Zeit schwer beschädigt werden.

- Zündung einschalten, damit das Lenkrad nicht blockiert ist und die Blinkleuchten, das Signalhorn und gegebenenfalls die Scheibenwischer betätigt werden können.
- Da der Bremskraftverstärker nur bei laufendem Motor arbeitet, muß bei Fahrzeugen mit Bremskraftverstärker bei nicht laufendem Motor das Bremspedal entsprechend kräftiger getreten werden!
- Das Abschleppseil soll elastisch sein, damit das schleppende und das gezogene Fahrzeug geschont werden. Nur Kunstfaserseile oder Seile mit elastischen Zwischengliedern verwenden.

Gaszug einstellen

(Automatik-Fahrzeuge)

- Gaszug an Haltebock – 1 – und an Betätigungshebel – 6 – befestigen.
- Gaszug am Stützbock/Vergaser – 2 – anschrauben und am Drosselklappenhebel anschließen (Muttern – 2 – nicht anziehen):
- Drosselklappe öffnen.
- Luftklappe voll öffnen, dabei Drosselklappe schließen (Leerlaufstellung).
- Stufenscheibe der Startautomatik so stellen, daß die Einstellschraube nicht aufliegt.
- Betätigungshebel am Getriebe in Nullgasstellung – 3 – drücken und festhalten.
- Gaszug mit Mutter – 2 – spielfrei einstellen.
- Abdichthülle auf Gewindestück schieben.
- Kugelpfanne vom Betätigungshebel am Getriebe abziehen.
  Der Gaszug ist richtig eingestellt, wenn sich die Kugelpfanne des Zuges ohne Vorspannung auf den Kugelkopf am Betätigungshebel drücken läßt.
- Kugelpfanne mit Sicherungsklammer bzw. Sicherungsbügel sichern.

Gaspedalzug einstellen

- Gaspedal in Kickdown-Stellung – 4 – drücken.
- Mutter – 5 – lösen und Rändelmutter so einstellen, daß am Betätigungshebel kein Spiel in Pfeilrichtung – 6 – vorhanden ist.

Achtung: Der Flexballzug hat eine unterschiedliche Biegesteifigkeit. Er muß so eingebaut werden, daß er sich **leicht** in die erforderliche Einbaulage biegen läßt. Bei der Montage darauf achten, daß der Zug nicht verdreht wird.

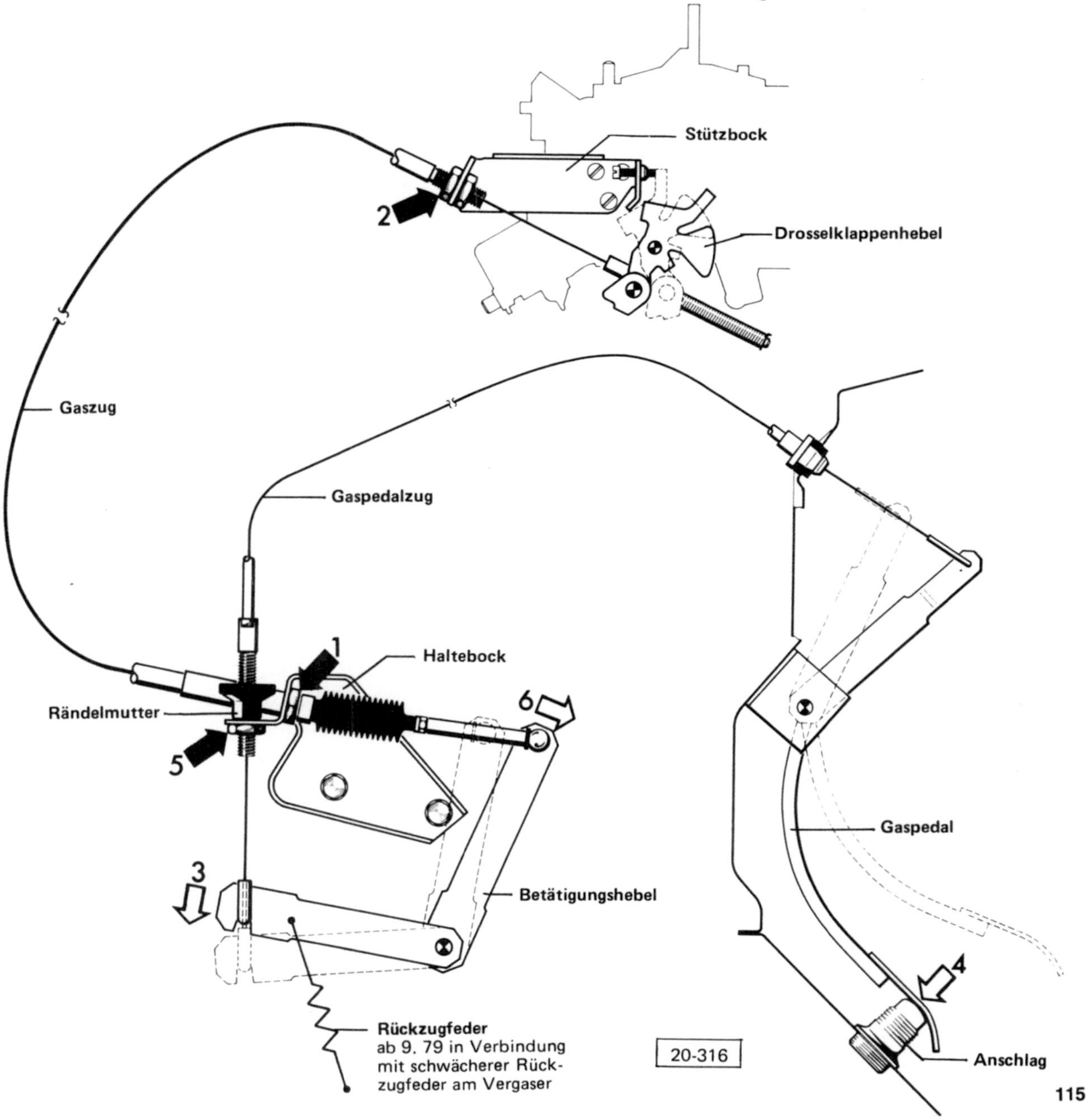

Unterdruck-Zündverstellung

Seit Dezember 80 wird bei Fahrzeugen mit 1,5 l/70 PS-Motor und automatischem Getriebe die Steuerung der Unterdruck-Zündverstellung – früh – geändert. Zur Verbesserung des Kaltabfahrverhaltens sind in der Unterdruckleitung zwischen Vergaser und Zündverteiler ein thermopneumatisches Ventil und ein Rückschlagventil angeordnet. Dadurch wird bei Kühlmitteltemperaturen unter 46° C der Unterdruck noch nach dem Gasgeben an der Unterdruckdose gehalten und die Zündverstellung – früh – bleibt wirksam.

Thermopneumatisches Ventil prüfen

- Ventil ausbauen, siehe Seite 73.
- Ventil mit dem Mund durchblasen:
  Unter 46° C Durchgang, unter 30° C kein Durchgang.

Rückschlagventil prüfen

- Ventil ausbauen, siehe Seite 56.
- Ventil mit dem Mund durchblasen. Weißer Anschluß: Durchgang; schwarzer Anschluß: kein Durchgang.

Achtung: Daß Rückschlagventil muß mit dem weißen Anschluß zur Unterdruckdose – früh – zeigen.

ATF Automatic Transmission Fluid

Die Drehmomentwandler und das automatische Getriebe werden durch eine gemeinsame Füllung mit Automatic Transmission Fluid (ATF) geschmiert. Nur ATF mit Dexron-Prüfzeichen verwenden, wie z. B. Dexron 10100.

ATF-Ölwechsel

Die ATF-Füllung wird normalerweise alle 45000 km gewechselt. Bei erschwerten Einsatzbedingungen (Anhängerbetrieb, überwiegend Kurzstrecken- und Großstadtverkehr, extrem hohe Außentemperaturen) ist es notwendig, **die Füllung alle 30000 km zu wechseln.** Der Ölwechsel sollte der V.A.G-Werkstatt vorbehalten bleiben!

Wechselfüllmenge: 3,0 l

Ohne ATF-Füllung im Drehmomentwandler und automatischen Getriebe darf der Motor nicht laufengelassen werden. Auch darf der Wagen ohne ATF-Füllung nicht abgeschleppt werden.

Ölstand im Achsantrieb prüfen/auffüllen

Achtung: Der Achsantrieb besitzt eine Lebensdauerfüllung, das Öl braucht nicht gewechselt zu werden. Bei der Wartung soll der Ölstand geprüft, gegebenenfalls korrigiert werden.
Ein schnell steigender beziehungsweise sinkender Ölstand deutet auf einen Ölaustausch zwischen Planetengetriebe und Achsantrieb hin.
Zum Nachfüllen und auch zum Neubefüllen soll nur synthetisches Getriebeöl **SAE 75W 90** verwendet werden. Dieses Öl ist mit den bisherigen Ölen mischbar.

Prüfen/auffüllen

- Fahrzeug waagerecht aufbocken.
- Die Öleinfüllschraube (Innensechskant) befindet sich hinten am Achsantrieb auf halber Höhe, neben der Tachowelle. Öleinfüllschraube abschrauben.
- Ölstand mit dem Finger prüfen. Der Ölstand muß in Höhe der Einfüllöffnung liegen, gegebenenfalls Getriebeöl nach angegebener Spezifikation auffüllen.

Die Vorderachse

Der GOLF/JETTA hat eine moderne Vorderachse, deren Bauweise durch die beiden Federbeine bestimmt ist. Die Federbeine sind mit der Karosserie und den Achsschenkeln verschraubt; im Reparaturfall lassen sich die Federbeine komplett ausbauen. Die Radführung übernehmen Dreiecksquerlenker, die in Gummimetallagern am Aufbau befestigt sind.

Die Motor-Antriebskraft wird über zwei Gelenkwellen, die mit jeweils zwei Gleichlaufgelenken ausgestattet sind, auf die Räder übertragen.

Von den beiden Spurstangen ist zur Spureinstellung nur die rechte einstellbar, die Sturzeinstellung erfolgt auf jeder Radseite an der oberen Exzenterschraube.

Achtung: Beanstandungen des TÜV an den Federbeinlagern wegen zu großen Spiels sind in den meisten Fällen unberechtigt. Das Spiel zwischen Federbeinlager und Kolbenstange tritt nur bei entlastetem Federbein auf. Es ist konstruktiv bedingt und deutet nicht auf ein Spiel durch möglichen Verschleiß hin. Im Fahrbetrieb sind die Federbeine in der Regel belastet, wodurch sämtliche Bewegungsmöglichkeiten des Lagers unwirksam werden.

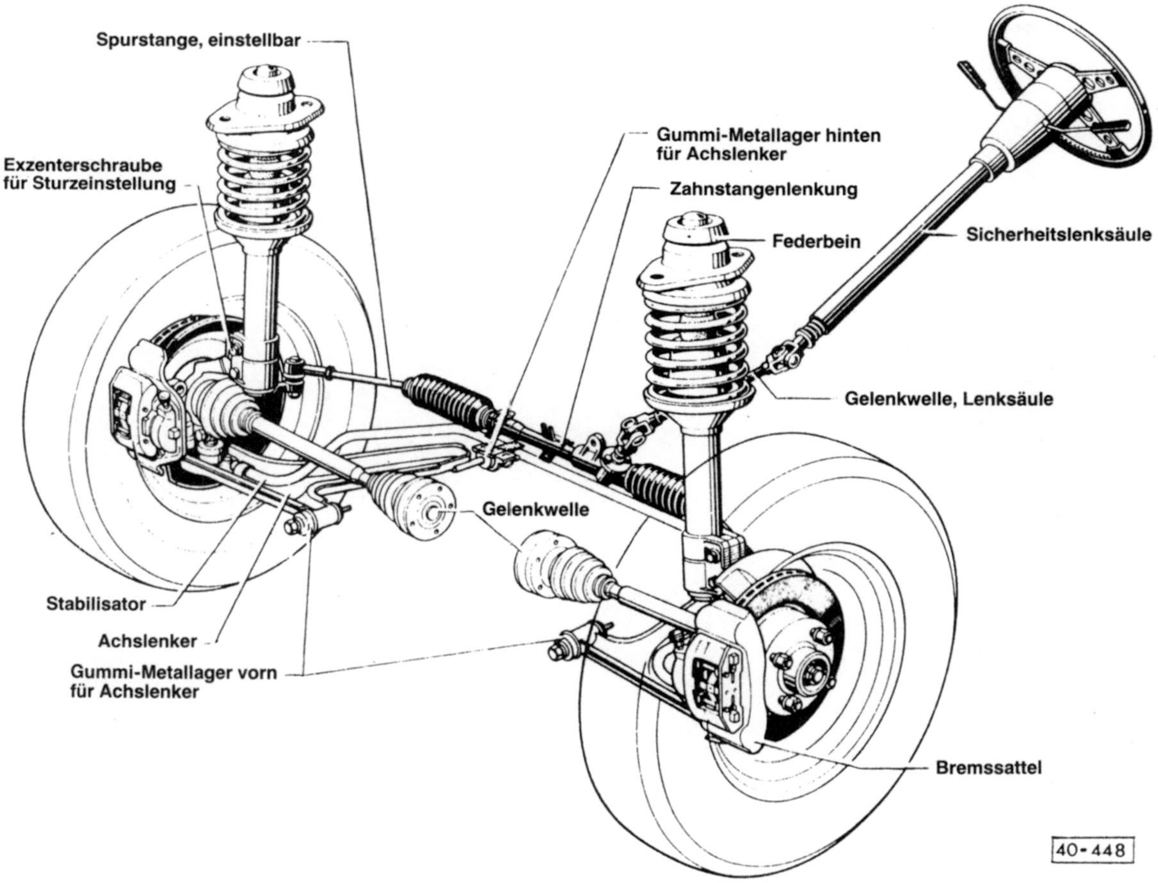

Radaufhängung vorn

Rippschraube –A–
(M 10x30)
Anzugsdrehmoment 70 Nm

Achtung: Seit Oktober 1981 werden anstatt der Sechskantschrauben (3) für die Bremssattelbefestigung als Ersatzteil nur noch Rippschrauben (A) geliefert. Bei nachträglichem Einbau ist an den Befestigungslöchern des Bremssattels eine 1 mm breite Fase (Abschrägung der Lochkante) im Winkel von 45° anzubringen. **Ein Bremssattel mit angefasten Bohrungen darf nicht mit Sechskantschrauben (3) befestigt werden.**

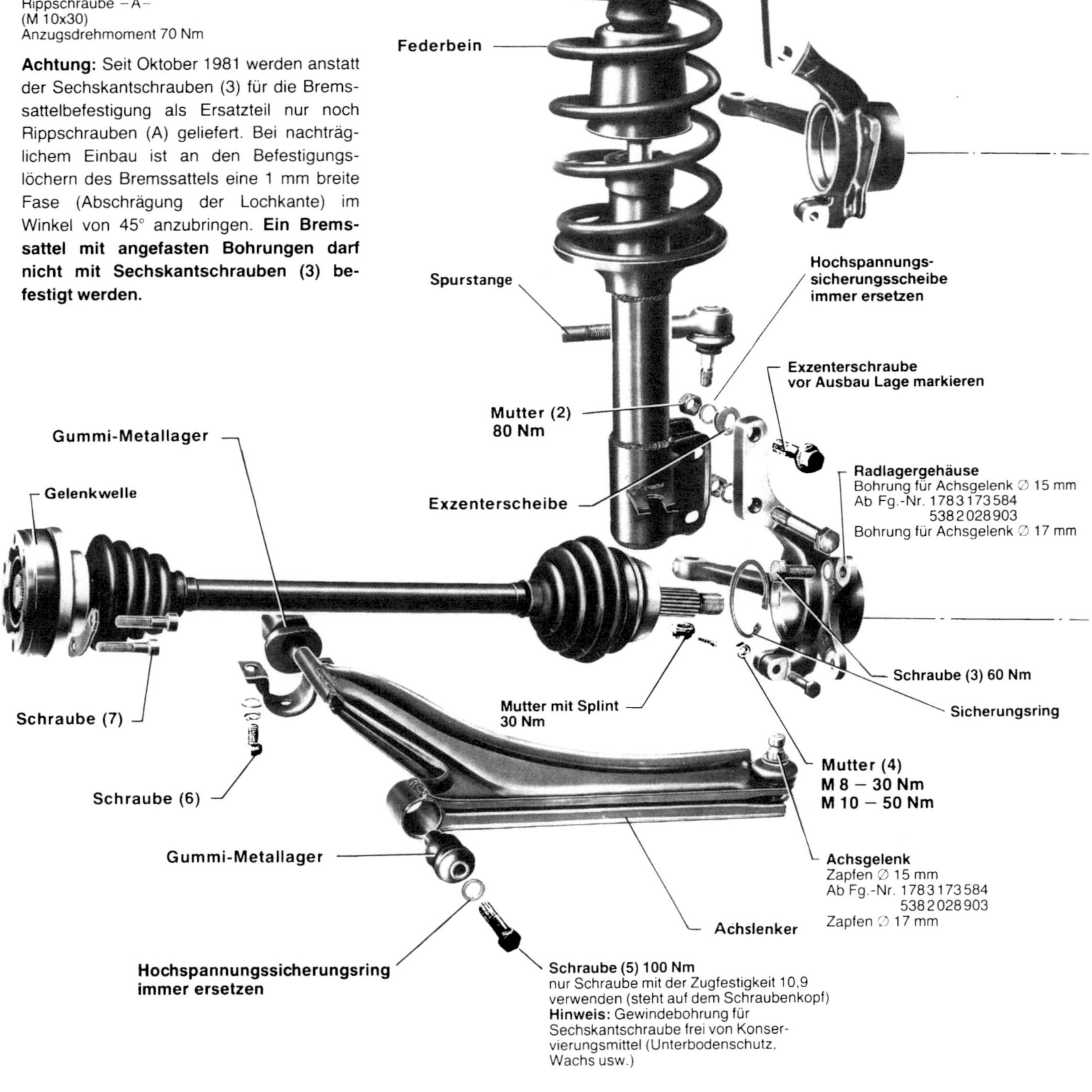

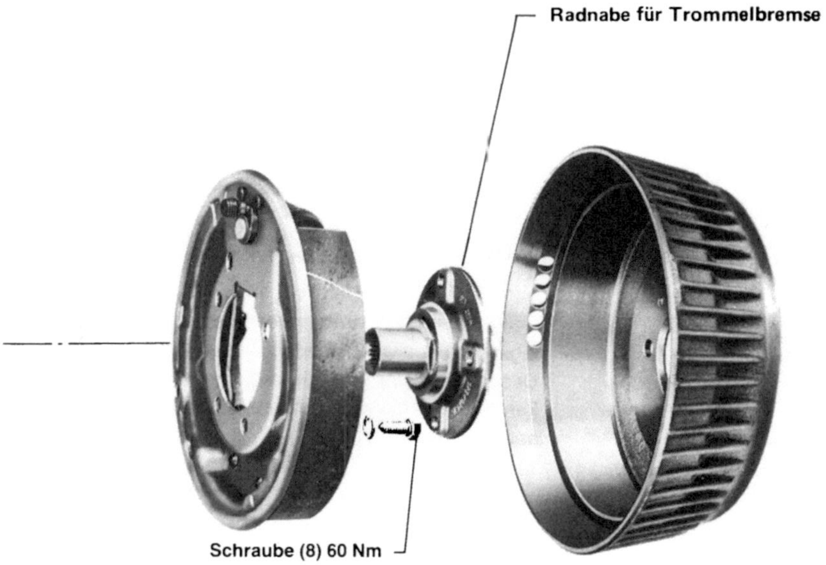
Radnabe für Trommelbremse
Schraube (8) 60 Nm

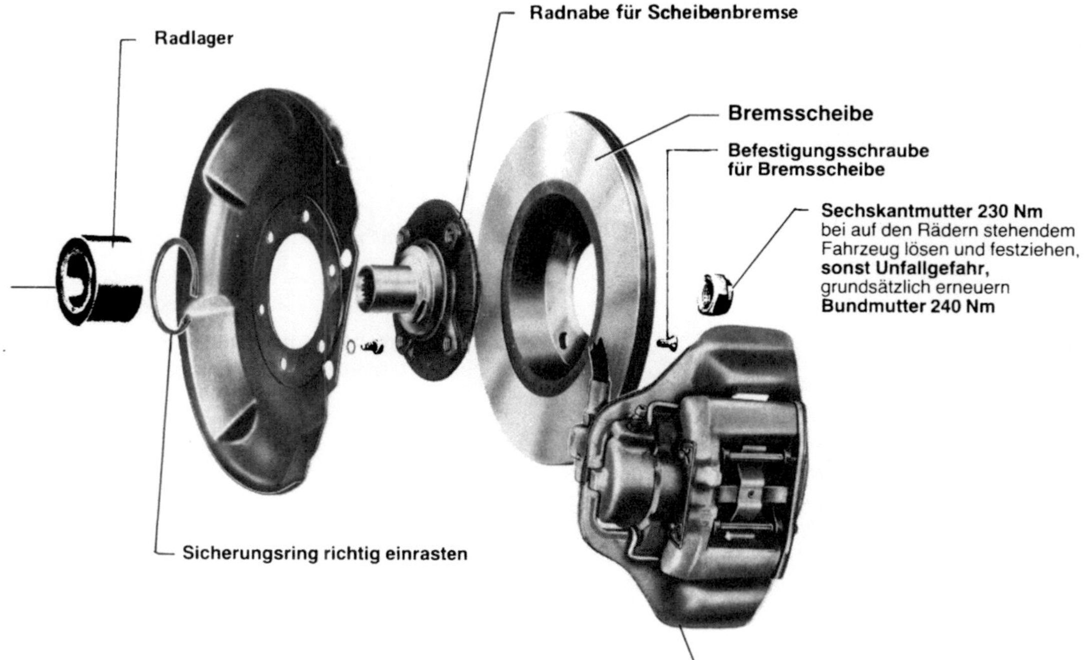
Radlager
Radnabe für Scheibenbremse
Bremsscheibe
Befestigungsschraube für Bremsscheibe
Sechskantmutter 230 Nm
bei auf den Rädern stehendem Fahrzeug lösen und festziehen,
sonst Unfallgefahr,
grundsätzlich erneuern
Bundmutter 240 Nm
Sicherungsring richtig einrasten
Bremssatttel
bei Arbeiten an der Vorderradaufhängung Bremsschlauch nicht lösen, mit Draht aufhängen

40-123

Radaufhängung komplett aus- und einbauen

Ausbau

Der komplette Ausbau der Radaufhängung ist in der Regel nur dann erforderlich, wenn im Vorderwagen Karosserie-Instandsetzungsarbeiten durchgeführt werden müssen.

- Radschrauben lösen.

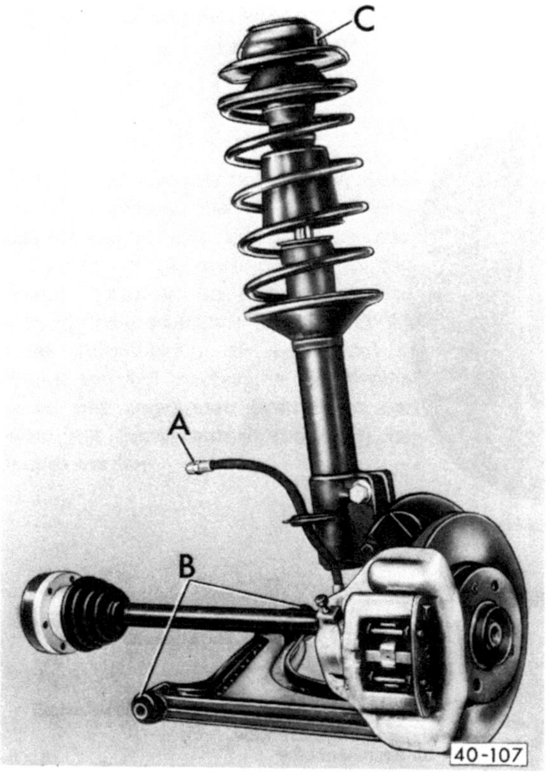

- Bremsleitung (A) abschrauben, Federbein (C) von Karosserie abschrauben. **Achtung:** Nicht die mittlere Mutter für Stoßdämpfer lösen.
- Wagen aufbocken, Rad abnehmen.
- Am Spurstangenkopf Splint rausziehen, Mutter abschrauben, Spurstangenkopf mit handelsüblichem Abzieher rausdrücken. Nicht mit Hammer auf Spurstangenbolzen schlagen. Steht kein Abzieher zur Verfügung, Mutter am Bolzen einige Gewindegänge lösen. Schweren Hammer gegen Spurstangenbolzenaufnahme (am Achsschenkel) halten und mit Hammer gegen Spurstangenaufnahme schlagen. Nachdem sich der Bolzen gelöst hat, Mutter ganz abschrauben, Spurstange herausnehmen.
- Gelenkwelle vom Antrieb abschrauben (Inbusschrauben).
- Achslenker (B) vom Aufbau abschrauben.

Einbau

- Radaufhängung einsetzen, Federbein und Achslenker locker anschrauben.
- Muttern (1) für Federbein mit 20 Nm festziehen.
- Schraube (6) am Achskörper mit 45 Nm, Schraube (5) mit 100 Nm festziehen. **Achtung:** Grundsätzlich nur neue Schrauben (5) mit der Festigkeit 10,9, sowie neuen Hochspannungsring für Schraube (5) verwenden. Die Kennzahl für die Festigkeit steht auf dem Schraubenkopf. Das Gewinde muß öl- und fettfrei sein.
- Spurstange einsetzen. Mutter mit 30 Nm festziehen, falls sich der Splint nicht durchschieben läßt, Mutter weiterdrehen, Mutter versplinten.
- Gelenkwelle an Antrieb ansetzen, Schrauben (7) mit 45 Nm festziehen.
- Bremsschlauch (A) anschrauben, Bremse entlüften, siehe Seite 157.

Seit August 1977 wird zur Geräuschminderung ein Federbeinlager mit längerer Abstandshülse und einer Scheibe eingebaut. Das komplette neue Federbeinlager (mit Scheibe und Hülse) kann auch in bisherige Fahrzeuge eingebaut werden (auch einseitig).

Federbein aus- und einbauen

Vor dem Ausbau Sturzeinstellung an der Exzenterschraube markieren, wenn altes Federbein oder alter Stoßdämpfer wieder eingebaut werden.

Markiert wird die Exzenterschraube mit einem Meißel. Der Meißel muß zur Hälfte auf den Bund der Exzenterschraube, zur anderen Hälfte auf den Stoßdämpfer auftreffen.

Ausbau

- Muttern (1) am Federbein abschrauben.
- Wagen aufbocken.
- Muttern (2) für Exzenterschraube abschrauben, Federring und Exzenterschraube abnehmen.
- Exzenterschraube und darunter liegenden Bolzen herausdrücken, eventuell mit handelsüblichem Abzieher.
- Federbein herausnehmen.

Einbau

- Federbein einsetzen, Bolzen und Exzenterschraube einführen.
- Exzenterschraube so drehen, daß die Markierung von Schraubenbund und Stoßdämpfer übereinstimmt. Exzenterscheibe und Federring auflegen, Muttern handfest anziehen.
- Muttern (1) am Federbein mit 20 Nm festziehen.
- Sturzeinstellung an der Exzenterschraube überprüfen, Muttern mit 80 Nm festziehen.

Achtung: Nach Austausch von Stoßdämpfer und Radlagergehäuse Spur und Sturz einstellen, siehe Seite 141.

Der Stoßdämpfer

Neue Lagerung seit August 1977

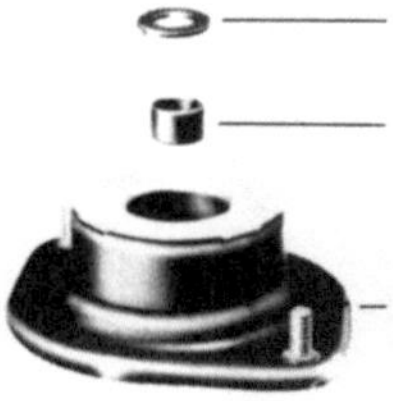

Stoßdämpfer aus- und einbauen

Ausbau

- Federbein ausbauen, siehe Seite 120.

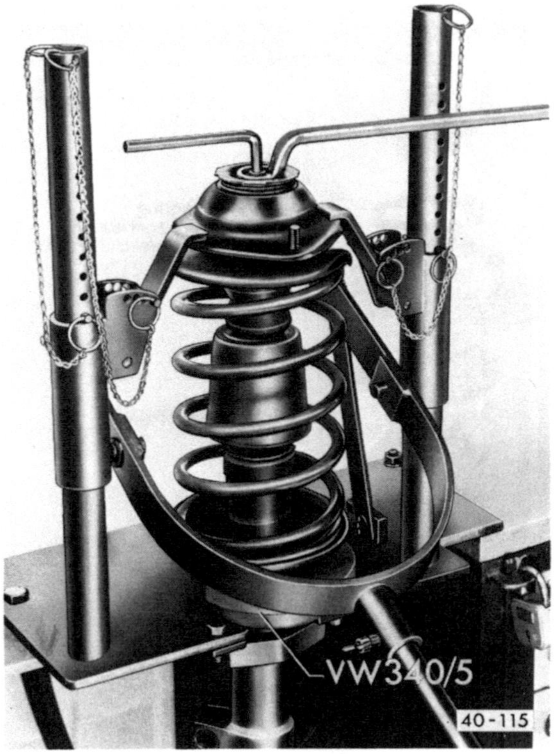

- Um den Stoßdämpfer lösen zu können, muß die Schraubenfeder gespannt werden. Die VW-Werkstätten benutzen dazu eine Spezialvorrichtung.

Achtung: Die Stoßdämpfermutter darf nur dann gelöst werden, wenn die Feder gespannt ist.

- Beim Lösen der Mutter Stoßdämpferstange mit Innensechskantschlüssel festhalten.
- Schraubenfeder entspannen, Einzelteile abnehmen.

Einbau

Achtung: Seit Fahrgestell-Nr. 1793669623 (Golf) bzw. 53A0000001 (Scirocco) ist die oberste Windung der Schraubenfeder eingezogen, die letzte untere Windung ist im Durchmesser größer als die mittleren Windungen. Auf diesen Windungen braucht zur Geräuschdämpfung kein Schlauch aufgezogen zu werden.

Durch die geänderten Durchmesser der letzten Windungen mußten die Federteller oben und unten der neuen Federkontur angepaßt werden. Federn neuer Ausführung lassen sich in Fahrzeuge vor den genannten Fahrgestell-Nummern nur in Verbindung mit neuen Stoßdämpfern und Federtellern einbauen. Teile bisheriger Fertigung bleiben lieferbar. Die Federn sind gegen Korrosion mit einem Schutzlack versehen. Vor dem Einbau Federn auf Lackschäden untersuchen und gegebenenfalls ausbessern.

- Schraubenfeder auf Stoßdämpfer setzen, Einzelteile (siehe Abbildung 40-126) aufsetzen, Dämpfungsring mit Talkum einsetzen, Feder spannen.

- Beim Spannen der Schraubenfeder Kolbenstange mit einem Innensechskantschlüssel durch den Federteller führen.
- Selbstsichernde Mutter mit 60 Nm festziehen.

Achtung: Es stehen Schraubenfedern in 6 Toleranzgruppen zur Verfügung. Nur Federn mit gleicher Kennung (gleiches Farbzeichen) verwenden.

- Nach Austausch des Stoßdämpfers Sturz und Spur einstellen.

Stoßdämpfer prüfen

Der Stoßdämpfer kann von Hand geprüft werden.

- Stoßdämpfer in Einbaulage halten, Stoßdämpfer auseinanderziehen und zusammendrücken.
- Der Stoßdämpfer muß sich über den gesamten Hub gleichmäßig schwer und ruckfrei bewegen lassen.
- Defekte Dämpfer erkennt man auch während der Fahrt an Poltergeräuschen.
- Bei einwandfreier Funktion sind geringe Spuren von Stoßdämpferöl kein Grund zum Austausch.
- Bei starkem Ölverlust Stoßdämpfer austauschen.

Gelenkwelle aus- und einbauen

Achtung: Seit 7.87 hat das äußere Gleichlaufgelenk einen größeren Anlagebund für das Radlager. Bisher: ∅ = 50 mm, neu: ∅ = 53 mm. Um den nötigen Freigang sicherzustellen muß daher bei Fahrzeugen vor 7.87 bei Ersatz der Gelenkwelle oder des Gleichlaufgelenkes **immer** der innere Sicherungsring für das Radlager ersetzt werden. Andernfalls kann es zur Berührung der Teile kommen, wodurch Geräusche und Beschädigungen der Radlagerabdichtung auftreten können.

Achtung: Bei demontierter Gelenkwelle darf das Fahrzeug nicht geschoben werden, da bei fehlender axialer Vorspannung die Wälzkörper des Radlagers beschädigt werden.

Ausbau

- Bundmutter an der Radnabe lösen. **Achtung:** Dabei muß das Fahrzeug auf dem Boden stehen.

Achtung: Seit Februar 1980 kommen abgedrehte Wellen zum Einsatz (früher gestaucht). Für die gedrehten Vollwellen sind Tellerfedern mit Innenverzahnung erforderlich. Diese Tellerfedern dürfen an anderen Wellen nicht verwendet werden. Die gedrehte Vollwelle ist an 5 umlaufenden Rillen an jeder Seite erkenntlich.

- Innensechskantschrauben am inneren Gelenk herausschrauben (Pfeil).

- Gelenkwelle aus dem Radlagergehäuse herausziehen.

Einbau

- Gelenkwelle einsetzen.
- Sechskantschrauben für Gelenkwelle am Achsantrieb mit 45 Nm anziehen.
- Selbstsichernde Sechskantmutter bei jeder Demontage erneuern, Druckscheibe unterlegen, Mutter an Radnabe mit 230 Nm festziehen. Falls das Fahrzeug noch mit einer Bundmutter ausgerüstet ist, Mutter mit 240 Nm festziehen.

Achtung: Dabei muß das Fahrzeug auf dem Boden stehen. Mutter **grundsätzlich erneuern.**

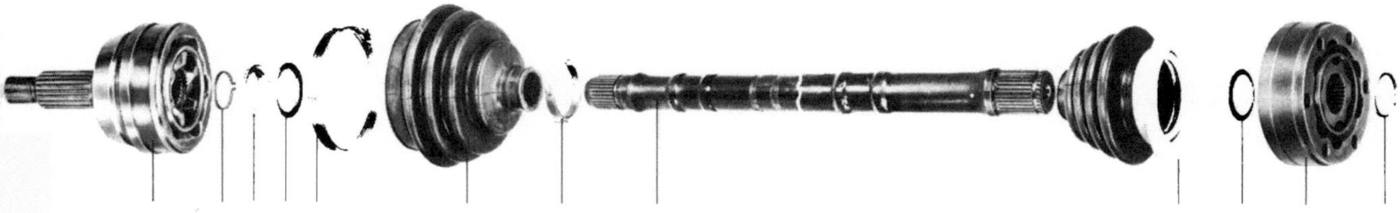

Achtung: Seit Februar 80 sind gedrehte Vollwellen im Einsatz. Für diese Wellen sind Tellerfedern (10) mit Innenverzahnung erforderlich. Tellerfedern ohne Innenverzahnung dürfen nur an gestauchten Vollwellen und an Rohrwellen verwendet werden.

Pos.	Benennung
1	Klemme
2	Schlauchbinder
3	Gleichlaufgelenk außen
4	Sicherungsring
5	Abstandsscheibe
6	Tellerfeder, mit oder ohne Verzahnung
7	Gelenkschutzhülle
8	Sicherungsring
9	Gleichlaufgelenk innen
10	Tellerfeder
11	Schutzkappe
12	gestauchte Welle

Gelenkwelle zerlegen

Defekte Schutzhüllen sofort erneuern. Zum Erneuern der Schutzhülle muß die Gelenkwelle zerlegt werden. Falls Schmutz in das Fett eingedrungen ist, Gelenk auswaschen und mit neuem MoS_2-Fett schmieren. Defekte Kugeln im Lager machen sich durch Lastwechselschlagen und Geräusche bemerkbar. In diesem Fall ist das Gelenk auszutauschen.

Zerlegen

Achtung: Seit Fahrgestell-Nr. 17A0089772 (Golf) bzw. 53A0000001 (Scirocco) werden wahlweise Gelenkwellen verbaut, an denen der Sicherungsring für das äußere Gleichlaufgelenk auf der Welle angeordnet ist, siehe Seite 125.

Je nach Anordnung des Sicherungsringes gibt es beim Ausbzw. Einbau Unterschiede.

- Klemme (1) mit Seitenschneider aufschneiden und abnehmen. Schlauchbinder (2) abnehmen. Gelenkschutzhülle zurückschieben.

Sicherungsring in der Nabe

- Sicherungsring (4) am Gleichlaufgelenk (3) mit Spitzzange spreizen (A), gleichzeitig mit Gummihammer auf Stirnseite des Gelenkes schlagen (B), damit Sicherungsring aus der Nut springt.

- Gelenk (3), Sicherungsring (4), Abstandsscheibe (5), Tellerfeder (6) abnehmen.

Sicherungsring auf der Welle

- Durch kräftigen Schlag mit einem Leichtmetallhammer Gleichlaufgelenk von der Gelenkwelle abtreiben.

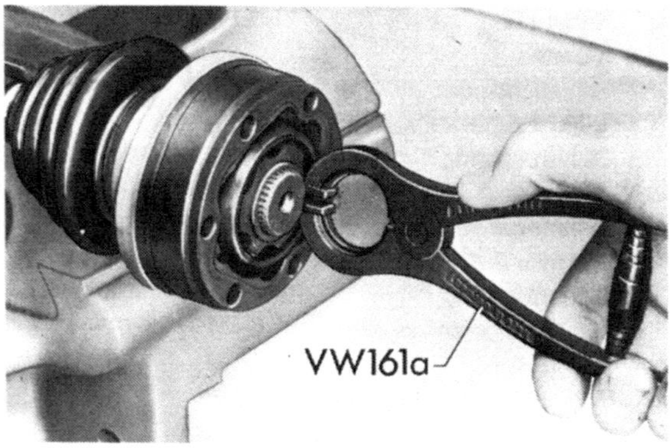

- Sicherungsring (8) vom inneren Gelenk abnehmen. Dazu Gelenkwelle in Schraubstock spannen, Alu-Bleche zwischen Schraubstockbacken und Welle legen. Sicherungsring vom inneren Gleichlaufgelenk mit Spitzzange ausfedern.
- Sicherungsring (8) mit Sicherungszange (oder Schraubenzieher) abnehmen.

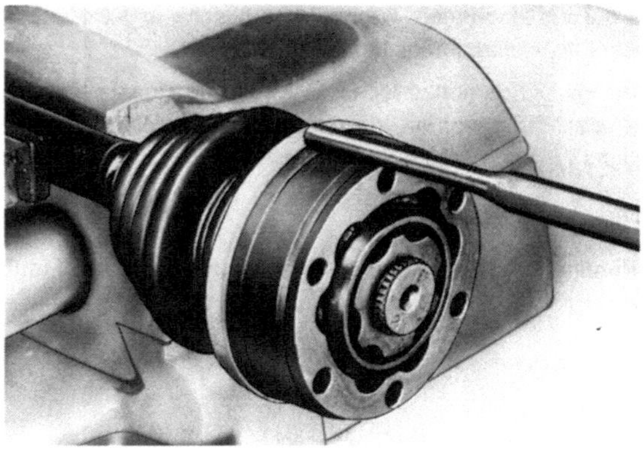

- Schutzkappe vom Gelenk (9) abdrücken.
- Zum Abdrücken des Gelenkes (9) werden Spezialwerkzeuge (VW 402 und 408 a) benötigt.

- Tellerfeder (10) und Gelenkschutzhülle (11) von der Welle abnehmen.

Zusammenbau

- Gelenkschutzhülle (11) auf Welle (12) schieben, Tellerfeder (10) auf Welle schieben. **Achtung:** Auf richtige Tellerfeder achten, siehe Seite 123.
- Der große Durchmesser der Tellerfeder stützt sich am Gelenk ab.

● Gleichlaufgelenk innen (9) mit Presse und VW-Spezialwerkzeugen (VW 412, VW 432, VW 522, 40-204, VW 402, VW 401) aufpressen.

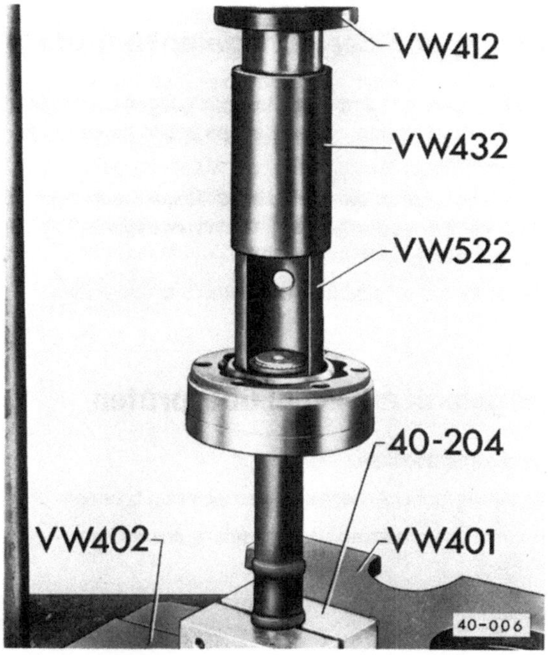

● Neues Gelenk muß von jeder Seite mit 45 g, insgesamt 90 g, MoS_2 geschmiert werden.

● Mit Presse und Spezialwerkzeugen Gelenk so weit auf die Welle pressen, daß neuer Sicherungsring (8) in die Nut der Welle gedrückt werden kann.

● Gelenkschutzhülle (11) über Gelenk stülpen.

● Schelle (1) und Schutzhülle (7) über Welle (12) stülpen.

● Tellerfeder (6) auf Welle schieben. Der große Durchmesser stützt sich an der Abstandsscheibe ab, siehe Abbildung 40-008.

Neu: Sicherungsring auf der Welle

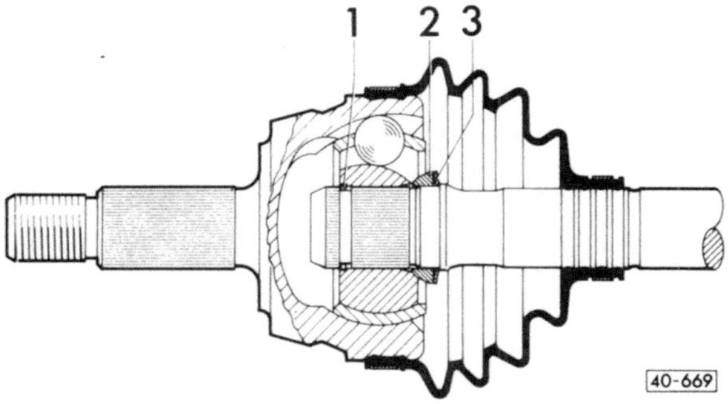

Bisher: Sicherungsring in der Nabe

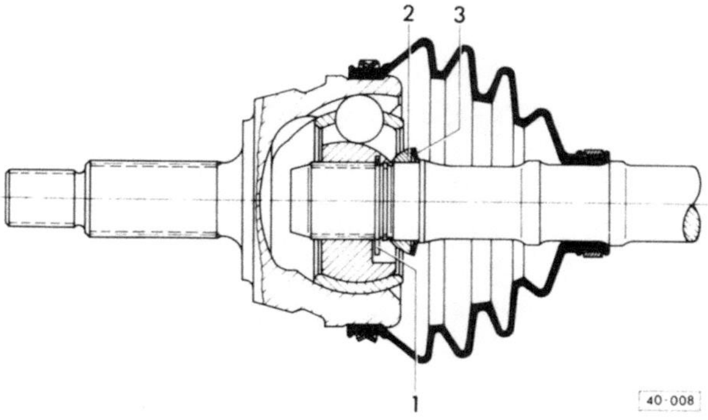

1 – Sicherungsring, 2 – Abstandsscheibe, 3 – Tellerfeder

● Abstandsscheibe mit balliger Seite zum Gelenk auf die Welle schieben (siehe Abbildung 40-008).

Sicherungsring in der Nabe

● Neuen Sicherungsring (4) in die Kugelnabe des Gelenkes (3) einsetzen. Mit Gummihammer auf Welle treiben, bis Sicherungsring in die Nut einrastet.

Sicherungsring auf der Welle

● Neuen Sicherungsring in die Nut einsetzen, dann Gelenk mit einem Hammer auftreiben.

● Gelenk nachfetten. Bei Wechsel muß 90 g MoS_2-Schmierfett in das Gelenk gedrückt werden.

● Schutzhülle (7) in richtige Lage bringen, Schlauchbinder festklemmen.

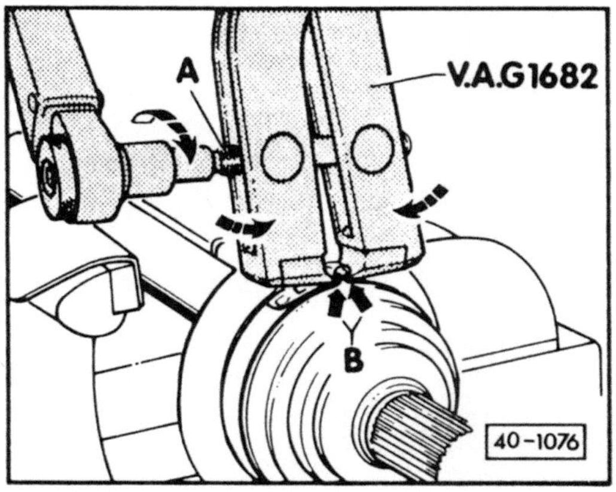

● **GOLF/JETTA/SCIROCCO ab 9/78, CADDY ab 9/82**: An den **Außengelenken** der Gelenkwellen dieser Modelle werden verbesserte Gelenkschutzhüllen eingebaut. Aufgrund des festeren Materials werden hier auch neue Schlauchbinder aus Edelstahl eingesetzt. Diese neuen Schlauchbinder können mit der bisherigen Zange V.A.G 1275 nicht mehr ausreichend gespannt werden. Es muß die abgebildete Zange verwendet werden. Schneiden der Zange müssen in den Ecken –Pfeile B– des Schlauchbinders anliegen. In dieser Stellung Schraube –A– mit Drehmomentschlüssel und **25 Nm** anziehen und dadurch Schlauchbinder spannen. Das Spannen des Schlauchbinders am kleinen Durchmesser der Gelenkschutzhülle erfolgt in gleicher Weise.

W Wartung an der Vorderachse

Manschetten der Gelenkwellen prüfen

- Fahrzeug aufbocken.
- Auf sichtbare Fettspuren an den Manschetten und in deren Umgebung achten.
- Festen Sitz der Klemmschellen prüfen.
- Gummi der Manschette mit Lampe auf Porosität und Risse untersuchen. Dabei Räder nach beiden Seiten einschlagen.
- Sollte die Manschette durch Unterdruck im Gelenk nach innen gezogen oder defekt sein, so ist sie umgehend auszutauschen.

Staubkappen der Achsgelenke prüfen

- Staubkappen mit Lampe auf Beschädigungen überprüfen, dabei auf Fettspuren an den Kappen und in deren Umgebung achten.
- Ist bereits Schmutz durch eine beschädigte Staubkappe in das Gelenk eingedrungen, so muß das jeweilige Gelenk ersetzt werden.
- Mutter der Klemmschraube auf festen Sitz überprüfen.

Achsgelenk auf Spiel überprüfen

- Fahrzeug aufbocken.
- Mit Montierhebel Achsgelenk wechselseitig belasten.
- Wenn Spiel vorhanden ist, Achsgelenk auswechseln.

Die Hinterachse

Die Hinterachse des GOLF/SCIROCCO besteht aus einem Querträger, an dem auf jeder Seite ein Längslenker angeschweißt ist. Federn beide Räder gleich stark ein, wird die Drehbewegung der Achse von den Federbeinen abgefangen. Federt dagegen nur ein Rad ein, wird der Querträger in sich verdreht, er wirkt als Stabilisator. Die Längslenker sind in Gummimetallagern am Aufbau befestigt, die Lagerböcke sind auswechselbar. Die Abfederung der Hinterachse geschieht über zwei Federbeine. Stoßdämpfer und Schraubenfeder lassen sich nur zusammen ausbauen.

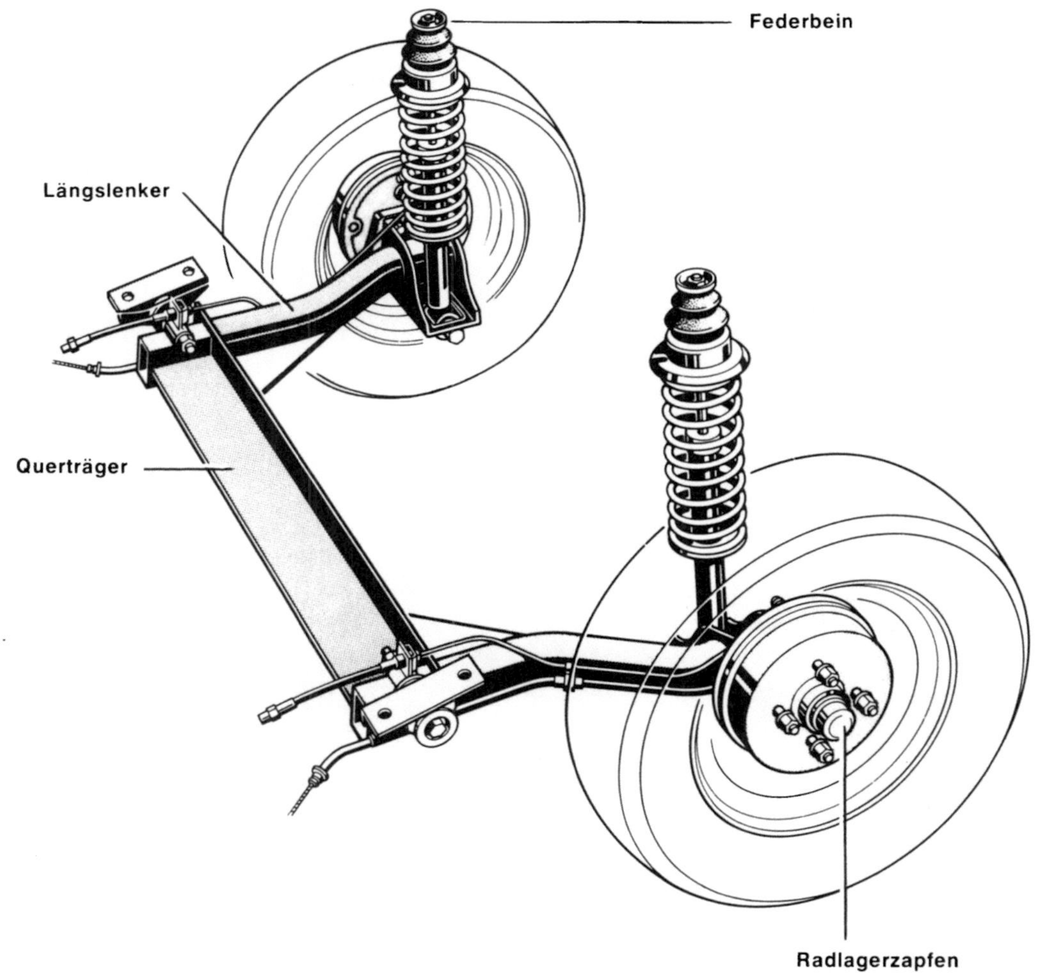

Caddy-Hinterachse

Der Caddy besitzt eine Starrachse mit längs angeordneten Blattfedern.

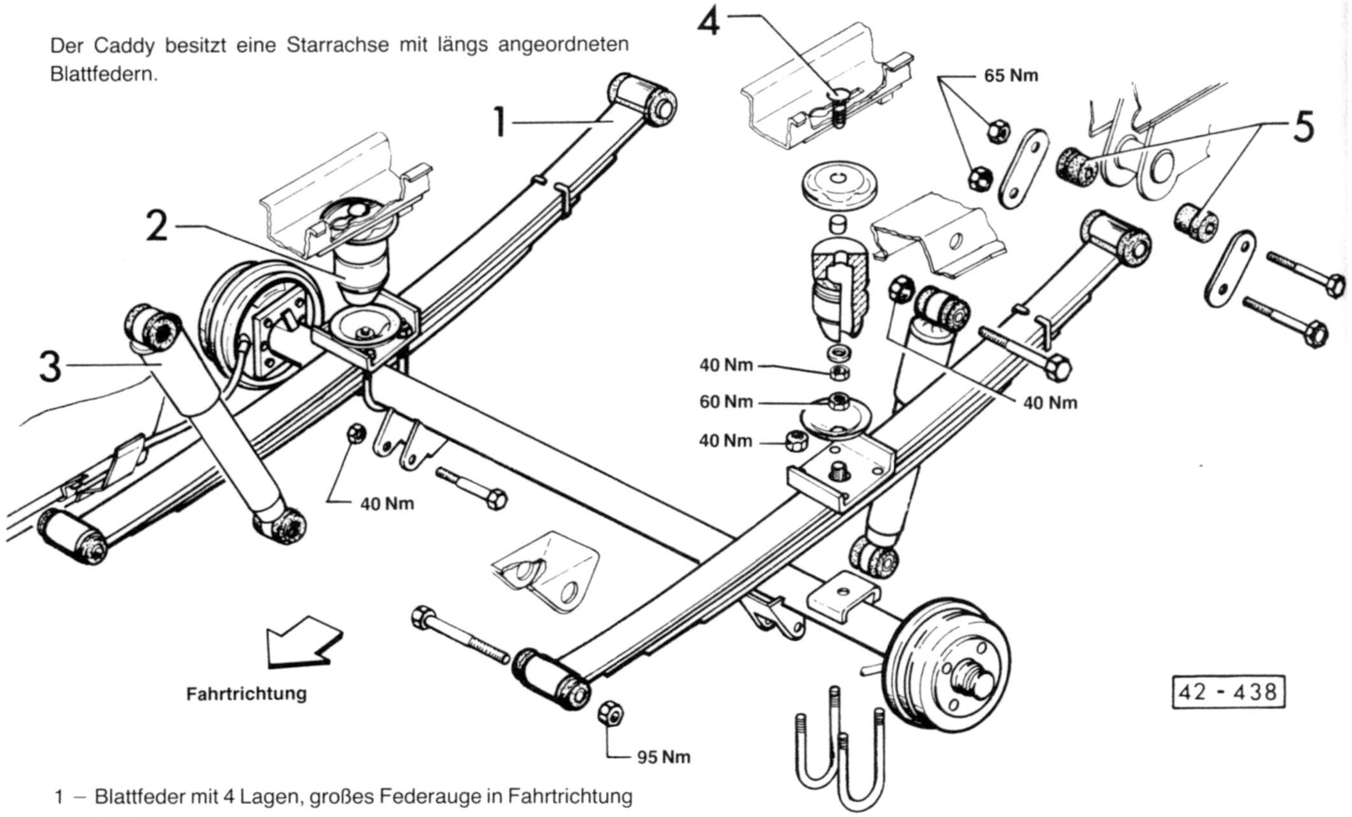

1 – Blattfeder mit 4 Lagen, großes Federauge in Fahrtrichtung vorn
2 – Zusatzfeder
3 – Stoßdämpfer
rechts vor der Achse
links hinter der Achse

4 – Schraube für Zusatzfeder ggf. mit Schweißpunkt gegen Drehen sichern
5 – Gummimetallager im Längsträger

Radlager hinten

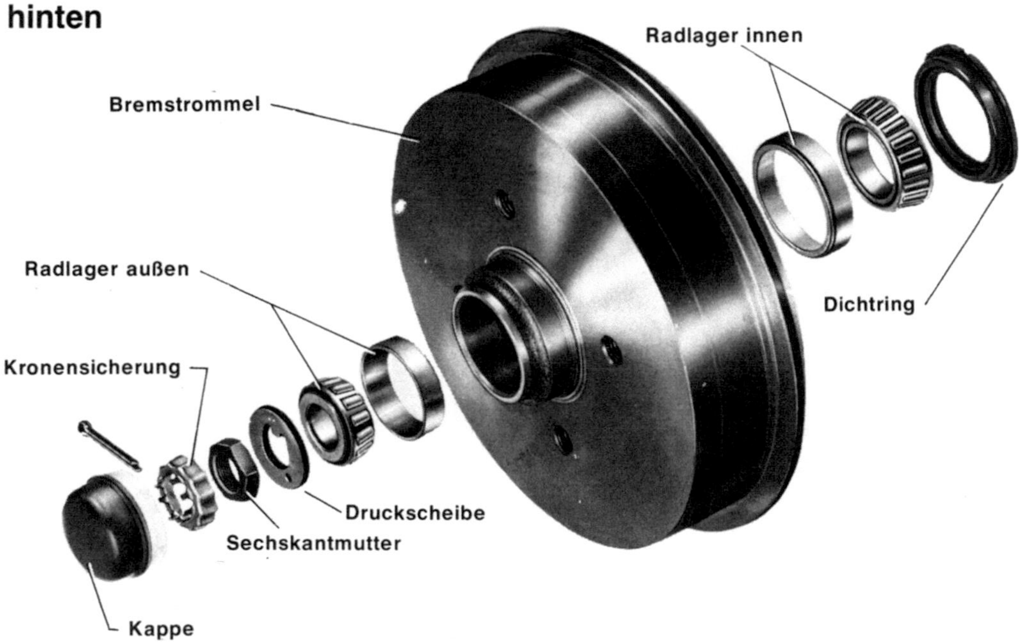

Bremstrommel/Bremsträger/ Achszapfen aus- und einbauen

Ausbau

- Radmuttern lösen, Wagen aufbocken, Rad abnehmen.

- Schutzkappe abdrücken. Das Abdrücken der Schutzkappe kann mit unterschiedlichen Werkzeugen erfolgen, dabei ist jedoch besonders darauf zu achten, daß die Kappe nicht beschädigt wird. Durch eine schadhafte Fettkappe kann Wasser in das Radlager eindringen wodurch dieses in kürzester Zeit zerstört wird. Daher verbeulte oder verzogene Fettkappe immer ersetzen.
- Splint rausziehen, Kronensicherung abnehmen, Mutter abschrauben, Druckscheibe abnehmen.
- Bremsbacken zurückstellen, siehe Seite 152/153.

- Radlager mit Bremstrommel abnehmen. Falls erforderlich, Bremstrommel mit Universalabzieher vom Achszapfen ziehen.
- Dichtring und Radlager aus Bremstrommel nehmen.
- Die Radlager-Außenlaufringe können, wenn nötig, mit einem Kupferdorn herausgetrieben werden.
- Bremsleitung vom Radbremszylinder abschrauben.
- Schrauben für Bremsträger abschrauben, Handbremsseil aushängen, Bremsträger komplett mit Achszapfen abnehmen.

Einbau

- Achszapfen an mindestens 3 Punkten am Umfang messen, siehe Abbildung. Unterschied der gemessenen Werte darf 0,25 mm nicht überschreiten, sonst Achszapfen ersetzen.

- Achszapfen und Bremsträger an Hinterachskörper anschrauben. Schrauben mit 60 Nm festziehen. **Achtung:** Hochspannungsringe unter den Schrauben nicht vergessen!
- Handbremsseil einhängen.
- Bremstrommel auf Verschleiß, Beschädigungen, Maßhaltigkeit und einwandfreie Bremsfläche prüfen. Gewinde für die Radschrauben prüfen, Bremstrommel-Nabe mit Universalfett füllen.
- Inneres Radlager mit Universalfett einsetzen, Dichtring mit Gummihammer über Kreuz einschlagen.
- Bremstrommel aufsetzen, Radlager außen einfetten und einsetzen. Druckscheibe auf Zapfen schieben, Sechskantmutter aufschrauben und vor dem Einstellen fest anziehen. **Dabei das Rad mit einer Hand unbedingt drehen,** sonst wird das Lager verklemmt.
- Das Radlagerspiel wird durch Anziehen und Lösen der Sechskantmutter eingestellt.

- Das Radlagerspiel ist richtig eingestellt, wenn sich die Druckscheibe durch Fingerdruck auf den Schraubenzieher – siehe Abbildung – noch verschieben läßt. Der Schraubenzieher darf dabei nicht an der Bremstrommel abgestützt werden.
- Kronensicherung so aufsetzen, daß sich der Splint einstekken läßt; immer **neuen** Splint verwenden.
- Fettkappe mit geeignetem Rohr aufdrücken. Der Innendurchmesser des Rohres muß dabei am Wulst der Fettkappe anliegen. **Achtung:** Verzogene oder verbeulte Fettkappe immer ersetzen.
- Bremsleitung am Radbremszylinder befestigen, Bremse entlüften, siehe Seite 157.
- Radschrauben mit 110 Nm festziehen.

Federung hinten

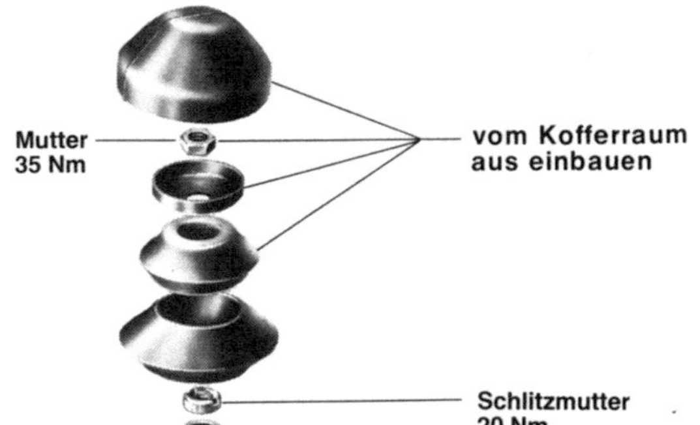

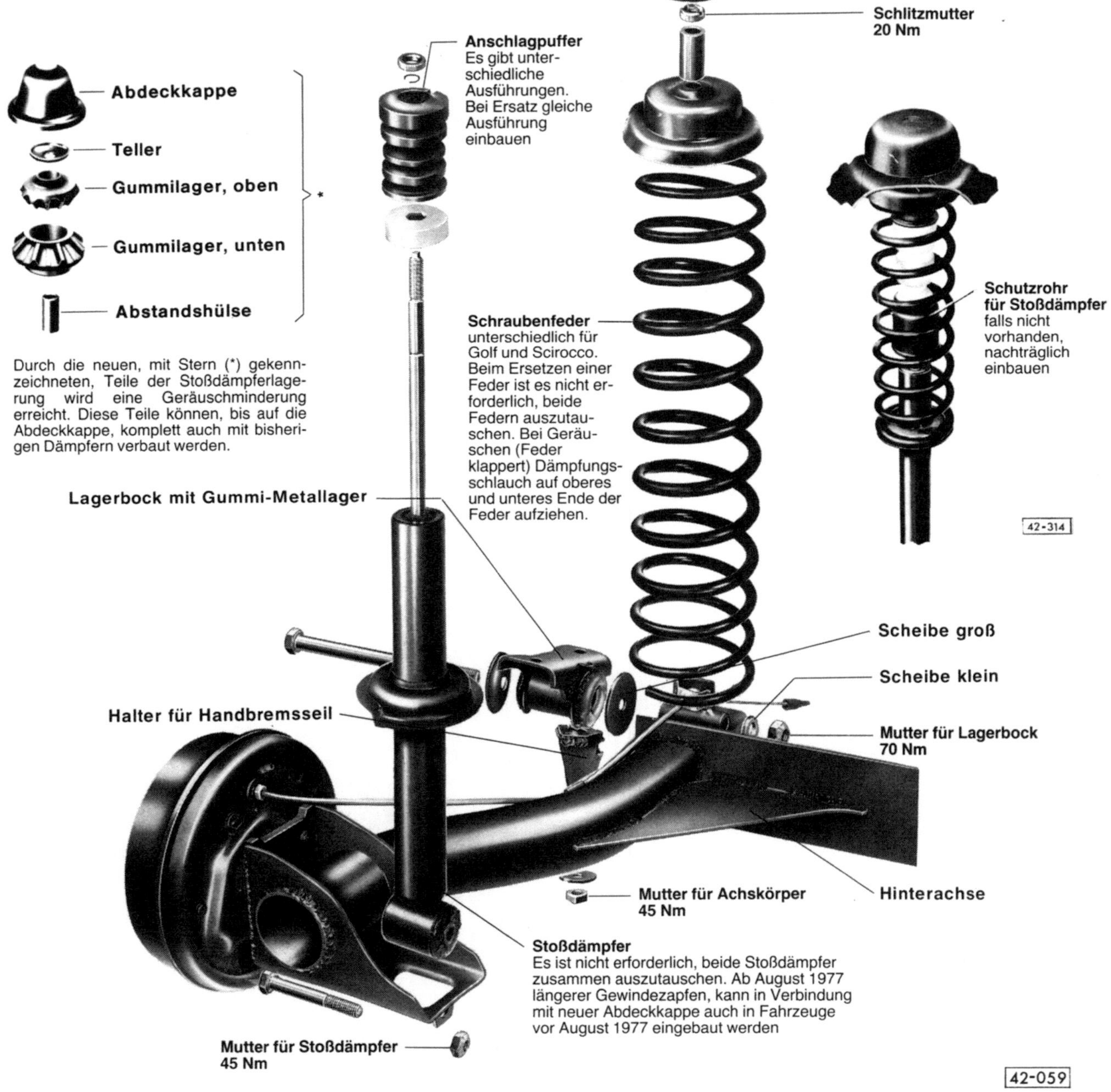

Federbein aus- und einbauen

Ausbau

- Wagen auf dem Boden stehen lassen. Vom Kofferraum aus Schutzkappe für Federbein abnehmen, Mutter für Federbein abschrauben.
- Wagen aufbocken.
- Mutter unten am Stoßdämpfer (Federbein) lösen, Schraube heraustreiben, Federbein herausnehmen.
- Ist der Wagen während der Demontage aufgebockt, Wagenheber unter das Rad stellen, Rad leicht anheben, dann Mutter für Federbein lösen.

Achtung: Wagenheber nicht zu hoch pumpen, sonst wird der Wagen vom Unterstellbock abgehoben.

Einbau

- Federbein einsetzen, Gummipuffer in der richtigen Reihenfolge einsetzen, siehe Abbildung 42-059.
- Mutter für Federbein aufschrauben.
- Stoßdämpferschraube einsetzen, eventuell Achskörper mit Wagenheber leicht anheben, Mutter für Stoßdämpfer mit 45 Nm festziehen.
- Mutter für Federbein mit 35 Nm festziehen.

Stoßdämpfer und Schraubenfeder hinten aus- und einbauen

Ausbau

- Federbein ausbauen.
- Stoßdämpfer mit Schraubenfeder festhalten oder in Schraubstock einspannen. Die Schraubenfeder muß bei der Demontage nicht gespannt werden.

- Schlitzmutter mit Zange abschrauben. Dämpferstange des Stoßdämpfers mit Maulschlüssel (Pfeil) festhalten.
- Stoßdämpfer von Feder abnehmen.

Einbau

Vor dem Einbau beachten: Stoßdämpfer prüfen, siehe Seite 122. Die Schraubenfedern haben eine unterschiedliche Kennung. Erkennbar an 1, 2 oder 3 Farbstrichen. Als Ersatzteil ist nur die mittlere Lastgruppe erhältlich. Beim Einsetzen einer neuen Feder ist es nicht notwendig, beide Federn auszutauschen. Die Stoßdämpfer für GOLF und SCIROCCO sind in der Kennung unterschiedlich; nicht verwechseln!

- Stoßdämpfer und Schraubenfeder gemäß dem Übersichtsfoto zusammenfügen, Schlitzmutter für Stoßdämpfer mit 20 Nm festziehen. Dämpferstange des Stoßdämpfers beim Anziehen der Schlitzmutter mit Maulschlüssel am Verdrehen hindern.

Achtung: Schutzrohr für Stoßdämpfer einbauen, auch wenn serienmäßig keins vorhanden war. Das Schutzrohr (ET.-Nr. 171 513 425) schützt den Dämpfer vor Schmutz und Wassereinwirkung.

- Komplettes Federbein einbauen.

Hinterachse komplett aus- und einbauen

Ausbau

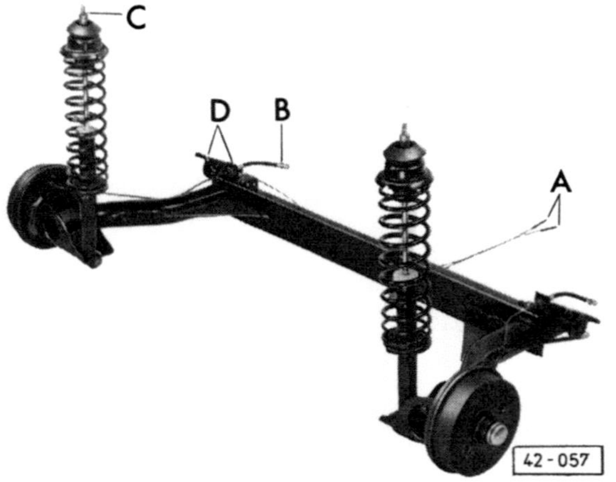

- Wagen aufbocken.
- Handbremsseile am Handbremshebel (A) abschrauben, siehe unter „Bremse".
- Bremsschläuche an beiden Seiten (B) abschrauben.
- Wagenheber unter Achsquerträger stellen, Hinterachse am Aufbau (D) abschrauben, Wagenheber langsam absenken.
- Wagenheber unter linkes Rad stellen, Federbein im Kofferraum lösen, Wagenheber ablassen, anschließend rechtes Federbein in gleicher Reihenfolge lösen.

Einbau

- Kompletten Achskörper einsetzen, Federbeine am Aufbau (im Kofferraum) locker befestigen.
- Hinterachse an Aufbau anschrauben. Dabei Lage des Lagerbockes beachten.

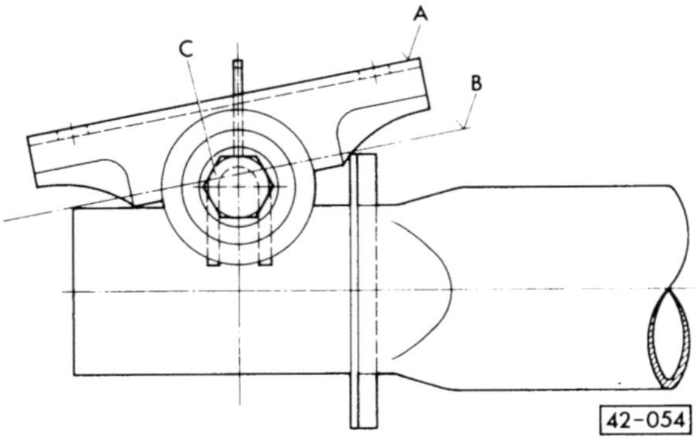

- Der Lagerbock (auf rechter Seite) ist so einzustellen, daß die Oberkante A zur Linie B etwa parallel verläuft. In dieser Lage Befestigungsmutter C mit 70 Nm festziehen.
- Muttern für Achskörper (D) mit 45 Nm festziehen.
- Muttern für Federbein (im Kofferraum) mit 35 Nm festziehen.
- Handbremsseile an Handbremshebel (A) anschrauben, Handbremse einstellen.
- Bremsschläuche (B) anschrauben, Bremse entlüften, siehe Seite 157.

Stoßdämpfer aus- und einbauen

CADDY

Ausbau

- Wagen aufbocken, siehe Seite 223.
- Wagenheber unter das Rad stellen, Rad leicht anheben und untere Mutter für Stoßdämpfer lösen.

Achtung: Wagen nicht zu hoch pumpen, sonst wird der Wagen vom Unterstellbock abgehoben.

- Stoßdämpfer oben abschrauben und herausnehmen.

Einbau

- Vor dem Einbau Stoßdämpfer prüfen, siehe Seite 122.
- Stoßdämpfer einsetzen, anschrauben und mit 40 Nm festziehen.
- Wagen ablassen.

Wartung an der Hinterachse

W

Radlagerspiel prüfen

- Fahrzeug muß auf dem Boden stehen, Gang einlegen, Handbremse nicht anziehen.
- Prüfen, ob sich das Hinterrad quer zur Fahrtrichtung bewegen läßt.
- Falls sich das Rad bewegen läßt, Radlager einstellen, siehe Seite 129/130.

Die Zahnstangenlenkung

Die Lenkung besteht praktisch aus zwei Hauptgruppen: Der Lenksäule mit dem Lenkrad und dem Lenkgetriebe mit den Spurstangen. Die mittig angelegten Spurstangen verursachen nur sehr geringe Spurveränderungen beim Einfedern der Vorderräder. Dadurch wird eine stabile Radführung in allen Stellungen erreicht, die geringen Reifenverschleiß garantiert.

Die Zahnstangenlenkung ist leichtgängig und spielfrei von Anschlag zu Anschlag. Sie ist wartungsfrei, doch ist auf einwandfreie Abdichtung der Manschetten zu achten.

Die Lenkung ist als Sicherungslenkung ausgebildet, und zwar wurde die Gelenkwelle für die Lenksäule so angeordnet, daß sie bei einem Frontalzusammenstoß seitlich ausweichen kann.

Achtung: Seit 8.88 kommt ein Lenkrad mit geänderter Innenverzahnung zum Einsatz. Durch die feinere Verzahnung ist eine bessere Einstellung des Lenkrades möglich. Um das neue Lenkrad einzubauen Vielzahnadapterhülse mit Hilfe der Lenkradmutter auf die Verzahnung der Lenksäule aufziehen. Dabei Mutter bis zum Gewindeende aufschrauben. Anschließend Mutter lösen, eine 3 mm starke Unterlegscheibe zwischenlegen und Hülse mit der Lenkradmutter ganz aufziehen.

Lenkrad aus- und einbauen

Ausbau

- Abdeckung von Hand abziehen.
- Mutter für Lenkrad abschrauben, Lenkrad mit dem Handballen von Lenksäule abschlagen.

Einbau

- Räder in Geradeausstellung bringen, die Zunge des Auslöserings zeigt nach links. Darauf achten, daß der Blinkerhebel in Mittelstellung steht, da sonst beim Aufsetzen des Lenkrades der Auslösenocken durch die am Lenkrad angebrachte Zunge beschädigt werden kann.
- Scheibe auf Lenksäule schieben, Mutter für Lenkrad mit 50 Nm festziehen.
- Abdeckung auf Lenkrad drücken.

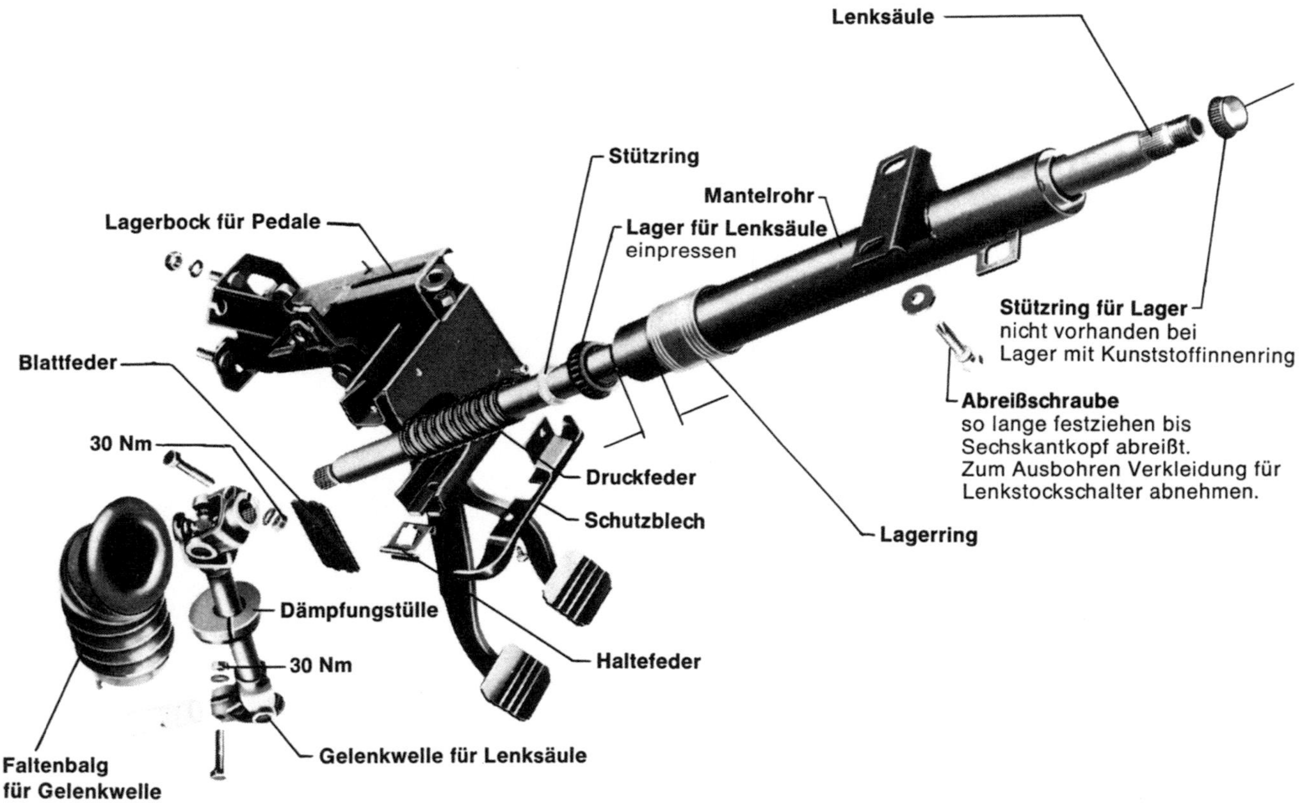

Lenkrad
bei Lenkung in Mittelstellung aufstecken, Zunge des Auslöserings zeigt nach links.
50 Nm
Abdeckung
von Hand abziehen
Lenkstockschalter
bis zum Anschlag an die Abstandhülse heranziehen
10 Nm
Abstandshülse
nach dem Einbau des Lenkstockschalters Hülse so weit auf die Lenksäule auftreiben, daß ein Abstand von Stirnseite Lenksäule bis Stirnseite Hülse von 41,5 mm erreicht ist. Dadurch wird der erforderliche Abstand zwischen Lenkradnabe und Lenkstockschalter (2—4 mm) eingestellt.
Zum Ausbau mit Schraubenzieher abhebeln.

48-183

Blinkerschalter/Schalter für Scheibenwischer aus- und einbauen

(seit September 1977)

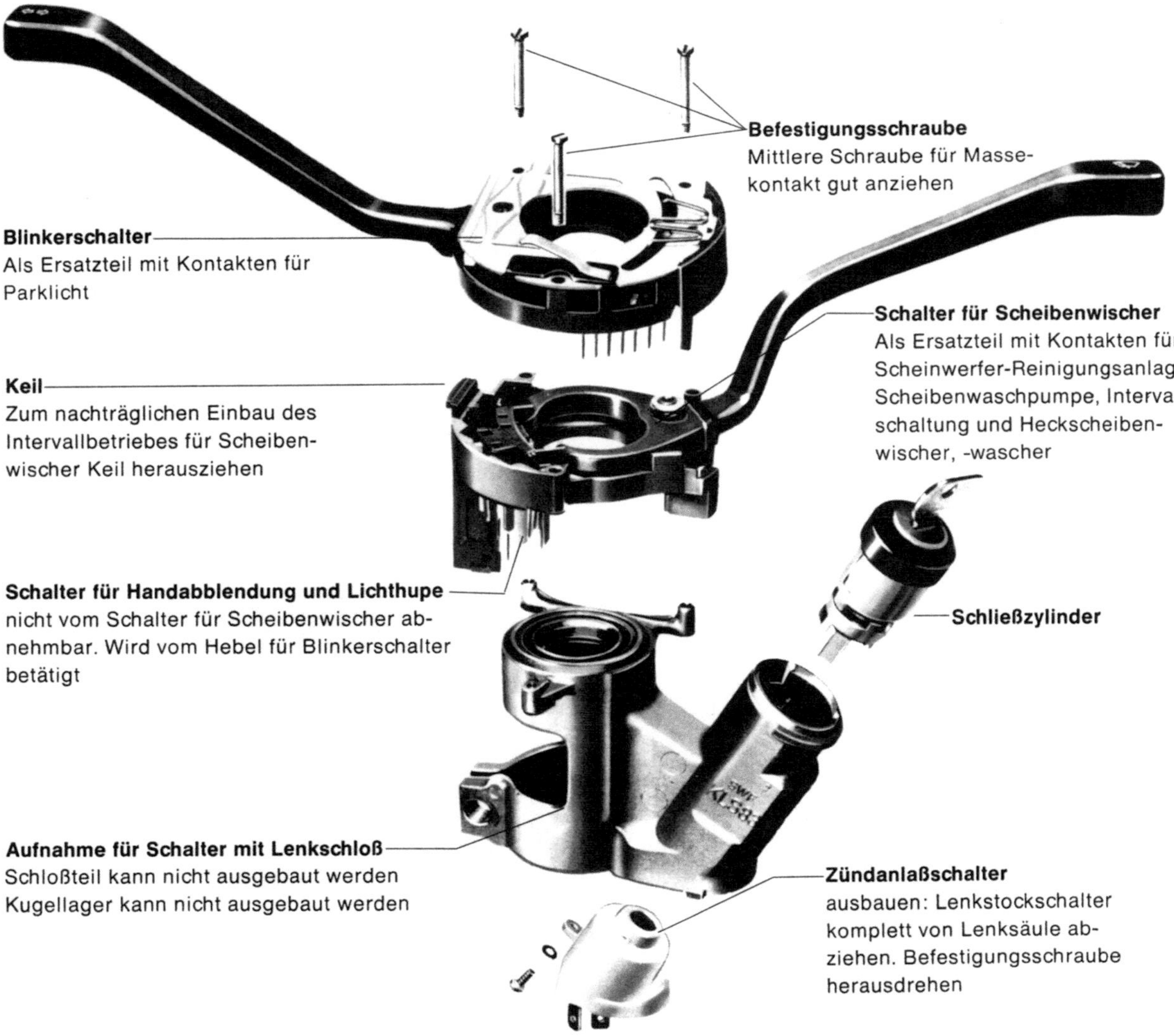

Ausbau

- Batterie-Massekabel abklemmen.
- Lenkrad ausbauen, siehe Seite 134.
- Blechschraube, welche die Kunststoffabdeckung für den Lenkstockschalter hält, von unten abschrauben, siehe Abbildung 48-183 auf Seite 135.
- Untere Hälfte der Kunststoffabdeckung zusammendrücken und abnehmen.
- Elektrische Verbindungen zum Blinkerschalter (mit Tesaband) markieren und abziehen.
- Oben am Blinkerschalter 3 Schrauben herausdrehen, Blinkerschalter komplett mit Schalter für Scheibenwischer abziehen. Die Schalter werden zusammen ausgetauscht.

Einbau

- Blinkerschalter komplett aufschieben und elektrische Verbindungen entsprechend den Markierungen aufschieben. Blinkerschalter mit 3 Schrauben festschrauben.

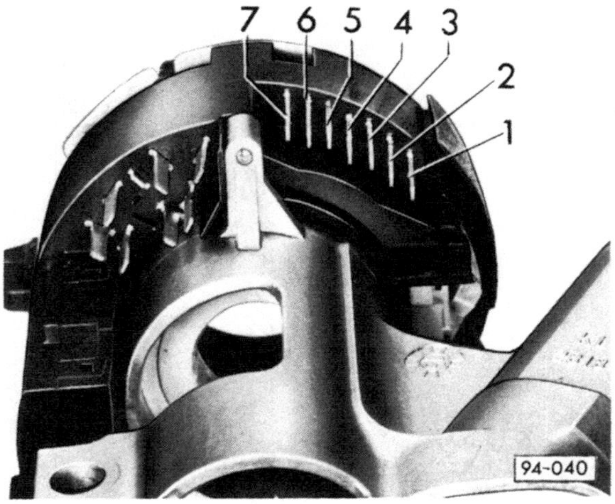

Kontaktbelegung am Blinkerschalter: 1-Klemme R, 2-Klemme 49a, 3-Klemme L, 4-Klemme PR, 5-Klemme 71, 6-Klemme P, 7-Klemme PL.

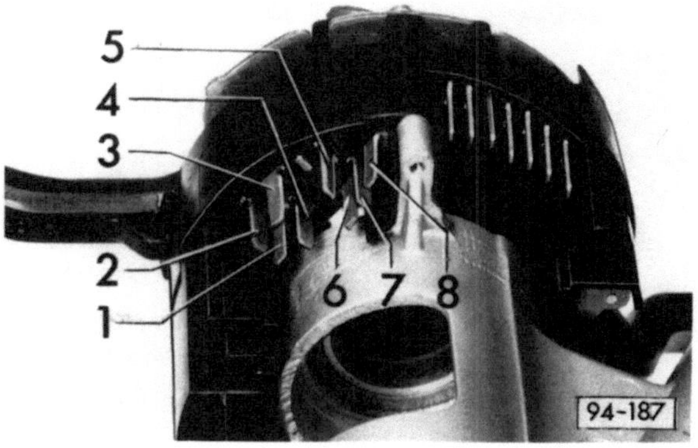

Kontaktbelegung am Schalter für Scheibenwischer: 1-Klemme 53e, 2-Klemme 53 L, 3-Klemme 53a, 4-Klemme J, 5-Klemme 53b, 6-Klemme L, 7-Klemme T, 8-Klemme 31.

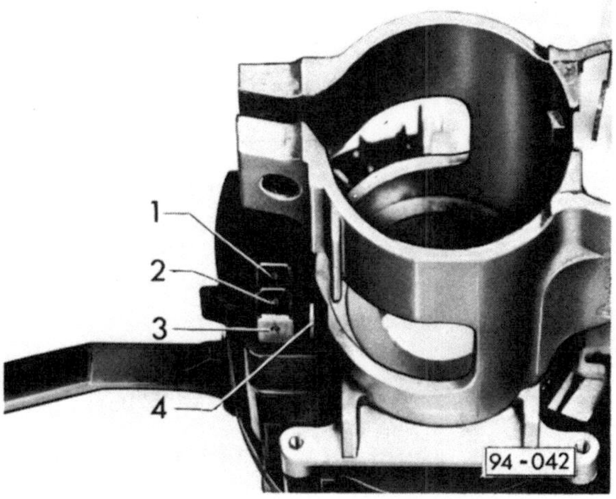

Kontaktbelegung am Schalter für Handabblendung und Lichthupe: 1-Klemme 56a, 2-Klemme 56b, 3-Klemme 56, 4-Klemme 30.

- Untere Abdeckung für Lenkstockschalter aufsetzen und mit Linsenblechschraube festziehen.
- Lenkrad einbauen, siehe Seite 134.
- Batterie anklemmen.
- Funktion von Blinker, Scheibenwischer und Lichthupe überprüfen.

Lenkstockschalter/Zündanlaßschalter aus- und einbauen

Ausbau

- Batterie-Massekabel abklemmen, Lenkrad ausbauen, siehe Seite 134.
- Kreuzschlitzschraube für die Kunststoffabdeckung des Lenkstockschalters herausschrauben, siehe Abbildung 48-183 auf Seite 135.
- Untere Hälfte der Abdeckung zusammendrücken und abnehmen.
- Elektrische Verbindungen zum Blinkerschalter markieren und abziehen.
- Inbusschraube für Lenkstockschalter herausdrehen, Lenkstockschalter mit Abstandshülse abziehen.
- Befestigungsschraube für Zündanlaßschalter herausdrehen, Schalter abnehmen.

Einbau

- Zündanlaßschalter einsetzen und festschrauben.
- Kompletten Lenkstockschalter aufschieben, elektrische Verbindungen entsprechend den Markierungen aufstecken. Lenkstockschalter mit Inbusschraube anschrauben.
- Abstandshülse mit Einschnitt in Richtung Lenkung auf Lenkrohr aufschrauben.

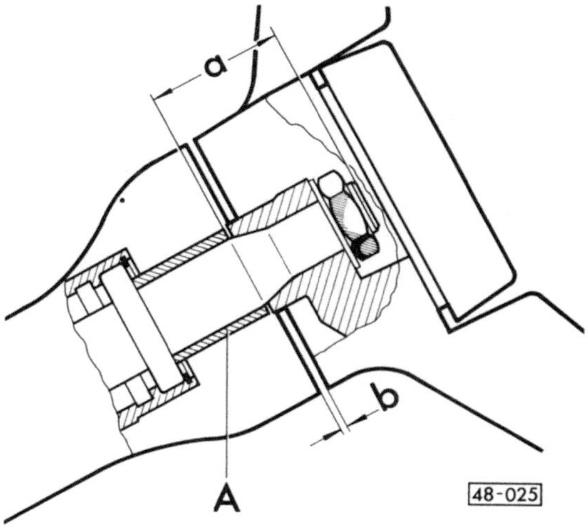

A = Abstandshülse, a = 41,5 mm, b = 2 bis 4 mm

- Hülse so weit auf die Lenksäule auftreiben, daß ein Abstand von Stirnseite Lenksäule bis Stirnseite Hülse (a) von 41,5 mm erreicht ist (mit Schieblehre messen). Eventuell Lenkstockschalter lösen, Maß einstellen, Lenkstockschalter bis zum Anschlag an die Abstandshülse heranziehen. Dadurch wird der erforderliche Abstand zwischen Lenkradnabe (b) und Lenkstockschalter von 2–4 mm eingestellt.
- Lenkstockschalter endgültig festziehen, Abdeckung aufsetzen und mit Blechschraube festziehen.
- Lenkrad einbauen, siehe Seite 134.
- Batterie-Massekabel anklemmen.

Lenkung/Spurstangen

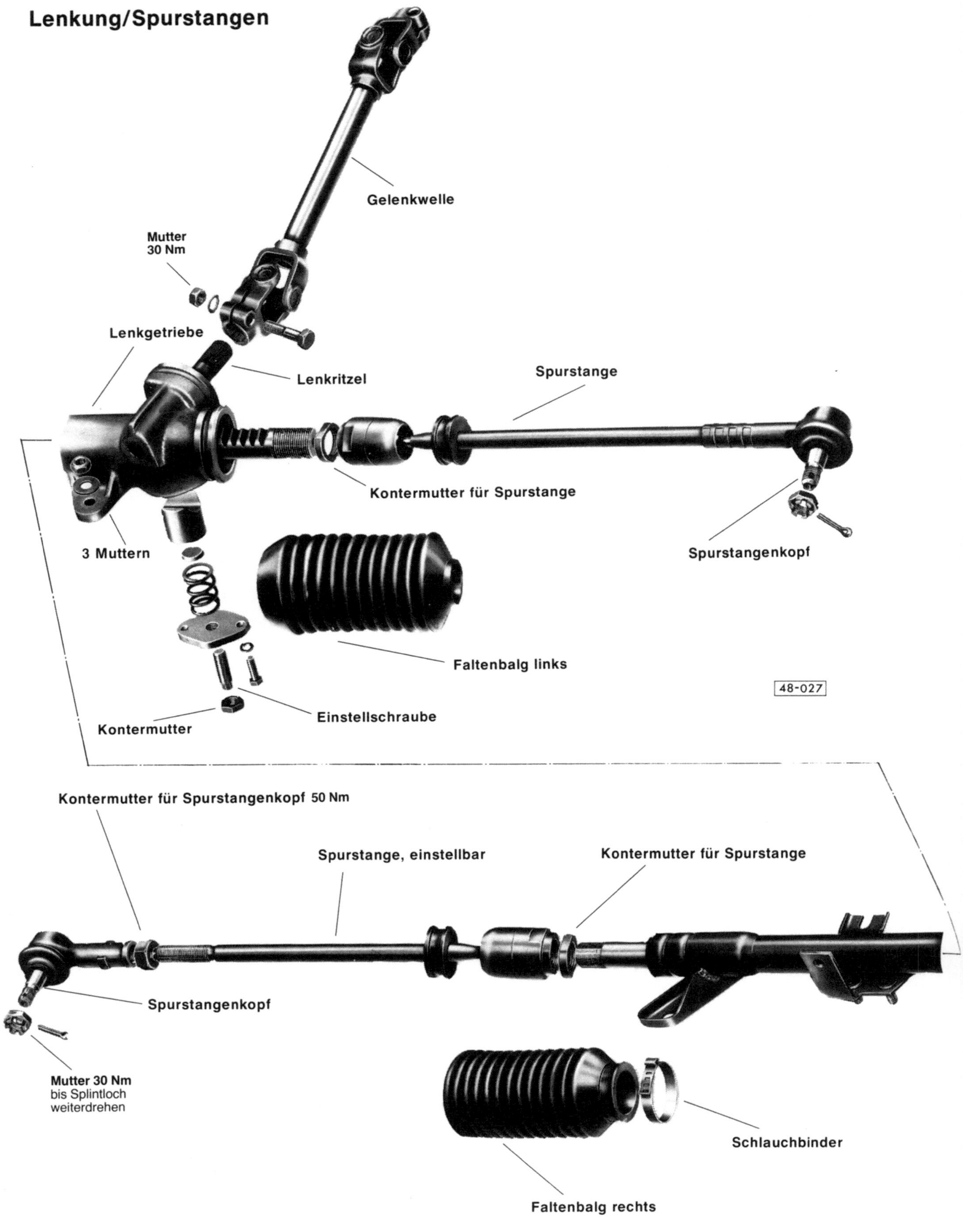

Spurstange aus- und einbauen

Bei Neuwagen ist nur die rechte Spurstange einstellbar, als Ersatzteil wird nur die einstellbare geliefert. Grundsätzlich Spur **nur** an der **rechten** Spurstange einstellen.

Ausbau

- Splint am Spurstangenkopf herausziehen, Mutter abschrauben.
- Spurstangenkopf mit handelsüblichem Abzieher ausdrücken.
- Kontermutter für Spurstange lösen und Spurstange von Lenkgetriebe abschrauben.

Einbau

Nicht einstellbare Spurstange bei eingebauter Lenkung ersetzen.

- Lenkgetriebe etwa in Mittelstellung bringen und an der auszuwechselnden Spurstange Abstand zwischen Spurstangengelenk und Lenkgetriebegehäuse messen.

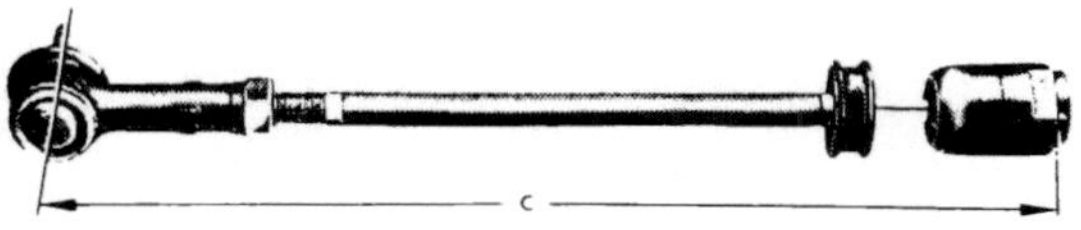

48-024

- Neue Spurstange auf 379 mm (c) einstellen.
- Spurstange auf den vorher gemessenen Abstand (Spurstangengelenk/Gehäuse) aufschrauben.
- Spurstangenkopf einsetzen, Mutter aufschrauben und mit 30 Nm festziehen. **Achtung:** Falls der Splint dann nicht durch die Bohrung geht, Mutter weiter festziehen. Auf keinen Fall lösen.
- Spur einstellen, siehe Seite 142.
- Spurstange an beiden Enden kontern.

Einstellbare Spurstange bei eingebauter Lenkung ersetzen.

- Lenkgetriebe etwa in Mittelstellung bringen und an der auszuwechselnden Spurstange Abstand zwischen Spurstangengelenk und Lenkgetriebegehäuse messen.
- Neue Spurstange auf den gemessenen Abstand aufschrauben.
- Spurstangenkopf einsetzen, Kronenmutter mit 30 Nm festziehen und versplinten.

Achtung: Wenn der Splint nicht durchgeht, Mutter weiter festziehen, auf keinen Fall lösen.

- Spurstange an beiden Enden kontern.
- Spur an der rechten Spurstange einstellen.

Lenkgetriebe einstellen

Bei zu großem Spiel muß die Lenkung nachgestellt werden. Zum Kontern der Einstellmutter wird ein handelsüblicher Starterschlüssel SW 14 x 17 mm benötigt.

48-028

- Schlüssel des Ringteils SW 17 mm erwärmen und seitlich um 25° abwinkeln.
- Kontermutter lösen, Einstellschraube so weit einschrauben, bis sie fühlbar an der Druckscheibe zur Anlage kommt, dann kontern. Beim Kontern Einstellschraube mit Maulschlüssel festhalten.

Einstellkontrolle

- Wagen auf dem Boden stehen lassen, Lenkrad hin- und herbewegen. Dabei muß die Lenkung spielfrei sein.
- Wenn die Lenkung trotz Nachstellung klappert, ist sie zu lose eingestellt. Schaden nicht unbedingt an der Lenkung suchen (ausgeschlagene Spurstangenköpfe usw.).

W Wartung an der Lenkung

Manschetten für Spurstangen prüfen

- Motorhaube öffnen und Manschetten von oben prüfen.
- Auf sichtbare Fettspuren (ölig glänzender Schmutz) an den Manschetten und in deren Umgebung achten.
- Festen Sitz der Schraub- oder Klemmschellen prüfen.
- Gummi der Manschette auf Porosität oder Risse untersuchen, dabei Räder nach beiden Seiten einschlagen.
- Unterseite der Manschetten mit Lampe kontrollieren, hierbei entweder Spiegel benutzen oder Fahrzeug vorn aufbocken.
- Defekte Manschetten umgehend auswechseln.

Lenkungsspiel prüfen/einstellen

- Fahrzeug auf den Rädern stehen lassen.
- Am Lenkrad durch Prüfen von Hand beurteilen, ob die Lenkung in der Mittelstellung spielfrei ist. Ein Spiel ist nicht zulässig.
- Lenkung gegebenenfalls einstellen, siehe Seite 139.

Staubkappen für Spurstangengelenke prüfen

- Fahrzeug vorn aufbocken, siehe Seite 223.
- Staubkappen mit Lampe auf Beschädigungen überprüfen, dabei auf Fettspuren an den Kappen und in deren Umgebung achten.
- Ist bereits Schmutz durch eine beschädigte Staubkappe in das Gelenk eingedrungen, so muß das jeweilige Gelenk ersetzt werden.
- Befestigungsmutter des Spurstangengelenks sowie Sicherungssplint auf festen Sitz überprüfen.

Spurstangengelenk auf Spiel überprüfen

- Räder in Geradeaus-Stellung, Motorhaube öffnen.
- Durch Helfer die Lenkung bewegen lassen, und zwar kurze schnelle Lenkeinschläge im Bereich der Mittelstellung.
- Bewegt sich dabei die Spurstange, ohne daß gleichzeitig der Lenkhebel mitgenommen wird, so ist das Spurstangengelenk ausgeschlagen.

Die Wagenvermessung

Optimale Fahreigenschaften und geringster Reifenverschleiß sind nur dann zu erzielen, wenn die Stellung der Räder einwandfrei ist. Bei anomaler Reifenabnutzung sowie mangelhafter Straßenlage – bei schlechter Richtungsstabilität in Geradeausfahrt sowie schlechten Lenkeigenschaften in Kurvenfahrt – sollte die Werkstatt aufgesucht werden, um den Wagen optisch vermessen zu lassen.

Wo solch eine Gesamtvermessung nicht möglich ist, werden lediglich Sturz und Vorspur der Vorderräder überprüft.

Mehr als diese Prüfung von Sturz und Vorspur ist auch außerhalb der Werkstätten kaum durchzuführen. Ich beschränke mich daher auf die Beschreibung nur dieser Messungen, wobei zunächst die theoretischen Grundbegriffe erklärt werden sollen.

Die Spur

In der Regel müssen Vorderräder Vorspur haben, weil beide Vorderräder – veranlaßt durch Sturz und Rollwiderstand – in Geradeausfahrt etwas nach außen laufen, da Spiel in den Radlagern, Radaufhängungen und Spurstangengelenken vorhanden ist. Die Vorspur kompensiert das Bestreben der Vorderräder, nach außen zu laufen. Für die Vorspur werden die Räder so eingestellt, daß sie – in Höhe des Radmittelpunktes gemessen – vorn etwas enger zusammenstehen als hinten.

Beim GOLF/SCIROCCO mit seinem Vorderradantrieb sind die von hinten gerichteten Gegen-Antriebskräfte jedoch bestrebt, die Räder an der Vorderseite zusammenzudrücken. Aus diesem Grund muß beim GOLF/SCIROCCO Nachspur eingestellt werden. Nachspur bedeutet, daß die Vorderräder – gemessen in Höhe des Radmittelpunktes – vorn etwas weiter auseinanderstehen als hinten.

Sturz und Spreizung

Sturz und Spreizung vermindern die Übertragung von Fahrbahnstößen auf die Lenkung und halten bei Kurvenfahrt die Reibung möglichst gering.

Sturz ist der Winkel, um den die Radebene von der Senkrechten abweicht. Die Vorderräder stehen also schräg, und zwar im Radaufstandspunkt mehr zusammen als oben.

Spreizung ist der Winkel zwischen der Schwenkachse des Achsschenkels und der Senkrechten im Reifenaufstandspunkt, in Längsrichtung des Wagens gesehen.

Durch den Sturz- und Spreizungswinkel werden die Berührungspunkte der Räder auf der Fahrbahn näher an die Schwenk achse des Achsschenkels herangebracht. Damit wird der sogenannte Lenkrollhalbmesser klein gehalten. Je kleiner der Lenkrollhalbmesser ist, desto leichtgängiger ist die Lenkung. Auch die Fahrbahnstöße wirken sich wesentlich schwächer auf das Lenkgestänge aus.

Beim GOLF/SCIROCCO ist der Lenkrollradius negativ. Dadurch wird größte Richtungsstabilität erreicht, wenn ungleiche Bremswirkung an den Vorderrädern auftritt.

Nachlauf

Der Nachlauf beeinflußt maßgeblich die Geradeausführung der Vorderräder. Zu geringer Nachlauf begünstigt ein Abweichen aus der Fahrtrichtung auf schlechten Straßen und bei Seitenwind, läßt überdies nach der Kurvenfahrt die Lenkung nicht weit genug zur Mittelstellung zurücklaufen. Der Nachlauf wird konstruktiv durch das Anwinkeln des Achsschenkels erreicht und ist nicht einstellbar, muß jedoch nach einer Reparatur des Vorderwagens oder des Vorderachskörpers kontrolliert werden (Werkstattarbeit!).

Das Einstellen

Die Fahrzeugvermessung ist zweckmäßig mit einem optischen Achsmeßgerät, das wagenunabhängig arbeitet, durchzuführen. Falls ein optisches Achsmeßgerät nicht zur Verfügung steht, kann der Sturz auch mit dem Winkelmeßgerät VW 261 und der Spurwinkel mit einem mechanischen Spurmaß geprüft werden. Für jede Vermessung müssen folgende Voraussetzungen erfüllt sein:

- Vorschriftsmäßiger Reifendruck.
- Genau ebene, waagerechte Meßfläche.
- Fahrzeug bei Leergewicht (mit Reserverad und möglichst mit gefülltem Kraftstoffbehälter).
- Richtig eingestellte Lenkung.
- Kein unzulässiges Spiel im Lenkgestänge.
- Fahrzeug vorher kräftig durchfedern.

Sturz prüfen und einstellen

Der Sturz kann an jedem Rad einzeln geprüft und eingestellt werden, und zwar durch Verdrehen der Exzenterschraube (Pfeil) am unteren Stoßdämpferlager.

- Befestigungsmuttern für Radlagergehäuse am Federbein lösen (Pfeil, 2 Stück).
- Exzenterschraube für Sturzeinstellung so weit verdrehen, bis der vorgeschriebene Sturzwert erreicht ist.
- Befestigungsmuttern festziehen, Sturzwert noch einmal prüfen. Falls erforderlich, korrigieren.
- Spur kontrollieren, gegebenenfalls berichtigen.

Spur prüfen und einstellen

- Spur durch Verdrehen der rechten einstellbaren Spurstange einstellen, dabei Faltenbalg festhalten. **Achtung:** Der Faltenbalg darf nicht verdrillt sein.

Achtung: Seit Januar 1979 sind die Schutzhüllen für die Spurstangen mit einem Spannring gesichert.

- Vor Einstellen der Spur Spannring abnehmen. Anschließend Schutzhülle gerade stellen und Spannring wieder montieren. Die Ohren des Spannringes zeigen nach oben.
- Kontermuttern an der Spurstange lösen, siehe unter „Lenkung“.
- Wenn zwei einstellbare Spurstangen vorhanden sind, ist die Spur nur an der **rechten** Spurstange einzustellen.
- Wird die Spureinstellung auf einem optischen Achsmeßstand vorgenommen, dann ist zu prüfen, ob das Lenkrad bei geradeausstehenden Rädern in Mittelstellung steht (Lenkradspeiche waagerecht). Gegebenenfalls Lenkrad umsetzen.
- Wird die Spur mit einem mechanischen Spurmeßgerät eingestellt, anschließend Probefahrt durchführen. Falls dabei das Lenkrad nicht bei Geradeausfahrt in Mittelstellung steht, Lenkrad entsprechend umsetzen.
- Spurstange kontern. Kontermutter für Spurstangenkopf mit 50 Nm und Kontermutter für Spurstange mit 40 Nm festziehen. Faltenbalg wieder über die Spurstange und das Lenkgehäuse schieben und am Lenkgehäuse befestigen.

Einstellwerte für Spur und Sturz

Die folgenden Werte gelten für alle Modelle, sie sind auf das Leergewicht bezogen.	Golf/Scirocco 50/54/70/ 75/85 PS Caddy	Golf/Scirocco* 110/112 PS
Vorderachse		
10 Winkelminuten entsprechen einem Spurmaß beim 13 -Reifen von	1,0 mm	1,0 mm
Gesamtspur der Vorderräder ungedrückt	+10′ −15′−15′	+10′ −15′−15′
Sturz der Vorderräder in Geradeausstellung	+20′ ± 30′	+ 20′ ± 20′
Höchstzulässiger Unterschied zwischen beiden Seiten	1°	30′
Spurdifferenzwinkel bei 20° Lenkeinschlag nach links und rechts (ungedrückt)	−1° 30′ ± 30′	
Nachlaufwinkel eines Rades	1° 50′ ± 30′	
entspricht dem Sturzunterschied eines Rades beim Lenkeinschlag von 20° links nach 20° rechts	+1° 15′ ± 20′	
Höchstzulässiger Unterschied zwischen links und rechts	max. 1°	

* Bei sehr sportlicher Fahrweise kann die Spur auf −10′ bis 0° und der Sturz auf +40′ eingestellt werden.

Hinterachse

Die Hinterachse ist nicht einstellbar

Sturz der Hinterräder	bis Fg.-Nr. Golf 176 3 241 690 Scirocco 536 2 031 722	−1° ± 35′	ab Fg.-Nr. Golf 176 3 241 691 Scirocco 536 2 031 723	−1° 15′ ± 35′	1° 15′ ± 25′
			Caddy (Starrachse)	0° ± 10°	
Höchstzulässiger Unterschied zwischen beiden Seiten				40′	
			Caddy	30′	
Gesamtspur der Hinterräder	bis Fg.-Nr. Golf 176 3 241 690 Scirocco 536 2 031 722	+ 10′ ± 30′	ab Fg.-Nr. Golf 176 3 241 691 Scirocco 536 2 031 723	+20′ ± 20′	+20′ ± 20′
			Caddy	0° ± 1°	
Höchstzulässige Abweichung von der Laufrichtung				max. 30′	
Höchstzulässiger Unterschied zwischen beiden Seiten			Caddy	30′	

Hinweis:

Fahrzeugvermessung zweckmäßig erst nach 1000–2000 km Laufleistung durchführen, damit die Schraubenfedern sich setzen können.

Rechnerische Ermittlung der Laufrichtung:

1 – Bei Spurwerten mit gleichen Vorzeichen (+/+ oder −/−), kleinerem vom größeren Wert abziehen und durch 2 teilen.

Beispiel:

Spurwert linkes Hinterrad		**Spurwert rechtes Hinterrad**
+15′	15′ −5′ = 10′	+5′
	10′ : 2′ = 5′	
Abweichung von der Laufrichtung	= 5′	

2 – Werte mit ungleichen Vorzeichen (+/−) werden addiert und die Summe durch 2 geteilt.

Beispiel:

Spurwert linkes Hinterrad		**Spurwert rechtes Hinterrad**
+15′	15′ +5′ = 20′	−5′
	20′ : 2′ = 10′	
Abweichung von der Laufrichtung	= 10′	

Das jeweilige Ergebnis ist die tatsächliche Abweichung der Laufrichtung von der Fahrzeuglängsachse.

Die Bremsanlage

Das hydraulische Fußbremssystem besteht aus dem Hauptbremszylinder, den Scheibenbremsen für die Vorderräder und den Trommelbremsen für die Hinterräder. Das hydraulische Bremssystem ist in zwei Kreise aufgeteilt, die diagonal wirken. Ein Bremskreis arbeitet vorn rechts/hinten links, der zweite vorn links/hinten rechts. Dadurch bremst bei Ausfall eines Bremskreises ein Vorderrad und das entgegengesetzte Hinterrad.

Seit dem August 1978 stellt sich die Hinterradbremse automatisch nach, es muß also nur noch in den vorgeschriebenen Intervallen die Belagdicke geprüft werden.

Wie auch bei der manuellen Bremsbackennachstellung erfolgt die automatische Nachstellung über eine in der Länge veränderliche Druckstange. Doch während bei der manuellen Einstellung ein Ritzel verdreht wird, ist bei dem automatischen System zwischen Primärbacke und Druckstange ein Keil mit einer Zugfeder angeordnet, der die Druckstange verlängert.

Durch die Anordnung der Druckstange ist nach einmaligem Betätigen der Fußbremse ein Lüftspiel zwischen Bremsbacken und Bremstrommel vorgegeben. Ist die Backenbewegung aufgrund von Belagverschleiß größer als das vorgegebene Lüftspiel, wird der Keil durch die Anordnung der Druckstange und der Federn nach unten gezogen. Dadurch verändert sich die Länge der Druckstange, und die Bremsbacken sind automatisch nachgestellt.

Der negative Lenkrollradius sorgt dafür, daß auch nur bei einem funktionsfähigen Bremskreis die Richtungsstabilität des Fahrzeugs gewährleistet ist. Der Druck in beiden Bremskreisen wird im Hauptbremszylinder über das Bremspedal aufgebaut.

Die Bremsflüssigkeit für das ganze System erhält der Hauptbremszylinder aus dem Bremsflüssigkeitsbehälter, der vorn im Motorraum untergebracht ist.

Die Handbremse wirkt über Seilzüge auf die Bremsbacken der Hinterräder.

Das Arbeiten an der Bremsanlage erfordert peinliche Sauberkeit und exakte Arbeitsweise. Falls die nötige Arbeitserfahrung fehlt, sollten die Arbeiten an der Bremse von einer Fachwerkstatt durchgeführt werden.

Scheibenbremse vorn

Alle GOLF- und SCIROCCO-Modelle können wahlweise mit Bremssätteln der Firma Teves oder der Firma Girling ausgerüstet sein. Der Ausbau der Scheibenbremsbeläge sowie die Kontrolle der Belagstärke ist bei beiden Bremsen unterschiedlich, die Bremsbeläge für die beiden Bremsanlagen dagegen nicht. Seit Ende 79 werden alle Modelle mit dem VW-Einheitsbremssattel ausgestattet.

Scheibenbremsbeläge aus- und einbauen

(Girling-Bremse)

Beim Reinigen der Bremsanlage fällt asbesthaltiger Bremsstaub an. Dieser Staub kann zu gesundheitlichen Schäden führen. Deshalb beim Reinigen der Bremsanlage, insbesondere beim Ausblasen, darauf achten, daß der Bremsstaub nicht eingeatmet wird.

Nach dem Einbau von neuen Bremsbelägen müssen diese eingebremst werden. Während einer Fahrtstrecke von rund 200 km sollten unnötige Vollbremsungen unterbleiben.

Ausbau

- Wagen vorn aufbocken, Vorderräder abnehmen.

Achtung: Sollen die Bremsbeläge wieder verwendet werden, so müssen sie beim Ausbau gekennzeichnet werden. Ein Wechsel der Beläge von der Außen- zur Innenseite und umgekehrt oder auch vom rechten und linken Rad ist nicht zulässig. Der Wechsel kann sonst zu ungleichmäßiger Bremswirkung führen. Bremsbeläge sind Bestandteil der Allgemeinen Betriebserlaubnis (ABE). Nur Bremsbeläge verwenden, die vom Kraftfahrtbundesamt für das jeweilige Modell freigegeben worden sind. Im Falle einer Reparatur sind grundsätzlich alle Beläge einer Achse zu erneuern.

- Spreizfeder mit Schraubenzieher abhebeln.

- Schraube für Belaghaltebügel herausschrauben, Belaghaltebügel mit Zange herausziehen.

- Bremsbeläge herausziehen.

Einbau

Achtung: Vor dem Einbau der Beläge ist die Bremsscheibe auf Riefen zu untersuchen. Riefige Bremsscheiben können abgedreht werden (Werkstattarbeit), sofern sie noch eine ausreichende Dicke aufweisen.

- Bremsscheibendicke messen siehe Seite 150.
- Kolben des Bremssattels vor dem Einbau der neuen Bremsbeläge zurückdrücken. Die Werkstatt benutzt dazu eine Kolbenrücksetzstange. Man kann die Kolben auch mit einem Hartholzstab zurückdrücken. Dann muß auf der einen Seite der alte Bremsklotz eingesetzt werden, um die Bremsscheibe nicht zu verkanten. **Achtung:** Beim Zurückdrücken der Kolben wird Bremsflüssigkeit aus dem Bremszylinder in den Ausgleichzylinder gedrückt. Flüssigkeitsstand im Behälter beobachten, eventuell Bremsflüssigkeit mit einem Saugheber absaugen. Vorsicht! Bremsflüssigkeit ist giftig und zerstört den Lack. Auch nach dem Belagwechsel darf die Max.-Marke am Bremsflüssigkeitsbehälter nicht überschritten werden, da sich die Flüssigkeit bei Erwärmung ausdehnt. Ausgelaufene Bremsflüssigkeit läuft am Hauptbremszylinder runter, zerstört die Lackoberfläche des Bremskraftverstärkers und führt zur Korrosion des Behälters.

Führungsfläche bzw. Sitz im Gehäuseschacht mit einer Weichmetallbürste reinigen oder mit einem Lappen und Spiritus. Keine mineralölhaltigen Lösungsmittel oder scharfkantigen Werkzeuge verwenden. Schutzkappe im Bremssattel auf einwandfreien Sitz kontrollieren. Beschädigte, spröde bzw. hartgewordene Schutzkappen müssen erneuert werden (Werkstattarbeit).

- Bremsbeläge einsetzen.

- Vor dem Einbau Belaghaltebügel auf Verschleiß prüfen, eventuell erneuern. Belaghaltebügel einsetzen und mit Schraube (Pfeil) sichern.

- Spreizfeder vor dem Einbau auf Verschleiß prüfen, gegebenenfalls ersetzen. Spreizfeder aufsetzen. Der Pfeil zeigt nach unten = Drehrichtung bei Vorwärtsfahrt.

Achtung: Bremspedal im Stand mehrmals kräftig durchtreten, damit sich die Bremsbeläge entsprechend dem Betriebszustand einpassen.

Scheibenbremsbeläge aus- und einbauen
(Teves-Bremse)

Beim Reinigen der Bremsanlage fällt asbesthaltiger Bremsstaub an. Dieser Staub kann zu gesundheitlichen Schäden führen. Deshalb beim Reinigen der Bremsanlage, insbesondere beim Ausblasen, darauf achten, daß der Bremsstaub nicht eingeatmet wird.

Nach dem Einbau von neuen Bremsbelägen müssen diese eingebremst werden. Während einer Fahrtstrecke von rund 200 km sollten unnötige Vollbremsungen unterbleiben.

Ausbau

- Wagen aufbocken, Vorderräder abnehmen.

Achtung: Sollen die Bremsbeläge wieder verwendet werden, so müssen sie beim Ausbau gekennzeichnet werden. Ein Wechsel der Beläge von der Außen- zur Innenseite und umgekehrt oder auch vom rechten zum linken Rad ist nicht zulässig. Der Wechsel kann zu ungleichmäßiger Bremswirkung führen.

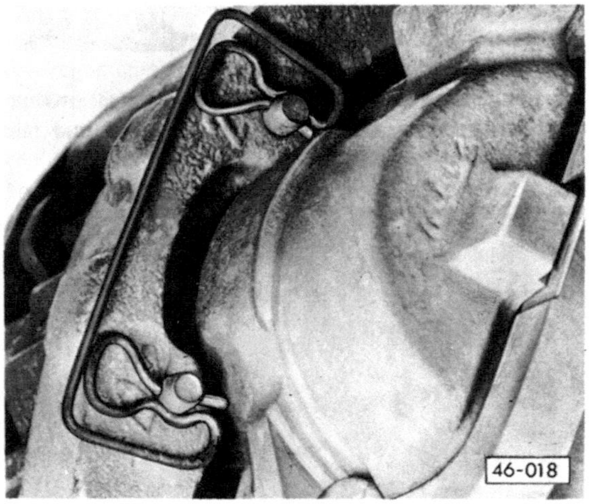

- Klemmfeder, wo vorhanden, für Haltestifte rausziehen.

- Haltestifte mit geeignetem Dorn entgegen der Pfeilrichtung herausschlagen.

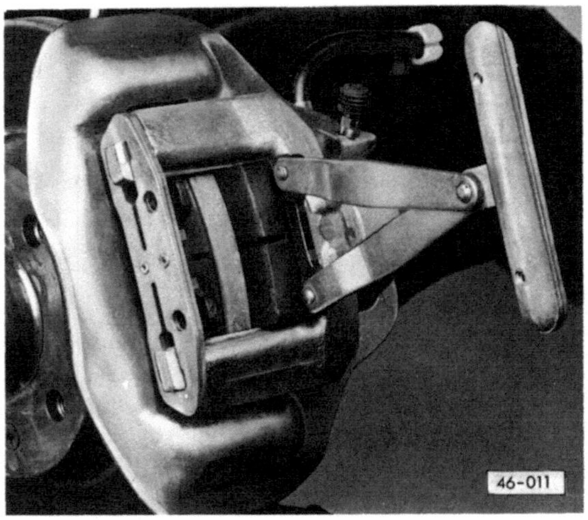

- Inneren Bremsbelag mit Ausziehhaken, Zange oder Schraubenzieher herausziehen.

Achtung: Der äußere Bremsbelag ist durch eine Nase des Schwimmrahmens geführt. Zum Ausziehen Schwimmrahmen nach außen drücken.

Einbau

Achtung: Vor dem Einbau der Beläge ist die Bremsscheibe auf Riefen zu untersuchen. Riefige Bremsscheiben können abgedreht werden (Werkstattarbeit), sofern sie noch eine ausreichende Dicke aufweisen.

- Bremsscheibendicke messen, siehe Seite 150.

- Kolben in die Bremszylinder zurückdrücken. Die Werkstatt benutzt dazu eine Kolbenrücksetzvorrichtung. Man kann die Kolben auch mit einem glatten Hartholzstab zurückdrücken. Darauf achten, daß die Schutzkappe nicht beschädigt wird. **Achtung:** Beim Zurückdrücken der Kolben wird Bremsflüssigkeit aus den Bremszylindern in den Ausgleichsbehälter gedrückt. Flüssigkeitsstand im Behälter beobachten, eventuell Bremsflüssigkeit mit einem Saugheber absaugen. Vorsicht! Bremsflüssigkeit ist giftig und zerstört den Lack.
- 20°-Kolbenstellung prüfen. Die Werkstatt benutzt dazu eine 20°-Lehre. **In der Regel werden beim Ausbau der Bremsbeläge die Kolben nicht verdreht! Das Einstellen ist also nicht unbedingt notwendig.**

- Kolbenlehre an der oberen Führungsfläche im Bremssattel anhalten. Die Kolbenstellung ist richtig, wenn die angelegte Lehre (20°-Stellung) mit den Kolbenansätzen übereinstimmt.

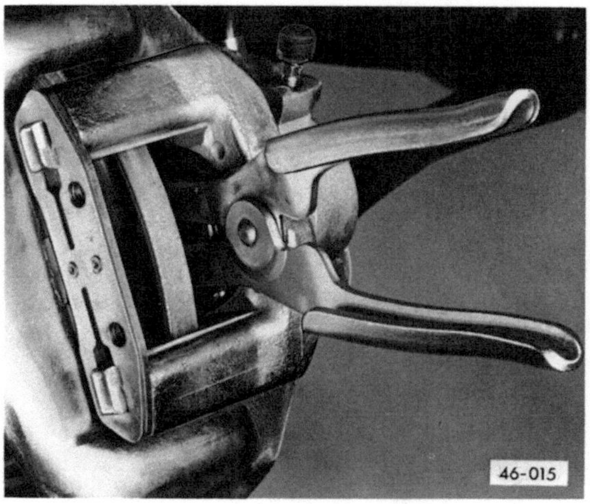

- Eventuell Kolben mit Kolbenverdrehzange einstellen. Falls die Spezialzange nicht zur Verfügung steht, Kolben vorsichtig mit Hilfe eines Hartholzstabes verdrehen. Die 20°-Kolbenstellung ist wichtig, damit der Kolben in der richtigen Stellung auf den Bremsbelag trifft.

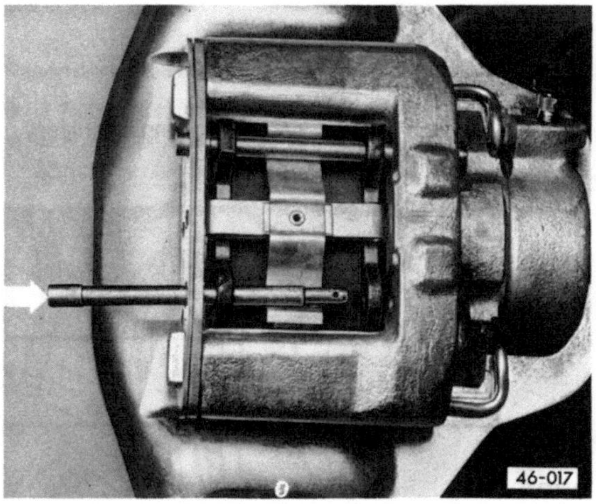

- Bremsbeläge einsetzen (eventuell Kolben zurückdrücken), neue Kreuzfeder verwenden, Haltestifte in Pfeilrichtung einschlagen.

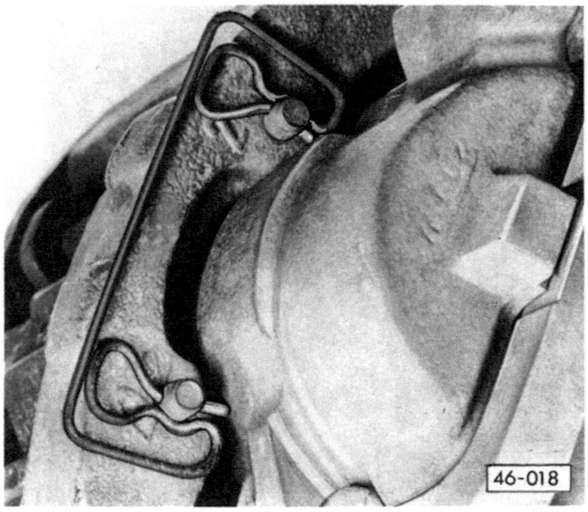

● Haltestifte mit neuer Klemmfeder sichern.

Achtung: Bremspedal im Stand mehrmals kräftig durchtreten, damit sich die Bremsbeläge entsprechend dem Betriebszustand einpassen.

Bremskolbenlehre herstellen

● Lehre aus Pappe oder Blech nach Zeichnung anfertigen.

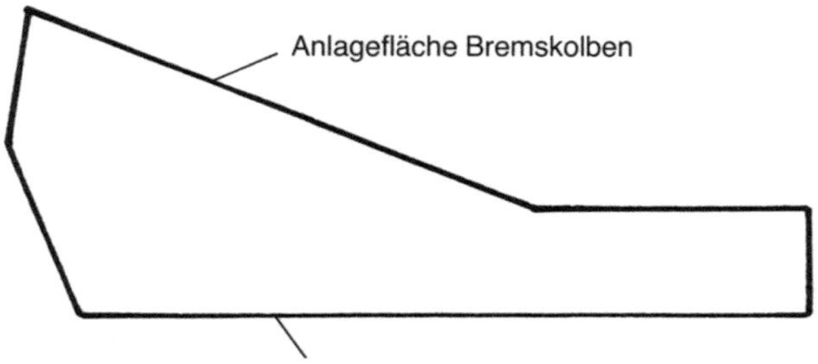

● Die lange Seite der Lehre muß im Bremssattel anliegen. Der Bremskolben hat einen Absatz. Dieser Absatz muß an der schrägen Fläche der Lehre anliegen, sonst Bremskolben verdrehen.

Scheibenbremsbeläge aus- und einbauen

(VW-Bremse)

Seit Ende 1979 sind bei einigen GOLF/SCIROCCO-Modellen neue Bremssättel mit größerer Belagfläche im Einsatz.

Ausbau

● Vorderräder lösen, Wagen vorn aufbocken, Räder abnehmen.

Achtung: Sollen die Bremsbeläge wieder verwendet werden, so müssen sie beim Ausbau gekennzeichnet werden. Ein Wechsel der Beläge von der Außen- zur Innenseite und umgekehrt oder auch vom rechten zum linken Rad ist nicht zulässig. Der Wechsel kann zu ungleichmäßiger Bremswirkung führen. Grundsätzlich sollte man nur Original VW/AUDI-Bremsbeläge verwenden. **Grundsätzlich Scheibenbremsbeläge an beiden Achsen erneuern.**

● Haltefeder oben und unten von Hand aushängen.

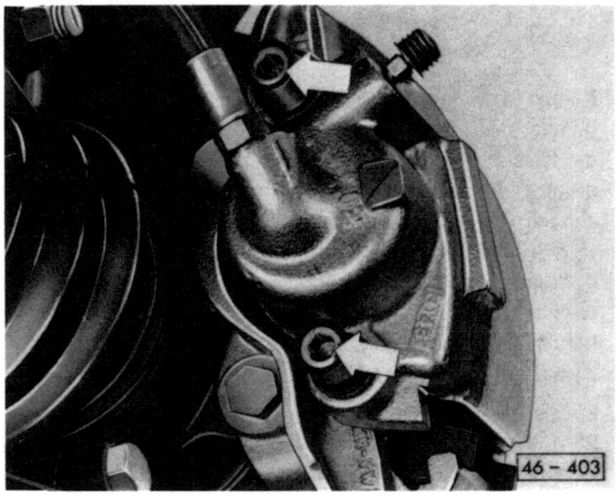

● Führungsbolzen, Innensechskant, oben und unten herausschrauben.

● Bremssattelgehäuse abnehmen. **Seit 2.84:** Bremssattelgehäuse von unten nach oben ausschwenken.

● Bremsbeläge am Bremsträger abnehmen.

Einbau

Führungsfläche bzw. Sitz im Gehäuseschacht, wenn möglich, mit Preßluft reinigen, sonst mit einem Lappen. Keine mineralölhaltigen Lösungsmittel oder scharfkantigen Werkzeuge verwenden. Schutzkappe im Bremssattel auf einwandfreien Sitz kontrollieren. Beschädigte, spröde bzw. hartgewordene Schutzkappen müssen erneuert werden (Werkstattarbeit).

Beim Reinigen der Bremsanlage fällt asbesthaltiger Bremsstaub an. Dieser Staub kann zu gesundheitlichen Schäden führen. Deshalb beim Reinigen der Bremsanlage, insbesondere beim Ausblasen, darauf achten, daß der Bremsstaub nicht eingeatmet wird.

Nach dem Einbau von neuen Bremsbelägen müssen diese eingebremst werden. Während einer Fahrtstrecke von rund 200 km sollten unnötige Vollbremsungen unterbleiben.

Vor Einbau der Scheibenbremsbeläge ist die Bremsscheibe zu prüfen. Die Bremsscheibe wird mit den Fingern abgetastet. Bei spürbaren Riefen muß die Bremsscheibe ausgebaut und abgedreht bzw. erneuert werden (Werkstattarbeit). Bremsscheibendicke prüfen.

46-404

- Kolben in Bremssattelgehäuse zurückdrücken. Die Werkstätten benutzen dazu eine besondere Vorrichtung, es geht auch mit einem Hammerstiel, der am Boden oder Fahrzeug abgestützt wird.

Achtung: Vor Zurückdrücken Bremsflüssigkeit aus dem Bremsflüssigkeitsbehälter absaugen. Sonst kann Bremsflüssigkeit auslaufen und zu Schäden führen.
Zum Absaugen die Entlüfterflasche oder eine Plastikflasche verwenden, die nur mit Bremsflüssigkeit in Berührung kommt. Keine Trinkflaschen verwenden! **Bremsflüssigkeit ist giftig und darf auf gar keinen Fall mit dem Mund über einen Schlauch abgesaugt werden. Saugheber verwenden.**

46-405

- Bremsbeläge einsetzen. Dabei Bremsbelag mit abgeschrägten Kanten innen einsetzen.
- Bremssattelgehäuse einbauen, Führungsbolzen mit 40 Nm festziehen.

46-406

- Haltefeder oben und unten einhängen.
- Rad anschrauben, Fahrzeug abbocken, Radschrauben mit 110 Nm anziehen.

Achtung: Bremspedal im Stand mehrmals kräftig durchtreten, damit sich die Bremsbeläge entsprechend dem Betriebszustand einpassen.

Besonderheiten für Bremssattel seit 2.84

- 2 Befestigungsschrauben für Bremssattel herausdrehen. Bremssattel unten vom Bremsträger wegschwenken und abnehmen.

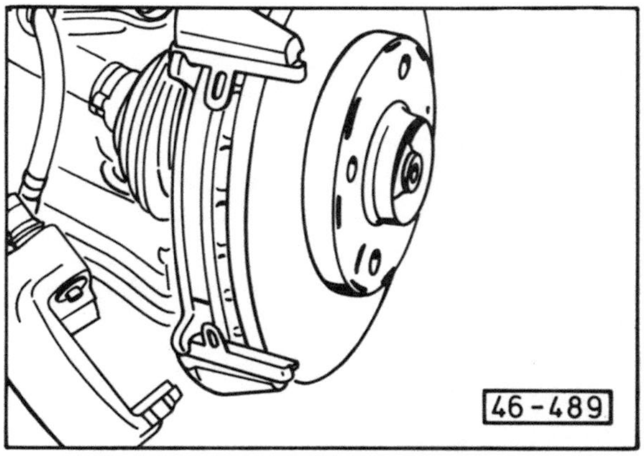

46-489

- **Neue** Bremsbelaghaltefedern so ansetzen, daß der kürzere Teil nach innen zeigt.
- Inneren Bremsbelag seitlich über die Haltefedern in den Bremsträger einsetzen. Der innere Bremsbelag hat die kleinere Belagoberfläche.
- Äußeren Bremsbelag in den Bremsträger einsetzen.
- Bremssattel oben am Bremsträger ansetzen und nach unten schwenken. **Achtung:** Bremssattel nur so weit am Bremsträger andrücken, daß die Befestigungsschrauben eingesetzt werden können. Wird der Bremssattel über diesen Punkt hinausgedrückt, können sich die Belaghaltefedern verformen. Das kann zu Geräuschen beim Bremsen führen.
- Befestigungsschrauben mit Sicherungsmittel einsetzen und mit **40 Nm** festziehen. Die längere Schraube wird in der Regel oben eingesetzt.

Quietschgeräusche der Scheibenbremse beseitigen

- Bremsbeläge ausbauen.
- Beläge und Bremssattel mit Preßluft oder einem Lappen und Spiritus reinigen.

Achtung: Bremsstaub nicht einatmen.

Folgende Stellen mit Plastilube oder Hochtemperaturpaste bestreichen:

- Alle zugänglichen Stellen der Bremsbelag-Rückenplatte.
- Kolbenstirnseite.
- Anlagefläche des Bremssattel-Rahmens.
- Gleitführungen des Rahmens.
- Bohrungen für Haltestifte.
- Spreizfeder an den Berührungsflächen zu den Haltestiften.

Achtung: Plastilube oder Hochtemperaturpaste darf **nicht** auf die Reibflächen der Bremsscheibe oder der Bremsbeläge kommen. Eventuell auf die Reibflächen gelangte Reste der Paste mit einem Lappen abwischen, gegebenenfalls mit Spiritus reinigen.

- Bremsbeläge einbauen.

Bremsscheibe aus- und einbauen

Ausbau

- Radschrauben lösen.
- Fahrzeug vorn aufbocken, siehe Seite 223.
- Vorderrad abnehmen.
- 2 Befestigungsschrauben (–3– oder –A– auf Seite 118) für Bremssattel herausdrehen. Bremssattel abnehmen und mit Draht am Stehblech aufhängen.

Achtung: Bremsschlauch nicht lösen oder abschrauben, da sonst die Anlage entlüftet werden muß.

- Kreuzschlitz-Halteschraube herausdrehen und Bremsscheibe abnehmen, siehe Seite 119.

Achtung: Die Bremsscheibe darf **nicht** durch Gewaltanwendung (Hammerschläge) von der Radnabe getrennt werden. Stattdessen handelsübliche Rostlöser anwenden, um Schäden an den Bremsscheiben zu vermeiden. Falls der Ausbau nur durch kräftige Hammerschläge möglich ist, aus Sicherheitsgründen sowohl die Bremsscheiben wie auch die Radlager erneuern. Das Erneuern der vorderen Radlager sollte der Werkstatt vorbehalten bleiben, da in der Regel nur dort eine entsprechende Presse vorhanden ist. Auch bei der Verwendung eines geeigneten Abziehers Bremsscheiben erneuern.

Einbau

Um ein gleichmäßiges Bremsen beidseitig zu gewährleisten, müssen beide Bremsscheiben die gleiche Oberfläche bezüglich Schliffbild und Rauhtiefe aufweisen. Deshalb **grundsätzlich beide** Bremsscheiben ersetzen bzw. abdrehen lassen.

Die Werkstatt kann die Bremsscheibe auf Schlag prüfen. Maximaler Scheibenschlag (eingebaut) 0,06 mm.

- Alle Anlageflächen mit Spiritus und einem sauberen Lappen reinigen.
- Bremsscheibe aufsetzen und mit Kreuzschlitzschraube an der Radnabe befestigen.
- Bremssattel ansetzen und Befestigungsschrauben mit **60 Nm** (Rippschrauben **70 Nm)** festziehen.
- Rad montieren, Fahrzeug ablassen und Schrauben mit 110 Nm anziehen.

Bremsscheibendicke prüfen

- Fahrzeug aufbocken, Rad ausbauen.

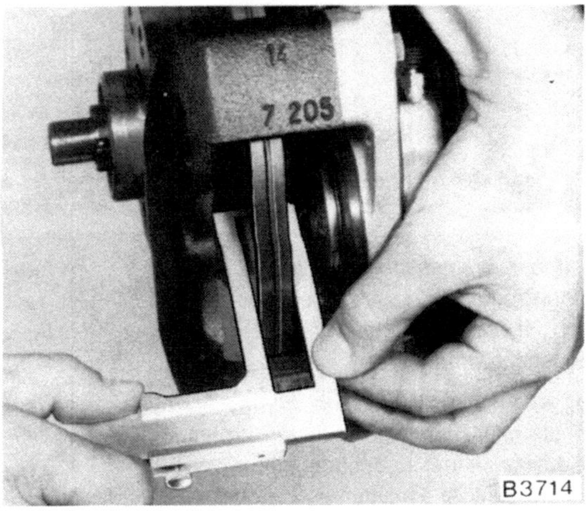

B3714

- Bremsscheibendicke messen. Die Werkstätten benutzen dazu eine spezielle Lehre, da sich durch Abnutzung der Bremsscheibe ein Rand bildet. Man kann die Bremsscheibendicke auch mit einer normalen Schieblehre messen, allerdings muß dann auf jeder Seite der Bremsscheibe zum Beispiel eine 3 mm starke Unterlage (oder 2 Zehn-Pfennigstücke) zwischengelegt werden. Um die exakte Bremsscheibendicke zu haben, müssen von dem Maß dann die 6 mm für die Unterlage abgezogen werden.

Motor	Bremsscheibendicke in mm Neu	Verschleißgrenze
50/54 PS Diesel	10 mm	8 mm
70–85 PS und GTD	12 mm	10 mm
110/112 PS	20 mm	18 mm

- Ist die Verschleißgrenze erreicht, muß die Bremsscheibe ausgetauscht werden. In jedem Fall beide Bremsscheiben einer Achse ersetzen bzw. abdrehen lassen.

Die Hinterradbremse

Hinweis: Bremsbeläge grundsätzlich **achsweise** erneuern.
Gleiche Qualität verwenden!

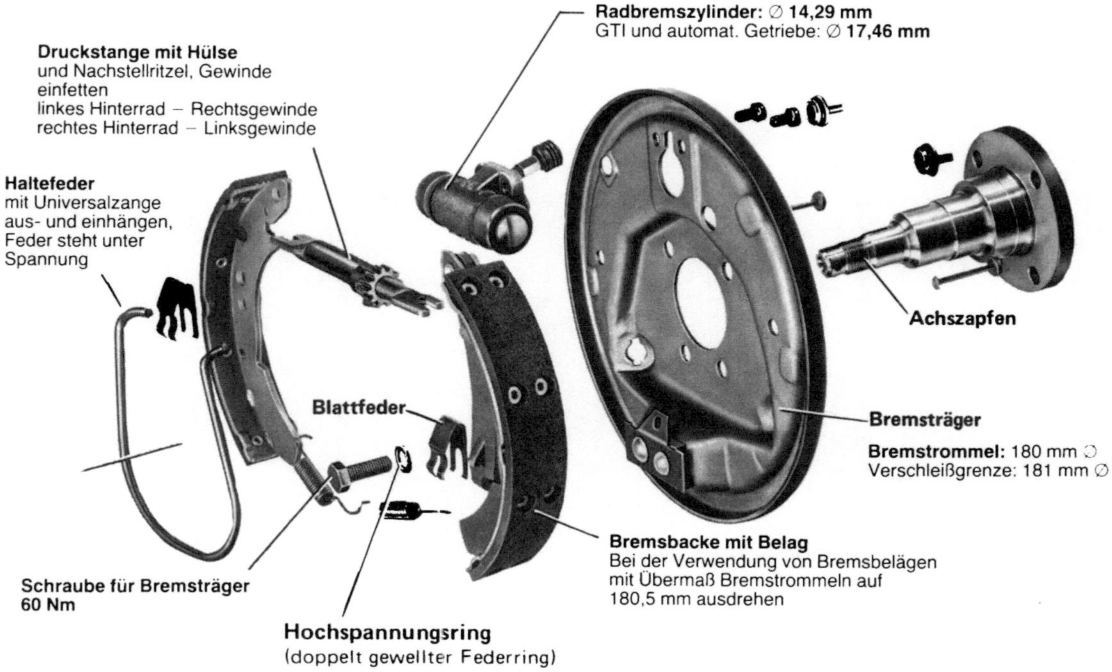

Hinterradbremse mit automatischer Nachstellung

(seit August 1978)

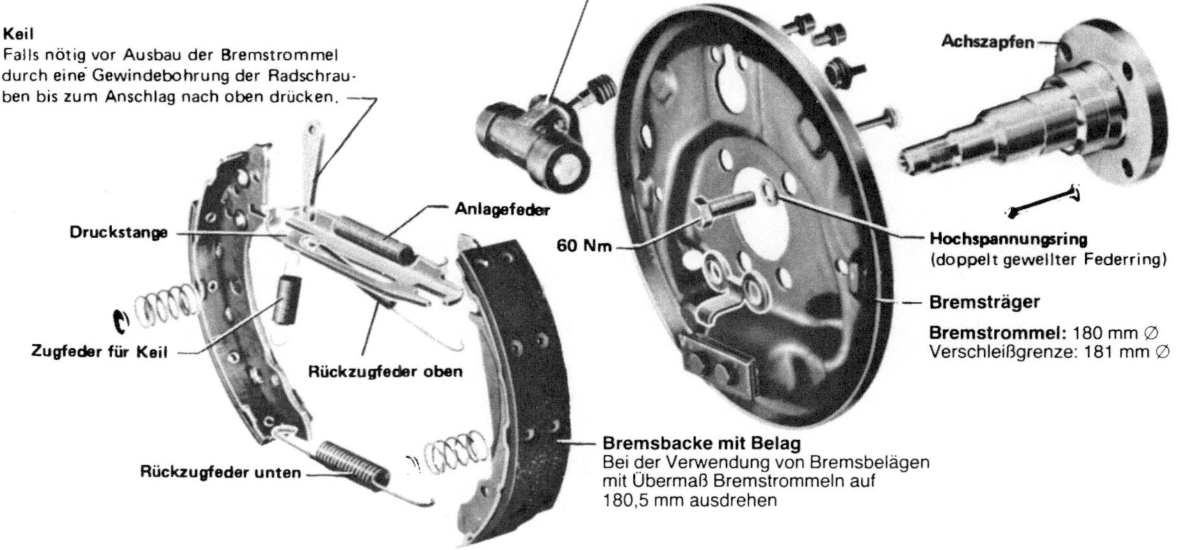

46-304

Hinterradbremse einstellen

Achtung: Seit August 1978 stellen sich die Bremsbacken automatisch nach.

- Wagen aufbocken, Schutzkappe von Bremsträgerblech abnehmen.

- Nachstellritzel der Druckstange mit Schraubenzieher durch das Loch im Bremsträger drehen, bis die Bremsbeläge an der Bremstrommel anliegen, dabei immer das Rad von Hand drehen, bis es festsitzt.
- Nachstellritzel wieder langsam zurückdrehen, bis sich das Rad frei von Hand drehen läßt.
- Schutzkappe wieder aufsetzen.

Achtung: Bei Fahrzeugen (Automatikfahrzeuge) mit lastabhängigem Bremskraftregler verbleibt bei angehobenem Fahrzeug nach dem Betätigen des Bremspedals ein Restdruck im rechten Hinterrad. Trotz zurückgestellter Bremsbacken läßt sich das Rad nur schwer durchdrehen. Vor dem Einstellen der Hinterradbremse muß darum der Hebel am Bremskraftregler einmal in Richtung Hinterachse gedrückt werden, um den Restdruck abzubauen.

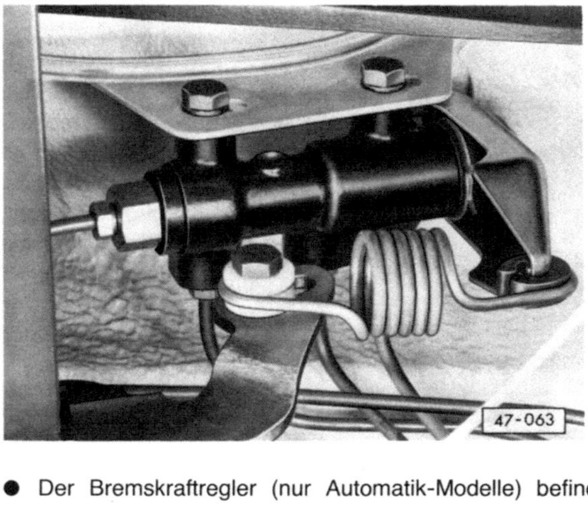

- Der Bremskraftregler (nur Automatik-Modelle) befindet sich im Hinterachsbereich und ist am Aufbau befestigt.

Bremsbacken aus- und einbauen

(bis August 1978)

Ausbau

- Schutzkappe von Nabe abziehen.

- Kappe für Bremstrommel abziehen. Falls das Spezialwerkzeug nicht zur Verfügung steht, Kappe mit Hammer abtreiben.
- Die Bremstrommel kann komplett mit dem Rad abgenommen werden – unhandlich!
- Radschrauben lösen, Wagen aufbocken, Rad abnehmen.
- Falls erforderlich, Bremsbacken zurückstellen.
- Bremstrommel ausbauen, siehe Seite 129.

- Haltefeder mit Universalzange aushängen (steht unter Spannung).
- Untere Rückzugfeder mit Zange aushängen.

- Blattfedern mit Schraubenzieher oder von Hand aushängen, Stifte für Blattfedern aus Bremsträgerblech herausziehen.

- Handbremsseil am Bremsbacken-Hebel (Pfeile) aushängen.
- Bremsbacken abnehmen.

Einbau

Achtung: Die abgesetzte Seite der beiden Druckkolben muß nach außen zeigen.

Grundsätzlich nur Bremsbacken gleicher Qualität verwenden, Bremstrommel und Bremsträger mit Preßluft ausblasen. Während die Bremsbacken ausgebaut sind, nicht auf die Bremse treten, da sonst die Bremskolben aus dem Radbremszylinder rutschen. Falls der Radbremszylinder feucht ist, Radbremszylinder überholen. Gewinde der Druckstange gangbar machen und leicht einfetten. Riefige Bremstrommeln ausdrehen lassen.

- Handbremsseil in Bremsbackenhebel einsetzen, untere Feder in Bremsbacke und Bremsträger einhängen. **Achtung:** Das Handbremsseil wird unten am Bremsträger durch eine Öse geführt. Öse beim Einbau nicht vergessen, siehe Abbildung 46-050. Bremsbacke in richtige Lage ziehen. Stift für Blattfeder durch Bremsträger stecken. Blattfeder aufschieben.
- Druckstange bei völlig zurückgestelltem Ritzel einsetzen.
- Untere Rückzugfeder in zweite Bremsbacke und Bremsträger einhängen, Bremsbacke in richtige Lage ziehen, Stift für Blattfeder durch Bremsträger (von hinten) durchstekken, Blattfeder aufsetzen.
- Man kann auch beide Bremsbacken (vorher Handbremsseil einhängen) mit Druckstange einsetzen, die Stifte für die Blattfedern durchstecken und die Blattfedern aufstecken. Erst dann die unteren Rückzugfedern mit einer Zange einhängen. Auf richtige Lage der Druckstange achten.
- Haltefeder mit Universalzange einhängen.
- Bremstrommel einbauen, siehe Seite 129.
- Bremsbacken einstellen, siehe Seite 152.

Bremsbacken aus- und einbauen

(seit August 1978)

Ausbau

- Schutzkappe von Nabe abziehen.
- Radschrauben lösen, Fahrzeug aufbocken.
- Rad abnehmen.

- Durch eine Bohrung der Radschraube Keil mit einem Schraubenzieher nach oben drücken.
- Bremstrommel ausbauen, siehe Seite 129.

- Federteller für Druckfedern mit Kombizange nach hinten drücken und so verdrehen, daß der Federteller abgenommen werden kann. Beim Verdrehen des Federtellers mit einer Hand von hinten am Bremsträger den Stift nach vorn drücken.
- Bremsbacken von Hand aus der unteren Abstützung heben. Rückzugfeder unten herausnehmen.
- Handbremsseil am Handbremshebel aushängen.
- Zugfeder für Keil und Rückzugfeder oben mit einer Kombizange aushängen.
- Bremsbacken abnehmen.

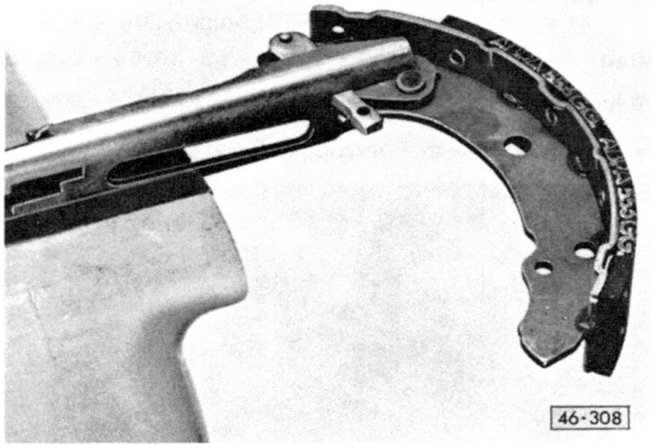

46-308

- Bremsbacke mit Druckstange in einen Schraubstock einklemmen und Anlagefeder aushängen.

Einbau

Grundsätzlich nur Bremsbacken gleicher Qualität verwenden. Bremstrommel und Bremsträger mit Preßluft ausblasen. Während die Bremsbacken ausgebaut sind, nicht auf die Bremse treten, da sonst die Bremskolben aus dem Radbremszylinder rutschen. Falls der Radbremszylinder feucht ist, Radbremszylinder überholen. Gewinde der Druckstange gangbar machen und leicht einfetten. Riefige Bremstrommeln ausdrehen lassen.

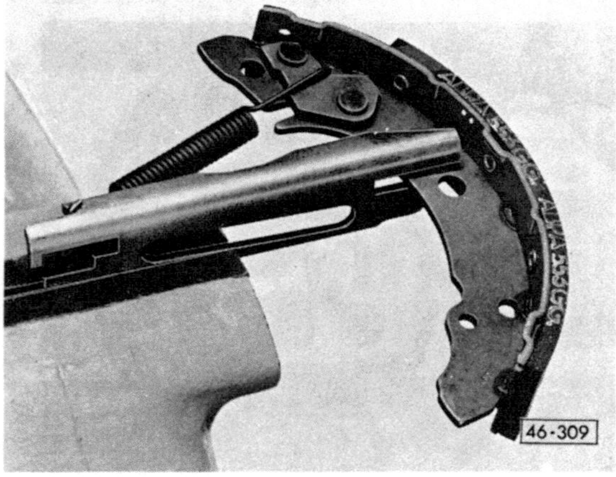

46-309

- Anlagefeder einhängen und Bremsbacke auf die Druckstange setzen.
- Keil einsetzen. Der Keil lagert zwischen Bremsbacke und Bremsträger.

Achtung: Nase zeigt zum Bremsträger.

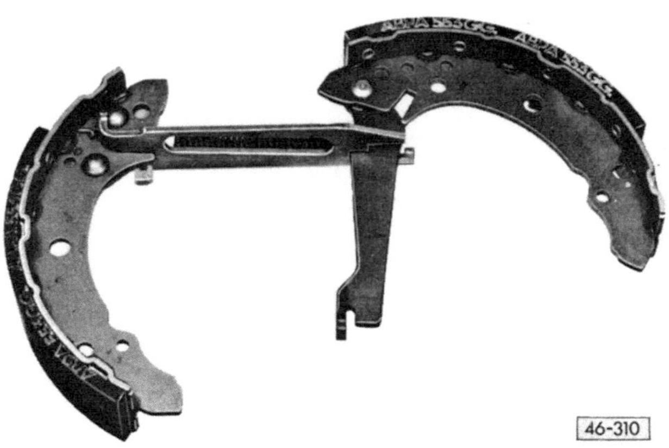

46-310

- Bremsbacke mit Bremshebel in Druckstange einsetzen.
- Rückzugfeder oben einhängen.
- Handbremsseil am Bremshebel einhängen.
- Bremsbacken auf die Kolben des Radbremszylinders setzen.
- Rückzugfeder unten einsetzen und Bremsbacken auf die untere Abstützung heben.
- Zugfeder für Keil einhängen.
- Stift – linke und rechte Bremsbacke – durch Bremsträger und Bremsbacke schieben, Druckfeder aufsetzen, Federteller mit Kombizange aufdrücken und um 90° verdrehen.
- Bremstrommel einbauen, siehe Seite 129.
- Fußbremse einmal kräftig durchtreten. Damit ist die Hinterradbremse eingestellt.
- Rad aufsetzen, Wagen abbocken, Radschrauben mit 110 Nm festziehen.

Bremsleitungen und Bremsschläuche

Für das Bremsleitungssystem, das zusammen mit den druckfesten Bremsschläuchen für die Räder die Verbindung vom Hauptbremszylinder zu den vier Radbremsen herstellt, werden Rohre verwendet.

Die Rohrverbindungen zu den Bremszylindern und Verteilerstücken sind als sogenannte Kegelkupplungen ausgebildet.

Die Rohrenden sind vorn gestaucht und haben dann eine kegelförmige Anlagefläche für die ebenfalls mit einem kegeligen Grund versehenen Gewindeöffnungen in den Bremszylindern bzw. Verteilerstücken. Bevor die Rohrenden gestaucht werden, wird eine Rohrmutter auf das Rohr gesteckt, die dann später nach dem Einschrauben die kegelige Anlagefläche des Rohres gegen den kegeligen Grund der Gewindeöffnung drückt und damit zuverlässig abdichtet.

Die Bremsschläuche stellen die flexiblen Verbindungen zwischen den starren und beweglichen Fahrzeugteilen her.

Bremsleitungen und Bremsschläuche

Für das Bremsleitungssystem, das zusammen mit den druckfesten Bremsschläuchen für die Räder die Verbindung vom Hauptbremszylinder zu den vier Radbremsen herstellt, werden Rohre verwendet.

Die Rohrverbindungen zu den Bremszylindern und Verteilerstücken sind als sogenannte Kegelkupplungen ausgebildet.

Die Rohrenden sind vorn gestaucht und haben dann eine kegelförmige Anlagefläche für die ebenfalls mit einem kegeligen Grund versehenen Gewindeöffnungen in den Bremszylindern bzw. Verteilerstücken. Bevor die Rohrenden gestaucht werden, wird eine Rohrmutter auf das Rohr gesteckt, die dann später nach dem Einschrauben die kegelige Anlagefläche des Rohres gegen den kegeligen Grund der Gewindeöffnung drückt und damit zuverlässig abdichtet.

Die Bremsschläuche stellen die flexiblen Verbindungen zwischen den starren und beweglichen Fahrzeugteilen her.

Bremsleitungen auswechseln

Die Bremsleitungen sollen etwa alle 10000 km auf einwandfreien Zustand geprüft werden.

Hierbei ist vor allem auf Rostansatz und mechanische Beschädigungen sowie auf Steinschläge zu achten.

- Beschädigte oder korrodierte Bremsleitungen ersetzen
- Bei beschädigter Oberfläche Leitung mit Kaltreiniger reinigen und trocknen. Anschließend Korrosionsschutzgrundierung (ALN 747 003) dünn auftragen.
- Nach der Reinigung der Leitungen sind diese mit Wachs (AKR 321 M 15.4) zu schützen.
- Bremsleitungen ausbauen und möglichst an gleicher Stelle verlegen.
- Beim Anschließen der Bremsleitung die kegelige Anlagefläche mit einigen Tropfen Bremsflüssigkeit benetzen und mit 15–20 Nm festziehen.
- Anschließend Bremssystem entlüften.

Achtung: Die Bremsleitungen sind zum Schutz gegen Korrosion mit einer Kunststoffschicht überzogen. Wird diese Schutzschicht beschädigt, kann es zur Korrosion der Leitungen kommen. Aus diesem Grund dürfen Bremsleitungen nicht mit Drahtbürste, Schmirgelleinen oder Schraubenzieher gereinigt werden.

Bremsschlauch auswechseln

- Rad abnehmen.
- Rohranschlußmutter lösen und Schlauchhalter am Haltewinkel entfernen.
- Bremsschlauch vom Bremssattel lösen.
- Neuen Bremsschlauch so einbauen, daß er ohne Drall durchhängt (Anzugsdrehmoment 15–20 Nm).
- Nach dem Einbau bei entlastetem Rad prüfen (Wagen angehoben), ob der Schlauch allen Radbewegungen folgt, ohne irgendwo anzuscheuern.

Achtung: Bremsschläuche nicht mit Öl oder Petroleum in Berührung bringen, nicht lackieren oder mit Unterbodenschutz besprühen.

- Bremsanlage entlüften.

Radbremszylinder instand setzen

Falls der Radbremszylinder nicht erneuert werden soll, kann er auch in eingebautem Zustand zerlegt werden. Dann müssen allerdings vorher die Bremsbacken ausgebaut werden. Radbremszylinder sind spätestens immer dann instandzusetzen, wenn Bremsflüssigkeit durch die Manschetten dringt. Zur Kontrolle Staubkappen von dem Radbremszylinder abhebeln und in den Radbremszylinder schauen. Wenn es hinter den Staubkappen stark feucht oder der gesamte Radbremszylinder mit Bremsflüssigkeit überzogen ist, Radbremszylinder instandsetzen. Überdies ist eine Reparatur notwendig, wenn die Kolben im Radbremszylinder nicht mehr leichtgängig hin- und hergleiten. In einem solchen Fall wird das Rad beim Bremsen entweder nicht abgebremst, oder es bremst ständig.

Ausbau

- Mit Schraubenzieher Schutzkappen abhebeln. Vorsicht, Kappen nicht verletzen.
- Kolben mit Manschette und Feder aus Radbremszylinder herausnehmen.
- Radbremszylinder innen mit staubfreiem Lappen auswischen. Bei Riefen oder Rostnarben in der Lauffläche Radbremszylinder erneuern. Alle Teile nur mit Spiritus oder Bremsflüssigkeit reinigen.

Einbau

Vorher Entlüfterschraube gangbar machen, eventuell erneuern. Bei Instandsetzungsarbeiten **grundsätzlich** kompletten Reparatursatz (Manschetten) verwenden.

- Manschetten auf die Kolben setzen.

Achtung: Manschetten und Kolben hauchdünn mit Original-VW-Bremszylinderpaste einstreichen.

- Linken Kolben in Radbremszylinder einsetzen, Schutzkappe aufsetzen.
- Von rechts Feder einsetzen, Entlüfterschraube öffnen, Kolben einschieben, rechte Schutzkappe aufsetzen. Nach dem Komplettieren Entlüfterschraube schließen. Vorsicht: nicht überdrehen.
- Bremse komplettieren.

Achtung: Die abgesetzte Seite der beiden Druckkolben muß nach außen zeigen.

- Bremsanlage entlüften.

Radbremszylinder aus- und einbauen

Ausbau

- Bremstrommel hinten ausbauen, siehe Seite 129.
- Bremsleitung am Radbremszylinder (hinten am Bremsträger) abschrauben.
- Befestigungsschrauben für Radbremszylinder herausdrehen.
- Bremsbacken mit 2 Schraubendrehern etwas nach außen drücken, Radbremszylinder herausnehmen.

Einbau

Achtung: Die abgesetzte Seite der beiden Radbremszylinder-Druckkolben muß nach außen zeigen.

- Bremsbacken mit Schraubendrehern zurückdrücken, Radbremszylinder einsetzen, Befestigungsschrauben für Radbremszylinder festschrauben.
- Bremsleitung in den Radbremszylinder schrauben, nicht überdrehen!
- Auf richtigen Sitz der Bremsbacken achten.
- Bremstrommel einbauen, siehe Seite 129.
- Bremse einstellen, siehe Seite 152.
- Bremse entlüften, siehe Seite 157.

Achtung:
Bei Instandsetzungen des Radbremszylinders grundsätzlich den kompletten Reparatursatz einbauen

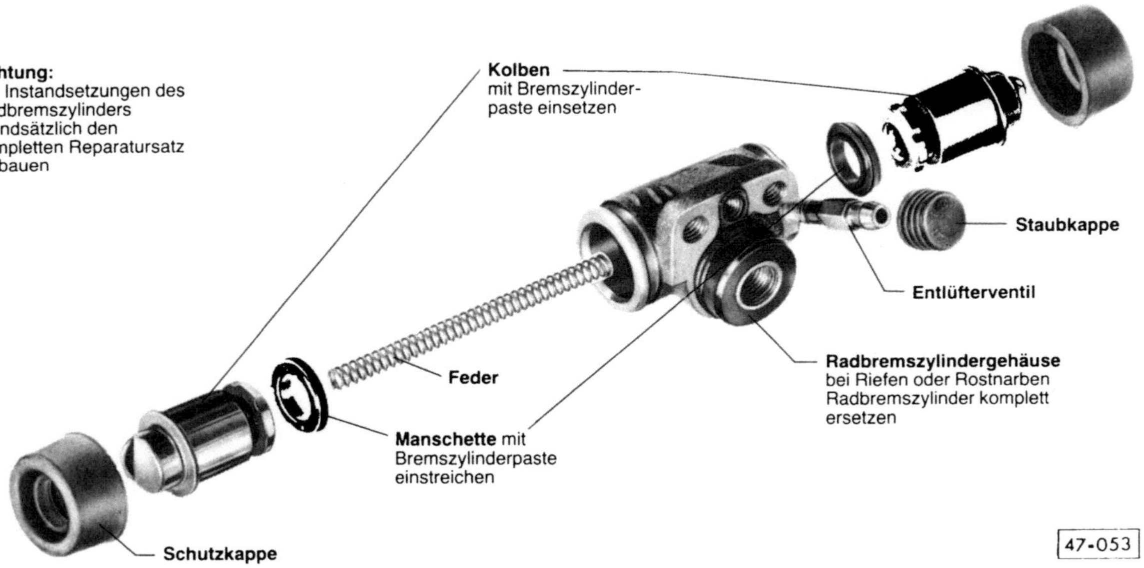

Bremsanlage entlüften

Nach jeder Reparatur an der Bremse, bei der die Anlage geöffnet wurde, kann Luft in die Druckleitungen eingedrungen sein. Dann ist das Bremssystem zu entlüften. Luft ist auch dann in den Leitungen, wenn sich beim Treten auf das Bremspedal der Bremsdruck schwammig anfühlt. In diesem Fall muß die Undichtigkeit beseitigt und die Bremsanlage entlüftet werden.

Die Bremsanlage wird durch Pumpen mit dem Bremspedal entlüftet, dazu ist eine zweite Person notwendig.

Beim Umgang mit Bremsflüssigkeit ist zu beachten:

- Bremsflüssigkeit ist giftig und ätzend. Sie darf deshalb nicht mit dem Autolack in Berührung kommen.
- Bremsflüssigkeit ist hygroskopisch, das heißt, sie nimmt aus der Luft Feuchtigkeit auf. Bremsflüssigkeit deshalb nur in geschlossenen Behältern aufbewahren.
- Bremsflüssigkeit, die schon einmal im Bremssystem verwendet wurde, darf nicht wieder verwendet werden. Auch beim Entlüften der Bremsanlage nur neue Original-VW-Bremsflüssigkeit verwenden. **Spezifikation:** FMVSS 116 DOT 4.

Entlüften

Muß die ganze Anlage entlüftet werden, jeden Radbremszylinder (bzw. Schwimmrahmensattel) einzeln entlüften. Das ist immer dann der Fall, wenn Luft in jeden einzelnen Bremszylinder gedrungen ist. Falls nur ein Radbremszylinder erneuert bzw. überholt wurde, genügt das Entlüften des betreffenden Radbremszylinders.

Die Reihenfolge der Entlüftung: 1. Radbremszylinder hinten rechts, 2. Radbremszylinder hinten links, 3. Bremssattel vorn rechts, 4. Bremssattel vorn links.

- Fahrzeug auf eine ebene Fläche stellen.
- Verschlußdeckel vom Ausgleichbehälter abnehmen und Bremsflüssigkeit bis zur Max.-Markierung auffüllen.
- Staubkappe vom Entlüfterventil des Bremszylinders abnehmen und Ringschlüssel ansetzen. Bei älteren Fahrzeugen Entlüfterschraube vorsichtig gangbar machen.
- Sauberen Schlauch aufstecken und anderes Schlauchende in eine mit Bremsflüssigkeit halbvoll gefüllte Flasche stecken.
- Von einer Hilfsperson Bremspedal so oft niedertreten lassen („pumpen"), bis sich im Bremssystem Druck aufgebaut hat. Zu spüren am wachsenden Widerstand beim Betätigen des Pedals.
- Ist genügend Druck vorhanden, Bremspedal ganz durchtreten. Fuß auf dem Bremspedal halten.
- Entlüfterventil am Bremszylinder etwa eine halbe Umdrehung mit Maulschlüssel öffnen. Ausfließende Bremsflüssigkeit in der Flasche sammeln. Darauf achten, daß sich das Schlauchende in der Flasche ständig unterhalb des Flüssigkeitsspiegels befindet.
- Entlüftungsvorgang an einem Bremszylinder so lange wiederholen, bis sich in der Bremsflüssigkeit, die in die Entlüfterflasche strömt, keine Luftblasen mehr zeigen.
- Bei durchgetretenem Pedal Entlüfterschraube anziehen.
- Schlauch vom Entlüfterventil abziehen, Ringschlüssel entfernen und Staubkappe auf Ventil stecken.
- Die anderen Bremszylinder auf gleiche Weise entlüften.

Achtung: Während des Entlüftens ab und zu den Ausgleichbehälter beobachten. Der Flüssigkeitsspiegel darf nicht zu weit sinken, sonst wird über den Ausgleichbehälter Luft angesaugt. **Immer nur neue Bremsflüssigkeit nachgießen!**

- Vorratsbehälter mit neuer Bremsflüssigkeit auffüllen. **Achtung:** Der Flüssigkeitsstand darf auch bei aufgeschraubtem Deckel nicht über der Max.-Markierung liegen.
- Belüftungsbohrung im Deckel auf freien Durchgang prüfen.

Bremsflüssigkeit wechseln

Die Bremsflüssigkeit in der Anlage soll alle zwei Jahre gewechselt werden.

- Mit einer Absaugflasche so viel Bremsflüssigkeit wie möglich aus dem Bremsflüssigkeitsbehälter absaugen.
- Durch Pedalpumpen bei geöffneter Entlüfterschraube die Bremsflüssigkeit aus allen Bremszylindern auspumpen und in einem Behälter auffangen, der nur mit Bremsflüssigkeit in Berührung kommt. Alte Bremsflüssigkeit nicht wegschütten, sondern bei den kommunalen Sammelstellen abgeben.
- Neue Bremsflüssigkeit auffüllen und Bremsanlage entlüften.

Die Handbremse

Hinweis:
Alle Gelenke und Lagerstellen leicht einfetten.

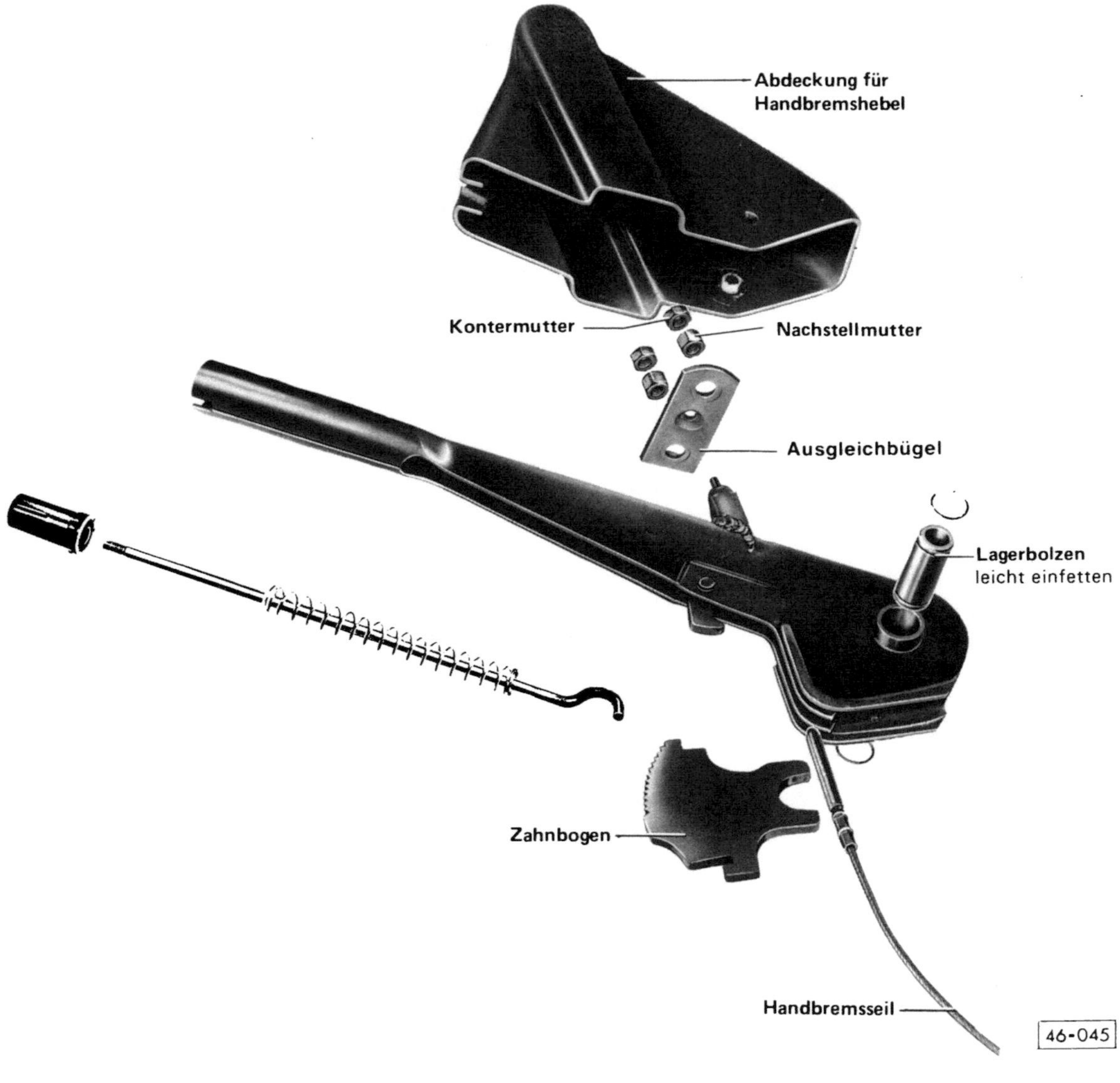

Handbremse einstellen

Achtung: Bei Fahrzeugen mit automatischer Nachstellung der Bremsbacken ist das Einstellen der Handbremse nur dann erforderlich, wenn der Handbremshebel oder die Handbremsseile ausgewechselt wurden.

- Wagen hinten aufbocken.
- Abdeckung für Handbremshebel seitlich abdrücken und hochziehen. Kontermuttern lösen, Nachstellmuttern lösen.
- Fußbremse einstellen, siehe Seite 152.
- Bremspedal einmal kräftig durchtreten.
- Handbremshebel zwei Zähne anziehen.

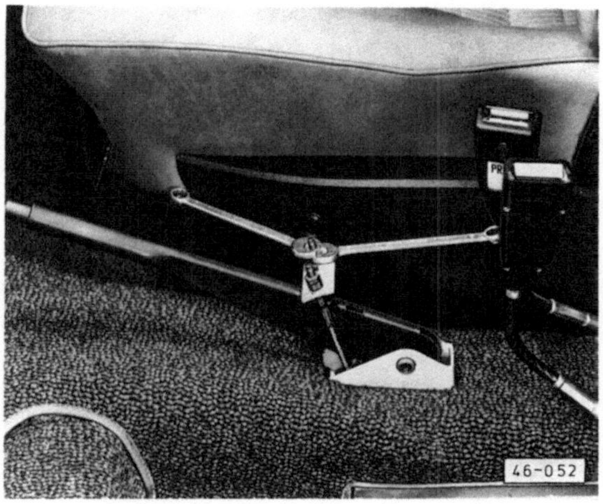

- Nachstellmuttern (jedes Seil einzeln) so weit anziehen, bis sich beide Räder von Hand nicht mehr durchdrehen lassen.
- Handbremshebel lösen und prüfen, ob beide Räder frei durchdrehen. Wenn nicht, Einstellmuttern leicht lösen oder Einstellung der Fußbremse überprüfen.
- Handbremsseile kontern (Einstellmutter mit Maulschlüssel festhalten), Abdeckung für Handbremshebel anbauen.

Handbremsseile aus- und einbauen

Die Handbremsseile lassen sich – für jedes Rad getrennt – ausbauen.

Ausbau

- Hinterradbremse ausbauen.
- Handbremsseil aus Bremsträger herausziehen.
- Schellen für Handbremsseil am Hinterachskörper aufbiegen.
- Handbremsseile am Handbremshebel abschrauben, siehe unter „Handbremse einstellen“.
- Handbremsseile nach hinten herausziehen.

Einbau

- Handbremsseil in das Führungsrohr zum Handbremshebel einschieben.
- Handbremsseil durch Halter am Achskörper schieben, wo vorhanden, mit Schelle am Achskörper befestigen.
- Handbremsseil in den Achskörper schieben.
- Hinterradbremse komplettieren, Fußbremse einstellen.
- Handbremse einstellen.

Wartung an der Bremsanlage

Bremsflüssigkeitsstand prüfen

Der Vorratsbehälter für die Bremsflüssigkeit befindet sich im Motorraum. Er hat zwei Kammern, je eine für jeden Bremskreis. Der Schraubverschluß hat eine Belüftungsbohrung, die nicht verstopft sein darf.

Der Vorratsbehälter ist durchscheinend, so daß der Bremsflüssigkeitsstand jederzeit von außen überwacht werden kann. Der Flüssigkeitsstand soll immer zwischen der „min"-Markierung und der umlaufenden Kante liegen. Nur neue Original-VW-Bremsflüssigkeit nachfüllen.

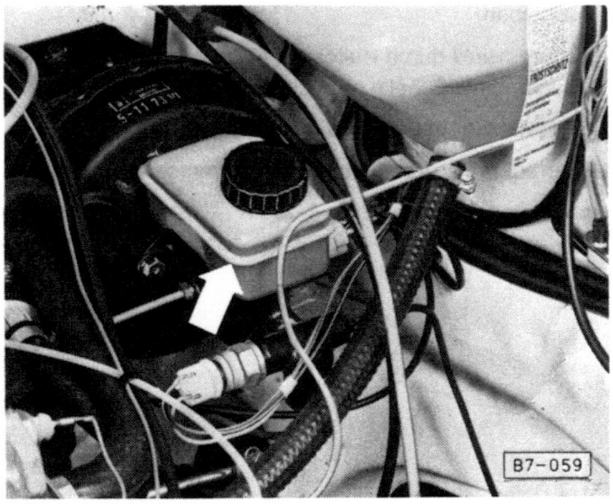

- Durch die Abnutzung der vorderen Scheibenbremsen entsteht ein geringfügiges Absinken der Bremsflüssigkeit. Das ist normal.
- Sinkt die Bremsflüssigkeit jedoch innerhalb kurzer Zeit stark ab, ist das ein Zeichen für Bremsflüssigkeitsverlust.
- Die Leckstelle muß dann sofort ausfindig gemacht werden. In der Regel liegt es an verschlissenen Manschetten in den Radbremszylindern. Sicherheitshalber sollte die Überprüfung der Anlage von einer Fachwerkstatt durchgeführt werden.

Bremsbelagdicke prüfen

Die Bremsbelagstärke ist alle 7500 km zu prüfen. Die Dicke der äußeren Bremsbeläge kann mit einer Schieblehre durch einen Durchbruch der Felge gemessen werden.

Girling-Bremse

Stahlscheibenrad, a = Belagdicke

Teves-Bremse

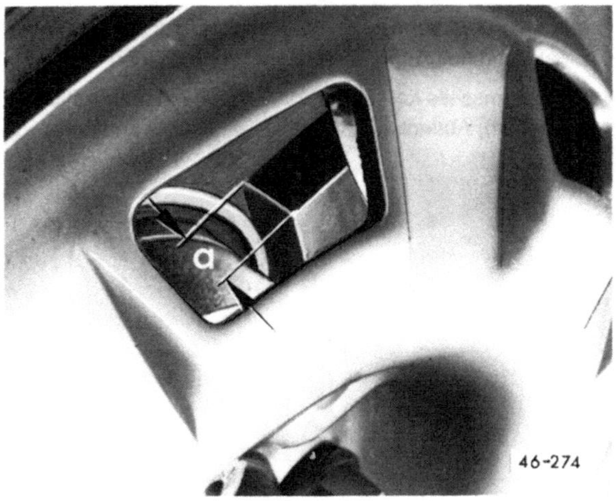

Stahlscheibenrad, a = Belagdicke

VW-Bremse

- Mit einer Lampe durch einen Durchbruch in der Radscheibe in den Bremssattel leuchten.

a = Belagdicke

Achtung: Bei einer Belagdicke von a = **7 mm** (einschließlich Rückenplatte) ist die Verschleißgrenze erreicht, die Scheibenbremsbeläge müssen ausgewechselt werden.

Hinweis: Nach einer Faustregel entspricht 1 mm Bremsbelag einer Fahrleistung von mindestens 1000 km. Diese Faustregel gilt unter ungünstigen Bedingungen. Im Normalfall halten die Beläge sehr viel länger. Bei einer Belagdicke von 9 mm beträgt die Restnutzbarkeit der Bremsbeläge also noch mindestens 2000 km.

Sichtprüfung der Bremsleitungen

W

Die Bremsleitungen sollen etwa alle 15000 km auf einwandfreien Zustand geprüft werden.

- Fahrzeug aufbocken, siehe Seite 223.
- Bremsleitungen mit Kaltreiniger reinigen.

Achtung: Die Bremsleitungen sind zum Schutz gegen Korrosion mit einer Kunststoffschicht überzogen. Wird diese Schutzschicht beschädigt, kann es zur Korrosion der Leitungen kommen. Aus diesem Grund dürfen Bremsleitungen nicht mit Drahtbürste, Schmirgelleinen oder Schraubendreher gereinigt werden.

- Bremsleitungen vom Hauptbremszylinder zu den einzelnen Radbremszylindern mit Lampe überprüfen. Der Hauptbremszylinder sitzt im Motorraum unter dem Vorratsbehälter für Bremsflüssigkeit.
- Bremsleitungen dürfen weder geknickt noch gequetscht sein. Auch dürfen sie keine Rostnarben oder Scheuerstellen aufweisen. Andernfalls Leitung bis zur nächsten Trennstelle ersetzen.
- Bremsschläuche verbinden die Bremsleitungen mit den Radbremszylindern an den beweglichen Teilen des Fahrzeugs. Sie bestehen aus hochdruckfestem Material, können aber mit der Zeit porös werden, aufquellen oder durch scharfe Gegenstände angeschnitten werden. In einem solchen Fall sind sie sofort zu ersetzen.
- Bremsschläuche mit der Hand hin- und herbiegen, um Beschädigungen festzustellen.
- Anschlußstellen von Bremsleitungen und -schläuchen dürfen nicht durch ausgetretene Flüssigkeit feucht sein.

Achtung: Wenn der Vorratsbehälter und die Dichtungen durch ausgetretene Bremsflüssigkeit feucht sind, so ist das nicht unbedingt ein Hinweis auf einen defekten Hauptbremszylinder. Vielmehr dürfte die Bremsflüssigkeit durch die Belüftungsbohrung im Deckel oder durch die Deckeldichtung ausgetreten sein.

W

Handbremse prüfen

Die Handbremse wirkt auf die beiden Hinterräder.

- Fahrzeug aufbocken, siehe Seite 223.
- Handbremse um 1 Zahn anziehen und Hinterräder von Hand drehen. Dabei sollte eine leichte Bremswirkung spürbar sein (Bremse schleift).
- Handbremse bis zur 3. Raste anziehen. Nun müssen die beiden Hinterräder blockieren.
- Andernfalls Handbremse einstellen.
- Bei gelöstem Handbremshebel prüfen, ob beide Räder freilaufen. Falls die Bremsbacken schleifen, Bremseinstellung wiederholen bzw. Bremsanlage überprüfen.

Handbremsausgleich schmieren

- Handbremsausgleich einmal im Jahr – mindestens jedoch alle 15 000 km – auf Leichtgängigkeit prüfen und mit Motoröl schmieren. Die Tülle am Handbremsseil mit frischem Mehrzwecköl füllen.

Bremskraftverstärker prüfen

Der Bremsservo ist auf Funktion zu überprüfen, wenn zur Erzielung ausreichender Bremswirkung die Pedalkraft außergewöhnlich hoch ist.

- Bremspedal bei stehendem Motor mindestens 5mal kräftig durchtreten, dann bei belastetem Bremspedal Motor starten. Das Bremspedal muß jetzt unter dem Fuß spürbar nachgeben.
- Andernfalls Unterdruckschlauch am Bremskraftverstärker abziehen. Motor starten. Durch Fingerauflegen am Ende des Unterdruckschlauches prüfen, ob Unterdruck erzeugt wird.
- Ist kein Unterdruck vorhanden: Unterdruckschlauch auf Undichtigkeiten und Beschädigungen prüfen, ggf. ersetzen. Sämtliche Schellen fest anziehen.
- Ist Unterdruck vorhanden: Unterdruck messen, ggf. Bremsservo ersetzen (Werkstattarbeit).

Trommelbremse hinten: Bremsbeläge kontrollieren

Die Bremsbacken sollten etwa alle 7500 km geprüft und gegebenenfalls erneuert werden.

- Schutzkappe hinten am Bremsträger vom Schauloch abnehmen.
- Mit Taschenlampe in Schauloch strahlen.

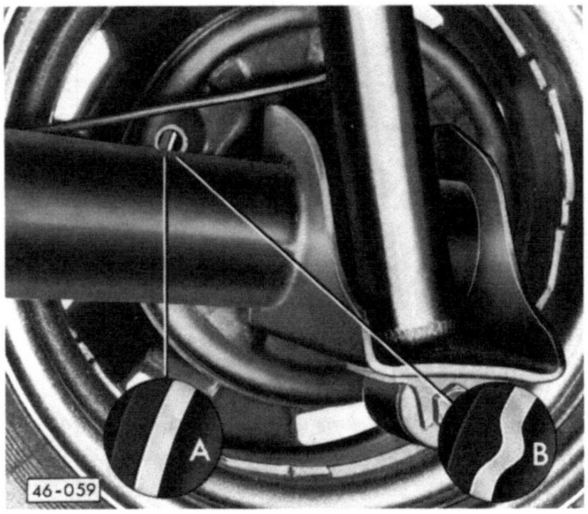

- A = aufgenietete Beläge (erkennbar an der ebenen Bremsbacke) haben eine Gesamtdicke von 7,5 mm (5 mm Belagdicke, 2,5 mm Dicke der Bremsbacke). Verschleißgrenze mit Bremsbacke gemessen: 5,0 mm.
- B = aufgepreßte Beläge (erkennbar an der gewellten Bremsbacke) haben eine Gesamtdicke von 6,5 mm (4 mm Belagdicke, 2,5 mm Dicke der Bremsbacke). Verschleißgrenze mit Bremsbacke gemessen: 3,5 mm.

Störungstabelle Bremse

Störung	Ursache	Abhilfe
Leerweg des Bremspedals zu groß	Bremsbacken teilweise oder völlig abgenutzt	■ Bremsbeläge nachstellen oder Beläge erneuern
	Ein Bremskreis ausgefallen	■ Bremskreise auf Flüssigkeitsverlust prüfen
	Trommelbremse nicht richtig eingestellt	■ Trommelbremse einstellen
Bremspedal läßt sich weit und federnd durchtreten	Luft im Bremssystem	■ Bremse entlüften
	Zu wenig Bremsflüssigkeit im Ausgleichbehälter	■ Neue Bremsflüssigkeit nachfüllen, Bremse entlüften
	Dampfblasenbildung. Tritt meist nach starker Beanspruchung auf, z. B. Paßabfahrt	■ Bremsflüssigkeit wechseln. Bremse entlüften
Bremswirkung läßt nach, und Bremspedal läßt sich durchtreten	Undichte Leitung	■ Leitungsanschlüsse nachziehen oder Leitung erneuern
	Beschädigte Manschette im Haupt- oder Radbremszylinder	■ Manschette erneuern. Beim Hauptbremszylinder Innenteile ersetzen Ggf. Hauptbremszylinder ersetzen
	Speziell bei Scheibenbremse: Stationärer Gummidichtring beschädigt	■ Bremssattel überholen
Schlechte Bremswirkung trotz hohen Fußdrucks	Bremsbeläge verölt	■ Bremsbeläge erneuern
	Ungeeigneter Bremsbelag	■ Beläge erneuern. Original VW/AUDI-Beläge verwenden
	Bremskraftverstärker defekt	■ Bremsservo prüfen
	Speziell bei Scheibenbremse: Bremsbeläge abgenutzt.	■ Bremsbeläge erneuern
Bremse zieht einseitig	Unvorschriftsmäßiger Reifendruck, Bereifung ungleichmäßig abgefahren	■ Reifendruck prüfen und berichtigen Abgefahrene Reifen ersetzen
	Bremsbeläge verölt	■ Bremsbeläge erneuern
	Verschiedene Bremsbelagsorten auf einer Achse	■ Beläge erneuern. Original VW/AUDI-Beläge verwenden
	Schlechtes Tragbild der Bremsbeläge	■ Bremsbeläge austauschen

Störung	Ursache	Abhilfe
Bremse zieht einseitig	**Speziell bei Scheibenbremse:**	
	Verschmutzte Bremssattelschächte	■ Sitz- und Führungsflächen der Bremsbeläge im Bremssattel reinigen
	Korrosion in den Bremssattelzylindern	■ Bremssattel erneuern
	Bremsbelag ungleichmäßig verschlissen	■ Bremsbeläge erneuern (beide Räder)
	Speziell bei Trommelbremse:	
	Kolben in den Radbremszylindern schwergängig	■ Radbremszylinder instand setzen
Bremse zieht von selbst an	Ausgleichsbohrung im Hauptbremszylinder verstopft	■ Hauptbremszylinder reinigen und Innenteile erneuern lassen
	Spiel zwischen Betätigungsstange und Hauptbremszylinderkolben zu gering	■ Spiel prüfen
Bremsen erhitzen sich während der Fahrt	Ausgleichsbohrung im Hauptbremszylinder verstopft	■ Hauptbremszylinder reinigen und Innenteile erneuern lassen
	Spiel zwischen Betätigungsstange und Hauptbremszylinder zu gering	■ Spiel prüfen
	Speziell bei Scheibenbremse:	
	Drosselbohrung im Spezial-Bodenventil verstopft	■ Hauptbremszylinder reinigen, Innenteile ersetzen und Bremsflüssigkeit erneuern
	Speziell bei Trommelbremse:	
	Bremsbacken-Rückzugfedern erlahmt	■ Rückzugfeder erneuern
Bremsen rattern	Ungeeigneter Bremsbelag	■ Beläge erneuern. Original VW/AUDI-Beläge verwenden
	Speziell bei Scheibenbremse:	
	Bremsscheibe stellenweise korrodiert	■ Scheibe mit Schleifklötzen sorgfältig glätten
	Bremsscheibe hat Seitenschlag	■ Scheibe nacharbeiten oder ersetzen
	Speziell bei Trommelbremse:	
	Bremsbeläge verschlissen, Nieten stehen vor	■ Beläge erneuern. Original VW/AUDI-Beläge verwenden
	Bremstrommel unrund	■ Bremstrommel ausdrehen, gegebenenfalls ersetzen
Bremsbeläge lösen sich nicht von der Bremsscheibe, Räder lassen sich schwer von Hand drehen	**Speziell bei Scheibenbremse:** Korrosion in den Bremssattelzylindern	■ Bremssattel überholen, eventuell austauschen
Bremse quietscht	Oft auf atmosphärische Einflüsse (Luftfeuchtigkeit) zurückzuführen	■ Keine Abhilfe erforderlich, und zwar dann wenn Quietschen nach längerem Stillstand des Wagens bei hoher Luftfeuchtigkeit auftrat, aber nach den ersten Bremsungen sich nicht wiederholt

Störung	Ursache	Abhilfe
Bremse quietscht	**Speziell bei Scheibenbremse:**	
	Ungeeigneter Bremsbelag	■ Beläge erneuern. Original VW/AUDI-Beläge verwenden Rückenplatte mit Anti-Quietsch-Paste bestreichen
	Bremsscheibe läuft nicht parallel zum Bremssattel	■ Anlagefläche des Bremssattels prüfen
	Verschmutzte Schächte im Bremssattel	■ Bremssattelschächte reinigen
	Kolbenstellung falsch	■ 20°-Kolbenstellung prüfen
	Spreizfedern ausgeleiert	■ Spreizfedern erneuern
	Speziell bei Trommelbremse:	
	Ungeeigneter Bremsbelag	■ Beläge erneuern
	Lose Belagniete, Belag liegt nicht satt auf	■ Beläge erneuern
	Bremse verschmutzt	■ Radbremsen reinigen
	Rückzugfedern zu schwach	■ Rückzugfedern erneuern
Ungleichmäßiger Belag-Verschleiß	**Speziell bei Scheibenbremse:**	
	Ungeeigneter Bremsbelag	■ Belag erneuern. Original VW/AUDI-Beläge verwenden
	Bremssattel verschmutzt	■ Bremssattelschächte reinigen
	Kolben verdreht	■ 20°-Kolbenstellung prüfen
	Kolben nicht leichtgängig	■ Kolbenstellung (Kolbenring) prüfen
	Bremssystem undicht	■ Bremssystem auf Dichtigkeit prüfen
Keilförmiger Bremsbelag-Verschleiß	**Speziell bei Scheibenbremse:**	
	Bremsscheibe läuft nicht parallel zum Bremssattel	■ Anlagefläche des Bremssattels prüfen
	Kolben verdreht	■ 20°-Kolbenstellung prüfen
	Korrosion in den Bremssätteln	■ Verschmutzung beseitigen
	Kolben arbeitet nicht richtig	■ Kolbenstellung (Kolbenring) prüfen
Bremse pulsiert	**Speziell bei Scheibenbremse:**	
	Seitenschlag oder Dickentoleranz der Bremsscheibe zu groß	■ Schlag und Toleranz prüfen. Scheibe nacharbeiten oder ersetzen
	Bremsscheibe läuft nicht parallel zum Bremssattel	■ Anlagefläche des Bremssattels prüfen
	Speziell bei Trommelbremse:	
	Anlagefläche des Scheibenrades an der Bremstrommel nicht plan, dadurch Verzug der Bremstrommel	■ Es kann versucht werden, die Scheibenräder untereinander auszutauschen. Besser: Bremstrommel mit angeschraubtem Rad auf einer geeigneten Drehbank ausdrehen

Räder und Reifen

Die GOLF/SCIROCCO-Modelle sind mit unterschiedlichen Rädern und Reifen bestückt. Die Scheibenräder haben eine unterschiedliche Einpreßtiefe, so daß sie nicht wahllos untereinander an den Fahrzeugen vertauscht werden dürfen. Die Einpreßtiefe ist das Maß von der Felgenmitte bis zur Anlagefläche der Radschüssel an die Bremstrommel bzw. Bremsscheibe.

Achtung: In der Mehrausstattung sind für alle Modelle Leichtmetallfelgen erhältlich. Diese müssen – gegenüber den Stahlfelgen – mit längeren Radschrauben befestigt werden. Wenn ein Stahlscheibenrad mit Schrauben für die Leichtmetallfelgen befestigt wird, kommt es zu Schäden an der Hinterradbremse.

Achtung: Seit Januar 81 sind neu gestylte Leichtmetallfelgen als Mehrausstattung lieferbar. Diese neuen Leichtmetallfelgen werden mit Radschrauben der Größe M 12 x 1,5 x 24 (Et.-Nr. 321 601 139 C) befestigt. Äußeres Kennzeichen der neuen Radschrauben ist ein Kronenkopf in schwarzer Ausführung. **Die Verwendung der neuen Radschrauben an bisherigen Stahl- oder Leichtmetall-Scheibenrädern bzw. der bisherigen Radschrauben an den neuen Leichtmetall-Scheibenrädern ist aus Sicherheitsgründen nicht zulässig. Achtung: Nicht** eingebaut werden dürfen die neuen Leichtmetall-Scheibenräder in Fahrzeuge mit 12 mm und 20 mm dicken Bremsscheiben in Verbindung mit den Bremssätteln der Firma Teves und Girling.

Reifenbezeichnungen

Beispiel:

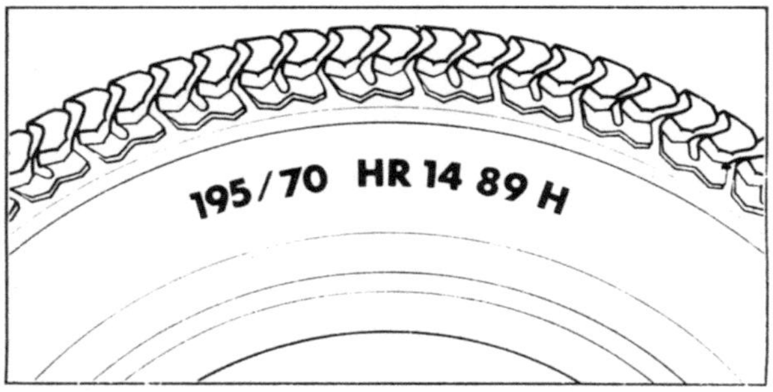

195 = Reifenbreite in mm
/70 = Verhältnis Höhe: Breite (70 %)

Fehlt eine besondere Angabe des Querschnittverhältnisses (z. B. 175 SR 14), so handelt es sich um das „normale" Höhen-Breiten-Verhältnis. Es beträgt bei Gürtelreifen 82 %.

H = Geschwindigkeitsklasse, H: bis 210 km/h (wird bei neueren Reifen nicht immer angegeben).
R = Radial-Bauart (= Gürtelreifen)
14 = Felgendurchmesser in Zoll
89 = Tragfähigkeits-Kennzahl

Achtung: Steht zwischen den Angaben 14 und 89 die Bezeichnung M + S, dann handelt es sich um einen Reifen mit Winterprofil.

H = Kennbuchstabe für zulässige Höchstgeschwindigkeit.

Für die zulässige Höchstgeschwindigkeit eines Reifens sind neue Bezeichnungen eingeführt worden. Der Geschwindigkeitsbuchstabe steht dann hinter der Reifengröße. Die neuen Geschwindigkeitssymbole gelten sowohl für Sommer- als auch für Winterreifen.

Geschwindigkeits-Kennbuchstabe

Kennbuchstabe		Zulässige Höchstgeschwindigkeit
M	=	130 km/h
N	=	140 km/h
P	=	150 km/h
Q	=	160 km/h
R	=	170 km/h
S	=	180 km/h
T	=	190 km/h
U	=	200 km/h
H	=	210 km/h

Reifen-Herstellungsdatum

Das Herstellungsdatum steht auf dem Reifen im Hersteller-Code.

Beispiel:

DOT CUL2 UM8 120 TUBELESS

DOT = Department of Transportation (US-Verkehrsministerium)

CU = Kürzel für Reifenhersteller

L2 = Reifengröße

UM8 = Reifenausführung

120 = Herstellungsdatum = 12. Produktionswoche 1980

Austauschen der Räder

Es ist nicht ratsam, Räder ohne zwingenden Grund zu wechseln, da bei häufigem An- und Abschrauben der Räder (in der Praxis zumeist ohne Drehmomentschlüssel und somit ohne Gewähr für gleichmäßig festes Anziehen der Radmuttern) Verspannungen der Bremstrommeln auftreten können. Ich empfehle, den Wagen so lange zu fahren, bis sich die vorderen Räder der Verschleißgrenze nähern. Dann:

- Vorn zwei neue Reifen aufziehen bzw. Ersatzrad montieren und einen neuen Reifen aufziehen.
- Hinten die besten alten Reifen montieren (unter Beibehaltung der bisherigen Drehrichtung).

Es ist nicht zweckmäßig, bei einem Austausch der Räder die Drehrichtung der Reifen zu ändern, da sich die Reifen nur unter vorübergehend stärkerem Verschleiß der veränderten Drehrichtung anpassen.

- Zum Schutz gegen Festrosten ist der Zentriersitz des Scheibenrades an den Radnaben vorn und hinten bei jeder Demontage des jeweiligen Rades mit Wälzlagerfett leicht einzufetten.
- Vor der Demontage Rad mit Kreide zur Radnabe markieren, damit es in gleicher Stellung wieder montiert werden kann.
- Leichtmetallfelgen sind durch einen Klarlacküberzug gegen Korrosion geschützt. Beim Radwechsel darauf achten, daß die Schutzschicht nicht beschädigt wird, andernfalls mit Klarlack ausbessern.

Achtung: Sind am Fahrzeug Leichtmetallfelgen montiert, während das Reserverad eine Stahlfelge besitzt, ist es zweckmäßig, entsprechende Muttern für die Stahlfelge zum Bordwerkzeug zu legen.

- Radschrauben über Kreuz zugweise festziehen.

Achtung: Durch einseitiges oder unterschiedlich starkes Anziehen der Radschrauben können das Rad und/oder die Bremstrommel verspannt werden. **Das Anzugsdrehmoment beträgt für alle Radschrauben 110 Nm.**

Reifen einfahren

Neue Reifen haben vom Produktionsprozeß her eine besonders glatte Oberfläche. Deshalb müssen neue Reifen eingefahren werden. Bei diesem Einfahren rauht sich durch die beginnende Abnutzung die glatte Oberfläche auf.

Während der ersten 300 km sollte man mit neuen Reifen speziell auf Nässe besonders vorsichtig fahren.

Reifen lagern

- Reifen sollten kühl, dunkel, trocken und möglichst auch zugfrei untergebracht werden. Auch mit Fett und Öl dürfen sie nicht in Berührung kommen.
- Reifen liegend oder aufgehängt in der Garage oder im Keller lagern.
- Bevor die Räder abmontiert werden, Reifenfülldruck etwas erhöhen (30–50 kPa, 0,3–0,5 bar).
- Für Winterreifen eigene Felgen verwenden.

Die Reifen jeweils auf die Felgen umzumontieren lohnt sich auf die Dauer nicht.

Auswuchten der Räder

Die serienmäßigen Räder werden im Werk ausgewuchtet. Das Auswuchten ist notwendig, um unterschiedliche Gewichtsverteilung und Materialungenauigkeiten auszugleichen.

Im Fahrbetrieb macht sich die Unwucht durch Trampel- und Flattererscheinungen bemerkbar. Das Lenkrad beginnt dann bei höherem Tempo zu zittern.

In der Regel tritt dieses Zittern nur in einem bestimmten Geschwindigkeitsbereich auf und verschwindet wieder bei niedrigerer und höherer Geschwindigkeit.

Solche Unwuchterscheinungen können mit der Zeit zu Schäden an Achsgelenken, Lenkgetriebe und Stoßdämpfern führen.

Räder grundsätzlich alle 15000 km und nach jeder Reifenreparatur auswuchten lassen, da sich durch Abnutzung und Reparatur die Gewichts- und Materialverteilung am Reifen ändert.

Gleitschutzketten

Die Verwendung von Gleitschutzketten ist nur an der Antriebsachse (Vorderachse) erlaubt.
Mit Gleitschutzketten darf nicht schneller als 50 km/h gefahren werden. Auf schnee- und eisfreien Straßen sind die Gleitschutzketten abzunehmen.

Auf allen Modellen dürfen nur feingliedrige Gleitschutzketten verwendet werden, die auf der Reifenfläche und an der Reifeninnenseite nicht mehr als 15 mm auftragen. Es empfiehlt sich, nur die von VW empfohlenen Ketten zu verwenden. Diese Ketten sind geprüft und entsprechen den VW-Forderungen.

Räder- und Reifenmaße/Reifenfülldruck

Modell	Motor	Reifengröße	Scheiben-rad	Einpreßtiefe mm	Reifenfülldruck in kPa (bar)			
					halbe Nutzlast		volle Belastung	
					vorn	hinten	vorn	hinten
Golf/Scirocco	70/75 PS	155 SR 13 78 S	5J x 13	45	170 (1,7)	170 (1,7)	180 (1,8)	220 (2,2)
Caddy	70/75 PS	165 SR 13 82 S	5J x 13	45	180 (1,8)	240 (2,4)	180 (1,8)	270 (2,7)
Golf/Scirocco	85 PS	175/70 SR 13 78 S	5J x 13	45	170 (1,7)	170 (1,7)	180 (1,8)	220 (2,2)
Golf/Scirocco	110/112 PS	175/70 HR 13 80 H	5 1/2 J x 13	38	170 (1,7)	170 (1,7)	180 (1,8)	220 (2,2)
Golf Diesel	50 PS	145 SR 13 74 S	4 1/2 J x 13	45	170 (1,7)	170 (1,7)	180 (1,8)	220 (2,2)
	50/54 PS	155 SR 13 78 S	5 J x 13	45	170 (1,7)	170 (1,7)	180 (1,8)	220 (2,2)
Caddy Diesel	54 PS	165 SR 13 82 S	5 J x 13	45	180 (1,8)	240 (2,4)	180 (1,8)	270 (2,7)
Golf Turbod.	70 PS	175/70 SR 13 80 S	5 1/2 J x 13	38	170 (1,7)	170 (1,7)	180 (1,8)	220 (2,2)

- Reifenfülldruck für das Reserverad: 220 kPa (2,2 bar), Caddy 270 kPa (2,7 bar).
- Sämtliche Überdruckangaben beziehen sich auf kalte Reifen. Der sich bei längerer Fahrt einstellende, um ca. 20 bis 40 kPa (0,2 bis 0,4 bar) höhere Überdruck darf nicht reduziert werden.
- Winterreifen werden in der Regel mit einem um 20 kPa (0,2 bar), teilweise auch 30 kPa (0,3 bar) höheren Überdruck gefahren. Die Luftdruckempfehlungen des jeweiligen Reifenherstellers bei Winterreifen sind zu beachten.
- Bei sportlicher Fahrweise empfiehlt es sich, den Reifenüberdruck an Vorder- und Hinterrädern um 20 kPa (0,2 bar) zu erhöhen. Bei dieser Erhöhung ist vom Basis-Überdruck auszugehen, wie er für die verschiedenen Belastungszustände vorgeschrieben ist.

Wartung an den Reifen

Reifenfülldruck prüfen

- Reifenfülldruck ca. alle 3 Monate sowie im Rahmen der Wartung prüfen.
- Zusätzlich sollte der Fülldruck vor längeren Autobahnfahrten kontrolliert werden, da hierbei die Temperaturbelastung für den Reifen am größten ist.

Reifenprofil prüfen

Die Reifen ausgewuchteter Räder nutzen sich bei gewissenhaftem Einhalten des vorgeschriebenen Luftdrucks und bei fehlerfreier Radeinstellung und Stoßdämpferfunktion auf der gesamten Lauffläche annähernd gleichmäßig ab. Im übrigen läßt sich keine generelle Aussage über die Lebensdauer bestimmter Reifenfabrikate machen, denn die Lebensdauer hängt von unterschiedlichen Faktoren ab:

- Fahrbahnoberfläche
- Reifendruck
- Fahrweise
- Witterung

Vor allem sportliche Fahrweise, scharfes Anfahren und starkes Bremsen fördern den schnellen Reifenverschleiß.

Achtung: Die Rechtsprechung verlangt, daß Reifen lediglich bis zu einer Profiltiefe von 1,6 mm abgefahren werden dürfen, und zwar müssen die Profilrillen auf der gesamten Lauffläche noch mindestens 1,6 mm Tiefe aufweisen. Es empfiehlt sich jedoch, sicherheitshalber die Reifen bereits bei einer Mindestprofiltiefe von 2 mm auszutauschen.

B2-928

Nähert sich die Profiltiefe der gesetzlich zulässigen Mindestprofiltiefe, das heißt, weist der mehrmals am Reifenumfang angeordnete 1,6 mm hohe Verschleißanzeiger an diesen Stellen kein Profil mehr auf, müssen die Reifen gewechselt werden.

Achtung: M + S-Reifen haben auf Matsch und Schnee nur ausreichende Wirkung, wenn ihr Profil noch mindestens 4 mm tief ist.

Achtung: Reifen auf Schnittstellen untersuchen und mit kleinem Schraubendreher Tiefe der Schnitte feststellen. Wenn die Schnitte bis zur Karkasse reichen, korrodiert durch eindringendes Wasser der Stahlgürtel. Dadurch löst sich unter Umständen die Lauffläche von der Karkasse, der Reifen platzt. Deshalb: bei tiefen Einschnitten im Profil aus Sicherheitsgründen Reifen austauschen.

Ventil prüfen

- Schutzkappe vom Ventil abschrauben.
- Etwas Speichel auf das Ventil geben. Wenn sich eine Blase bildet, Ventil mit umgedrehter Schutzkappe festdrehen.

Achtung: Zum Anziehen des Ventils kann nur eine Metallschutzkappe verwendet werden. Metallschutzkappen sind an der Tankstelle erhältlich.

- Ventil erneut prüfen. Falls sich wieder Blasen bilden oder sich das Ventil nicht weiter anziehen läßt, Ventil erneuern.
- Grundsätzlich Schutzkappe wieder befestigen.

Störungstabelle Reifen

Abnutzung	Ursache
Stärkerer Reifenverschleiß auf beiden Seiten der Lauffläche	Zu niedriger Reifenfülldruck
Stärkerer Reifenverschleiß in der Mitte der Lauffläche, über den gesamten Umfang	Zu hoher Reifenfülldruck
Auswaschungen der Profilseite	Statische und dynamische Unwucht des Rades. Eventuell zu großer Seitenschlag der Felge, zu großes Spiel in den Traggelenken
Auswaschungen in der Mitte des Reifenprofils	Statische Unwucht des Rades. Eventuell Folge von zu großem Höhenschlag
Starke Abnutzung an einzelnen Stellen in der Mitte der Lauffläche	Blockierspuren von Vollbremsungen. Eventuell unrunde Bremstrommel, die ein Blockieren bei stets derselben Radstellung begünstigt
Schuppenförmige oder sägezahnähnliche Abnutzung des Profils. In krassen Fällen mit Gewebebrüchen verbunden, die nach einiger Zeit nach außen sichtbar werden	Überbelastung des Wagens. Innenseite der Reifen auf Gewebebrüche untersuchen!
Gummizungen an den seitlichen Profilkanten	Fehlerhafte Radeinstellung. Reifen radiert. Bei Hinterrädern auch Zustand der Stoßdämpfer prüfen!
Gratbildung an einer Profilseite des Vorderrades	Falsche Spureinstellung. Reifen radiert. Häufiges Fahren auf stark gewölbter Fahrbahn. Schnelle Kurvenfahrt
Stoßbrüche im Reifenunterbau. Anfangs nur im Inneren des Reifens sichtbar	Überfahren von kantigen Steinen, Schienenstößen und ähnlichem bei hohen Geschwindigkeiten
Einseitig abgefahrene Laufflächen	Sturzeinstellung überprüfen

Ungewöhnlicher Reifenverschleiß

Ungleichmäßiger Reifenverschleiß ist zumeist die Folge zu geringen oder zu hohen Luftdrucks und kann auf Fehler in der Radeinstellung oder Radauswuchtung sowie auf mangelhafte Stoßdämpfer, Felgen oder Bremstrommeln zurückzuführen sein.

In erster Linie ist auf vorschriftsmäßigen Reifenfülldruck zu achten, wobei spätestens alle vier Wochen eine Prüfung vorgenommen werden sollte.

Achtung: Luftdruck nur bei kühlen Reifen prüfen. Der Reifenfülldruck steigt nämlich mit zunehmender Erhitzung bei schneller Fahrt an. Dennoch ist es völlig falsch, aus erhitzten Reifen Luft abzulassen.

Bei zu hohem Reifenfülldruck wird die Laufflächenmitte mehr abgenutzt, da der Reifen an der Lauffläche durch den hohen Innendruck mehr gewölbt ist.

Bei zu niedrigem Reifenfülldruck liegt die Lauffläche an den Reifenschultern stärker auf, und die Laufflächenmitte wölbt sich nach innen durch – dadurch stärkerer Reifenverschleiß der Reifenschultern.

Falsche Radeinstellung und Unwucht ergeben jeweils typische Reifenverschleißbilder, auf die in der Reifenverschleißtabelle hingewiesen wird.

Die Karosserie

Die Karosserie des GOLF/SCIROCCO ist selbsttragend. Bodengruppe, Seitenteile, Dach und hintere Kotflügel sind miteinander verschweißt. Größere Karosseriereparaturen können deshalb nur von einer Fachwerkstatt durchgeführt werden.

- Kotflügel beim Ausbau durch seitliches Hin- und Herbewegen mit einem Schraubenzieher von der Karosserie lösen. Eventuell Trennfugen mit einem Brenner kurzzeitig erhitzen, um die Klebwirkung zu vermindern. **Achtung:** Brandgefahr. Gegebenenfalls Kotflügel mit Trennmeißel abtrennen und Reststücke entfernen. Steht kein Brenner bzw. Fön (mindestens 600° C) zur Verfügung, Unterbodenschutz an den Trennstellen mit einem scharfen Messer entfernen.

Achtung: Die Anlagefläche Stegblech/Säule A muß von der Türseite aus mit Heißluft beaufschlagt werden. Dazu Tür öffnen und durch den Spalt hindurch das Stegblech erwärmen. Um die umliegenden Teile zu schonen, Flachdüse auf Heißluftfön aufschieben.

Kotflügel vorn aus- und einbauen

Ausbau

Achtung: Seit Juli 1978 sind die Auflageflächen zwischen Kotflügel und Radhaus sowie zwischen Kotflügel und A-Säule (Scharniersäule) geändert worden. Als Ersatzteil stehen nur noch Ersatzteile neuester Fertigung zur Verfügung. Aufgrund der Änderungen entfällt das dauerplastische Dichtungsband. An dessen Stelle kommt serienmäßig eine selbstklebende Zinkfolie (Abmessung 20 x 40 x 0,7 mm) zum Einsatz. Um Korrosionsschäden zu vermeiden, ist beim Einbau des Kotflügels exakt nach der Anleitung zu verfahren.

- Radmuttern lösen, Wagen vorn aufbocken, Rad abnehmen.
- Wo vorhanden, Antenne ausbauen.
- Stoßstange – vorn im Motorraum – abschrauben. Elektrische Verbindung zu den Blinkern, wo vorhanden, trennen.
- Schrauben für Kotflügel, siehe Abbildung, herausdrehen, Gummipuffer für Haube heraushebeln.

Achtung: Beim Auswechseln von Kotflügeln wird unterteilt in Fahrzeuge mit durchgehenden Auflageflächen zwischen Kotflügel/Radhaus vorn/A-Säule (bis Juli 78) und Fahrzeuge mit reduzierten Auflageflächen (seit Juli 78).

- Bis Juli 78: Reste des plastischen Dichtungsbandes und des Unterbodenschutzes von den Auflageflächen des Kotflügels am Radhaus vorn und der A-Säule entfernen.
- Seit Juli 78: Unterbodenschutz in den Bereichen der Auflage des Kotflügels am Radhaus vorn und der A-Säule entfernen.
- Gegebenenfalls Rost von den Auflageflächen des Radhauses vorn und der A-Säule sorgfältig mit Drahtbürste entfernen.

Einbau

- Spezial-Korrosionsschutz-Grundierung ALN 747003 mit Pinsel auf die gesäuberten Auflageflächen aufbringen. Die Trocknungszeit beträgt ca. 40 min.

Achtung: Die Spezial-Korrosionsschutz-Grundierung muß lufttrocknen. Keinesfalls darf sie beschleunigt getrocknet werden, da sie sonst ihre Kriechfähigkeit verliert!

- Decklack ALN 769... mit Härter ALZ 009000 aufbringen und ca. 20 min. mit einem Strahler trocknen.

Bis Juli 1978

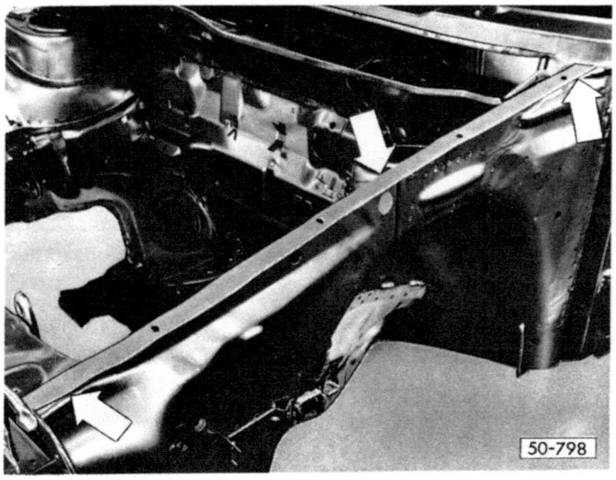

50-798

- Auflageflächen für Kotflügel am Radhaus vorn und der A-Säule mit dauerplastischem Abdichtband D 19 belegen und festdrücken.

Achtung: Um ein „Auffädeln" des Abdichtbandes durch die Blechschrauben zu vermeiden, sind vor dem Anschrauben des Kotflügels jeweils im Bereich der Schraublöcher mit einem Dorn Durchgangslöcher in das plastische Dichtungsband zu stechen.

- Kotflügel anpassen und festschrauben, siehe auch unter „Ausbau".
- Vom Radhaus außen her die Schraubbereiche mit Langzeit-Unterbodenschutz D35 beschichten.
- Nach einer ausreichenden Ablüftzeit mit D35 beschichtete sichtbare Bereiche in Wagenfarbe überlackieren.
- Motorraumkonservierung im Reparaturbereich mit Motorraumwachs AKR 321 M 15.4 (300 ml-Sprühdose) ausbessern.

Seit Juli 1978
(Kotflügel mit reduzierter Auflagefläche)

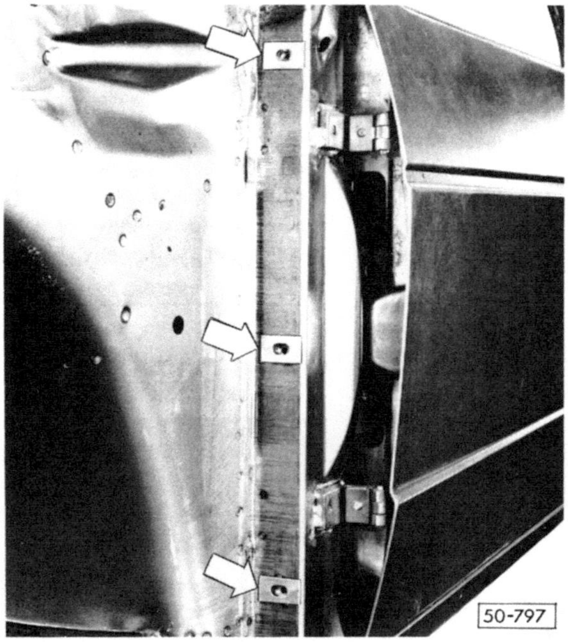

50-797

Achtung: Sind die Zinkplättchen auf den Auflageflächen des Radhauses vorn oder auf der Säule A beim Lösen des Kotflügels verlorengegangen, so sind von dem Dichtband D 19 Abschnitte von ca. 40 mm Länge abzuschneiden und auf die Auflagebereiche des Kotflügels zu drücken. Die Zinkplättchen werden **nicht** als Ersatzteil geliefert.

- Anschließend jeweils im Bereich der Schraublöcher mit einem Dorn Durchgangslöcher in das plastische Dichtungsband stechen.
- Kotflügel anpassen und anschrauben, siehe auch unter „Ausbau".

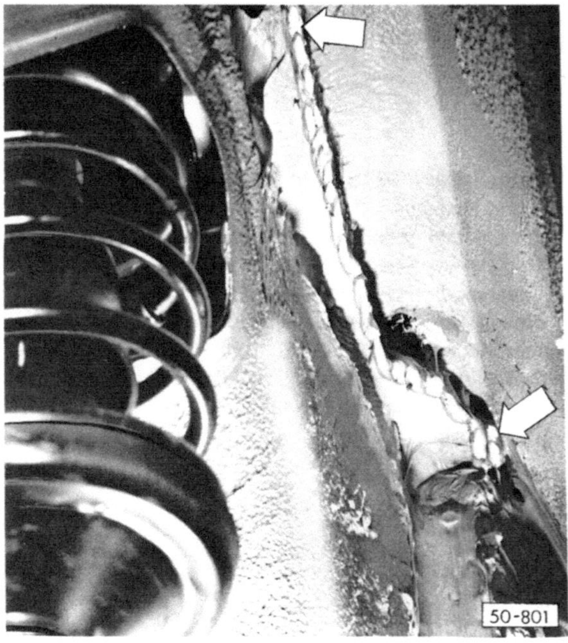

50-801

- Vom Radhaus her Auflagebereiche Kotflügel/Radhaus vorn und Kotflügel/Säule A mit einer Raupe aus Dichtungsmasse belegen. Der Auftrag erfolgt aus einer Kartusche mit Hilfe einer Kartuschenpistole.

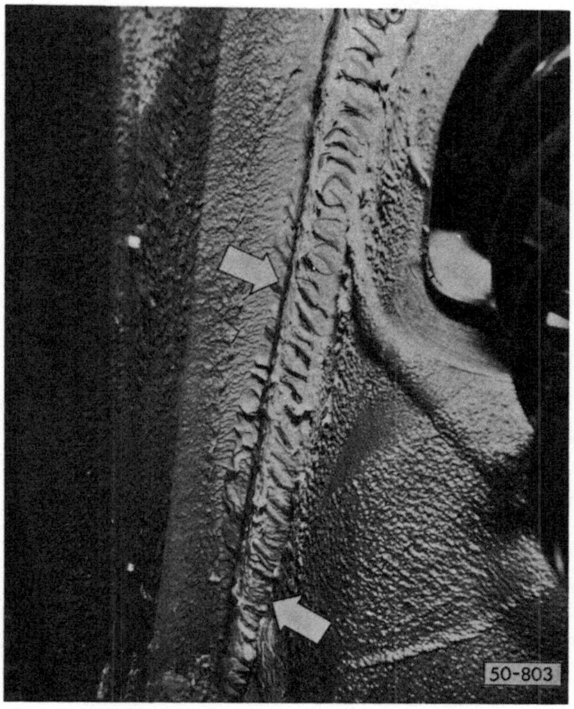

- Dichtraupe mit einem Pinsel verstreichen. Dazu eignet sich gut ein abgekröpfter Pinsel (Heizkörper-Pinsel).

Achtung: Die vorderen und hinteren Bereiche – da besonders im Spritzwasserbereich gelegen – sind besonders dick mit Dichtungsmasse zu belegen und sorgfältig zu verstreichen.

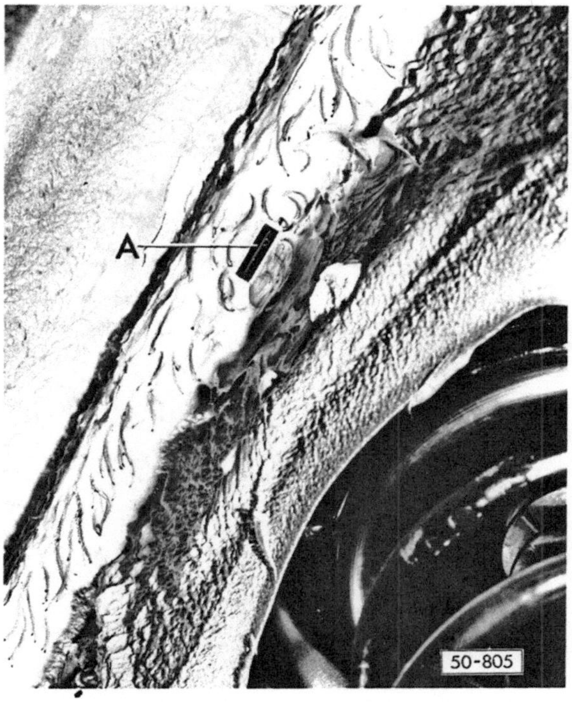

- Führungsstück für Motorraumklappe von unten mit Dichtungsmasse völlig verstreichen. Das Führungsstück darf von unten nicht mehr sichtbar sein.
- Sechskantblechschrauben mit Dichtungsmasse abdichten.
- Nach einer ausreichenden Ablüftzeit die sichtbaren mit Dichtungsmasse verstrichenen Bereiche in Wagenfarbe überlackieren.
- Motorraumkonservierung im Reparaturbereich mit Motorraumwachs AKR 321 M 15.4 (300 ml-Sprühdose) ausbessern.

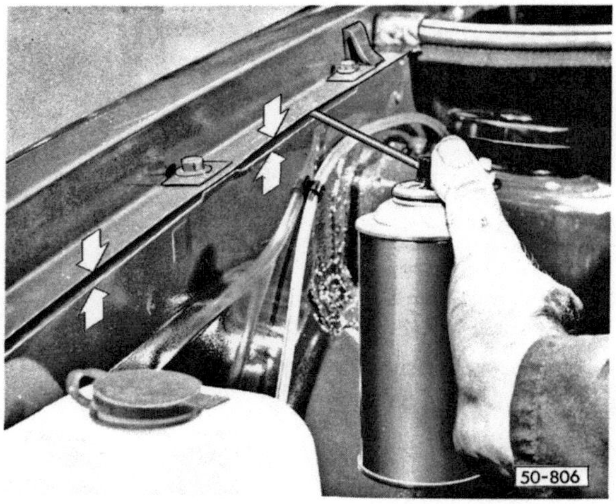

Achtung: Die Hohlräume zwischen Kotflügel und Radhaus vorn – Pfeile – sind besonders sorgfältig mit Motorraumwachs zu behandeln.

- Zum Beschichten in diesen Bereichen ist das mitgelieferte Sprühröhrchen auf die Sprühdose zu setzen.
- Während des Konservierungsvorganges muß die Sprühdose senkrecht gehalten werden!
- Wo vorhanden, Antenne montieren. Auf richtigen Sitz der Antennentülle achten!
- Stoßstange anschrauben, elektrische Verbindung zu den Blinkern in der Stoßstange, wo vorhanden, herstellen. Rad aufsetzen. Wagen ablassen.
- Radschrauben – bei auf dem Boden stehendem Fahrzeug – mit 110 Nm festziehen.

Die Tür

(X) Einbau in numerischer Folge
Ausbau in umgekehrter Zahlenfolge

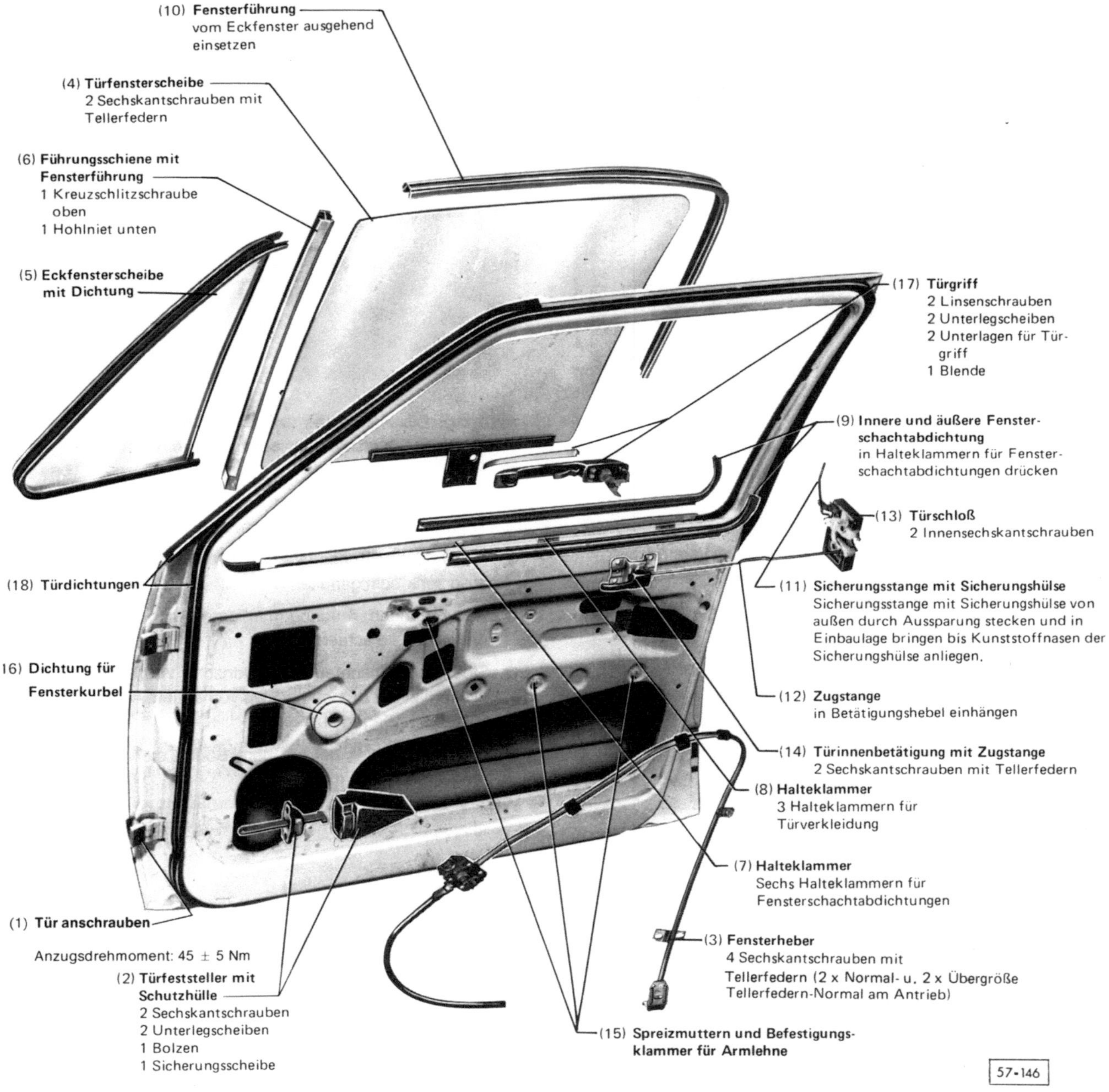

Türverkleidung aus- und einbauen

Ausbau

- Von Fensterkurbel Abdeckung mit Schraubenzieher abdrücken, Kreuzschlitzschraube (Pfeil) herausdrehen, Kurbel abnehmen.

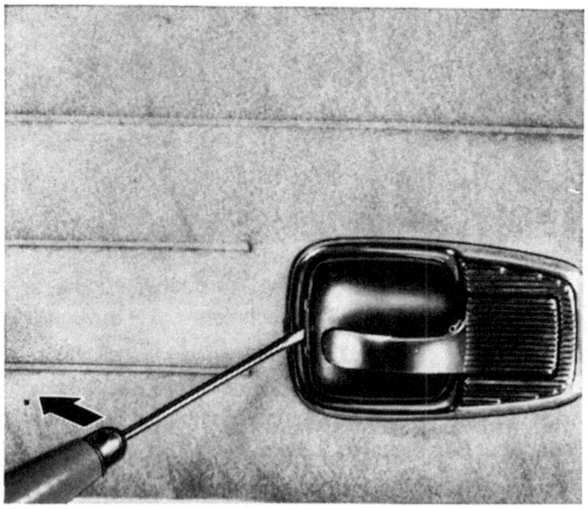

- Gehäuse für Türinnenbetätigung mit Schraubendreher abhebeln. Darunterliegende Schraube herausdrehen.
- Türverriegelungsknopf herausdrehen.
- 2 Kreuzschlitzschrauben aus Armlehne herausschrauben, Armlehne hinten ca. 90° hochschwenken und aus der Verankerung herausziehen.

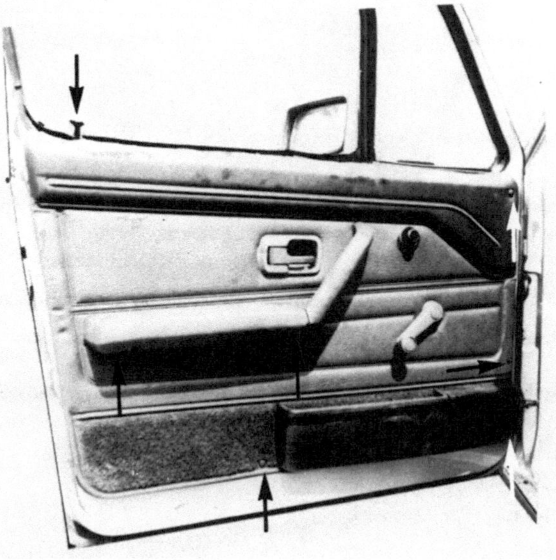

- Kappen für Kreuzschlitzschrauben mit Schraubendreher abhebeln, Kreuzschlitzschrauben (Pfeile) herausdrehen.
- Falls vorhanden, Schraube für Lautsprecher herausdrehen, Steckverbindung für Lautsprecher abziehen.

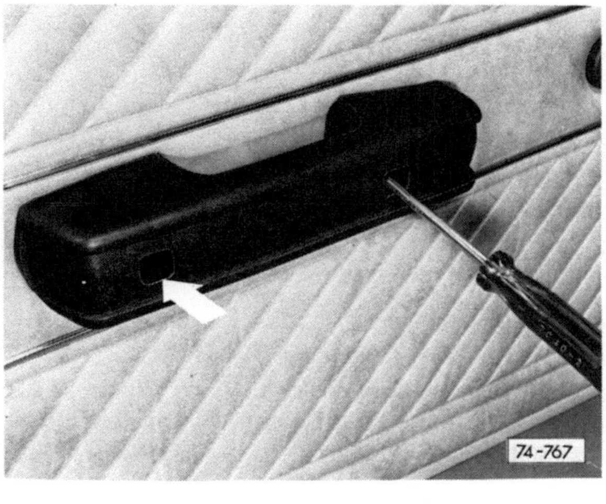

- Normalausstattung: Armlehne abschrauben.

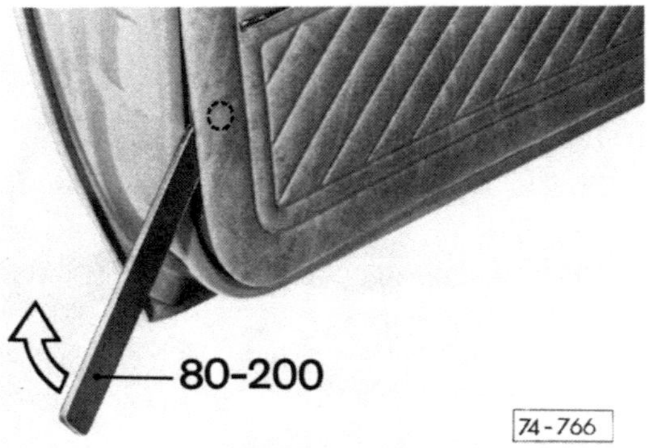

- Türverkleidung mit breitem Schraubendreher abhebeln und oben aus den Klammern herausziehen.
- PVC-Abdichtung vorsichtig vom Türausschnitt lösen.

Einbau

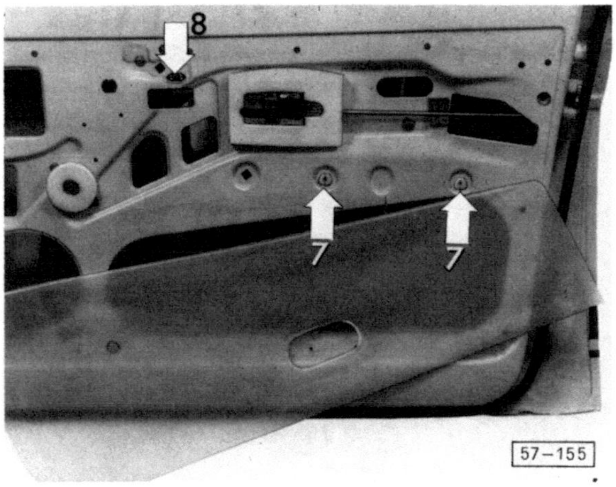

- Falls abgenommen: Spreizmutter –7– und Befestigungsklammer –8– für Armlehne einclipsen.
- PVC-Abdichtung sauber auf den Türausschnitt kleben. Die Abdichtung muß in jedem Fall montiert werden, sonst zieht es im Fahrzeug.
- Türverkleidung oben in die Klammern einschieben, anschließend mit der Hand die Klammern der Türverkleidung reindrücken.
- Armlehne um 90° nach oben schwenken, einsetzen und mit 2 Kreuzschlitzschrauben befestigen.
- Sämtliche Kreuzschlitzschrauben für Türverkleidung reindrehen, Kappen aufsetzen. Falls vorhanden, Lautsprecherkabel anschließen, Lautsprecher an der Tür anschrauben.
- Unterlegscheibe für Fensterkurbel aufsetzen, Fensterkurbel anschrauben und Kappe aufsetzen.
- Türinnenbetätigung anschrauben und Abdeckung aufdrücken.
- Türverriegelungsknopf aufschrauben.

Türfensterscheibe aus- und einbauen

Ausbau

- Türverkleidung ausbauen.
- Fensterscheibe runterkurbeln und vom Fensterheber abschrauben.

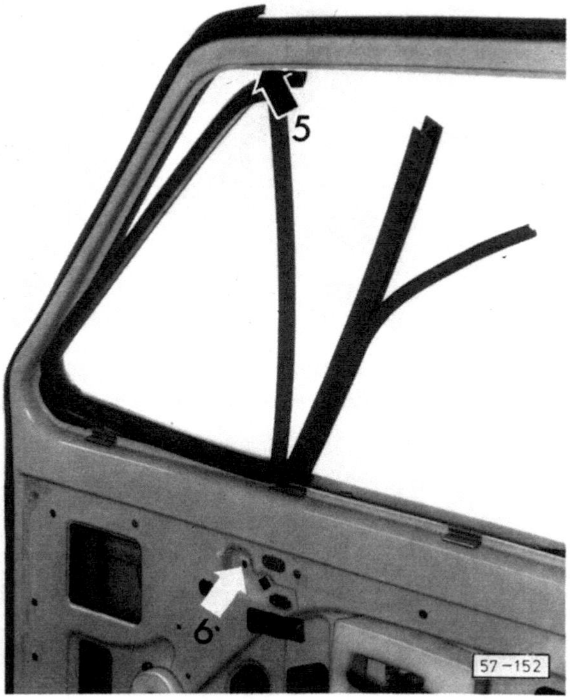

- Führungsschiene vorn, oben am Türrahmen – 5 – abschrauben, unten an der Tür Blechniete – 6 – ausbohren, Führungsschiene herausnehmen.
- Eckfensterscheibe für Tür ausbauen. Hierzu Scheibe von innen herausdrücken und Gummidichtung mit Schraubenzieher über den Blechfalz heben.
- Türschachtabdichtungen nach oben aus den Klammern herausziehen.
- Türfensterscheibe nach oben herausnehmen.

Einbau

- Türfensterscheibe von oben einsetzen.
- Eckfensterscheibe einbauen. Blechniet durch Blechschraube ersetzen.

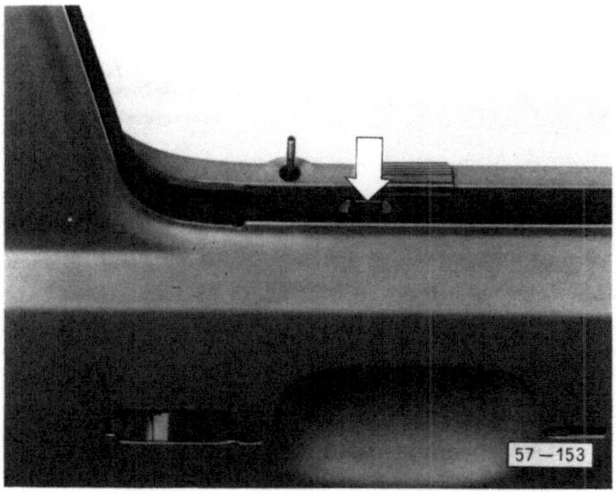

● Klammern für Fensterschachtabdichtungen in Aussparungen einclipsen.

● Falls abgenommen, Fensterschachtabdichtungen – 7 – in Halteklammern eindrücken.

● Fensterführung – 8 – vom Eckfenster – Pfeil 9 – ausgehend, in Einbaulage eindrücken.

● Führungsschiene so einsetzen, daß die Türscheibe in der Führungsschiene sitzt und oben am Türrahmen und an dem Türblech anschrauben. (Der Niet wird durch eine Schraube ersetzt).

● Türfensterscheibe an Fensterheber anschrauben, Türfensterscheibe mehrmals rauf- und runterkurbeln, eventuell Türfensterscheibe am Fensterheber lösen und ausrichten. Die Türfensterscheibe muß sich leicht rauf- und runterkurbeln lassen.

● Türverkleidung einbauen.

Fensterheber aus- und einbauen

Ausbau

● Türverkleidung ausbauen.

● Türfensterscheibe runterkurbeln und vom Fensterheber abschrauben. Türfensterscheibe nach oben schieben.

● Fensterheber an Fensterkurbel und unten am senkrechten Führungsrohr abschrauben. Am Schlauch für Fensterheber Blechlasche heraushebeln.

● Fensterheber nach unten herausnehmen.

Einbau

Achtung: Fensterheber mit beflockter Spirale dürfen nur geölt werden. Fensterheber mit glatter Spirale nur einfetten.

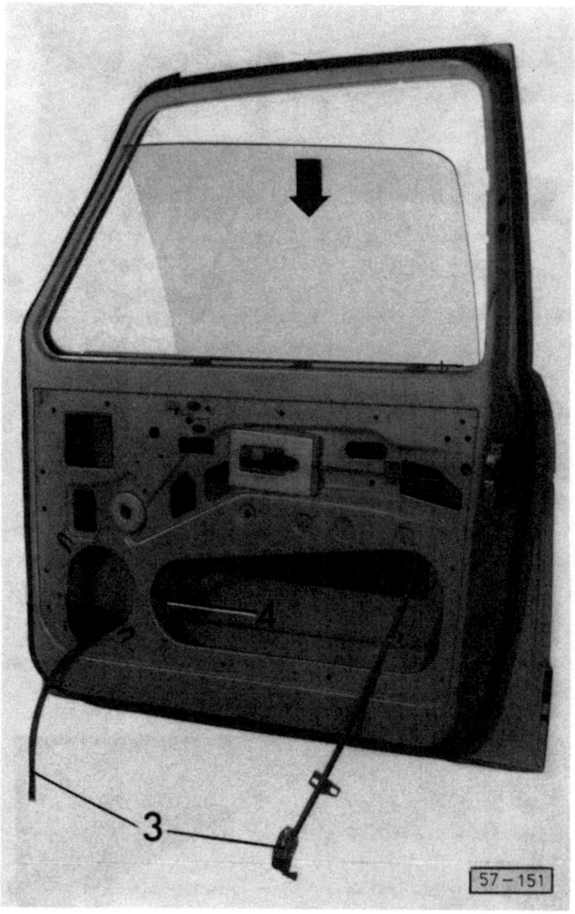

● Fensterheber einsetzen und an Fensterkurbel und am senkrechten Führungsrohr mit 4 Schrauben und Tellerfedern anschrauben.

● Freiliegenden Schlauch für Fensterheber unten im Türschacht mit Blechlasche festklammern.

- Türfensterscheibe runterschieben und am Fensterheber anschrauben.
- Türfensterscheibe mehrmals rauf- und runterkurbeln. Falls sich die Scheibe zu schwergängig rauf- und runterkurbeln läßt, Schrauben für Fensterheber lösen, Fensterheber ausrichten, Schrauben festziehen.
- Türverkleidung anbringen.

Türgriff aus- und einbauen

Bei Fahrzeugen, deren Öffnungsklinke am Türaußengriff aus verchromtem Metall besteht, sind auch die Arbeiten (1) und (2) durchzuführen.

- Türverkleidung (1) abnehmen, siehe Seite 175.

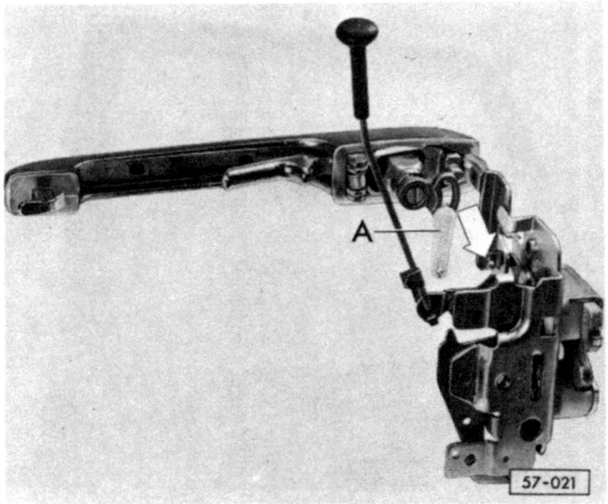

- Durch die Öffnung im Türinnenblech greifen (2) und Verbindungsteil (A) vom Bolzen für Türschloß (Pfeil) abziehen.
- Tür öffnen und im Bereich des Schlosses Kreuzschlitzschraube herausdrehen.
- Seit August 1977 befindet sich eine zweite Schraube vorn im Türgriff.

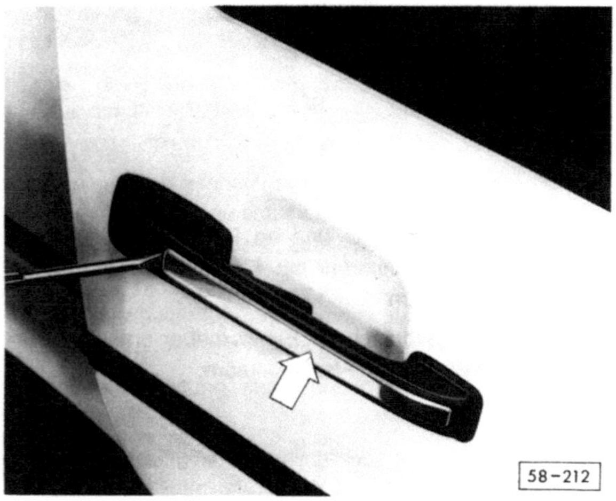

- Türgriffblende –Pfeil– mit Schraubendreher abhebeln.

- Blende von Türgriff abhebeln und Schraube (Pfeil) herausdrehen.
- Türgriff in Richtung Motor ziehen und herausnehmen.

Einbau

- Türgriff einsetzen und nach hinten schieben.
- Kreuzschlitzschraube an der Schloßseite und, wo vorhanden, außen am Türgriff einschrauben, Blende auf Türgriff aufsetzen.
- Durch Öffnung im Türinnenblech greifen (2) und Verbindungsteil (A) auf den Bolzen für Türschloß drücken.
- Türverkleidung einbauen, siehe Seite 175.

Achtung: Seit 8/80 befindet sich ein geänderter Mitnehmer am Türgriff, sowie ein um 7,5 mm verlängerter Sicherungshebel –D– (Abb. 57-51) am Türschloß.

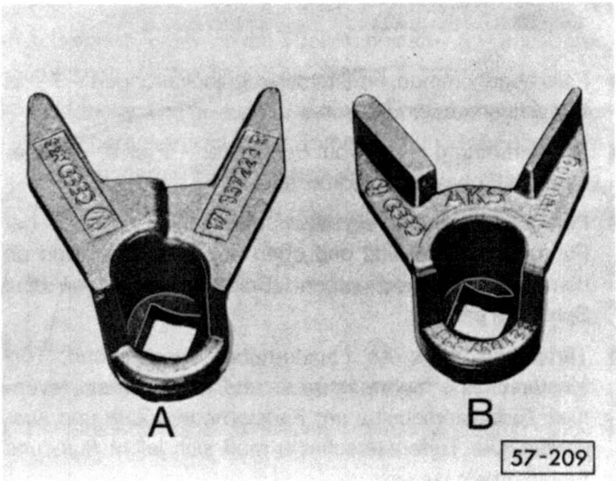

A = Bisheriger Mitnehmer
B = Geänderter Mitnehmer seit 8/80

Im Reparaturfall kann es zu Funktionsstörungen kommen, daher bei der Kombination:

- Neues Türschloß/bisheriger Türgriff – Verlängerung vom Sicherungshebel absägen.
- Neuer Türgriff/bisheriges Türschloß – Mitnehmer vom ausgebauten Türgriff übernehmen.

Türschließzylinder aus- und einbauen

Ausbau

- Türgriff ausbauen.
- Schlüssel in Schloß stecken.

- Kreuzschlitzschraube herausdrehen (Pfeil). Gabel für Schließzylinder und Feder abnehmen. **Achtung:** Die Feder springt leicht weg.
- Schließzylinder mit Schlüssel herausziehen.

Achtung: Wird der Schlüssel jetzt herausgezogen, fallen die Schließplättchen aus dem Schließzylinder. Gegebenenfalls Schließzylinder mit Tesaband umwickeln. Anschließend kann der Schlüssel gefahrlos herausgezogen werden.

Einbau

- Schließzylinder einsetzen.

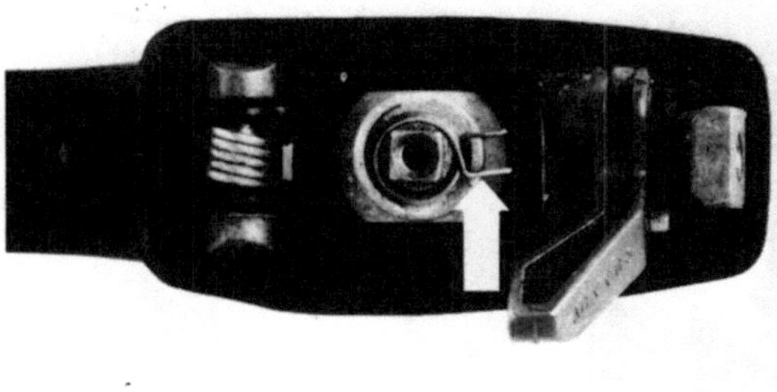

- Feder aufsetzen und spannen, indem das eine Federende über die Nase am Schloß (Pfeil) gehoben wird.
- Exzenter aufsetzen. Dabei darauf achten, daß die Nase an der Gabel zwischen den Federenden liegt und der Exzenter voll auf dem Vierkant sitzt. Kreuzschlitzschraube reindrehen.
- Türgriff einbauen.
- **Hinweis:** Auf dem Schließzylinder befindet sich die Schlüsselnummer, nach der ein Ersatzschlüssel angefertigt werden kann.

Türschloß aus- und einbauen

(seit Dezember 1976)

Hinweis unter „Türgriff aus- und einbauen" beachten.

Ausbau

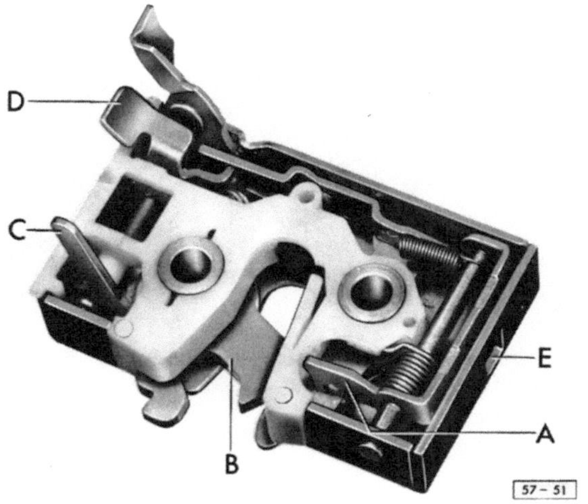

- Türverriegelungsknopf abschrauben.
- Türverkleidung ausbauen.
- An der Schloßsäule 2 Senkschrauben herausdrehen und Schloß ca. 12 mm herausziehen.

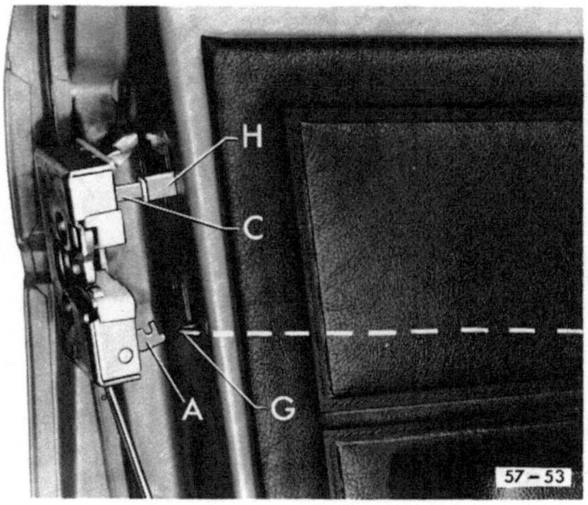

- Fernbetätigungshebel – A – aus der Zugstange – G – aushängen. Sicherungshebel 1 – C – aus Sicherungshülse – H – herausziehen, Schloß abnehmen.

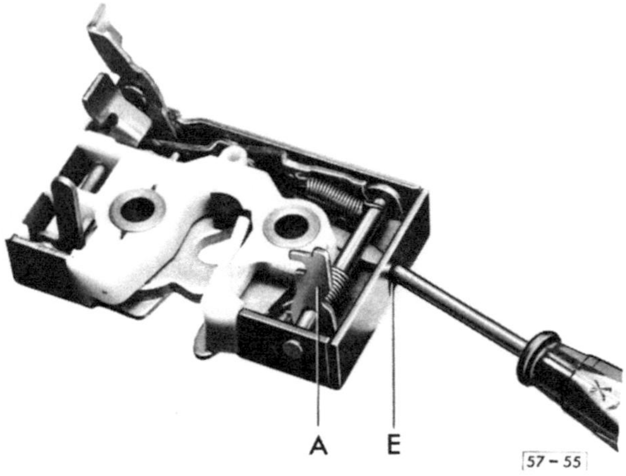

- Betätigungshebel – A – 90° aufstellen und Schraubendreher durch Montageöffnung – E – feststellen.

- Sicherungsstange mit Sicherungshülse – 1 – außen durch Aussparung stecken und in Einbaulage bringen. Kunststoffnasen der Sicherungshülse – 1 – müssen anliegen.
- Zugstange – 2 – in Betätigungshebel einhängen.
- Schraubendreher aus Montageöffnung herausziehen.
- Türschloß mit 2 Innensechskantschrauben befestigen.
- Türverkleidung einbauen.

Windschutz-/Seitenscheibe erneuern

- Falls die alte Gummidichtung wieder verwendet wird, Dichtung von Scheibenresten befreien.
- Gummidichtung um die Scheibe legen. Falls Zierrahmen vorhanden, Zierrahmen in Gummidichtung eindrücken.

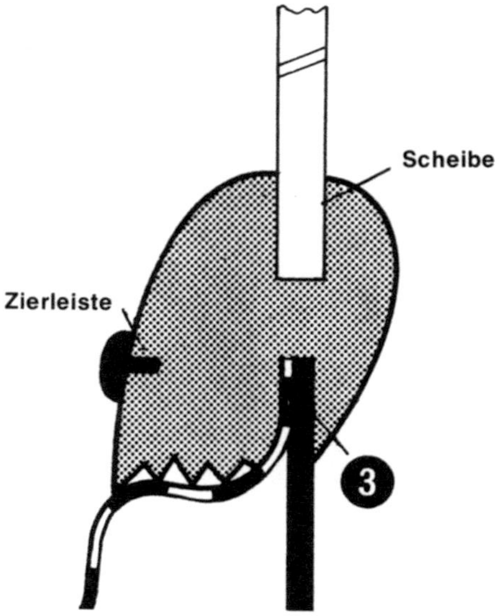

- In die Gummirille (3) Kabel oder Paketschnur einlegen. Dabei die Gummidichtung mit einem mittleren Schraubenzieher spreizen und Kabel rundherum eindrücken. Das Kabel muß tief in der Rinne liegen. Die Enden des Kabels sollen in der Mitte der Scheibe liegen.

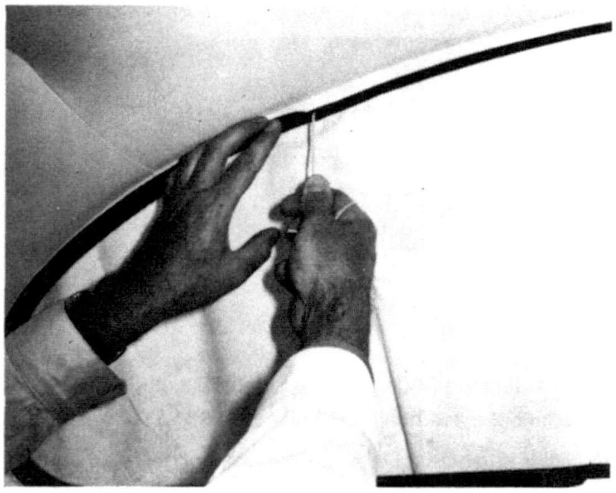

- Scheibe einsetzen und Kabel langsam herausziehen (siehe Foto), dabei muß sich die Gummilippe um den Blechsteg legen.
- Während das Kabel von der Wageninnenseite langsam herausgezogen wird, muß eine zweite Person mit der flachen Hand von außen auf die Scheibe schlagen, damit diese angepreßt wird.

Die Heizung

Beim GOLF/SCIROCCO wird zur Erwärmung des Innenraums das heiße Kühlmittel über einen Wärmetauscher geleitet. Frischluft strömt durch den Windlaufgrill an den Lamellen des Wärmetauschers vorbei und erwärmt sich. Je nach der Klappenstellung im Heizungsgehäuse gelangt die angewärmte Luft durch die einzelnen Düsen und Heizungsöffnungen ins Fahrzeuginnere. Zur Verstärkung der Heizleistung dient ein dreistufiges elektrisches Heizgebläse.

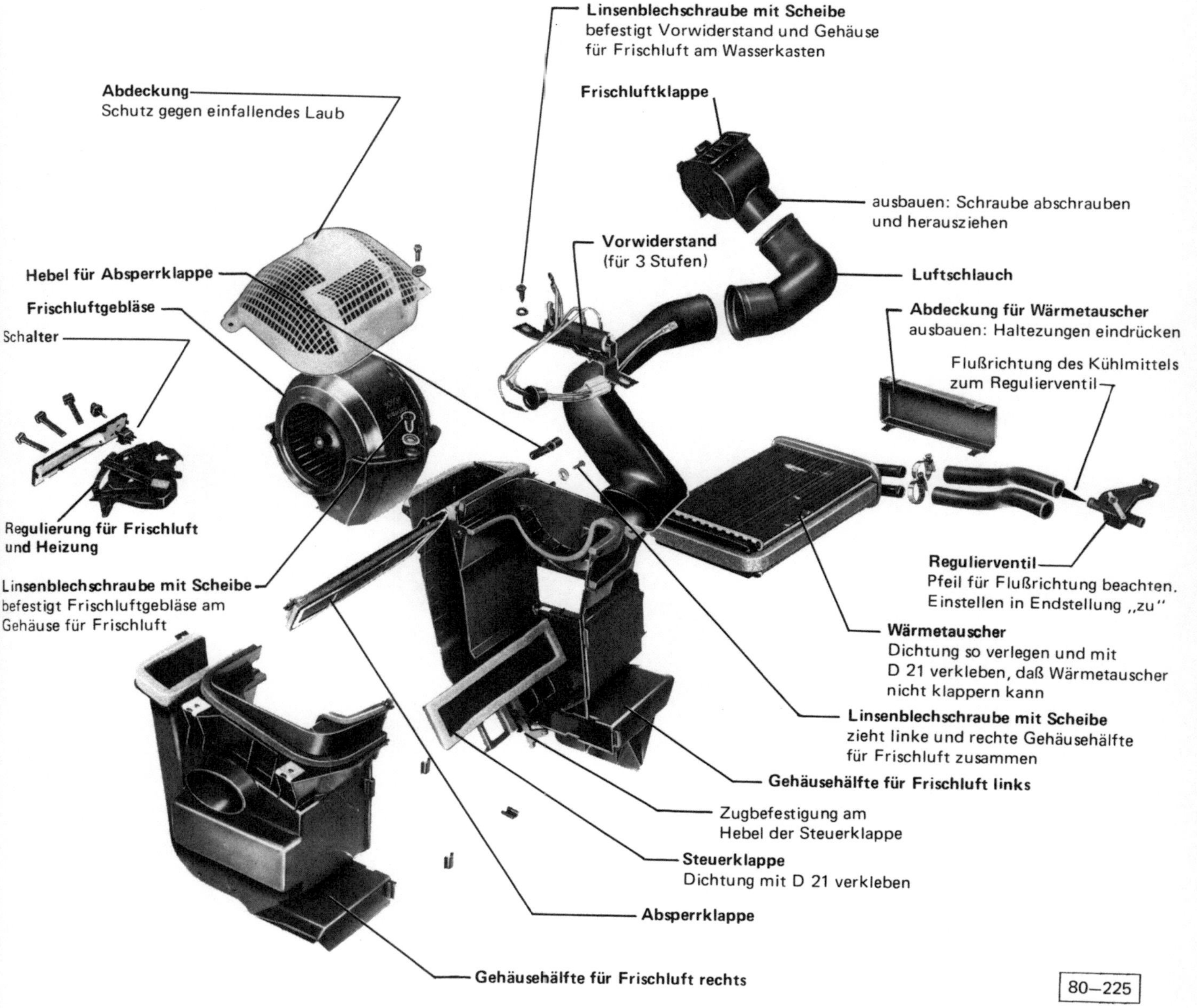

80–225

Frischluftgebläse aus- und einbauen

Ausbau

- Motorhaube öffnen, Masseband von Batterie abklemmen, Abdeckung vorn am Querblech/Wasserkasten abziehen.
- Elektrische Leitungen zum Gebläse markieren und abnehmen.
- Linsenblechschraube oben am Gebläse herausdrehen, Gebläse nach oben herausnehmen.

Einbau

- Frischluftgebläse einsetzen und mit Linsenblechschraube befestigen.
- Elektrische Leitungen entsprechend der Markierung anschließen.
- Batterie anschließen, Gebläse zur Probe laufen lassen, Abdeckung am Querblech-Wasserkasten aufschieben.

Frischluftregulierung aus- und einbauen

(bis September 1976)

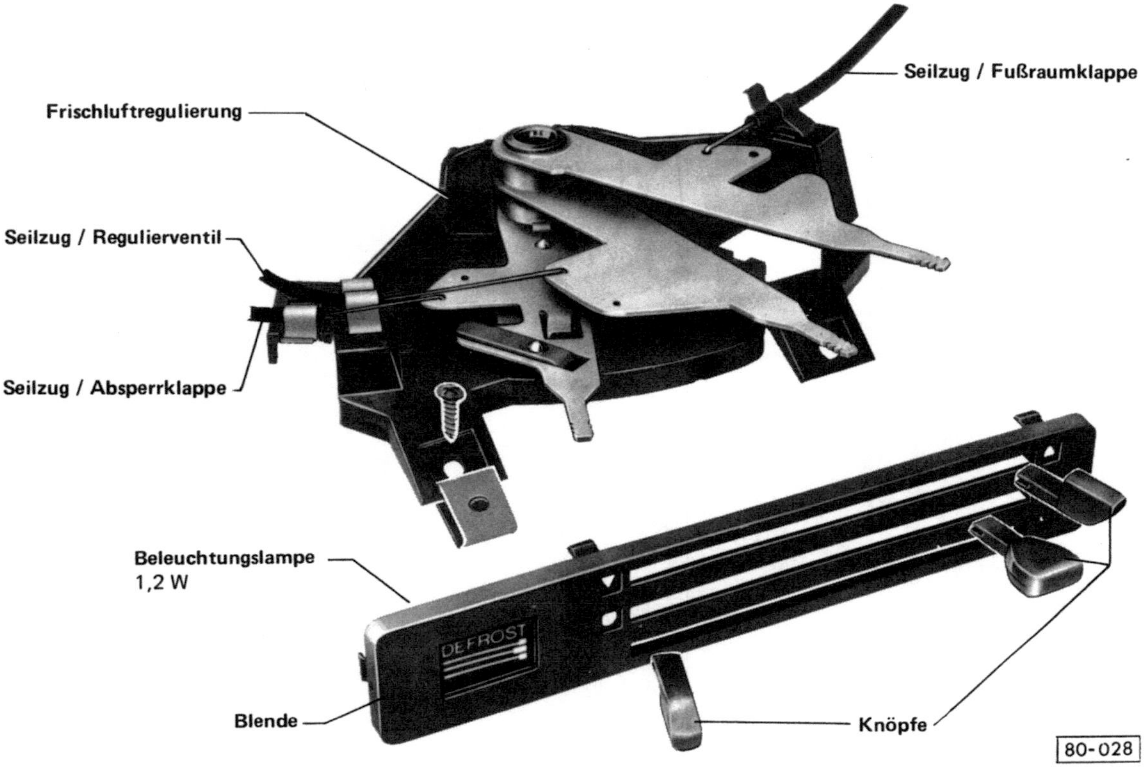

Ausbau

- Batterie-Masseband abklemmen.
- Knöpfe von Regulierung abziehen.
- Schraubenzieher seitlich zwischen Blende und Armaturenbrett stecken und Blende heraushebeln. Vorsicht: Nicht die Folie beschädigen!
- Zwei Blechschrauben für Frischluftregulierung herausschrauben.
- Schalttafeleinsatz so weit herausklappen, bis Seilzüge ausgehakt werden können, siehe Seite 215.
- Frischluftregulierung etwa 5 mm in Fahrtrichtung drücken und herausnehmen.

Einbau

- Frischluftregulierung einsetzen, Bowdenzüge befestigen, Schrauben für Frischluftregulierung einschrauben.
- Schalttafeleinsatz befestigen, siehe Seite 215.
- Blende einsetzen, dabei leicht mit Schraubendreher Blende einrasten lassen.
- Regulierknöpfe aufstecken, Batterie-Masseband anklemmen.

Frischluftregulierung aus- und einbauen

(seit September 1976)

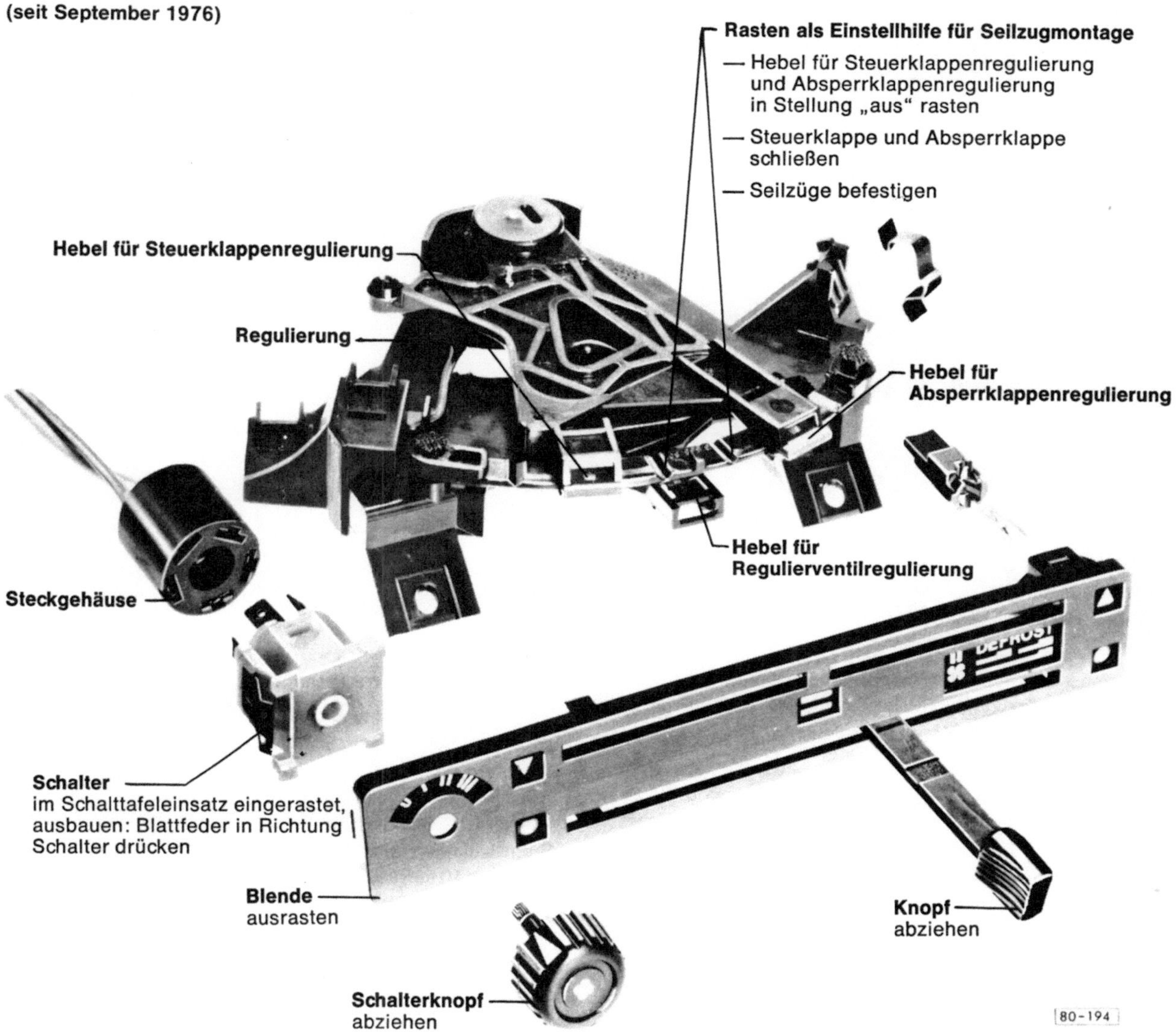

Ausbau

- Batterie-Massekabel abklemmen.
- Knöpfe für Gebläse und Regulierung abziehen.
- Schraubenzieher seitlich zwischen Blende und Armaturenbrett stecken, Blende ausrasten.
- Schalttafeleinsatz so weit herausklappen, bis die Klammern für die Seilzüge ausgehakt werden können, siehe Seite 216.
- Zwei Blechschrauben für Frischluftregulierung herausschrauben.
- Frischluftregulierung etwa 5 mm in Fahrtrichtung drücken und herausnehmen.

Einbau

- Frischluftregulierung einsetzen und mit 2 Blechschrauben anschrauben, Bowdenzüge mit Klammern befestigen.
- Hierzu Hebel für Steuerklappenregulierung und Absperrklappenregulierung in Stellung „aus“ rasten. Steuerklappe und Absperrklappe durch Ziehen der Züge schließen. In dieser Stellung Seilzüge anschließen.
- Schalttafeleinsatz befestigen, siehe Seite 216.
- Blende einsetzen, dabei leicht mit einem Schraubendreher Blende einrasten lassen.
- Regulierknöpfe aufstecken. Dabei darauf achten, daß der Schalterknopf für Gebläse entsprechend der Pfeilmarkierung und der Gebläsestufe aufgeschoben wird.
- Batterie-Massekabel anschließen.

Die elektrische Anlage

Die elektrische Anlage des VW GOLF ist eine Gleichstromanlage mit einer Betriebsspannung von 12 Volt.

Als Stromerzeuger dient ein Drehstrom-Generator mit einer Einrichtung zur Spannungs- und Ladestromregelung. Der Vorteil einer Drehstromlichtmaschine liegt darin, daß sie schon bei Motor-Leerlaufdrehzahl die Batterie lädt. Der Generator wird von der Motorkurbelwelle über einen Keilriemen angetrieben. Die nicht von den Verbrauchern benötigte Energie fließt in die Batterie und wird dort gespeichert.

Die wichtigsten Verbraucher der elektrischen Anlage sind:

Anlasser
Zündanlage
Beleuchtungseinrichtung mit Blinkanlage
Scheibenwischer- und -waschanlage
Instrumente
Signalhorn
Innenbeleuchtung
Zubehör: Heckscheibenheizung, Frischluftgebläsemotor, Radio usw.

Zur Beleuchtungs- und Blinkeinrichtung gehören die beiden Scheinwerfer, die vorderen Blinkleuchten, die Blink-, Brems-, Schlußleuchten und die Kennzeichenleuchte.

Die Scheibenwisch- und -waschanlage besteht aus dem Scheibenwischermotor, dem Antriebsgestänge und den beiden Scheibenwischern. Die Scheibenwaschanlage arbeitet pneumatisch oder elektrisch. Der Scheibenwaschbehälter im Motorraum ist über eine Schlauchleitung mit den beiden Spritzdüsen verbunden.

Zur Instrumentierung gehören das Zentralinstrument mit Geschwindigkeitsmesser, Kraftstoffanzeige, Kilometerzähler und Kontrolleuchten für Öldruck, Ladestrom der Lichtmaschine, Fernlicht und Blinklicht.

Die Zündanlage besteht im wesentlichen aus der Zündspule, dem Zündverteiler, den Zündkabeln und den vier Zündkerzen.

Sämtliche Relais und Sicherungen sind in einem Gehäuse zentral zusammengefaßt.

Hinweise für den nachträglichen Einbau von Zubehör

Beim Bohren oder Schälen von Löchern in die Karosserie müssen die Lochränder anschließend entgratet und lackiert werden. Die beim Bohren zwangsläufig anfallenden Späne sind restlos aus der Karosserie zu entfernen. Insbesondere sind Zierleisten in unmittelbarer Nähe der Bohrstelle abzudecken, um zu vermeiden, daß sich Späne zwischen Lackierung und Zierleisten festsetzen und nach kurzer Zeit durch Witterungseinflüsse rosten und die Lackierung zerstören.

Bei allen Einbauarbeiten, die das elektrische Leitungssystem berühren, ist, um der Gefahr von Kurzschlüssen im elektrischen Leitungssystem vorzubeugen, grundsätzlich das Massekabel von der Fahrzeugbatterie abzuklemmen und zur Seite zu hängen.

Kabel, die beim Einbau von Zubehör zusätzlich zu dem serienmäßig eingebauten Kabelsatz im Fahrzeug verlegt werden müssen, sind nach Möglichkeit immer entlang der einzelnen Kabelstränge unter Verwendung der vorhandenen Kabelschellen und Gummitüllen zu verlegen.

Falls erforderlich, sind die neu verlegten Kabel, um evtl. entstehenden Geräuschen während der Fahrt vorzubeugen und Scheuern von Kabeln zu vermeiden, mit Isolierband, plastischer Masse, Kabelbändern und dgl. zusätzlich festzulegen. Hierbei ist besonders darauf zu achten, daß zwischen den Bremsleitungen und den festverlegten Kabeln ein Mindestabstand von 10 mm sowie zwischen den Bremsleitungen und den Kabeln, die mit dem Motor oder anderen Teilen des Fahrzeuges schwingen, ein Mindestabstand von 25 mm vorliegt.

Sofern zusätzliche elektrische Verbraucher eingebaut werden, ist in jedem Fall zu überprüfen, ob die erhöhte Belastung noch von der vorhandenen Drehstromlichtmaschine mit übernommen werden kann. Falls erforderlich, sollte ein Generator mit größerer Leistung vorgesehen werden.

Batterie aus- und einbauen

Ausbau

- Batteriekabel abklemmen, zuerst Masseband.
- Halteplatten abschrauben, Batterie etwas nach vorn ziehen und herausnehmen.

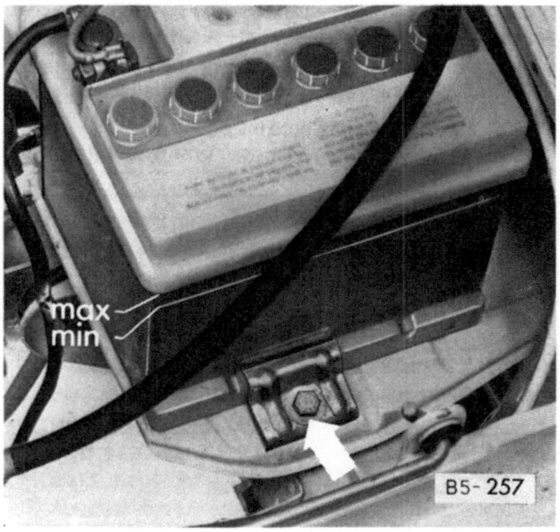

Einbau

- Batterie einsetzen, Halteplatten anschrauben.
- Pluskabel anbringen, dann Masseband.
- Leitungsanschlüsse am Batterie-Pluspol müssen zum Fahrgastraum zeigen.

Batterie laden

- Batterie niemals kurzschließen. Bei Kurzschluß erhitzt sich die Batterie und kann platzen. Nicht mit offener Flamme in Batterie leuchten. Batteriesäure ist ätzend und darf nicht in die Augen, auf die Haut oder die Kleidung gelangen, ggf. mit viel Wasser abspülen.
- Plus- und Massekabel von Batterie abklemmen, Massekabel zuerst.
- Vor dem Laden Säurestand prüfen, gegebenenfalls destilliertes Wasser nachfüllen.
- Gefrorene Batterie vor dem Laden auftauen.
- Stopfen aus der Batterie herausschrauben und leicht auf die Öffnungen legen. Dadurch werden Säurespritzer auf dem Lack vermieden, während die beim Laden entstehenden Gase entweichen können.
- Batterie nur in gut belüftetem Raum laden. Beim Laden der eingebauten Batterie Motorhaube geöffnet lassen.
- Bei der Normalladung beträgt der Ladestrom ca. 10 % der Kapazität. (Bei einer 45-Ah-Batterie also etwa 4,5 A).
- Pluspol der Batterie mit Pluspol, Minuspol der Batterie mit Minuspol des Ladegerätes verbinden.
- Säuretemperatur darf während des Ladens 55° C nicht überschreiten, ggf. Ladung unterbrechen oder Ladestrom herabsetzen.
- *So lange laden, bis alle Zellen lebhaft gasen und bei drei im* Abstand von je einer Stunde aufeinanderfolgenden Messungen das spezifische Gewicht der Säure und die Spannung nicht mehr angestiegen sind.
- Batterie mit Heimgerät ca. einen Tag laden.
- Die Batterie darf auch mit einem Schnell-Ladegerät geladen werden.

Achtung: Das Schnelladen einer Batterie sollte nicht zur Gewohnheit werden! Batterien, die lange unbenutzt gestanden haben oder neu sind, dürfen nicht schnellgeladen werden.

- Nach der Ladung Säurestand prüfen, gegebenenfalls destilliertes Wasser nachfüllen.
- Säuredichte prüfen. Liegt der Wert in einer Zelle deutlich unterhalb der anderen Werte (z. B. 5 Zellen zeigen 1,26 und 1 Zelle 1,18) so ist die Batterie defekt und sollte erneuert werden.
- Batterie ca. 20 Min. ausgasen lassen, dann Verschlußstopfen aufschrauben.

Achtung: Der Motor darf nicht bei abgeklemmter Batterie laufen, da sonst die elektrische Anlage beschädigt wird.

Batterie entlädt sich selbständig

Wenn der Verdacht auf Kriechströme besteht, Bordnetz nach folgender Anleitung prüfen.

- Zur Prüfung geladene Batterie verwenden.
- Am Amperemeter (Meßbereich von 0–5 mA bis 0–5 A) den höchsten Meßbereich einstellen. Masseband von Batterie abklemmen. Amperemeter zwischen Batterieminuspol und Masseband schalten. Amperemeter-Plus-Anschluß an Masseband und Amperemeter-Minuspunkt an Batterie-Minuspol.

Achtung: Die Prüfung kann auch mit einer Prüflampe durchgeführt werden. Leuchtet die Lampe zwischen Masseband und Minuspol der Batterie jedoch nicht auf, ist auf jeden Fall ein Amperemeter zu verwenden.

- Alle Verbraucher ausschalten, vorhandene Zeituhr abklemmen, Türen schließen.
- Vom Amperebereich solange auf den Milliamperebereich zurückschalten, bis eine ablesbare Anzeige erfolgt (1–3 mA sind zulässig).
- Durch Herausnehmen der Sicherungen nacheinander die verschiedenen Stromkreise unterbrechen. Wenn bei einem der unterbrochenen Stromkreise die Anzeige auf Null zurückgeht, ist hier die Fehlerquelle zu suchen. Fehler können sein: korrodierte und verschmutzte Kontakte, duchgescheuerte Leitungen, interner Schluß in Aggregaten.
- Wird in den abgesicherten Stromkreisen kein Fehler gefunden, so sind die Leitungen an den nicht abgesicherten Aggregaten abzuziehen. Dieses sind: Generator, Anlasser, Zündanlage, Instrumente im Schalttafeleinsatz.
- Nach erfolgter Prüfung, Masseband an Batterie anklemmen.

Störungstabelle Batterie

Störung	Ursache	Abhilfe
Säurestand zu niedrig	● Überladung, Verdunstung (besonders im Sommer)	Destilliertes Wasser bis zur vorgeschriebenen Höhe nachfüllen (bei geladener Batterie)
Säure tritt aus den Verschlußstopfen aus	● Ladespannung zu hoch	Spannungsregler prüfen, ggf. austauschen
	● Säurestand zu hoch	Überschüssige Säure mit Säureheber absaugen
Säuredichte zu niedrig	● Batterie entladen	Batterie laden
	● Generator nicht in Ordnung	Generator prüfen, ggf. reparieren oder austauschen
	● Kurzschluß im Leitungsnetz	Elektrische Anlage überprüfen
	● Säure infolge Wartungsfehler verwässert	Säureausgleich durchführen
Säuredichte zu hoch	● Säure wurde nachgefüllt	Säureausgleich durchführen
Abgebende Leistung ist zu gering, Spannung fällt stark ab	● Batterie entladen	Batterie nachladen
	● Ladespannung zu niedrig	Spannungsregler prüfen, ggf. austauschen
	● Anschlußklemmen lose oder oxydiert	Anschlußklemmen reinigen und besonders Unterseite mit Säureschutzfett leicht einfetten, Befestigungsschrauben anziehen
	● Masseverbindung Batterie – Motor – Karosserie ist schlecht	Masseverbindung überprüfen, ggf. metallische Verbindungen herstellen oder Schraubverbindungen festziehen
	● Zu große Selbstentladung der Batterie durch Verunreinigung der Batteriesäure	Batterie austauschen
	● Evtl. Batterie sulfatiert (grauweißer Belag auf den Plus- und Minusplatten)	Batterie mit kleinem Strom laden, damit sich der Belag langsam zurückbildet. Falls nach wiederholter Ladung und Entladung abgegebene Leistung immer noch zu gering, Batterie austauschen
	● Batterie verbraucht, aktive Masse der Platten ausgefallen	Batterie austauschen
Nicht ausreichende Ladung der Batterie	● Fehler an Generator, Spannungsregler oder Leitungsanschlüssen	Generator und Spannungsregler überprüfen, instand setzen bzw. austauschen; Leitungen einwandfrei befestigen
	● Keilriemen locker	Keilriemen spannen oder austauschen
	● Zu viele Verbraucher angeschlossen	Größere Batterie einbauen; evtl. auch größeren Generator verwenden
Dauernde Überladung	● Fehler am Spannungsregler, evtl. auch am Generator	Spannungsregler austauschen bzw. Generator überprüfen

Sicherungs- und Relaistabelle

Bis 8/82

Achtung: Der nachträgliche Einbau der neuen Relaisplatte ist nicht möglich.

Die einzelnen Stromkreise sind durch Schmelzsicherungen abgesichert.

Die Sicherungen befinden sich im vorderen Fußraum links hinter dem Ablagefach. Sie sind von unten durch eine Verkleidung abgedeckt und können durch ein Sichtfenster im Ablagefachboden eingesehen werden.

Sicherungsbelegung (von links nach rechts)

1	Abblendlicht links	8 A
2	Abblendlicht rechts	8 A
3	Fernlicht links, Fernlichtkontrolle	8 A
4	Fernlicht rechts	8 A
5	Beheizbare Heckscheibe	16 A
6	Warnlichtanlage, Bremsleuchten, Radio	8 A
7	Innenleuchte, Zigarettenanzünder, Zeituhr	8 A
8	Blinkanlage	8 A
9	Rückfahrleuchten, Signalhorn, Wählhebelkonsole (Autom. Getr.), Startautomatik, elektr. Saugrohrbeheizung und Leerlauf-Abschaltventil (Vergasermotoren)	8 A
10	Gebläse, Schalt- und Verbrauchsanzeige	16 A
11	Windschutzscheibenwischer und Waschpumpe, Heckscheibenwaschpumpe, Intervallrelais, Scheinwerferwaschanlage	8 A
12	Kennzeichenleuchten	8 A
13	Standlicht rechts, Schlußlicht rechts	8 A
14	Standlicht links, Schlußlicht links	8 A
15	Kühlerventilator	25 A

Zusatzsicherungen in separaten Haltern oberhalb der Sicherungsleiste:

Nebelscheinwerfer	8 A
Heckscheibenwischer	8 A
Elektrische Kraftstoffpumpe	16 A

- Eine durchgebrannte Sicherung erkennt man am durchschmolzenen Metallstreifen.
- Brennt eine neue, eingesetzte Sicherung nach kurzer Zeit wieder durch, muß die elektrische Anlage sofort auf Kurzschluß geprüft und der Fehler behoben werden.
- Auf keinen Fall Sicherungen „reparieren", weil dadurch ernste Schäden an anderer Stelle der elektrischen Anlage auftreten können.
- Stets einige Ersatz-Sicherungen im Wagen mitführen.

Relaisbelegung

Fassung	Verbraucher
J	Handabblendung und Lichthupe
K	Heizbare Heckscheibe (bis 8. 77) Seit 9. 77: Entlastungsrelais für X-Kontakt des Zündanlaßschalters. Relais für heizbare Heckscheibe entfällt.
L	Lüfter für Kühler
M	Wasch-, Wisch-, Intervallautomatik Seite 9. 77: 6-polig
N	Blink-, Warnblinkanlage

Achtung: Seit 9. 77 wird eine Relaisplatte mit geänderter Innenschaltung eingebaut. Die neue Relaisplatte darf nicht in Fahrzeug vor 9. 77 eingebaut werden.

Sicherungsbelegung/Flachsicherungen

Seit 9/82 werden Sicherungen verwendet, die neuesten technischen Erkenntnissen entsprechen. Sie sind mit Messerkontakten ausgestattet, so daß herkömmliche Sicherungen nicht mehr verwendet werden können.

A 8324

- Die Nennstromstärke der Sicherung ist auf der Rückseite des Griffes aufgedruckt. Außerdem hat der Griff eine Kennfarbe, an der ebenfalls die Nennstromstärke zu erkennen ist. A = Schmelzfaden.

Nennstromstärke Ampere	Kennfarbe
10	rot
15	blau
20	gelb
30	grün

Sicherungstabelle (von links nach rechts).

1	Kühlerventilator, Klimaanlage	30 A
2	Bremsleuchten	10 A
3	Steckdose/Zigarrenanzünder, Radio, Zeituhr, Innenleuchte	10 A*
4	Warnlichtanlage	15 A
5	Elektrische Kraftstoffpumpe	15 A
6	Nebelscheinwerfer (Arbeitsstrom)	15 A
7	Schluß- und Standlicht links	10 A
8	Schluß- und Standlicht rechts	10 A
9	Fernlicht rechts, Fernlichtkontrolle	10 A
10	Fernlicht links	10 A
11	Windschutzscheiben-Wischer und -Wascher	15 A
12	Heckscheiben-Wischer und -Wascher, Kontrolleinrichtung des Kühlmittelstandes, Außenspiegel mit elektrischer Verstellung	15 A
13	Heckscheibenbeheizung, Außenspiegelbeheizung	15 A
14	Gebläse	20 A
15	Rückfahrleuchten, Schaltschema-Beleuchtung (Automatisches Getriebe)	10 A
16	Signalhorn (Einfachton)	15 A
17	Vergaser-Startautomatik und Leerlauf-Abschaltventil, elektrische Saugrohrbeheizung	10 A
18	Signalhorn (Doppelton), Vordersitz-Beheizung, Stop-/Start-Anlage, Bremskontrolleuchte	10 A
19	Blinkleuchten	10 A
20	Kennzeichenleuchten, Handschuhkastenleuchte, Nebelscheinwerfer (Steuerstrom)	10 A
21	Abblendlicht links	10 A
22	Abblendlicht rechts	10 A

* Seit 1/83 – 15 A

Zusatzsicherungen in separaten Haltern oberhalb der Sicherungsleiste:

Nebelschlußleuchte . . . . 10 A
2. Kühlerventilator bei Turbo-Diesel mit Klimaanlage . . 15 A

Relais und Steuergeräte

Seit 9/82

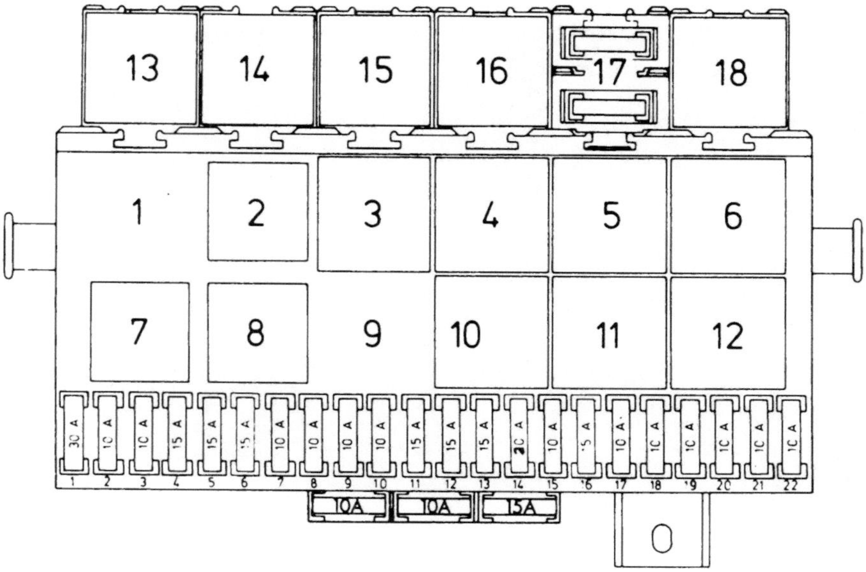

Relais-platz	Benennung der Relais	Bemerkung
1		frei
2	Relais für Ansaugrohrvorwärmung	Vergaser-Motor
	Kraftstoffpumpenrelais	K-Jetronic-Motor
	Relais für Glühkerzen	Diesel-Motor
3	Relais für Sicherheitsgurt-Warnsystem	
4	Steuergerät für Schaltanzeige	Formel E, GTI
5	Relais für Klimaanlage	
6	Relais für Doppeltonhorn	ohne Relais: Steckbrücke von Kontakt 1 n. Kontakt 3
7	Relais für Nebelscheinwerfer	
8	Entlastungsrelais für X-Kontakte	
9		nicht belegt
10	Relais für Wasch-Wisch-Intervallautomatik	ohne Relais: Steckbrücke von Kontakt 2 n. Kontakt 6
11	Relais für Heckscheibenwischer- und -wascher	
12	Warnblinkrelais	
	Blinkwarnlichtrelais für Anhängerbetrieb	
13	Relais für Sicherheitsgurt-Warnsystem (Interlock)	auf Doppelrelaisadapter
14	Relais für Sicherheitsgurt-Warnsystem (Interlock)	auf Doppelrelaisadapter
15	Relais für Scheinwerfer-reinigungsanlage	
16	Taktrelais für Kaltstartventil	
	Relais für Nebelscheinwerfer	Schweiz, Frankreich
17	frei für Sicherungsadapter	
18	Steuergerät für Kühlmittel-mangelanzeige	K-Jetronic- und Diesel-Motor

Relaisplatte mit Sicherungshalter (Rückansicht)

Seit 9/82

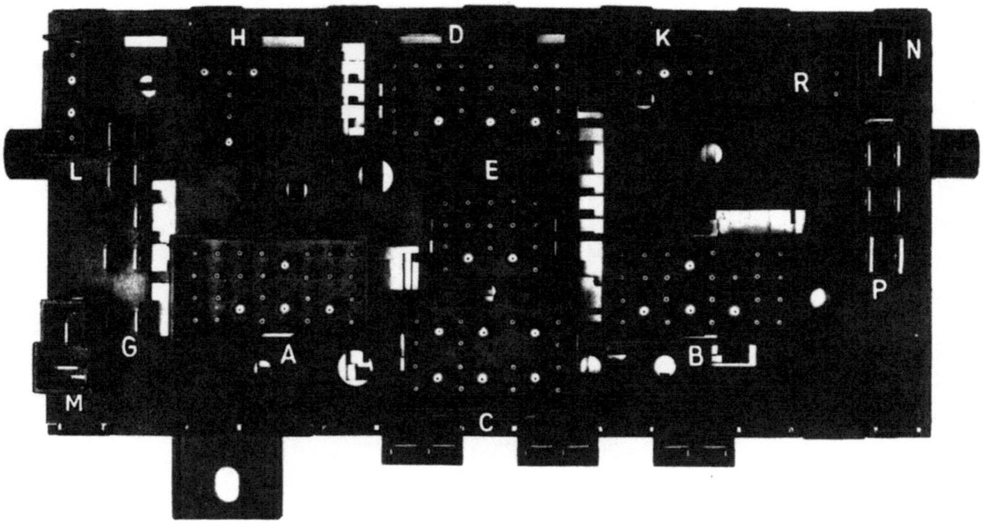

97-1100

A – Anschluß für Schalttafelleitungsstrang (blau)
B – Anschluß für Schalttafelleitungsstrang (rot)
C – Anschluß für Leitungsstrang Motorraum links (gelb)
D – Anschluß für Leitungsstrang Motorraum rechts (weiß)
E – Anschluß für Leitungsstrang hinten (schwarz)
G – Einzelstecker
H – Anschluß für Leitungsstrang Klimaanlage (braun)
K – Anschluß für Leitungsstrang Sicherheitsgurt-Warnsystem (farblos)
L – Anschluß für Leitungsstrang Signalhorn/Doppeltonhorn (grau)
M – Abgriff für Klemme 56 Lichtschalter und Klemme 56 b Lichtumblendschalter (schwarz)
N – Einzelstecker
P – Einzelstecker (Klemme 30)
R – nicht belegt

Die Multifunktionsanlage (MFA)

Seit 9. 82 ist der GOLF GTI serienmäßig mit einer Multifunktionsanlage (MFA) ausgerüstet. Die MFA ist ein elektronisches Bauteil, das sich aus einer Auswerteelektronik und einer digitalen Anzeigeeinheit zusammensetzt. Sie kann sieben Funktionen darstellen:

- Uhrzeit
- Fahrzeit
- Fahrstrecke
- Durchschnittliche Geschwindigkeit
- Durchschnittsverbrauch
- Öltemperatur
- Außentemperatur

In die Auswerteelektronik werden elektrische Signale eingespeist, die dann umgewandelt und als Zahlenwerte von der Anzeigeeinheit ablesbar sind. Die elektrischen Signale werden durch externe Bauteile (Geber) erzeugt.

Folgende Signale bereitet die MFA auf:

- Impulse von der Zündspule Klemme 1.
- Impulse vom Geschwindigkeitsgeber für MFA.

Hier wird der Halleffekt ausgenutzt: Ein rotierender, achtpoliger Ringmagnet wird von der Antriebswelle für Geschwindigkeitsmesser angetrieben und erzeugt am Geschwindigkeitsgeber eine Spannung.

- Signal vom Unterdruckgeber für MFA.

Der vom Motor erzeugte Saugrohrunterdruck wird in den Unterdruckgeber und in die Verbrauchsanzeige geleitet. Für die MFA wird der Unterdruck vom Unterdruckgeber in elektrische Signale umgewandelt. Der Geber befindet sich am Schalttafeleinsatz.

- Widerstandswertänderung vom Geber für Öltemperatur. Der Geber sitzt am Verschlußdeckel des Ölfiltergehäuses.
- Widerstandswertänderung vom Temperaturfühler für Außentemperatur. Der Fühler ist am Halter hinter dem Stoßdämpfer vorn rechts befestigt.

Achtung: Es gibt Ausführungsunterschiede zwischen den Schalttafeleinsätzen der Firmen VDO und Motometer. Beim Auswechseln von Bauteilen dürfen diese nur durch Teile derselben Firma ersetzt werden.

Der Generator

Der GOLF/SCIROCCO ist mit einem Drehstromgenerator der Marken Bosch oder Motorola ausgerüstet. Je nach Modell und Ausstattung kann ein Generator mit einer Leistung von 35 A bis 65 A eingebaut sein. Die Explosionsdarstellung zeigt den Bosch-Generator.

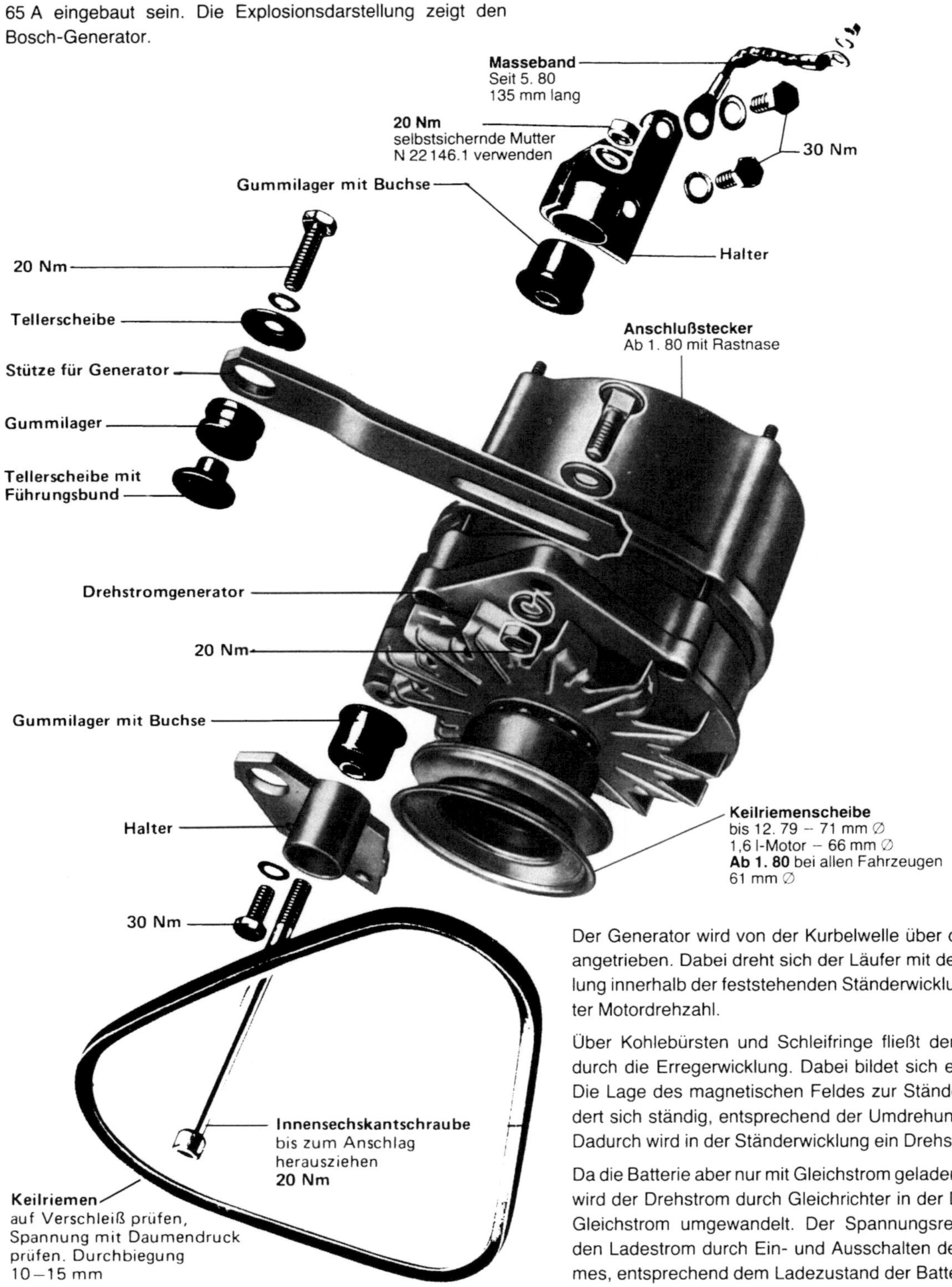

27-386

Der Generator wird von der Kurbelwelle über den Keilriemen angetrieben. Dabei dreht sich der Läufer mit der Erregerwicklung innerhalb der feststehenden Ständerwicklung mit doppelter Motordrehzahl.

Über Kohlebürsten und Schleifringe fließt der Erregerstrom durch die Erregerwicklung. Dabei bildet sich ein Magnetfeld. Die Lage des magnetischen Feldes zur Ständerwicklung ändert sich ständig, entsprechend der Umdrehung des Läufers. Dadurch wird in der Ständerwicklung ein Drehstrom erzeugt.

Da die Batterie aber nur mit Gleichstrom geladen werden kann, wird der Drehstrom durch Gleichrichter in der Diodenplatte in Gleichstrom umgewandelt. Der Spannungsregler verändert den Ladestrom durch Ein- und Ausschalten des Erregerstromes, entsprechend dem Ladezustand der Batterie. Gleichzeitig hält der Regler die Betriebsspannung konstant bei ca. 14 Volt, unabhängig von der Drehzahl.

Achtung: Im Gegensatz zum Gleichstromgenerator darf der Drehstromgenerator niemals ohne Batterie betrieben werden. Motor nicht ohne Batterie laufen lassen!

Generator aus- und einbauen

Ausbau

- Batterie-Massekabel abklemmen.
- Klemmbügel für Kabelstecker hinten am Generator lösen und zur Seite schwenken.
- Kabelstecker herausziehen.
- Masseband, wo vorhanden, von Generator abschrauben.

- Klemmschraube –A– oben am Generator abschrauben, Drehstromgenerator zum Kühler schwenken und Keilriemen abnehmen.

- Innensechskantschraube (6 mm Inbus) bis zum Anschlag herausziehen, Drehstromgenerator herausnehmen.

Einbau

Achtung: Wurde der Haltewinkel abgenommen, zuerst Haltewinkel anheften.

- Drehstromgenerator einsetzen, Inbusschraube einschrauben.
- Spannschraube oben am Halter einsetzen, nicht festziehen.
- Keilriemen auflegen.
- Keilriemen spannen.
- Lange Befestigungsschrauben anziehen.
- Haltewinkel anziehen.
- Masseband, wo vorhanden, an Generator befestigen.
- Dreifachstecker hinten in Drehstromlichtmaschine einschieben, Klemmbügel aufschieben und festziehen.

Achtung: Zur Vermeidung von Kabelbrüchen muß der Leitungsstrang hinten am Generator mit einem Kunststoffclip – ET.-Nr. 321 871 847 – und einer Klammer – 171 971 836 A – (Bosch-Generator) bzw. – N 20910.4 (Motorola-Generator) befestigt werden.

- Batterie-Massekabel anklemmen.

Keilriemen ersetzen/spannen

- Stütze A am Generator und am Motorblock B lösen, siehe Abbildung 27-071. Generator schwenken und Keilriemen abnehmen.

- Keilriemen auflegen und mit Generator spannen. Hierzu Generator mit Montierhebel vom Motorblock abdrücken und Schraube A (siehe Abbildung 27-071) an der Stütze festziehen. Anschließend Schraube B an Stütze/Motorblock festziehen.
- Keilriemenspannung prüfen. Bei kräftigem Daumendruck auf den Keilriemen in Punkt a darf sich dieser nur etwa 5 mm durchbiegen. Durchdrückung bei neuem Riemen: ca. 2 mm.

Achtung: Fahrzeuge mit K-Jetronic haben gegenüber Fahrzeugen mit Vergaser-Motor bis 12. 79 eine kleinere Generator-Keilriemenscheibe. Dadurch ist die Verwendung eines geänderten Keilriemens erforderlich. Für alle 1,5 l- und 1,6 l-Motoren mit K-Jetronic Keilriemen mit der ET.-Nr. 049 903 137 B verwenden. Für alle 1,5 l- und 1,6 l-Vergasermotoren Keilriemen mit der ET.-Nr. 049 903 137 A oder C verwenden. Seit 1. 80 hat der Keilriemen bei allen Modellen die Größe 9,5 x 940 oder 950.

Schleifkohlen für Generator ersetzen/prüfen

Die Schleifkohlen sind etwa alle 60000 km zu überprüfen.

- Der Ausbau ist bei eingebautem Generator möglich.

27-044

- Regler komplett mit Schleifkohlenhalter ausbauen.
- Länge der Schleifkohlen –a– neu = 10 mm, seit August 1980: =13 mm, Verschleißgrenze = 5 mm.

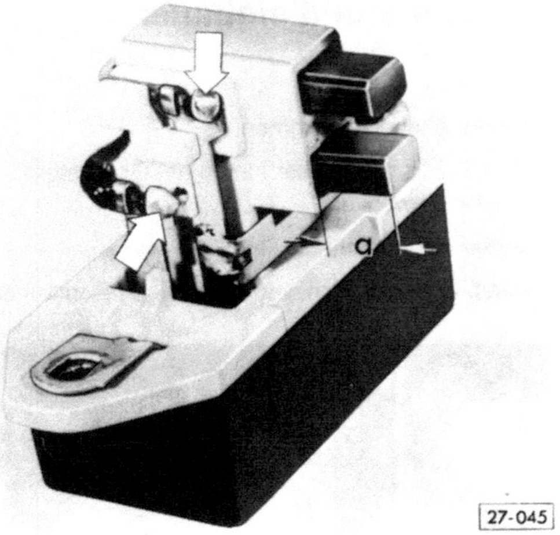

27-045

- Gegebenenfalls Anschlußlitze auslöten (Pfeile) und Schleifkohlen ersetzen.
- Spannungsregler einsetzen und festschrauben.

Achtung: Im Gegensatz zum Gleichstromgenerator darf der Drehstromgenerator niemals ohne Batterie betrieben werden. Motor nicht ohne Batterie laufen lassen!

Störungstabelle Generator und Spannungsregler

Störung	Ursache	Abhilfe
Ladekontrollampe brennt nicht bei eingeschalteter Zündung	● Lampe durchgebrannt	Ersetzen
	● Batterie leer	Laden
	● Unterbrechung in der Leitungsführung zwischen Generator C, Klemme D+ und Kontrollampe K2	Mit Voltmeter nach Stromlaufplan untersuchen
	● Steckverbindungen zwischen Relaisplatte und Generator nicht gesteckt	Kontrollieren, gegebenenfalls Stecker ersetzen
	● Schleifkohlen liegen nicht auf dem Schleifring auf	Freigängigkeit der Schleifkohlen und Mindestlänge (5 mm) prüfen
	● Erregerwicklung im Generator durchgebrannt	Klauenpolläufer austauschen
Ladekontrollampe verlöscht nicht bei Drehzahlsteigerung	● Regler defekt	Regler prüfen Regler austauschen
	● Leitung zwischen Drehstromgenerator (D+) und Kontrollampe K2 hat Masseschluß	Leitungsstrang ersetzen
Ladekontrollampe brennt bei ausgeschalteter Zündung	● Plusdiode hat Kurzschluß	Dioden prüfen Diodenplatte austauschen

Anlasser aus- und einbauen

Ausbau

- Batterie-Masseband abklemmen.

- Leitungen vom Anlasser abklemmen: 1 = Klemme 30 direkt zum Batteriepluspol; 2 = Klemme 15 a über Vorwiderstand zur Zündspule Klemme 15; 3 = Klemme 50 zum Zündanlaßschalter; 4 = Anschluß für Feldwicklung. Klemme 2 und 3 mit Farbband kennzeichnen, damit es beim Einbau keine Verwechslung gibt.
- Hintere Anlasserstütze abbauen.
- Bei Automatik und GTI (bis 12. 77): Spannlasche abnehmen.

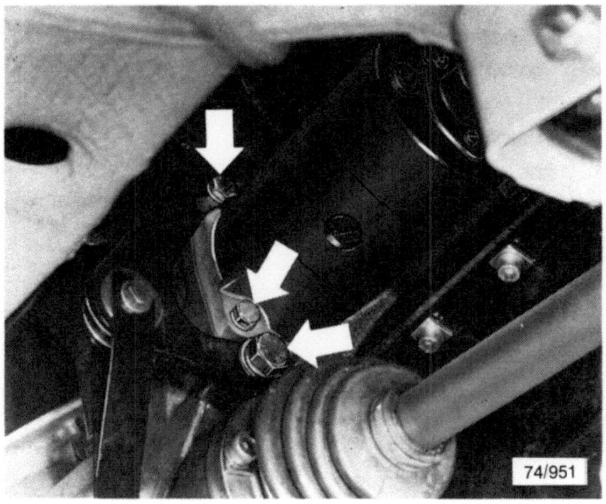

- Anlasser am Starterflansch abschrauben (Pfeile) und herausnehmen.

Einbau

- Anlasser einsetzen, Schrauben bzw. Muttern am Starterflansch mit 16 Nm festziehen.

- Anlasserstütze (1) am Anlasser mit Muttern, Federscheiben und Unterlegscheiben – 2 mm dick – aufsetzen und mit Fingerkraft anziehen.
- Anlasserstütze am Getriebe befestigen. Schraube M 8 x 20 mit 16 Nm festziehen.
- Prüfen, ob sich die beiden Gehäuseschrauben (2) des Anlassers innerhalb der Langlöcher in der Stütze frei bewegen können. Gegebenenfalls müssen die Langlöcher nachgefeilt werden. Wichtig für spannungsfreien Einbau.
- Muttern (2) endgültig mit 5–6 Nm festziehen.

Achtung: Bei GTI: Spannschelle für Anlasser unbedingt wieder einbauen. Seit 12. 77 ist die Spannlasche entfallen, dadurch Muttern am Zwischenlager mit 45 Nm festziehen.

- Bei Fahrzeugen mit Automatik: Schrauben bzw. Muttern am Zwischenlager mit 16 Nm anziehen. Unbedingt Deckelblech für Anlasser – 1 – mit Schlauchschelle – 2 – befestigen.
- Leitungen nach Abbildung befestigen.
- Batterie-Masseband anschließen.

Achtung: Zum vollständigen Zerlegen des Anlassers ist Spezialwerkzeug notwendig. Das Zerlegen sollte in jedem Fall von einer Fachwerkstatt durchgeführt werden.

Magnetschalter ersetzen

- Anlasser ausbauen.
- Am Magnetschalter Anschluß für Feldwicklung abschrauben.
- Drei Befestigungsschrauben des Magnetschalters ausschrauben.
- Magnetschalter aushängen.

Einbau

- Magnetkern und Federtopf des Magnetschalters mit MoS_2 schmieren.

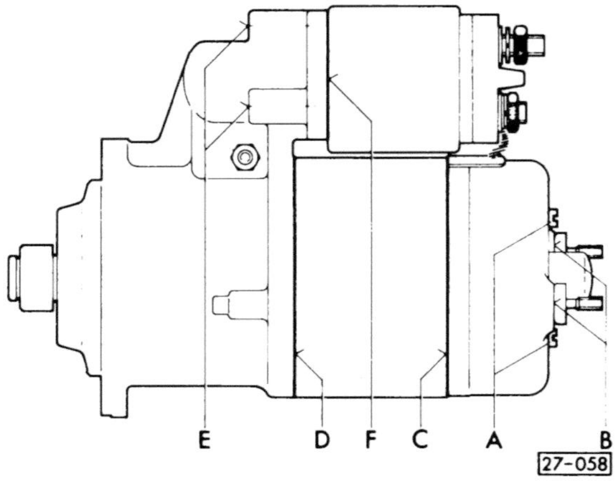

- Trennfugen (F) und Bohrungen (E) mit D3 abdichten.
- Anschluß für Feldwicklung befestigen.
- Anlasser einbauen.

Störungstabelle Anlasser

Wenn ein Anlasser nicht durchdreht, ist zunächst zu prüfen, ob an der Klemme 50 des Magnetschalters (Steuerleitung, schwarz-rotes Kabel) die zum Einziehen benötigte Spannung von mindestens 8 Volt vorhanden ist. Liegt die Spannung unter dem genannten Wert, dann müssen die Leitungen, die zum Anlasserstromkreis gehören, nach dem Stromlaufplan überprüft werden. Ob der Anlasser bei voller Batteriespannung einzieht, kann folgendermaßen geprüft werden.

- Keinen Gang einlegen, Zündung eingeschaltet.
- Mit einer Leitung (Querschnitt mindestens 4 mm^2) die Klemmen 30 und 50 am Anlasser überbrücken, siehe auch Stromlaufplan.

Spurt der Anlasser dabei einwandfrei ein, so liegt der Fehler in der Leitungsführung zum Anlasser. Wenn der Anlasser nicht einspurt, muß er im ausgebauten Zustand überprüft werden.

Prüfvoraussetzung: Leitungsanschlüsse müssen festsitzen und dürfen nicht oxydiert sein.

Störung	Ursache	Abhilfe
Anlasser dreht sich nicht beim Betätigen des Zündanlaßschalters	● Batterie entladen	Batterie laden
	● Klemmen 30 und 50 am Anlasser überbrücken: Anlasser läuft an. Leitung 50 zum Zündanlaßschalter unterbrochen, Anlaßschalter defekt	Unterbrechung beseitigen, defekte Teile ersetzen
	● Kabel oder Masseanschluß ist unterbrochen. Batterie entladen	Batteriekabel und Anschlüsse prüfen. Spannung der Batterie messen, nötigenfalls laden
	● Ungenügender Stromdurchgang infolge lockerer oder oxydierter Anschlüsse	Batteriepole und -klemmen reinigen. Stromsichere Verbindungen zwischen Batterie, Anlasser und Masse herstellen
	● Keine Spannung an Klemme 50 (Magnetschalter)	Leitung unterbrochen Zündanlaßschalter defekt
Anlasser dreht sich zu langsam und zieht den Motor nicht durch	● Batterie entladen	Batterie laden
	● Kein Winteröl bzw. Mehrbereichsöl im Motor	Mehrbereichsöl einfüllen
	● Ungenügender Stromdurchgang infolge lockerer oder oxydierter Anschlüsse	Batteriepole und -klemmen und Anschlüsse am Anlasser reinigen, Anschlüsse festziehen
	● Kohlebürsten liegen nicht auf dem Kollektor auf, klemmen in ihren Führungen, sind abgenutzt, gebrochen, verölt oder verschmutzt	Kohlebürsten überprüfen, reinigen bzw. auswechseln. Führungen prüfen
	● Ungenügender Abstand zwischen Kohlebürsten und Kollektor	Kohlebürsten ersetzen und Führungen für Kohlebürsten reinigen
	● Kollektor riefig oder verbrannt und verschmutzt	Kollektor abdrehen oder Anker ersetzen
	● Spannung an Klemme 50 fehlt (mind. 8 Volt)	Zündanlaßschalter oder Magnetschalter überprüfen
	● Lager ausgeschlagen	Lager prüfen, ggf. auswechseln
	● Magnetschalter defekt	Schalter auswechseln
Anlasser spurt ein und zieht an, Motor dreht sich nicht oder nur ruckweise	● Ritzelgetriebe defekt	Ritzelgetriebe ersetzen
	● Ritzel verschmutzt	Ritzel reinigen
	● Zahnkranz am Schwungrad defekt	Zahnkranz nacharbeiten, falls erforderlich, Schwungrad erneuern
Ritzelgetriebe spurt nicht aus	● Ritzelgetriebe oder Steilgewinde verschmutzt bzw. beschädigt	Ritzelgetriebe reinigen, ggf. ersetzen
	● Magnetschalter defekt	Magnetschalter ersetzen
	● Rückzugfeder schwach oder gebrochen	Rückzugfeder erneuern
Anlasser läuft weiter, nachdem der Zündschlüssel losgelassen wurde	● Magnetschalter hängt, schaltet nicht ab	Zündung sofort ausschalten, Magnetschalter ersetzen
	● Zündschloß schaltet nicht ab	Sofort Batterie abklemmen, Zündschloß ersetzen

W Wartung an der elektrischen Anlage

Batterie prüfen

Säurestand prüfen

- Der Flüssigkeitsspiegel soll 5 mm über den Platten einschließlich der Separatoren stehen. Ist eine Säurestandsmarke vorhanden, dann ist der Säurestand danach einzurichten. Zum Nachfüllen nur destilliertes Wasser nehmen.
- Batterien mit zu hohem Flüssigkeitsstand können bei starker Ladung (längere Fahrten am Tage) überkochen. Zu niedriger Säurestand verkürzt die Lebensdauer der Batterie.

Wartungsarme Batterie

Seit August 81 werden alle Modelle mit wartungsarmen Batterien ausgestattet. Die neue Batterie ist unter normalen Betriebszuständen nahezu wartungsfrei.

27-528

- Falls bei der Batterie dennoch destilliertes Wasser nachgefüllt werden muß, Batterie-Verschlußstopfen mit einem Schraubendreher abschrauben. Dazu Kunststoffhaut in der vorgesehenen Kerbe mit passendem Schraubendreher durchstechen.
- Schraubendreher in die Kerbe stecken. Verschlußstopfen links herum bis zum Anschlag drehen.
- Verschlußstopfen von Hand abschrauben.
- Der Verschlußstopfen kann wieder von Hand eingeschraubt werden.

Batterie-Pole reinigen

Bei der regelmäßigen Durchsicht des Wagens sind auch die Batterie-Pole zu reinigen und mit Polfett einzureiben.

Säuredichte prüfen

Die Säuredichte gibt in Verbindung mit der Spannungsmessung genauen Aufschluß über den Ladezustand der Batterie. Zur Prüfung dient ein Säureheber, der recht preiswert in Fachgeschäften angeboten wird. Je größer das spezifische Gewicht der angesaugten Batteriesäure ist, desto mehr taucht der Schwimmer auf. An der Skala wird das spezifische Gewicht (Säuredichte) der Batterieflüssigkeit entweder in Baumégrad oder kg/l bzw. g/ml angegeben.

	spezifisches Gewicht			
	normale Klimazonen		tropische Klimazonen	
Ladezustand	+°Bé.	g/ml	+°Bé	g/ml
entladen	16	1,12	11	1,08
halb entladen	24	1,20	18	1,16
gut geladen	32	1,28	27	1,23

Liegt die Säuredichte unter 1,20 g/ml beziehungsweise die Ruhespannung unter 12,2 Volt, sollte die Batterie nachgeladen werden.
Bricht bei einer vollgeladenen Batterie beim Starten des Motors die Batteriespannung zusammen, sollte die Batterie auf einen inneren Kurzschluß überprüft werden. Hierzu Säuredichte messen. Ein innerer Kurzschluß liegt dann vor, wenn sich die Säuredichte von Zelle zu Zelle um mehr als 0,3 g/ml unterscheidet.

Achtung: Eine unbenutzte Batterie entlädt sich von selbst. Falls die Batterie nicht rechtzeitig überprüft und nachgeladen wird, können bleibende Schäden an den Platten auftreten. Wird also das Auto für mehrere Wochen stillgelegt, Batterie alle vier Wochen ent- und wieder neuladen.

Batterie unter Belastung prüfen

- Voltmeter an den Polen der Batterie anschließen.
- Motor starten und Spannung ablesen.
- Während des Startvorganges darf bei einer vollen Batterie die Spannung nicht unter 10 Volt (Säuretemperatur ca. 20° C) abfallen.
- Bricht die Spannung sofort zusammen und wurde in den Zellen eine unterschiedliche Säuredichte festgestellt, so ist auf eine defekte Batterie zu schließen.
- Die Gesamtspannung kann auch mit einem Batterie-Testgerät gemessen werden.

Keilriemen prüfen

- Mit Lampe in den Motorraum leuchten.
- Keilriemen sichtprüfen, dann Riemen etwas weiterdrehen. Dazu 4. Gang einlegen und Fahrzeug verschieben.
- Bei ausgefransten Flanken oder Rissen an der Riemeninnenseite Keilriemen ersetzen.
- Keilriemenspannung prüfen. Mit dem Daumen in der Mitte zwischen beiden Riemenscheiben auf den Keilriemen drücken. Dabei soll sich der Riemen 10 bis 15 mm eindrükken lassen. Andernfalls Keilriemen spannen.

Die Zündanlage

Die Zündanlage erzeugt für jeden Zylinder des Motors im richtigen Augenblick den Zündfunken. Dieser setzt das angesaugte Kraftstoffluftgemisch in Brand.

Die Zündanlage besteht aus:

- der Zündspule
- dem Verteiler mit Unterbrecher und automatischer Zündzeitpunkt-Verstellung
- den Zündkerzen.

In der Zündspule wird die Batteriespannung von 12 Volt auf 15 000 bis 20 000 Volt umgeformt.

Der Zündverteiler hat die Aufgabe, mit Hilfe der Unterbrecherkontakte die Zündspannung in der Zündspule zu induzieren und die in der Zündspule erzeugte Zündspannung über den Zündverteiler-Läufer zu der jeweils richtigen Zündkerze zu leiten.

An den Zündkerzen-Elektroden springt der Zündfunke über, der das Kraftstoffluftgemisch im Zylinder entzündet.

Seit August 1980 ist der Einspritzmotor serienmäßig mit einer Transistorzündanlage (TSZ) ausgestattet, die wartungsfrei arbeitet. Alle 15 000 km ist lediglich der Filz in der Zündverteilerwelle mit einem Tropfen Öl zu versehen. **Bei Arbeiten an der TSZ sind bestimmte Punkte zu beachten, um Verletzungen von Personen oder die Zerstörung der TSZ-Anlage zu vermeiden.**

Funktion der TSZ-H-Anlage

Die Transistorzündanlage mit Hallgeber (TSZ-H) ist ein kontaktloses Zündsystem. Anstelle des Unterbrecherkontaktes ist der Zündverteiler mit einem wartungsfreien Hallgeber ausgestattet. Ein Zündkondensator ist nicht erforderlich. Der Hallgeber besteht aus einer berührungslos arbeitenden Magnetschranke und einer an der Zündverteilerwelle befestigten Blende.

Der Hallgeber steuert das TSZ-H-Schaltgerät an und bestimmt somit den Aus- und Einschaltpunkt des Zündspulenstromes. Dadurch bestimmt der Hallgeber auch den Zündzeitpunkt.

Wird die Blende in den Luftspalt der Magnetschranke gedreht, so lenkt sie das Magnetfeld an der integrierten Halbleiterschaltung (Hall-IC) vorbei. Der Hallgeber schaltet den Zündspulenstrom ein. Wird die Blende aus dem Luftspalt der Magnetschranke gedreht, wird der Zündspulenstrom abgeschaltet, und es erfolgt die Zündung.

Das TSZ-H-Schaltgerät regelt den Schließwinkel dadurch, daß die Zündspule nur für die Zeit, die zum Laden der Primärwicklung notwendig ist, mit Spannung versorgt wird. Dadurch wird die Verlustleistung im Schaltgerät und in der Zündspule gering gehalten.

Um das Schaltgerät und die Zündspule vor hoher Erwärmung zu schützen, schaltet das Schaltgerät bei eingeschalteter Zündung und stehendem Motor die Spannungsversorgung der Zündspule nach ca. 1 Sekunde ab.

Aus Sicherheitsgründen hat die Zündspule eine 5,5-mm-Öffnung mit Verschlußstopfen. Sie dient dazu, die Vergußmasse der Zündspule im Falle eines Schaltdefektes im TSZ-Hall-Schaltgerät gezielt austreten zu lassen.

Sicherheitsmaßnahmen zur TSZ-Anlage

Um Verletzungen von Personen und/oder die Zerstörung der TSZ-Anlage zu vermeiden, ist bei Arbeiten an Fahrzeugen mit TSZ-Anlage folgendes zu beachten:

- Zündkabel nicht bei laufendem Motor bzw. bei Anlaßdrehzahl mit der Hand berühren bzw. abziehen.
- Leitungen der Zündanlage nur bei ausgeschalteter Zündung abklemmen.
- Das An- und Abklemmen von Meßgeräteleitungen (Drehzahl-Zündungstester) nur bei ausgeschalteter Zündung vornehmen.
- An Klemme 1 (−) darf kein Entstörkondensator und keine Prüflampe angeschlossen werden.
- Meßgeräte und Zündlichtlampen mit Spannungsversorgung 12 Volt bei laufendem Motor nicht an Klemme 15 der Zündspule anklemmen.
- Hochspannungskabel (Klemme 4) nach dem Abziehen aus dem Zündverteiler immer direkt an Masse legen, dazu Hilfskabel mit ausreichendem Querschnitt verwenden, andernfalls darf der Motor nicht in Anlaßdrehzahl betrieben werden (z. B. Kompressionsdruckprüfung, TSZ-Schaltgerät-Prüfung).
- Starthilfe mit Schnellader ist nur 1 Minute und nur bis max. 20 Volt möglich.
- Die Zündspule darf nicht durch eine andere Ausführung ersetzt werden.
- Bei Erhitzung auf mehr als 80° C (z. B. Lackieren, Dampfstrahlen) darf der Motor nicht unmittelbar nach der Aufheizphase gestartet werden.
- Die Motorwäsche ist nur bei Motorstillstand durchzuführen.
- Bei Elektro- und Punktschweißen ist die Batterie komplett abzuklemmen.
- Fahrzeuge, bei denen ein Defekt an der Zündanlage besteht oder vermutet wird, dürfen nur mit abgezogenem Stecker am TSZ-H-Schaltgerät abgeschleppt werden.
- Zündverteilerläufer 1 k Ω (Kennzeichnung: R 1) nicht gegen einen anderen tauschen, auch nicht bei Radioentstörung.
- An den Hochspannungsleitungen nur Widerstände mit 1 k Ω und Zündkerzenstecker von 1 bis 5 k Ω verwenden.
- Personen mit einem Herzschrittmacher sollen keine Arbeiten an der TSZ-Anlage durchführen.

Zündverteiler aus- und einbauen

Pos.	Benennung
1	Zündverteilerkappe
2	Schleifkohle mit Feder
3	Verteilerläufer
4	Abdichtscheibe
5	Zylinderschraube
6	Unterbrecherkontakt
7	Sechskantschraube
8	Halter
9	Zylinderschraube
10	Kondensator
11	Sprengring
12	Unterdruckdose
13	Befestigungslasche
14	Haltefeder
15	Dichtung
16	Verschluß
17	Verteilergehäuse

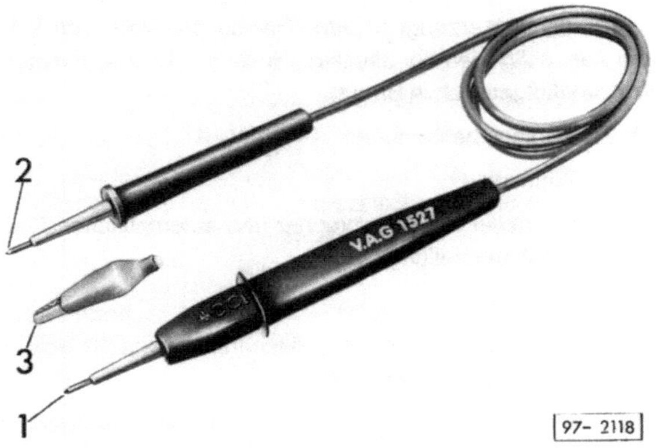

Achtung: Zur Spannungsprüfung an elektronischen Bauteilen nur einen hochohmigen Spannungsprüfer oder ein entsprechendes Meßgerät verwenden. Die herkömmliche Prüflampe kann aufgrund ihres geringen Widerstandes Schäden an der Elektronik verursachen.

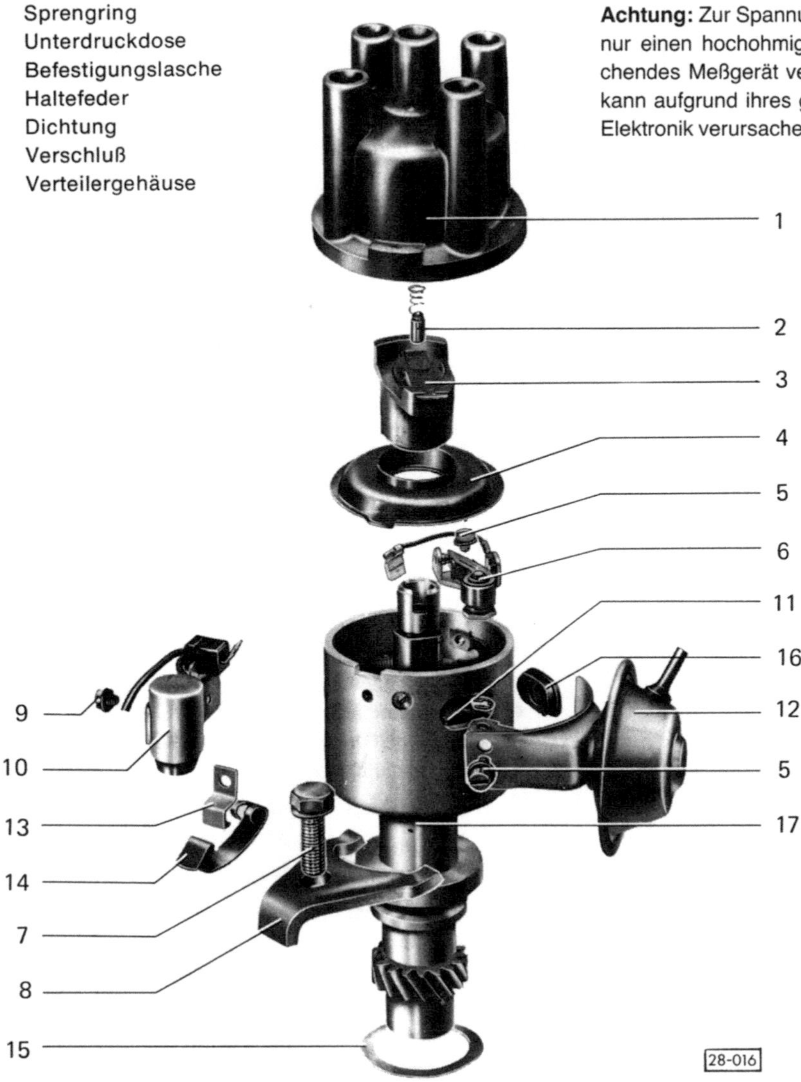

Ausbau

Ein kompletter Ausbau des Zündverteilers ist nur bei größeren Reparaturen notwendig. Die Unterbrecherkontakte lassen sich auch ohne Ausbau des Verteilers ersetzen.

- Batterie-Masseband abklemmen.
- Verteilerkappe abnehmen, Unterdruckschlauch am Zündverteiler und Leitung für Unterbrecherkontakt an der Zündspule abnehmen.
- Schraube (7) abschrauben und Halter (8) abnehmen. Zündverteiler herausziehen.

Einbau

- Zylinder 1 auf oberen Totpunkt (OT) stellen. Hierzu VW-Kerzenschlüssel 311 012 205 A kaufen und auf ca. 50 mm kürzen. Leitung vom Totpunktmarkengeber abziehen. Der Totpunktmarkengeber befindet sich hinten oben in der Getriebeglocke. Seit 1976 befindet sich in der Öffnung für Totpunktmarkengeber eine Schutzkappe ohne elektrischen Anschluß. Schutzkappe herausziehen.
- Totpunktmarkengeber mit abgesägtem Kerzenschlüssel ausbauen.

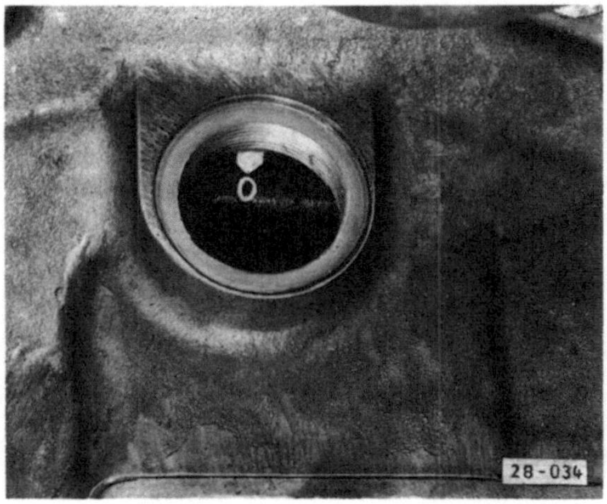

28-034

- Motor-Kurbelwelle durch Verschieben des Wagens bei eingelegtem 4. Gang, oder mit Ringschlüssel an der Kurbelwelle (vorher Gang rausnehmen) verdrehen, bis OT-Markierung in der Öffnung für Totpunktmarkengeber mit der Bezugsmarke fluchtet.

28-148

- Markierung am Nockenwellenrad (Pfeil) muß dann mit Zylinderkopfhaube, beziehungsweise mit der Oberkante des Abdeckbleches fluchten.

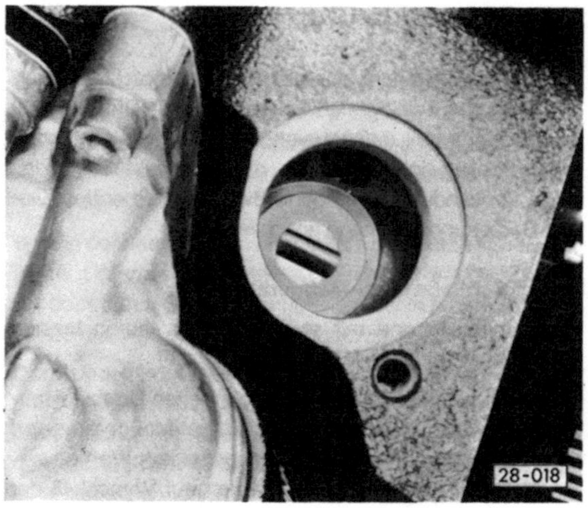
28-018

- In der Aufnahmebohrung für Zündverteiler mit Schraubendreher Aufnahmezapfen für Ölpumpenwelle parallel (quer zur Fahrtrichtung) zur Kurbelwelle stellen, siehe Abbildung.

28-019

- Verteilerläufer am ausgebauten Zündverteiler so stellen, daß er zur Markierung für Zylinder 1 (Kerbe) am Verteilergehäuse zeigt.
- Zündverteiler in dieser Lage einsetzen, Dichtung (15) nicht vergessen.
- Zündverteiler mit Schraube (7) und Halter (8) befestigen.
- Unterdruckschlauch am Zündverteiler und Kabel für Unterbrecherkontakte aufstecken.
- Batterie-Masseband anklemmen.
- Auf einwandfreien Zustand der Schleifkohle in der Zündverteilerkappe achten. Zündverteilerkappe säubern, auf Risse, Spuren von Kriechströmen und einwandfreien Sitz achten. Defekte Zündverteilerkappe unbedingt erneuern.
- Unterbrecherkontakt und Zündzeitpunkt einstellen.
- Totpunktmarkengeber bzw. Schutzkappe einbauen, Leitung aufstecken.

Schließwinkel prüfen

Für eine exakte Einstellung des Unterbrecherkontaktes benutzen die Werkstätten ein Schließwinkel-Meßgerät. Dieses Gerät bietet auch den Vorteil, daß bei leicht abgebrannten Kontaktflächen der Schließwinkel dennoch exakt eingestellt werden kann. Bei Verwendung eines Schließwinkel-Meßgerätes, Gerät nach Bedienungsanleitung anschließen.

Prüfen mit Schließwinkel-Meßgerät

- Motor anlassen und mit etwa 1000/min laufen lassen. Schließwinkel ablesen.
- Anschließend Motor mit etwa der doppelten Drehzahl laufen lassen. Der Zeiger des Schließwinkel-Meßgerätes darf nicht mehr als ± 1° vom vorher angezeigten Wert abweichen. Größere Abweichungen deuten auf Verschleiß der Verteilerwelle hin. In einem solchen Fall ist der Zündverteiler zu ersetzen.
- **Gemessenen Wert mit Sollwert vergleichen:**

	Gradangabe	Prozentangabe
Sollwert	47° ± 3°	53 % ± 3 %
Verschleiß	42° – 58°	47 % – 64 %

Das bedeutet, daß ein neuer Unterbrecherkontakt auf den Sollwert einzustellen ist und daß ein gelaufener Unterbrecherkontakt nicht nachzustellen ist, solange der Schließwinkel innerhalb der Verschleißgrenze liegt.

Unterbrecherkontakt ersetzen

Im Lauf der Zeit bilden sich an dem Unterbrecherkontakt Abbrandstellen, die sich als kleine Höcker und Krater bemerkbar machen. Außerdem nutzt sich das Kunststoffgleitstück ab, wodurch sich der Kontaktabstand verringert. Die Folge: schwache Zündfunken. Spätestens alle 15000 km ist deshalb der Unterbrecherkontakt auszuwechseln.

Ausbau

- Zündverteilerkappe abnehmen, Verteilerläufer abziehen, Abdichtscheibe herausnehmen.
- Kabel für Unterbrecherkontakt abziehen und Schrauben herausdrehen.
- Unterbrecherkontakt herausnehmen.

Einbau

- Unterbrecherkontakt einsetzen, Nockengleitbahn und Kunststoffgleitstück mit etwas Mehrzweckfett schmieren. Bei der Montage der Unterbrecherkontakte muß der Zapfen des Lagerbolzens einrasten.
- Versehentlich auf die Kontaktfläche gelangtes Öl oder Fett sorgsam entfernen. Kontaktflächen müssen plan zueinander stehen.
- Kabel für Unterbrecherkontakt aufstecken.
- Unterbrecherkontakt (Schließwinkel) einstellen.
- Zündverteiler mit Abdichtscheibe, Verteilerläufer und Zündverteilerläuferkappe komplettieren.
- Zündzeitpunkt einstellen.

Schließwinkel einstellen

- Verteilerkappe abnehmen, Verteilerläufer abziehen, Abdichtscheibe abnehmen.
- Schließwinkel-Meßgerät nach Anleitung anschließen, Feststellschraube am Unterbrecherkontakt leicht lösen. Motor mit Anlasser durchdrehen (keinen Gang einlegen). Bei Anlaßdrehzahl Kontaktabstand mit Schraubenzieher verändern, bis das Meßinstrument den richtigen Schließwinkel anzeigt. Beim Verstellen wird der untere Teil des Unterbrecherkontaktes mit dem Schraubenzieher langsam verstellt (siehe Abbildung).

- Feststellschraube für Unterbrecherkontakt festziehen und prüfen, ob sich der Schließwinkel dabei nicht unzulässig verändert hat.
- Zündverteiler komplettieren und Schließwinkel nochmals bei laufendem Motor kontrollieren.
- Zündzeitpunkt einstellen.

Unterbrecherkontakt/Schließwinkel mit Fühlerblattlehre einstellen

Steht kein Schließwinkel-Meßgerät zur Verfügung, kann der Schließwinkel auch mit einer Fühlerblattlehre behelfsmäßig eingestellt werden. Anschließend sollte der Schließwinkel mit einem Schließwinkelmeßgerät eingestellt werden.

- Verteilerkappe, Verteilerläufer und Abdichtscheibe abziehen.
- Kurbelwelle in Uhrzeigerdrehrichtung an Schraube für Kurbelwelle/Keilriemenscheibe verdrehen, bis ein Nocken der Zündverteilerwelle den Unterbrecherhebel vollständig abhebt. Man kann die Verteilerwelle auch dadurch verdrehen, indem man den Motor ganz kurz startet. Oder 4. Gang einlegen und durch Verschieben des Wagens die Kurbelwelle und damit die Zündverteilerwelle verdrehen. **Achtung**: Vor dem Einstellen muß das Kunststoffgleitstück im höchsten Punkt des Zündverteilernockens anliegen. Bei neu eingesetzten Kontakten kommt es vor, daß das Gleitstück nicht gegen den Nocken der Welle anstößt. Dann Unterbrecherkontakt leicht lösen und mit Schraubendreher in Richtung Zündverteilerwelle drücken. Unterbrecherkontakt anschließend festziehen.
- Bei abgehobenem Unterbrecherkontakt Kontaktabstand mit einer Fühlerblattlehre – 0,4 mm – messen. Die Lehre muß sich bei richtig eingestelltem Abstand stramm zwischen die Kontakte schieben lassen. Bei Kontakten mit Abbrand nur am Rand messen – in der Mitte würde der Abstand durch die Höckerbildung zu groß.
- Falls der Abstand zu groß oder zu klein ist: Feststellschraube am Unterbrecherkontakt leicht lösen. Mit Schraubenzieher unteren Teil von Unterbrecherkontakt verschieben, bis die Fühlerblattlehre leicht zwischen die Kontakte paßt.
- Feststellschraube am Unterbrecherkontakt anziehen.
- Kurbelwelle und damit Zündverteilerwelle verdrehen, bis der Unterbrecherhebel voll abhebt. Kontaktabstand nochmals prüfen bzw. einstellen.
- Zündverteiler mit Abdichtscheibe, Verteilerläufer und Verteilerkappe komplettieren.
- Zündzeitpunkt einstellen.

Achtung: Zwischen den Kontaktflächen darf kein Öl oder Fett sein. Sonst springt der Motor nicht an!

Kondensator prüfen

- Der Kondensator (sitzt außen am Zündverteiler) ist zum Erreichen der erforderlichen Zündspannung von wesentlichem Einfluß. Er vermindert gleichzeitig die Funkenbildung beim Öffnen der Unterbrecherkontakte und damit den vorzeitigen Abbrand.
- Ein defekter Kondensator macht sich durch stark verbrannte Unterbrecherkontakte, durch schwache Zündfunken oder durch Startschwierigkeiten bemerkbar. Defekte Kondensatoren sind außerordentlich selten.

Der Kondensator kann nur mit teuren Meßgeräten exakt geprüft werden. In den meisten Fällen genügt jedoch eine Sichtprüfung oder – probehalber – der Einbau eines neuen Kondensators. Beim Auswechseln eines Kondensators muß unbedingt der gleiche Typ eingebaut werden.

Sichtprüfung

- Zündverteilerkappe abnehmen. Kontakte mit Schraubendreher abheben. Wenn die Kontakte blaue Abbrandstellen aufweisen, ist dies ein Zeichen für einen defekten Kondensator. Grauer oder schwarzer Abbrand ist dagegen normal.
- Motor bei abgenommener Zündverteilerkappe von Hilfsperson starten lassen. Während des Startens den Unterbrecherkontakt beobachten. Wenn ständig starke Funken zwischen den Kontaktflächen auftreten, ist dies ein Hinweis auf einen defekten Kondensator. Schwache, nicht ständig auftretende Funken sind dagegen normal.

Hallgeber prüfen

Der Hallgeber erzeugt in Verbindung mit dem Blendenrotor die Signalspannung für das Schaltgerät für Zündung.

Prüfen

- Bei eingeschalteter Zündung liegt an der Zündspule Klemme 15 (+) Batteriespannung an.
- Schaltgerät für Transistorzündung i. O.
- Hochspannungsleitung zwischen Zündspule und Zündverteiler aus dem Zündverteiler ziehen und an Masse legen. Dazu gut isolierte Zange benutzen oder das Kabel entsprechend mit Tesaband befestigen. Das Kabel darf **nicht** mit der Hand gehalten werden.
- Spannungsprüfer (4–24 V) zwischen Zündspule Klemme 15 (+) und Klemme 1(–) klemmen.
- Anlasser ca. 5 Sek. betätigen, dabei muß die Prüflampe flackern. Flackert die Lampe nicht, ist der Hallgeber zu ersetzen (Reparatursatz).

Schaltgerät für Leerlaufstabilisierung abschalten/prüfen

(Nur SCIROCCO)

Die Leerlaufstabilisierung (DLS) hält auch dann die Leerlaufdrehzahl konstant, wenn der Motor durch zusätzliche Verbraucher, wie zum Beispiel Fernscheinwerfer, belastet wird. Die Stabilisierung wird dadurch erreicht, daß die DLS den Zündpunkt in Richtung – früh – verschiebt. Die DLS kann mit einem Zündeinstellgerät geprüft werden, welches die Zündverstellung anzeigt. **Bei einem Defekt der DLS springt der Motor nicht an. In diesem Fall kann die DLS ausgeschaltet werden.** Dazu werden die Stecker von der DLS abgezogen und zusammengesteckt. **Auch bei der Zündzeitpunkteinstellung müssen die Stecker vom Schaltgerät der DLS abgezogen und miteinander verbunden werden.**

- Die DLS sitzt vorn unter der Haube im Wasserkasten.

28-263

- Stecker vom Schaltgerät für Leerlaufstabilisierung (DLS) abziehen und miteinander verbinden.

Prüfen

- Prüfgerät für Zündzeitpunktverstellung nach Vorschrift anschließen.
- Motor starten und Drehzahl kurzfristig erhöhen, Gasstoß geben.
- Fußbremse betätigen.
- Motor im Leerlauf belassen. 4. Gang einlegen und Kupplung langsam greifen lassen. Bei Automatikfahrzeugen Wählbereich einlegen.
- Zündzeitpunkt muß bei steigender Motorbelastung in Richtung – früh – auswandern, ggf. Schaltgerät auswechseln.

Zündzeitpunkt einstellen

Zum Einstellen des Zündzeitpunktes werden ein Drehzahlmesser und eine Zündpistole benötigt. Bei Fahrzeugen mit TSZ-Anlage ist das Einstellen des Zündzeitpunktes nur nach Reparaturen erforderlich.

- Öltemperatur mindestens 30° C.
- Luftklappe voll öffnen.
- Klimaanlage ausgeschaltet.
- Drehzahlmesser nach Vorschrift anschließen.
- Schließwinkel prüfen, ggf. einstellen.
- Leerlaufdrehzahl prüfen, ggf. einstellen.

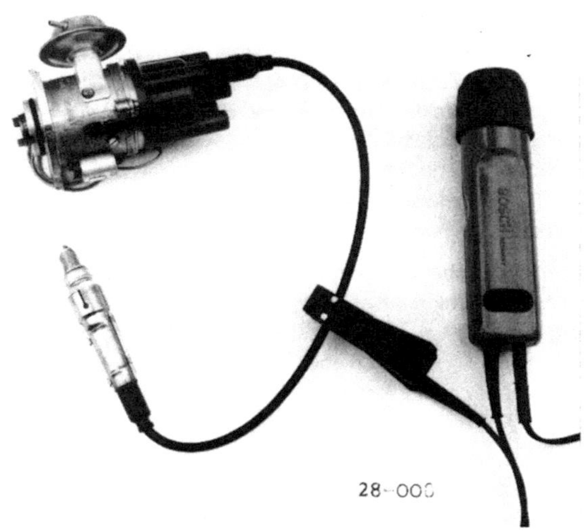

28-000

- Zündblitzpistole nach Bedienungsanleitung anschließen.

Achtung: Bei Motoren mit DLS muß die DLS ausgeschaltet werden.

28-181

Achtung: Die Unterdruckschläuche an der bzw. den Unterdruckdosen am Zündverteiler müssen je nach Motor aufgesteckt bleiben oder abgezogen werden, siehe Tabelle.

- Bei Fahrzeugen mit Transistorzündung (TSZ) Sicherheitsmaßnahmen beachten, siehe Seite 199.

- Totpunktmarkengeber beziehungsweise Schutzkappe an der Getriebeglocke ausbauen, siehe Seite 201.
- Motor starten und mit Leerlaufdrehzahl laufen lassen.
- Mit Zündblitzpistole in die Öffnung der Getriebeglocke blitzen. Die Zündzeitpunktmarke muß nun gegenüber der Bezugsmarke scheinbar stillstehen.
- Falls sich beim Anblitzen der Zündzeitpunkt nicht mit der Bezugsmarke deckt, Zündverteiler lösen und langsam verdrehen, bis die Zündzeitpunktmarke mit der Bezugsmarke übereinstimmt.
- Zündverteiler festziehen.
- Falls der Unterdruckschlauch zum Zündverteiler abgezogen war, Unterdruckschlauch nach der Messung wieder aufschieben.
- Falls vorhanden, Totpunktmarkengeber wieder einbauen.

Der richtige Zündzeitpunkt

Achtung: Darauf achten, ob der Unterdruckschlauch zur Unterdruckdose des Zündverteilers **abgezogen werden muß oder aufgesteckt bleibt.** Motornummer und Kennbuchstabe des Motors sind vorn am Motorblock eingeschlagen.

Achtung: Seit August 1979 sind die SCIROCCO-Modelle mit einer Transistor-Zündanlage (TSZ) und einer digitalen Leerlaufstabilisierung (DLS, seit August 1980 nicht in 1,6-l-Motor) ausgerüstet. Beim Einstellen bzw. Prüfen des Zündzeitpunktes muß die DLS abgeklemmt werden. Die Stecker der DLS sind so ausgeführt, daß sie nach dem Abziehen an der DLS zusammengefügt werden können. Die DLS sitzt zwischen Zündverteiler und Transistorzündung. Nach der Prüfung DLS wieder anschließen.

Achtung: Die Meßgeräteleitungen der TSZ-Anlage dürfen nur bei ausgeschalteter Zündung ab- und angeklemmt werden.

Motor GOLF/JETTA, SCIROCCO/CADDY	Motorkenn-buchstabe	Zünd-zeitpunkt	Markierung	Umdrehung/min	Hinweis
1,5 l	FB, FD FH, FK	7,5° vor o.T.	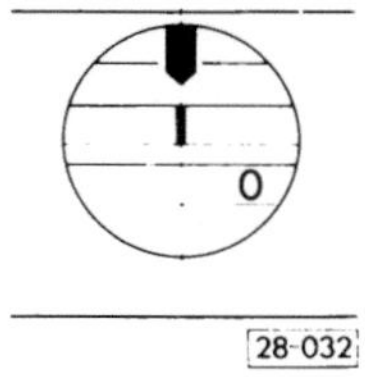	950 ± 50	Unterdruckschlauch **abgezogen**
1,5 l Schaltgetriebe ohne TSZ Autom. Getriebe	JB seit JB 297335	9° vor o.T.			
1,5 l autom. Getriebe/ ohne TSZ 1,5 l Scirocco seit Aug. 79 mit TSZ und DLS 1,6 l Scirocco seit Aug. 79 mit TSZ und DLS 1,6 l	bis JB 297334 EG, FR, JB EG, FP, FR, FT, FV	o.T.	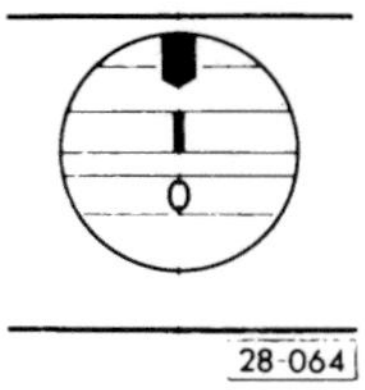	950 ± 50 800 ± 50 800 ± 50 950 ± 50	Unterdruckschläuche **aufgesteckt** Scirocco: DLS abgeklemmt und verbunden, siehe Seite 204
1,6 l	FN*	3° nach o.T.	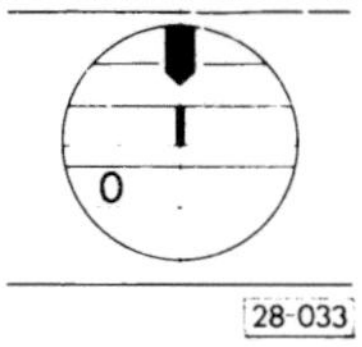	925 ± 75	Unterdruckschläuche **aufgesteckt**
1,6 l	EW	18 ± 1° vor OT	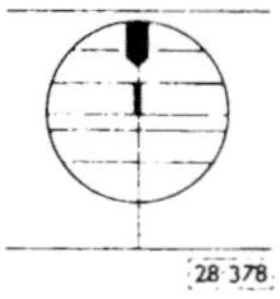	950 ± 50**	Unterdruckschläuche **aufgesteckt**
1,8 l	DX, JJ	6° vor o.T.	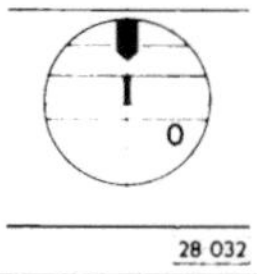	950 ± 50**	Unterdruckschlauch **abgezogen**

* Fahrzeuge ohne Keihin-Vergaser. Fahrzeuge mit Keihin-Vergaser (Schweden): o.T.

** Scirocco, Golf Cabrio: 750 ±50.

Die Zündkerzen

Die Zündkerze besteht aus der Mittel-Elektrode, dem Isolator mit Gehäuse und der Masse-Elektrode. Die Masse-Elektrode ist gasdicht im Isolator befestigt, der Isolator ist fest mit dem Gehäuse verbunden. Zwischen Mittel- und Masse-Elektrode springt der Zündfunke über, der das Kraftstoffluftgemisch entzünden soll. Von der Zündkerze hängen Startbereitschaft, Leerlaufverhalten, Beschleunigung und Höchstgeschwindigkeit ab. Man sollte deshalb nicht ohne Grund von dem vom Werk vorgeschriebenen Zündkerzentyp abweichen, der durch die Wärmewert-Kennzahl bestimmt wird. Die Wärmewert-Kennzahl gibt den Grad der Wärmebelastbarkeit einer Zündkerze im Motor unter bestimmten Betriebsbedingungen an. Die Zündkerzen für den Motor sind so ausgewählt, daß sie möglichst unter allen Fahrbedingungen die Selbstreinigungstemperatur erreichen. Je niedriger die Wärmewert-Kennzahl einer Zündkerze ist, desto höher ist ihr Widerstand gegen Glühzündungen und desto kleiner ist ihr Widerstand gegen Verschmutzung. Je höher die Wärmewert-Kennzahl der Zündkerze ist, desto kleiner ist ihr Widerstand gegen Glühzündungen und desto höher ist ihr Widerstand gegen Verschmutzung.

Die Wärmewert-Kennzahl ist im Zündkerzencode enthalten. Der Code schlüsselt sich wie folgt auf:

Bosch-Zündkerze

Beispiel W R 7 D C
①②③④⑤

① W = Gewinde M 14 x 1,25 mit Flachdichtsitz; M = Gewinde M 18 x 1,5 mit Flachdichtsitz; H = Gewinde M 14 x 1,25 mit Kegeldichtsitz; D = Gewinde M 18 x 1,5 mit Kegeldichtsitz. Die Schlüsselweite ist jeweils 21 mm. F = Gewinde M 14 x 1,25 mit Flachdichtsitz und Schlüsselweite 16 mm.

② R = Mit Widerstand, zur Entstörung. Die Funktion der Zündanlage wird dadurch nicht beeinflußt.

③ Wärmewert-Kennzahl. Die Wärmewertskala wird von 06 („kalt") bis 13 („warm") angegeben. Dabei entspricht die Kennzahl 7 dem alten Wärmewert 175 (frühere Bezeichnung), 6 – 200,5 – 225 usw.

④ A = Gewindelänge 12,7 mm, normale Funkenlage; B = Gewindelänge 12,7 mm, vorgezogene Funkenlage; C = Gewindelänge 19 mm, normale Funkenlage; D = Gewindelänge 19 mm, vorgezogene Funkenlage.

⑤ Elektrodenwerkstoff der Mittelelektrode: Cr-Ni-Legierung, C = Ni-Cu-Verbund-Mittelelektrode, S = Silber-Mittelelektrode, P = Platin-Mittelelektrode.

Durch den Kupferkern (Cu) in der Mittelelektrode und noch mehr durch die Silber-Mittelelektrode wird die Wärmeleitfähigkeit und damit die Wärmebelastbarkeit erhöht. Der Vorteil einer Zündkerze mit Platin-Mittelelektrode liegt in hoher Zündwilligkeit sowie geringem Verschleiß.

Platin-Zündkerzen haben ihre Verschleißgrenze erreicht, wenn die Mittelelektrode im Isolatorfuß nicht mehr erkennbar ist. In diesem Fall Zündkerzen austauschen.

Beru-Zündkerze

Beispiel 18 K 7 B U
① ② ③ ④ ⑤

① Gewindedurchmesser in mm, hier M 18.
② Konstruktionsmerkmal, z. B. K für Konussitz, R für Entstörwiderstand.
③ Wärmewert-Kennzahl (wie bei Bosch).
④ Gewindelänge (wie bei Bosch).
⑤ Elektrodenwerkstoff, z. B. U für Kupferkern.

Von dem vom Werk empfohlenen Wärmewert sollte nur dann abgegangen werden, wenn die Betriebsbedingungen erheblich von den normalen Bedingungen abweichen und Betriebsstörungen auftreten. Sind die Kerzen ständig verrußt, erreichen sie also nicht die Selbstreinigungstemperatur (nur Kurzstreckenverkehr), ist eine Zündkerze mit der nächsthöheren Wärmewert-Kennzahl empfehlenswert. Wenn der Motor ausschließlich Vollgas gefahren wird, kann eine Zündkerze mit nächstniedrigerer Wärmewert-Kennzahl erforderlich werden.

Langzeitzündkerzen

Die Zündkerzen mit den Bezeichnungen DTC von BOSCH, DTU von BERU und GY von CHAMPION sind sogenannte Langzeitzündkerzen, die nur alle 30 000 km ersetzt werden müssen. Der Elektrodenabstand beträgt bei diesen Kerzen 0,7 mm – 0,9 mm. Langzeitzündkerzen dürfen nur in die Motoren EW und DX eingesetzt werden. Langzeitzündkerzen sollten bei Motoren mit kontaktgesteuerter Zündanlage **nicht** verwendet werden.

Das Kerzengesicht

Mit einiger Erfahrung lassen sich aus dem Kerzengesicht Rückschlüsse auf Einstellung und Betriebszustand des Motors ziehen. Es gelten folgende Regeln:

Elektroden und Isolierkörper

- mittelgrau = richtige Vergasereinstellung und richtiges Arbeiten der Zündkerze
- schwarz = Gemisch zu fett
- hellgrau = Gemisch zu mager
- verölt = Aussetzen der betreffenden Zündkerze oder schlecht abgedichtete Kolbenringe.

Die Zündkerzen können mit einer Messingbürste oder einem Sandstrahlgerät gereinigt werden.

Zündkerzen sollen alle 15 000 km ersetzt werden und sind mit 20 Nm anzuziehen.

Motor	Kennbuchstabe	Zündkerzen			Elektrodenabstand mm
		Bosch	Beru	Champion	
1,5 l	JB	W 8 DO W 8 DC[1]	14-8 DU	N 9 YC	0,6 – 0,8
	FH, FK	W 7 DC	14-7 DU RS 35	N 7 YC	0,6 – 0,8
	FB	W 6 DC	14-6 DU RS 37	N 7 YC	0,6 – 0,8
	FD	W 5 DC	14-5 DU RS 39	N 6 YC	0,6 – 0,8
1,6 l	FP	W 7 DC	14-7 DU RS 35	N 7 YC	0,6 – 0,8
	FR, FT, FV	W 7 DO W 7 DC	14-7 DU RS 35	N 7 YC	0,6 – 0,8
	FN	W 7 DC	14-7 DU	N 7 YC	0,6 – 0,8
	EW bis 7/83	W 7 DCO	14-7 DU	N 79 Y N 7 YCX	0,6 – 0,8
	EW ohne TSZ ab 8/83	W 8 DC	14-8 DU	N 9 YC	0,6 – 0,8
	EW mit TSZ 8/83 – 8/84	W 7 DCO	14-7 DU	N 79 Y N 7 YCX	0,6 – 0,8
	EW mit TSZ ab 9/84[2] [3]	W 8 DTC	14-8 DTU	N 9 BYC 4	0,9 – 1,1
	EG	W 5 DC	14-5 DU RS 39	N 6 YC	0,6 – 0,8
1,8 l	DX [3]	W 7 DTC	14-7 DU	N 7 BYC	0,7 – 0,9

[1]) Nicht empfehlenswert für Modell Scirocco

[2]) Zusätzliche Kerze erlaubt: NGK BP 5 ET-10

[3]) Zündkerzen-Wechselintervall: nur noch alle 30 000 km

W Wartung der Zündanlage

Die elektronische Zündanlage (GTI, seit August 1980) ist grundsätzlich wartungsfrei, dennoch sollten im Rahmen der Wartung die Anschlüsse und Zündkerzen überprüft werden.

Verteilerkappe prüfen

- Verteilerkappe abnehmen. Die Kappe muß innen trocken sein.
- Anschlußkontakte auf Verschleiß und Korrosion prüfen, gegebenenfalls mit Schmirgelleinen reinigen.
- Mittleren Kohlekontakt auf Leichtgängigkeit und Verschleiß prüfen. Dazu Kontakt mit dem Finger eindrücken.
- Verteilerkappe auf Kriechströme untersuchen. Kriechströme zeigen sich durch dünne, unregelmäßige Spuren auf der Oberfläche der Verteilerkappe.
- Verteilerkappe mit sauberem, trockenem Lappen auswischen und auf Haarrisse untersuchen. Anschließend Kappe innen mit Kontaktspray einsprühen.
- Verteilerläufer abziehen und auf Haarrisse sowie saubere Kontakte prüfen, gegebenenfalls reinigen.
- Filz in der Verteilerwelle leicht ölen.
- Verteilerläufer aufstecken, dabei muß die Nase des Läufers in die Nut der Verteilerwelle einrasten. Verteilerläufer leicht hin- und herdrehen und dadurch festen Sitz prüfen.
- Verteilerkappe einbauen.

Zündkerzen prüfen

- Die Zündkerzen sollen etwa alle 7500 km herausgeschraubt werden, äußerlich gereinigt und an den Elektroden nachgestellt werden. Alle 15000 km müssen die Zündkerzen erneuert werden. Die Zündkerzen von Hand einschrauben und nicht zu stramm anziehen.
- Zündkerzengesicht prüfen, siehe Seite 206.
- Der Elektrodenabstand soll **0,7–0,8 mm** betragen.
- Bei Fahrzeugen mit TSZ-H-Zündanlage beträgt die Verschleißgrenze für den Zündkerzen-Elektrodenabstand 1,2 mm.
- Zum Einstellen des Kontaktabstandes Masse-Elektrode nachbiegen. Dafür gibt es von Champion ein einfaches, praktisches Werkzeug, andernfalls seitlich gegen die Masse-Elektrode klopfen. Beim Aufbiegen kleinen Schraubendreher am Gewinderand der Kerze abstützen, keinesfalls jedoch an der Mittel-Elektrode, da diese sonst beschädigt wird.
- Zündkerzen mit 20 Nm festziehen.

W

Zündspule prüfen

Die Zündspule kann mit einem Ohmmeter geprüft werden.

- Alle Anschlüsse an der Zündspule abklemmen.

A – Primärwiderstand prüfen

- Ohmmeter an Klemme 1 (–) und Klemme 15 (+) der Zündspule anschließen.
- Widerstand messen. Sollwert: 0,52–0,76 Ω, ggf. Zündspule ersetzen.

B – Sekundärwiderstand prüfen

- Ohmmeter an Klemme 1 (–) und Klemme 4 der Zündspule anschließen.
- Widerstand messen. Sollwert: 2,4–3,5 k Ω, ggf. Zündspule ersetzen.

Hinweis:

Ein Windungsschluß in der Zündspule kann durch Widerstandsmessungen nicht festgestellt werden; d. h. ist keine Hochspannung vorhanden, obwohl bei der Schaltgerät- (TSZ-H) bzw. der Hallgeberprüfung kein Defekt festgestellt wurde, ist die Zündspule zu ersetzen.

Zündkerzenstecker/Zündleitung prüfen

Zündkerzenstecker prüfen

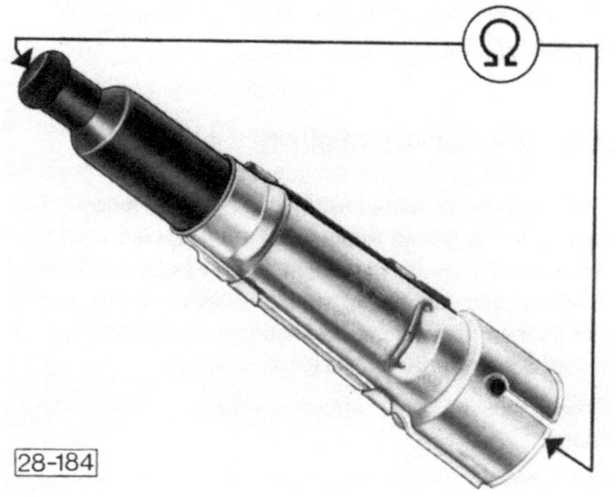

- Zündkerzenstecker ausbauen, Ohmmeter anschließen. Der Sollwert soll bei entstörtem Zündkerzenstecker (für Radioempfang) 5 ± 1,0 k Ω und bei einem nicht entstörten Zündkerzenstecker 1 ± 0,4 k Ω betragen.

Zündleitung prüfen

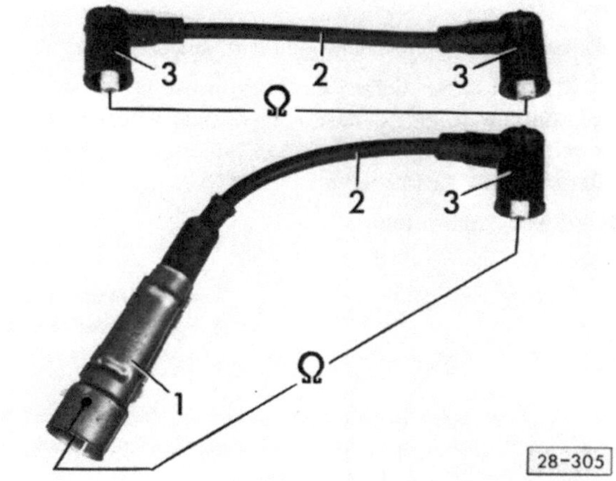

- Zündleitung ausbauen, Ohmmeter anschließen.

Zündleitung einschließlich Stecker	Sollwert in k Ω
Leitung zwischen Zündverteiler und Zündkerze	0,6–7,4
Leitung zwischen Zündspule und Zündverteiler	0–2,8
Entstörstecker –3–	0,6–1,4

- Verteilerläufer prüfen, siehe Seite 32.

Die Beleuchtungsanlage GOLF/SCIROCCO

Zur Beleuchtungsanlage gehören: Hauptscheinwerfer, Heckleuchten, Bremsleuchten, Rückfahrscheinwerfer, Kennzeichenleuchte, Blinkleuchten, Innenleuchte und Instrumentenbeleuchtung.

Scheinwerfer einstellen

Für die Verkehrssicherheit ist die richtige Einstellung der Scheinwerfer von großer Bedeutung. Eine exakte Einstellung der Scheinwerfer ist nur mit einem Spezialeinstellgerät möglich. Deshalb wird nur gezeigt, wo die Scheinwerfer eingestellt werden können und welche Bedingungen zum richtigen Einstellen der Scheinwerfer erfüllt sein müssen.

- Reifen müssen den vorgeschriebenen Reifenfülldruck haben.
- Das unbeladene Fahrzeug muß mit 75 kg (eine Person) auf dem Fahrersitz belastet sein.
- Kraftstofftank füllen, mindestens zu 90%.
- Fahrzeug auf ebene Fläche stellen.
- Vorderwagen mehrmals kräftig nach unten drücken, damit die Federung der Vorderradaufhängung sich setzt. Danach das Fahrzeug einige Meter rollen.
- Streuscheiben dürfen nicht beschädigt oder verschmutzt sein.
- Reflektoren müssen in einwandfreiem Zustand sein.
- Die Scheinwerfer dürfen nur bei Abblendlicht eingestellt werden. Das Neigungsmaß beträgt für Normalscheinwerfer X = 12 cm auf 10 m Entfernung. Nebelscheinwerfer X = 20 cm auf 10 m Entfernung.

GOLF-Einstellschrauben

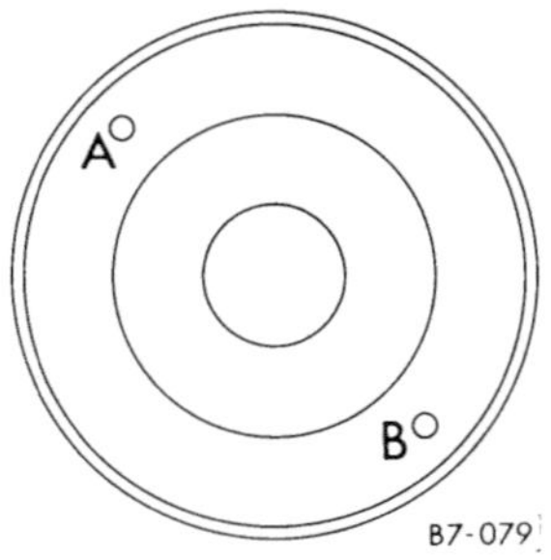

A = Höhenverstellung
B = Seitenverstellung

Scheinwerferlampe aus- und einbauen

Normale Glühlampen, nicht Halogenlampen, unterliegen dem Verschleiß. Etwa alle zwei Jahre sollten sie ausgewechselt werden, auch wenn sie noch intakt sind.

Vor dem Auswechseln der Glühlampen Schalter des betreffenden Verbrauchers ausschalten. **Achtung: Glaskolben nicht mit bloßen Fingern anfassen.** Der Fingerabdruck würde verdunsten und sich – aufgrund der Wärme – auf dem Reflektor niederschlagen und diesen erblinden lassen.

Grundsätzlich Glühlampe nur durch eine gleicher Ausführung ersetzen. Versehentlich entstandene Berührungsflecken mit sauberem, nicht faserndem Tuch und Alkohol oder Spiritus entfernen.

Ausbau

- Motorraumdeckel öffnen.

- SCIROCCO: Kabelstecker und Abdeckkappe abziehen.

- GOLF: Abdeckkappe vom Scheinwerfer abziehen, Stecker mit Leitungen von der Scheinwerferlampe abziehen.
- Verschlußring etwas andrücken und durch Linksdrehen aus dem Verschluß am Reflektor ausrasten.
- Lampe aus dem Reflektor herausnehmen.

Einbau

- Neue Lampe so in den Reflektor einsetzen, daß sich die Fixiernase am Lampenteller in die unten im Reflektor befindliche Aussparung einsetzt. Die mittlere der drei Steckerfahnen steht dann oben.
- Verschlußring aufsetzen, gegen den Reflektor drücken und bis zum Anschlag nach rechts drehen.
- SCIROCCO: Abdeckkappe sorgfältig aufschieben – sie muß dicht am Reflektor anliegen – und Kabelstecker aufstecken.

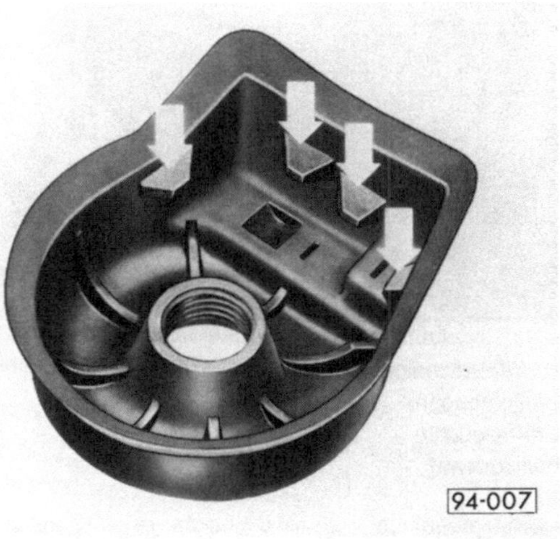
94-007

- SCIROCCO mit Rechteckscheinwerfer: Die Dichtung mit Lampenfassung muß nach dem Auswechseln der Glühlampe wieder einwandfrei am Reflektor anliegen. Dazu müssen die vier Haltenasen (Pfeile) hinter die Lampenfassung gedrückt werden.

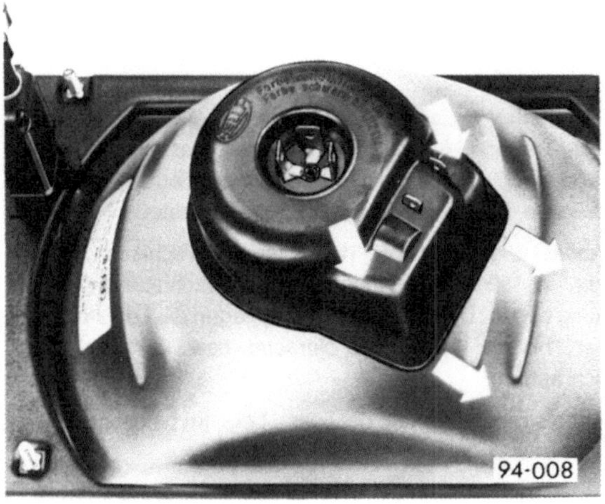
94-008

- GOLF: Dreifachstecker aufstecken und Abdeckkappe aufschieben.
- Scheinwerfereinstellung prüfen lassen.

Standlichtlampe aus- und einbauen

Die Lampe sitzt in einer Fassung im Verschlußring der Scheinwerferlampe und wird durch eine Kontaktfeder gehalten.

- Verschlußring mit Scheinwerferlampe ausbauen, siehe unter „Scheinwerfer".
- Standlichtlampe etwas in die Fassung hineindrücken, drehen und herausnehmen.
- Neue Lampe einsetzen.

Achtung: Die Standlichtfassung darf nicht verkantet eingesetzt werden. Ungenügende Abdichtung an der Standlichtfassung kann dazu führen, daß Feuchtigkeit in den Schweinwerfer eindringt und den Reflektor zerstört.

Scirocco-Doppelscheinwerfer aus- und einbauen

Ausbau

Halogenlampe oder Standlichtlampe auswechseln

- Motorraumdeckel öffnen, Abdeckkappe links herum drehen und abnehmen (außen = Abblendlicht, innen = Fernlicht).

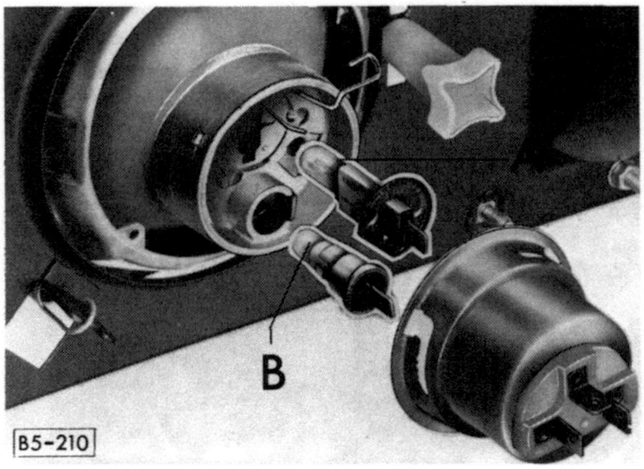

B5-210

A = Halogenlampe B = Standlichtlampe

- Stecker von der Lampe abziehen, Federdrahtbügel aushaken und abklappen.
- Lampe auswechseln. Glaskolben nicht mit bloßen Fingern anfassen!

Einbau

- Bügel einhängen und Kabel aufstecken. Abdeckkappe aufsetzen.

Standlichtlampe auswechseln

- Lampe mit Fassung aus dem äußeren Reflektor ziehen, Lampe in die Fassung drücken und nach links drehen und herausziehen.
- Neue Lampe einsetzen, Fassung bis zum Anschlag in den Reflektor drücken.
- Abdeckkappe aufstecken und rechts herum festdrehen.
- Nach Auswechseln der Halogenlampe Scheinwerfereinstellung prüfen lassen.

Vordere Blinkleuchten auswechseln

- GOLF: Zwei Kreuzschlitzschrauben herausschrauben und Streuscheibe abnehmen.
- Lampe hineindrücken, linksherum drehen und herausnehmen.
- Neue Lampe hineindrücken und rechtsherum drehen.
- Streuscheibe nicht zu fest anschrauben.

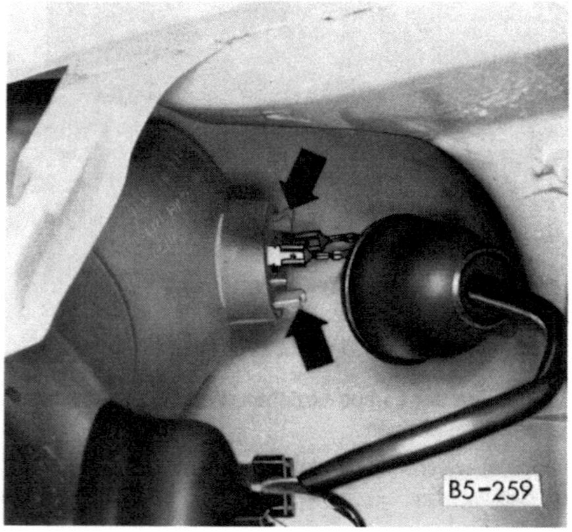

- SCIROCCO: Motorraumdeckel öffnen, Gummikappe abziehen, Laschen in der Lampenfassung zusammendrükken, Fassung aus der Blinkleuchte ziehen.
- Lampe in die Fassung hineindrücken, nach links drehen und herausnehmen.
- Neue Lampe einsetzen, nach rechts drehen.
- Lampenfassung in die Blinkleuchte einsetzen, beide Laschen müssen spürbar einrasten, Gummikappe aufstecken.

Heckleuchten auswechseln

1 = Rückfahrscheinwerfer
2 = Schlußleuchte
3 = Bremsleuchte
4 = Blinkleuchte

- Heckklappe öffnen, Lampenabdeckung abschrauben bzw. innere Haltelasche zur Wagenmitte drücken und Abdekkung abnehmen.
- Die äußere Haltelasche nach außen drücken und Lampenträger herausnehmen. Bei der linken Leuchte Halteband für Kabelstrang unterhalb der Leuchte öffnen.
- Lampe leicht in den Lampenträger drücken, nach links drehen und herausnehmen.
- Neue Lampe einsetzen, nach rechts bis zum Anschlag drehen.
- Lampenträger in das Lampengehäuse einsetzen. Dazu den Träger zuerst unter den Absatz der inneren Haltelasche schieben, dann den Träger in das Leuchtengehäuse drücken, bis die äußere Haltelasche einrastet.
- Abdeckung außen unter die Haltenocken schieben. Darauf achten, daß die Kabel innerhalb der Ausschnitte der Abdekkung liegen. Dann die Abdeckung gegen die Leuchte drükken, bis die Haltelasche einrastet, bzw. Abdeckung anschrauben.
- Kabelstrang unterhalb der linken Leuchte befestigen.

Kennzeichenleuchte auswechseln

B7 077

- Zwei Kreuzschlitzschrauben herausschrauben und Streuscheibe abnehmen.
- Lampe leicht hineindrücken, drehen und herausnehmen.
- Neue Lampe einsetzen, bis zum Anschlag nach rechts drehen.
- Streuscheibe ansetzen, Schrauben nicht zu fest anziehen.

Innenleuchte auswechseln

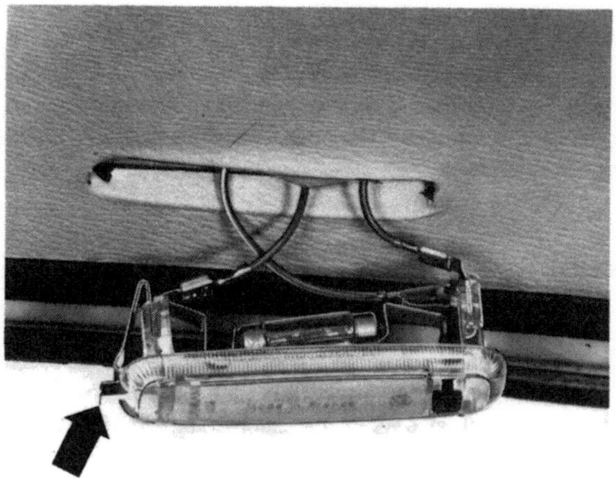

B7-078

Die Innenleuchte wird durch einen Nocken – an der Schalterseite – und eine gegenüberliegende Haltefeder im Dachholm gehalten.

- Mit Schraubendreher vorsichtig die Haltefeder zur Leuchte drücken. Leuchte heraushebeln.
- Lampe (Soffitte) zwischen den beiden Kontaktfedern herausnehmen.
- Neue Lampe einsetzen.
- Gehäuse an der Schalterseite einsetzen, dann gegenüberliegende Seite hineindrücken, bis die Haltefeder einrastet.

Lampentabelle

Um jederzeit eine Lampe auswechseln zu können, sollte stets ein Kasten mit Ersatzlampen im Wagen mitgeführt werden. Eine Zusammenstellung der im GOLF/SCIROCCO/JETTA verwendeten Glühlampen enthält die untenstehende Tabelle.

	Bezeichnung nach DIN	VW-Ersatzteile-Nr.	Lampentyp
Scheinwerfer (Normal)	A 12 V 45/40 W	N 17 705 3	Zweifaden-Kugel
Scheinwerfer (Halogen)	YD 12 V 60/55 W	N 17 763 2	Halogen H 4
Doppelscheinwerfer (Halogen)	YA 12 V 55 W	N 177 612	Halogen H 1
Standlicht	HL 12 V 4 W	N 17 717 2	Röhre
Schlußleuchten	G 12 V 5 W	N 17 718 2	Röhre
Blinkleuchten vorn	RL 12 V 21 W	N 17 732 2	Kugel
Blinkleuchten hinten	RL 12 V 21 W	N 17 732 2	Kugel
Bremsleuchten	RL 12 V 21 W	N 17 732 2	Kugel
Rückfahrleuchten	RL 12 V 21 W	N 17 732 2	Kugel
Kennzeichenleuchte	HL 12 V 4 W	N 17 717 2	Röhre
Innenleuchte	K 12 V 10 W	N 17 723 2	Soffitte
Kofferraumleuchte	K 12 V 10 W	N 17 723 2	Soffitte
Ablagefach-Leuchte	J 12 V 3 W	N 17 726 2	Röhre
Kontrolleuchten für Schalter	W 12 V 1,2 W	N 17 751 2	Glassockel
Instrumentenbeleuchtung	VA 12 V 3 W	N 17 752 2	Glassockel
Nebelscheinwerfer (Halogen)	YC 12 V 55 W	N 17 762 2	Halogen 3
Nebelschlußleuchte	RL 12 V 21 W	N 17 732 2	Kugel
Ascherbeleuchtung	12 V 1,2 W	–	–

Die Beleuchtungsanlage JETTA

Zur Beleuchtungsanlage zählen: Hauptscheinwerfer, Nebellampen, Heckleuchten, Bremsleuchten, Rückfahrscheinwerfer, Kennzeichenleuchte, Blinkleuchten, Innenleuchte und Instrumentenbeleuchtung.

Scheinwerferlampe auswechseln

Normale Glühlampen (nicht Halogenlampen) unterliegen dem Verschleiß. Etwa alle 2 Jahre sollten sie ausgewechselt werden, auch wenn sie noch intakt sind. Eine Glühlampe mit verminderter Leuchtkraft erkennt man auch an schwarzen Ablagerungen auf dem Glaskolben.

Vor dem Auswechseln der Glühlampe Schalter des betreffenden Verbrauchers ausschalten. **Achtung:** Glaskolben nicht mit bloßen Fingern anfassen. Der Fingerabdruck würde verdunsten und sich – aufgrund der Wärme – auf dem Reflektor niederschlagen und diesen erblinden lassen. Grundsätzlich Glühlampe nur durch eine gleiche Ausführung ersetzen.

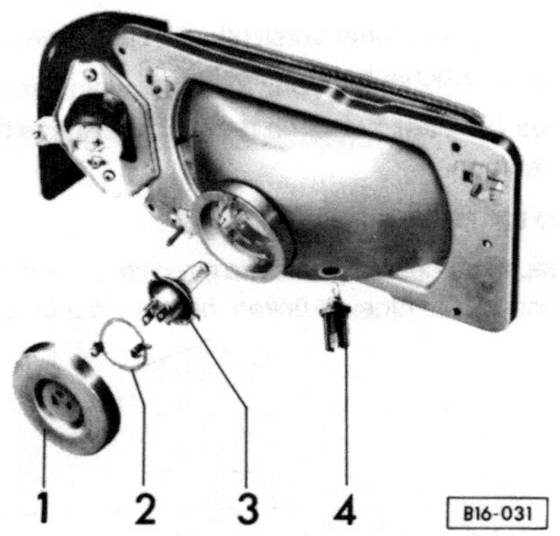

- Motorraumdeckel öffnen. Kabelstecker und Abdeckkappe 1 vom Scheinwerfer abziehen.
- Verschlußring 2 nach links drehen und abnehmen. Lampe 3 aus dem Reflektor herausnehmen.
- Neue Lampe so in den Reflektor einsetzen, daß sich die Fixiernase am Lampenteller in die unten im Reflektor befindliche Aussparung einsetzt. Die mittlere der drei Steckerfahnen am Lampensockel steht dann oben.
- Verschlußring aufsetzen, gegen den Reflektor drücken und bis zum Anschlag nach rechts drehen.
- Abdeckkappe sorgfältig aufschieben – sie muß dicht am Reflektor anliegen – und Kabelstecker aufstecken.
- Scheinwerfereinstellung prüfen lassen.

Standlichtlampe auswechseln

- Lampenfassung 4 bis zum Anschlag nach links drehen und aus dem Reflektor ziehen.
- Defekte Lampe in die Fassung drücken, nach links drehen und aus der Lampenfassung nehmen.
- Neue Lampe in die Fassung drücken und nach rechts drehen.
- Lampenfassung in den Reflektor stecken und Fassung bis zum Anschlag nach rechts drehen.

Heckleuchten auswechseln

- Beide Haltelaschen zur Leuchtenmitte drücken und den Lampenträger herausnehmen.

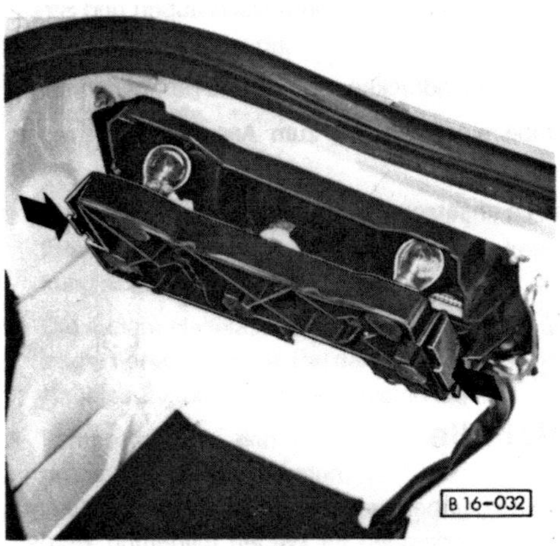

- Defekte Lampe in die Fassung drücken, nach links drehen und herausnehmen.
- Neue Lampe in die Fassung drücken und bis zum Anschlag nach rechts drehen.
- Lampenträger einsetzen. Die beiden Laschen müssen einrasten.

Vordere Blinkleuchten auswechseln

- Motorraumdeckel öffnen.

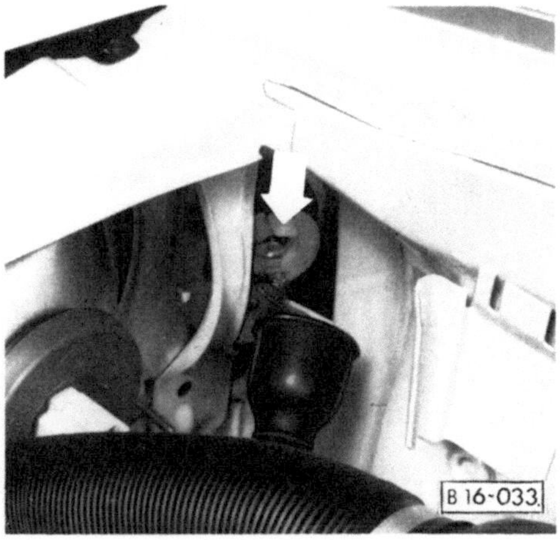

- Gummikappe abziehen. Lasche der Lampenfassung zum Lampensockel drücken und Fassung aus der Blinkleuchte ziehen.
- Lampe in die Fassung hineindrücken, nach links drehen und herausnehmen.
- Neue Lampe einsetzen.
- Lampenfassung in die Blinkleuchte einsetzen – die Lasche muß einrasten – und Gummikappe aufstecken.

Kennzeichenleuchte auswechseln

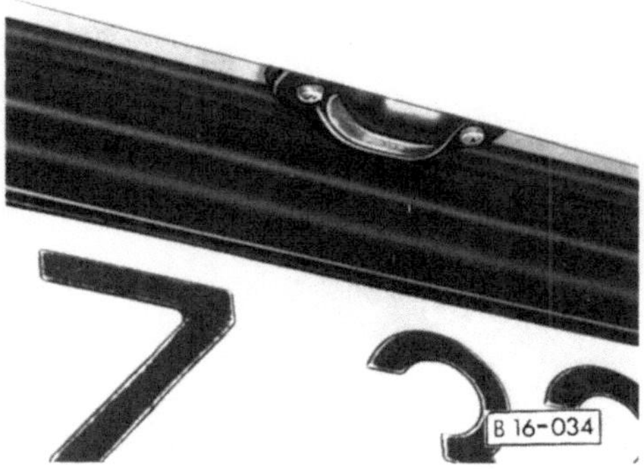

- Zwei Kreuzschlitzschrauben herausschrauben und Streuscheibe abnehmen.
- Lampe leicht hineindrücken, drehen und herausnehmen.
- Neue Lampe einsetzen, bis zum Anschlag nach rechts drehen.
- Streuscheibe ansetzen, Schrauben nicht zu fest anziehen. Auf richtigen Sitz der Dichtung achten.

Innenleuchte auswechseln

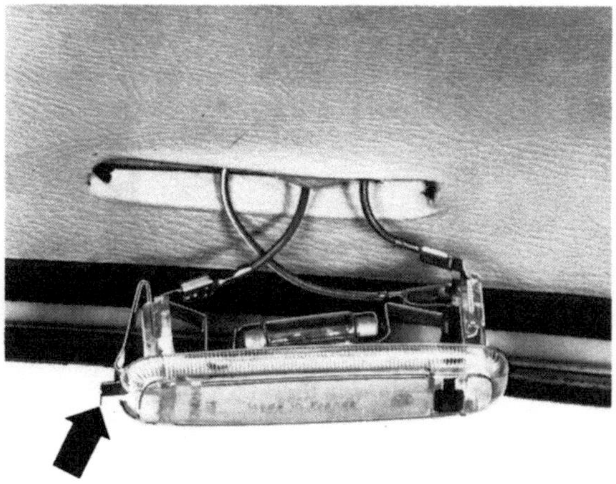

B7–078

Die Innenleuchte wird durch einen Nocken – an der Schalterseite – und eine gegenüberliegende Haltefeder im Dachholm gehalten.

- Mit Schraubenzieher vorsichtig die Haltefeder zur Leuchte drücken. Leuchte heraushebeln.
- Lampe (Soffite) zwischen den beiden Kontaktfedern herausnehmen.
- Neue Lampe einsetzen.
- Gehäuse an der Schalterseite einsetzen, dann gegenüberliegende Seite hineindrücken, bis die Haltefeder einrastet.

Heckleuchte aus- und einbauen

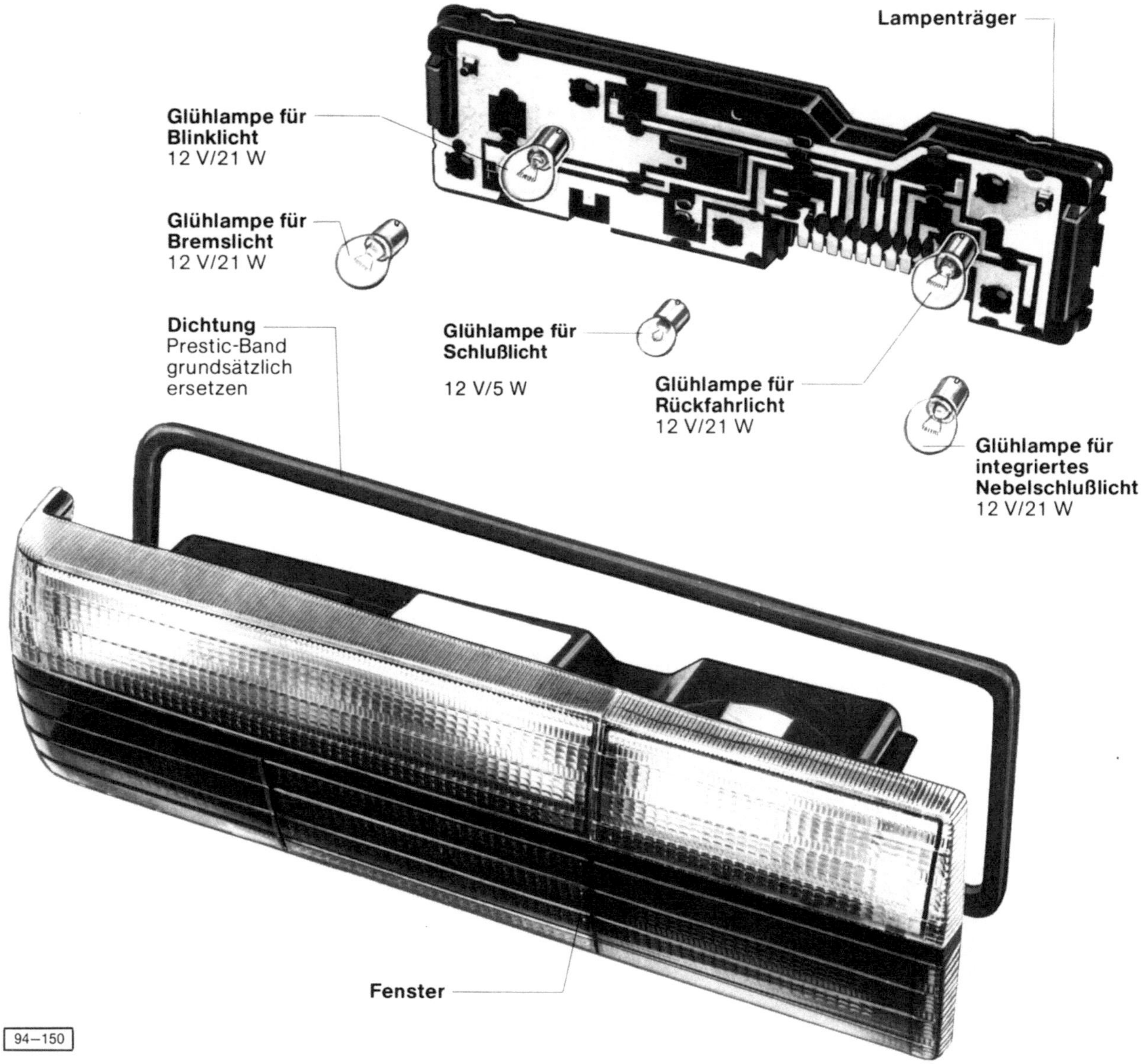

Ausbau

- Kofferhaube öffnen.
- Beide Klemmen der Heckleuchte zur Leuchtenmitte drücken, Lampenträger herausnehmen.
- 4 Muttern für Lampenglas von hinten herausschrauben, Lampenglas abnehmen.

Einbau

- Das Lampenglas muß mit neuer Dichtschnur abgedichtet werden. Muttern für Lampenglas gefühlvoll festziehen.
- Lampenträger in das Lampengehäuse einrasten.

Der Scheinwerfer

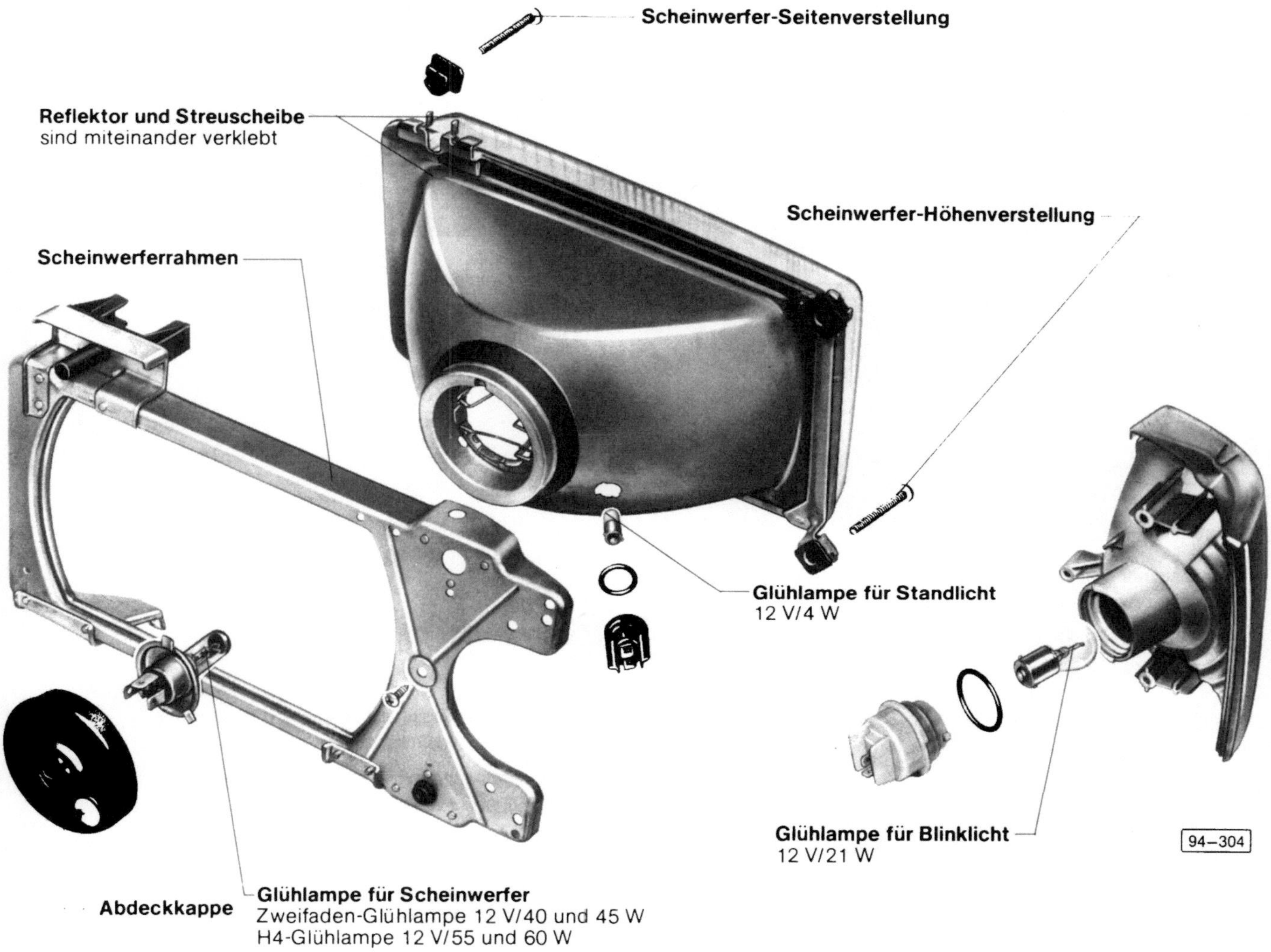

Scheinwerfer/Blinkleuchte aus- und einbauen

Ausbau

- Klammer (wird beim Ausbau zerstört, Pfeil) und drei Kreuzschlitzschrauben für Kühlergrill ausschrauben.
- Kühlergrill im Bereich des Scheinwerfers abnehmen.
- Dreifachstecker und Stecker für Standlicht abziehen.

- 4 Kreuzschlitzschrauben (Pfeile) und eine Schraube seitlich im Bereich des Blinkers herausschrauben, Scheinwerfereinsatz herausnehmen.

- Soll der komplette Kühlergrill ausgebaut werden, Clips und Schrauben nach der Abbildung entfernen, Kühlergrill abnehmen.

Einbau

- Scheinwerfer einsetzen, mit 5 Schrauben befestigen.
- Kühlergrill einsetzen und mit Klammer und 3 Schrauben befestigen.
- Dreifachstecker und Stecker für Standlicht aufschieben.
- Scheinwerfer einstellen.

Scheinwerfer einstellen

Es wird nur gezeigt, wo der Scheinwerfer eingestellt werden kann und welche Bedingungen zum richtigen Einstellen der Scheinwerfer erfüllt sein müssen.

- Einstellbedingungen/Neigungsmaße wie beim GOLF beachten, siehe Seite 210.
- Die Schrauben sind von außen erreichbar und lassen sich mit einem Schraubendreher verstellen.

JETTA-Einstellschrauben

A = Höhenverstellung
B = Seitenverstellung

Die Armaturen

Die Armaturen sind in einem Schalttafeleinsatz zusammengefaßt.

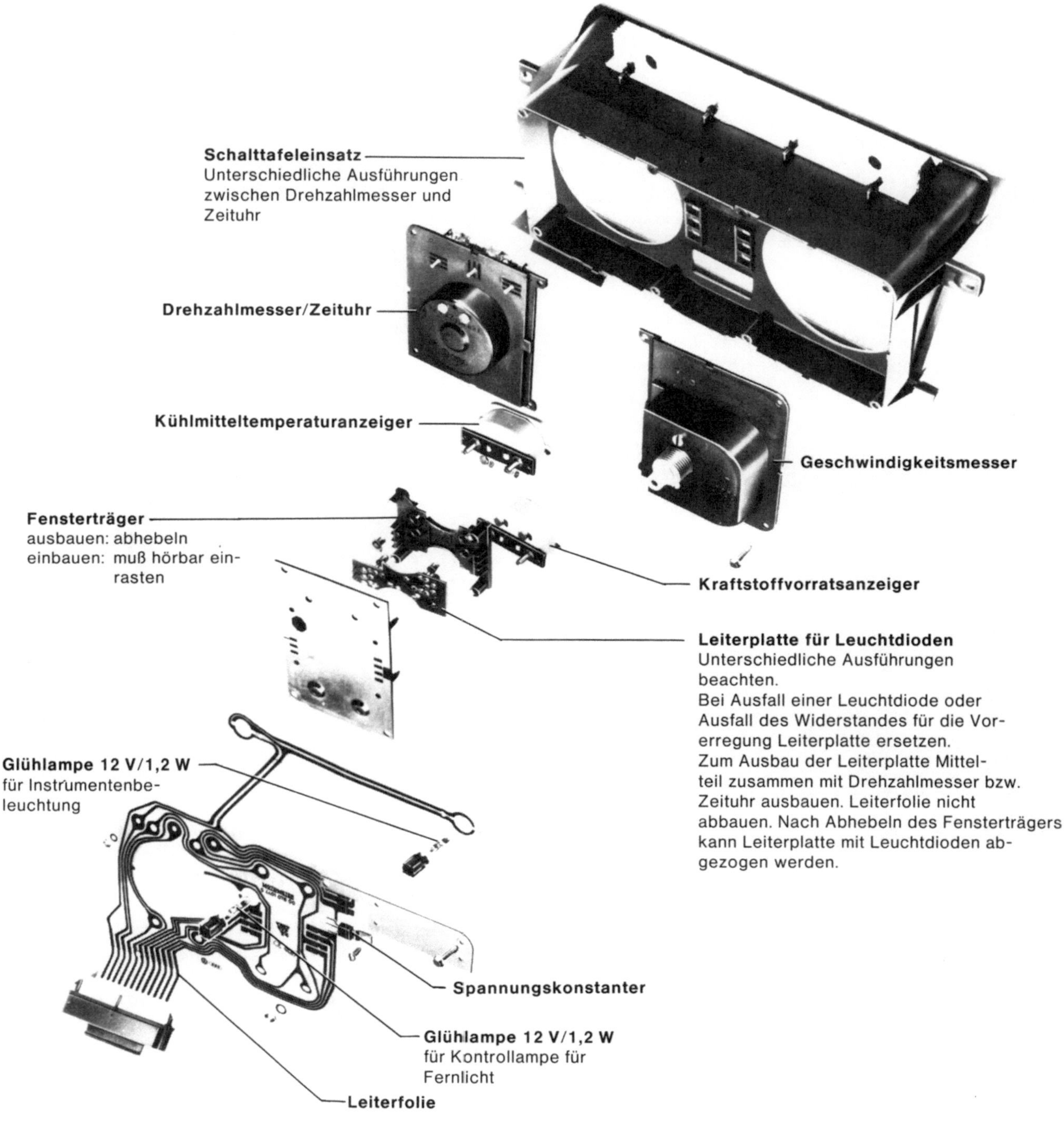

Schalttafeleinsatz aus- und einbauen

(bis August 1980)

Ausbau

- Lenkrad ausbauen, siehe Seite 134.
- Batterie-Massekabel abklemmen.
- Knöpfe von der Frischluftregulierung abziehen, mit Schraubendreher Blende für Frischluftregulierung heraushebeln. Vorsicht: Folie nicht beschädigen!
- Ablagefach (oder Radio) ausbauen. Ablagefach mit Schraubendreher heraushebeln.
- Radio ausbauen: Knöpfe von Regulierung abziehen, Gummiringe abnehmen, Muttern (mit Schlitz) von den Achsen für Sendereinstellung abschrauben, Blende für Radio abnehmen.
- Neben den Achsen für Lautstärkeregelung und Sendereinstellung befinden sich Halteklammern. Klammern (auf jeder Radioseite eine) mit Schraubendreher zur Radiomitte drükken, Radio herausziehen, elektrische Leitungen abnehmen.
- Antriebswelle für Geschwindigkeitsmesser abschrauben, und zwar unter das Armaturenbrett greifen, vorher Abdeckung abschrauben, Mutter mit Wasserpumpenzange lösen.

- Schraube (Pfeil) herausdrehen, Schalttafeleinsatz vorn herausziehen.

Einbau

- Schalttafeleinsatz einsetzen, elektrische Verbindungen anschließen.
- Seit August 1978 ist die Mehrfachsteckverbindung an der Leiterfolie auf 14 Anschlüsse erweitert worden: 1 – Frei oder Temperatur-Kontrollschalter (zu heiß – rote Kontrolllampe) nur GOLF GTI, 2 – Blinkerkontrolle, Klemme 49a, 3 – Fernlichtkontrolle, Klemme 56a, 4 – Drehzahlmesser, Klemme 1 oder Zeituhr, Klemme 30 oder frei (N-Modelle), 5 – Masse, Klemme 31, 6 – Instrumentenbeleuchtung, Klemme 58b, 7 – Plusleitung, Klemme 15, 8 – Geber für Kraftstoffvorratsanzeige, 9 – Geber für Kühlmitteltemperaturanzeige oder Temperatur-Kontrollschalter (zu heiß – rote Kontrollampe) nur GOLF, GOLF L, GOLF D, GOLF LD oder Temperatur-Kontrollschalter (zu kalt – gelbe Kontrollampe) nur GOLF GTI, 10 – Generatorkontrolle, Klemme 61, 11 – Öldruckkontrolle vom Öldruckschalter, 12 – Vorglühkontrolle (Dieselmotor) oder frei, 13 – frei, 14 – frei.

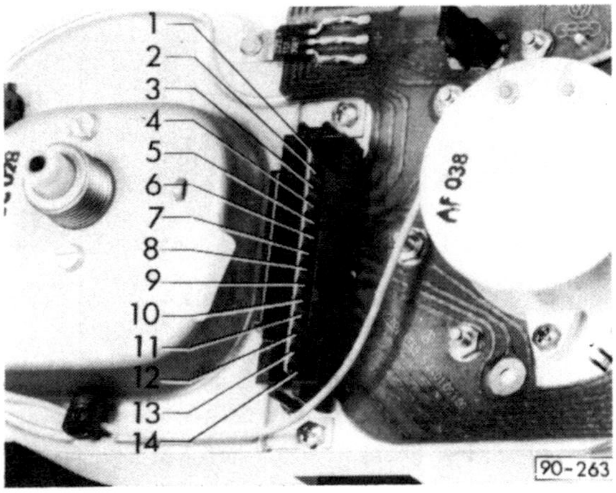

- Schraube für Schalttafeleinsatz hineindrehen und festziehen.
- Antriebswelle anschrauben.

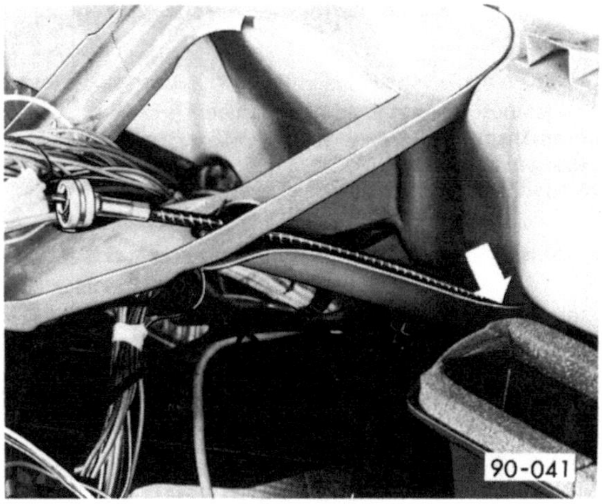

- SCIROCCO: Die Antriebswelle muß am Lagerblock für Lenksäule mit einem Kabelhalteband (Pfeil) befestigt werden, um eine Berührung mit dem Kupplungsseilzug zu verhindern.

Achtung: Wurde die Antriebswelle für Tachometer vollständig ausgebaut, muß die Welle so verlegt werden, daß sie weder geknickt noch gedrückt werden kann. Andernfalls kann die Anzeige pendeln oder die Welle bricht schon nach kurzer Zeit ab. Anschluß zum Geschwindigkeitsmesser nicht fetten. Fett kann in das Instrument gelangen und zum Hängen des Zeigers führen. Dort, wo die Welle durch Karosseriedurchbrüche gesteckt wird, ist sie in Gummitüllen zu führen.

- Ablagefach einschieben oder Radio einbauen. Elektrische Anschlüsse beim Einbau des Radios nicht vergessen.
- Radio einsetzen, Blende aufsetzen, Muttern (mit Schlitz) aufschrauben, Gummikappen aufschieben, Radioknöpfe aufstecken.
- Lenkrad einbauen, siehe Seite 134.
- Batterie-Masseband anklemmen.

Schalttafeleinsatz aus- und einbauen

(seit August 1980)

Ausbau

- Batterie-Masseband abklemmen.
- Ablagefach aus Schalttafeleinsatz herausziehen, beziehungsweise Radio ausbauen.
- Ablagefach erst unten in der Mitte hochdrücken, dann herausziehen, eventuell mit Schraubendreher vorsichtig abheben.
- Radio ausbauen. Hierzu die Bedienungsknöpfe von den Achsen abziehen. Mit einem Schraubendreher an beiden Achsen die Sicherungsringe nach außen drücken. Blende für Radio abnehmen.
- Seitlich am Radio die beiden Klemmen mit Schraubendreher zur Mitte drücken und Radio herausziehen.
- Antenne, Plusleitung und Lautsprecherkabel vom Radio abziehen.
- Knöpfe für Frischluftbetätigung und Schalterknopf für Frischluftgebläse abziehen.
- Blende für Frischluftbetätigung mit einem Schraubendreher vorsichtig abhebeln. Elektrische Zuleitungen zur Lampe und zum Schalter für Gebläse abziehen.

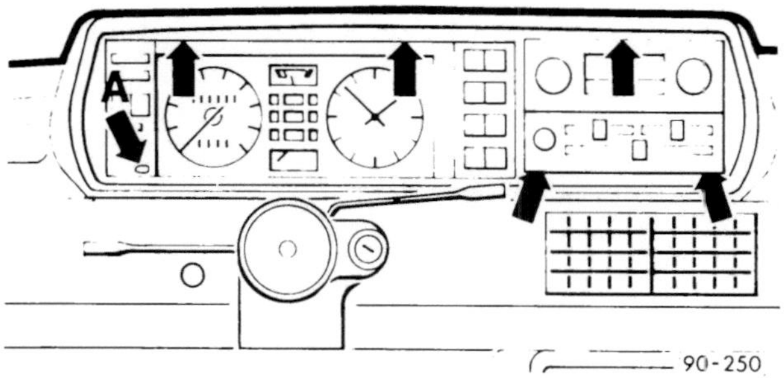

90-250

- 6 Befestigungsschrauben (Pfeile) herausdrehen. Bei Schraube „A“ vorher Stopfen mit Schraubendreher entfernen.
- Blende abnehmen. Lichtschalter, Warnlichtschalter und Schalter für heizbare Heckscheibe ausclipsen.
- Links und rechts je eine Befestigungsschraube für Schalttafeleinsatz herausdrehen, vorklappen und Antriebswelle für Geschwindigkeitsmesser abschrauben. Mehrfachsteckverbindung abziehen.
- Nach Ausbau des Fensterträgers aus dem Schalttafeleinsatz können die Leuchtdioden ausgewechselt werden.

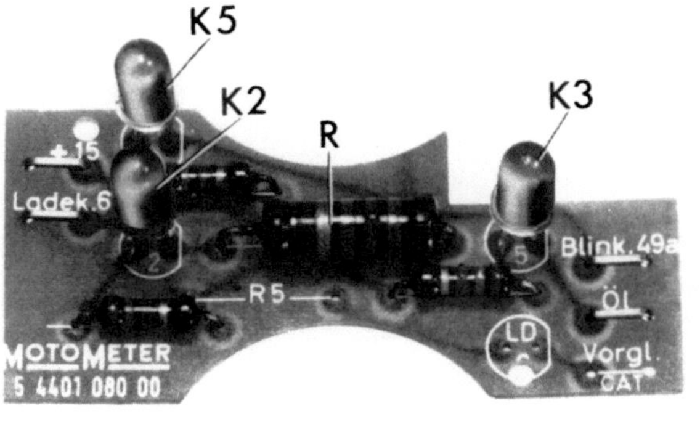

90-246

R – Widerstand für Vorerregungsstromkreis des Drehstromgenerators; K2 – Kontrollampe für Drehstromgenerator; K3 – Kontrollampe für Öldruck; K5 – Kontrollampe für Blinker.

Einbau

- Schalttafel komplettieren, Antriebswelle für Geschwindigkeitsmesser aufschrauben und Mehrfachsteckverbindung aufschieben.
- Schalttafeleinsatz einsetzen und links und rechts mit je einer Schraube befestigen.
- Sämtliche Schalter einclipsen. **Achtung:** Ab 11/88 besitzt der CADDY einen geänderten Lichtschalter mit zusätzlichen Anschlüssen. Der Einbau des neuen Lichtschalters in bisherige Fahrzeuge ist nicht möglich, da sonst umfangreiche Schaltungsänderungen notwendig sind.
- Blende aufsetzen und mit 6 Schrauben befestigen. Schraube „A“ mit Blindstopfen versehen und Mehrfachstecker für Gebläse aufschieben.
- Lampe für Frischluftblende aufschieben. Blende eindrükken.
- Falls vorhanden, Antenne an Radio, Lautsprecherkabel und elektrische Leitung anschließen, Radio in die Öffnung eindrücken.
- Blende auf Radio setzen und mit 2 Sprengringen an den Achsen befestigen.
- Falls Ablagefach vorhanden, Ablagefach mit Zunge nach oben einsetzen. Die Zunge greift in die Armaturentafel.
- Sämtliche Knöpfe aufschieben. Den runden Bedienungsknopf so aufschieben, daß der weiße Pfeil nach oben zeigt.
- Batterie anklemmen.

Scheibenwischermotor aus- und einbauen

- Masseband von Batterie abklemmen.
- Scheibenwischermotor **ohne Ausbau des Scheibenwischerrahmens ausbauen. Kurbel nicht abnehmen.**

Ausbau

- Arbeitsstangen nur von Kurbel abhebeln.
- Steckgehäuse abziehen.

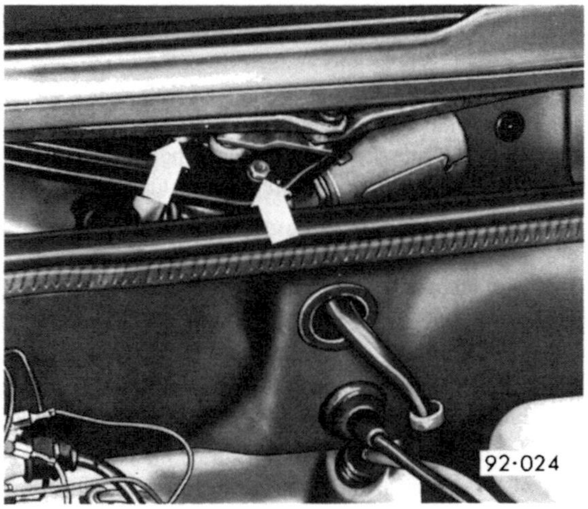

92-024

- Befestigungsschrauben (Pfeile) herausdrehen.

92-025

- Dritte Befestigungsschraube herausdrehen. SCIROCCO: Zum Herausdrehen der dritten Befestigungsmutter Kurbel eine halbe Umdrehung weiterdrehen oder abnehmen. Zum Weiterdrehen der Kurbel Motor anschließen.

92-026

1 – Klemme 53, Plusleitung; 2 – Klemme 31, Masseleitung. Klemme 53 mit Batterieplus verbinden, Klemme 31 kurz an Masse legen, bis Kurbel beim SCIROCCO in richtiger Stellung.

Einbau

Vor dem Einbau Parkstellung einstellen.

- Motor über Steckverbindung mit eingebautem Schalter für Scheibenwischer verbinden. Motor mehrere Minuten laufen lassen, dann Schalter ausschalten. Motor bleibt in Parkstellung stehen.

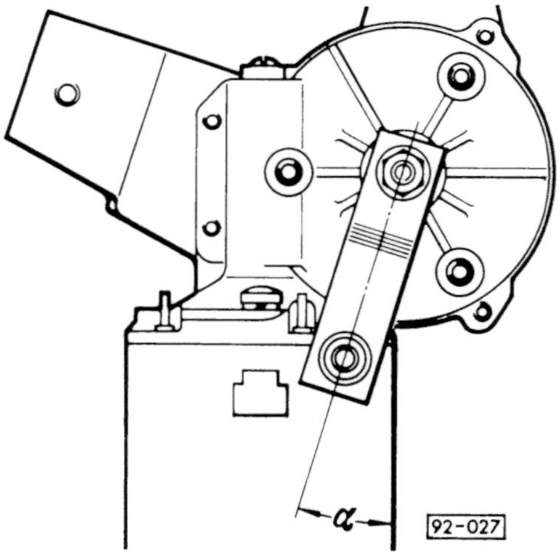

92-027

- Kurbel so aufsetzen, daß der Winkel α ca. 20° beträgt.
- Motor einsetzen und befestigen.
- Steckverbindung aufstecken.
- Batterie-Masseband anklemmen.

Störungstabelle Scheibenwischeranlage

Störung: Wischermotor läuft in keiner Schalterstellung.
Prüfvoraussetzung: Falls Intervallrelais vorhanden, Relais herausnehmen und Brücke in Relaisfassung einsetzen (von M 19 nach M 21) Zündung einschalten, Frischluftgebläse muß laufen.

Ursache	Abhilfe
Keine Spannung am Wischermotor Klemme 53	Schalter für Wisch-Waschanlage in Stufe I. Steckgehäuse am Wischermotor abziehen und mit einer Prüflampe am Anschluß 53 des Steckgehäuses Spannung prüfen. Wenn Prüflampe aufleuchtet. Wischermotor defekt
Wischermotor läuft nicht	Steckgehäuse am Wischermotor abziehen. Von der Klemme 53 am Motor eine Prüfleitung an Batterie-Plus legen. von Klemme 31 eine Leitung an Masse legen. Wischermotor läuft nicht. Motor defekt. Motor läuft: Masseleitung instandsetzen
Schalter für Wisch-Waschanlage hat Unterbrechung	Steckgehäuse am Blinkerschalter abziehen, siehe Seite 11 Mit einer Prüfleitung Klemme 53 a des Steckgehäuses mit der Klemme 53 überbrücken. Wischermotor läuft: Schalter für Wisch-Waschanlage ersetzen
Unterbrechung in den Leitungen 53 a bzw. von Relaisplatte mit Sicherungshalter zum Schalter	Rundsteckhülsen in Mehrfachsteckverbindung E an der Relaisplatte geben keinen Kontakt (herausgefallen). Hülsen überprüfen
Unterbrechung in der Relaisplatte mit Sicherungshalter	Batterie abklemmen. Relaisplatte mit Sicherungshalter ausbauen. Verbindung von Kontakt E 16 nach C 9. Kontakt E 15 nach C 13 und C 6 nach E 16 mit Ohmmeter auf Unterbrechung prüfen. Anzeige null Ohm: keine Unterbrechung, Leitungsstrang von Relaisplatte zum Wischermotor ersetzen. Anzeige unendlich Ohm, Relaisplatte mit Sicherungshalter ersetzen.

Störung: Wischermotor läuft nicht in Stufe II
Prüfvoraussetzung: Intervallrelais gegen Brücke austauschen, Zündung eingeschaltet, Tippwischen und Stufe I in Ordnung.

Ursache	Abhilfe
Wischermotor defekt	Schalter für Wisch-Waschanlage in Stufe II stellen. Von Klemme 31 des Motors eine Leitung an Masse und vom Batterie-Pluspol eine Leitung an Klemme 53 b legen. Wischermotor läuft nicht. Motor ersetzen
Unterbrechung im Schalter für Wisch-Waschanlage Kontakt 53a/53b	Steckgehäuse am Wischermotor wieder aufstecken. Steckgehäuse am Blinkerschalter abziehen. siehe Seite 80. Klemme 53 a und 53 b am abgezogenen Stecker überbrücken. Wischermotor läuft: Schalter ersetzen
Unterbrechung in der Relaisplatte mit Sicherungshalter vom Kontakt C 16 nach E 21 (Leitung 53 b)	Batterie-Masseband abklemmen. Relaisplatte mit Sicherungshalter lösen und Steckgehäuse C und E abziehen. Die Kontakte C 16 und E 21 mit Ohmmeter auf Unterbrechung prüfen. Anzeige null Ohm: keine Unterbrechung. Anzeige Widerstand unendlich: Unterbrechung. Relaisplatte mit Sicherungshalter ersetzen
Unterbrechung in der Leitung 53 b von Relaisplatte mit Sicherungshalter zum Steckgehäuse am Schalter für Wisch-Waschanlage	Leitung 53 b mit Ohmmeter auf Unterbrechung prüfen. Anzeige null Ohm: keine Unterbrechung. Leitungsstrang zum Wischermotor ersetzen. Anzeige Widerstand unendlich: Unterbrechung: Leitung 53 b ersetzen.

Störung: Scheibenwischer läuft nicht im Intervallbetrieb.
Prüfvoraussetzung: Zündung eingeschaltet,
Tippwischen, Stufe I und II in Ordnung (seit August 1977)

Zündung einschalten

Intervallrelais defekt

Intervallrelais ersetzen

Intervallbetrieb in Ordnung	Intervallbetrieb nicht in Ordnung
↓ ENDE	↓

Kontakt J im Schalter für Scheibenwischer defekt (altes Relais wieder einbauen).

Steckgehäuse am Schalter für Scheibenwischer abziehen. Mit einem Ohmmeter den Schalter zwischen den Klemmen 53a und J auf Durchgang prüfen, dazu Schalter in Intervallbetrieb stellen.

Durchgang Anzeige – null Ohm	Kein Durchgang Anzeige – Widerstand unendlich
↓	↓ Schalter für Scheibenwischer ersetzen

Leitung J (vom Schalter zur Relaisplatte mit Sicherungshalter) hat Unterbrechung.

Batterie-Masseband abklemmen, Relaisplatte mit Sicherungshalter lösen, Steckgehäuse E herausziehen, Steckgehäuse am Schalter abziehen. Leitung von Klemme J des Steckgehäuses am Schalter zum Steckgehäuse E, Kontakt E 8 auf Durchgang prüfen.

Durchgang Anzeige – null Ohm	Kein Durchgang Anzeige – Widerstand unendlich
↓ Relaisplatte mit Sicherungshalter ersetzen	↓ Leitung instand setzen

Hinweis:
Bei der Beanstandung „Wischermotor hat keine Endstellung **und** Intervallbetrieb läuft dauernd" sind folgende Leitungen auf Unterbrechung zu prüfen:

- schwarz/graue Leitung zwischen Wischermotor und Relaisplatte, Kontakt C 13
- grün/schwarze Leitung zwischen Wischermotor und Relaisplatte, Kontakt C 9
- grün/schwarze Leitung zwischen Schalter für Scheibenwischer, Kontakt 53e und Relaisplatte, Kontakt E 16

Scheibenwischergummi ersetzen

- Scheibenwischerblatt abnehmen.
- An der geschlossenen Seite des Wischgummis beide Stahlschienen mit Kombizange zusammendrücken (siehe Abbildung), seitlich aus der oberen Klammer herausnehmen und Gummi komplett mit Schienen aus den restlichen Klammern des Wischerblattes herausziehen.

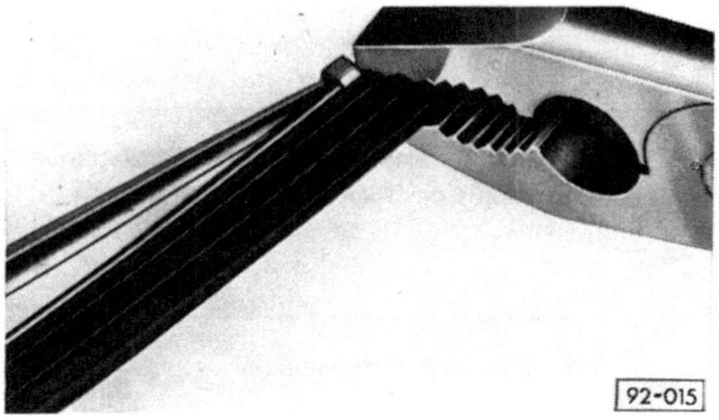

- Neues Wischgummi in die unteren Klammern des Wischerblattes einknöpfen.
- Beide Schienen so in die erste Rille des Wischgummis einführen, daß Aussparungen der Schienen zum Gummi zeigen und in Gumminasen der Rille einrasten.

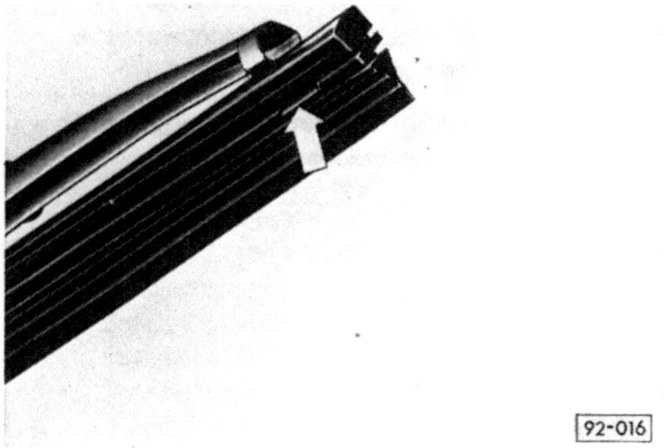

- Beide Stahlschienen und Gummi mit Kombizange wieder zusammendrücken und so in obere Klammer einsetzen, daß Klammernasen beidseitig in die Haltenuten (Pfeil) des Wischgummis einrasten.

Scheibenwischerarme ersetzen

Ausbau

- Scheibenwischerarme stehen in Parkstellung.
- Kappe mit Schraubendreher von Mutter für Wischerarm abhebeln, Sechskantmutter abschrauben.
- Wischerarm abziehen.

Einbau

- Scheibenwischerarme mit richtigem Abstand aufstecken.

GOLF: a = 35 mm, b = 65 mm

Scheibenwischerdüsen: f = 170–270 mm, c = 305–355 mm
e = 275–325 mm, d = 230–330 mm

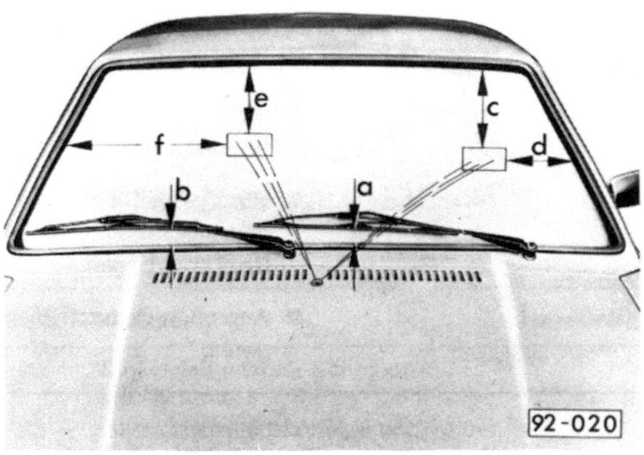

SCIROCCO: a = 25 mm, b = 30 mm

Scheibenwischerdüsen: c = 325 bis 375 mm, d = 150 bis 250 mm, e = 235 bis 285 mm, f = 400 bis 500 mm.

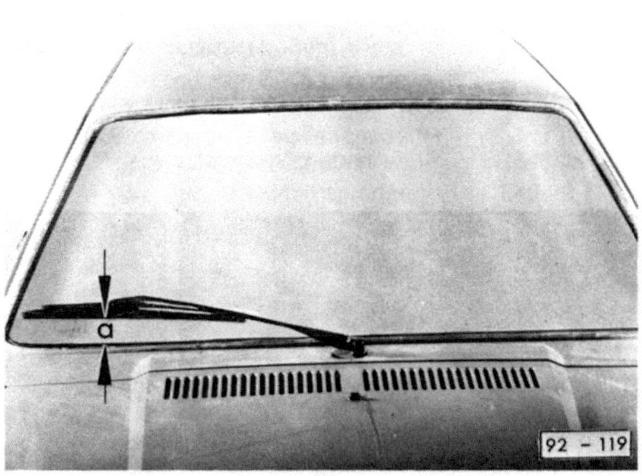

SCIROCCO-Einarmwischanlage: a = 55 mm

- Sechskantmuttern für Wischerarme mit 7 Nm festziehen.

Störungstabelle Scheibenwischergummi

Wischbild	Ursache	Abhilfe
Schlieren Abb. 92-012	● Wischgummi verschmutzt	Wischgummi mit harter Nylonbürste und einer Waschmittellösung oder Spiritus reinigen
	● Ausgefranste Wischlippen, Gummi ausgerissen oder abgenutzt	Wischgummi erneuern
	● Wischgummi gealtert, rissige Oberfläche	Wischgummi erneuern
Im Wischfeld verbleibende Wasserreste ziehen sich sofort zu Perlen zusammen Abb. 92-013	● Windschutzscheibe durch Lackpolitur, Öl oder Dieselrückstände verschmutzt	Windschutzscheibe mit sauberem Putzlappen und einem Fett-Öl-Silikonentferner reinigen
Wischerblatt wischt einseitig gut – einseitig schlecht, rattert Abb. 92-014	● Wischgummi einseitig verformt, „kippt nicht mehr“	Neues Wischgummi einbauen
	● Wischerarm verdreht, Blatt steht schief auf der Scheibe	Wischerarm vorsichtig verdrehen, bis richtige, senkrechte Stellung erreicht ist
Nicht gewischte Flächen	● Wischgummi aus der Fassung herausgerissen	Wischgummi vorsichtig in die Fassung einsetzen
	● Wischerblatt liegt nicht mehr gleichmäßig an der Scheibe an, da Federschienen oder Bleche verbogen	Wischerblatt ersetzen. Dieser Fehler tritt vor allem bei unsachgemäßem Montieren eines Ersatzblattes auf
	● Anpreßdruck durch Wischerarm zu gering	Wischerarmgelenke und Feder leicht einölen oder neuen Arm einbauen

92-012

92-013

92-014

Das Werkzeug

Langfristig zahlt es sich immer aus, wenn man qualitativ hochwertiges Werkzeug kauft. Neben einer Grundausstattung mit Maul- und Ringschlüsseln in den gängigen Größen und verschiedenen Torxschraubendrehern sowie einem Satz Steckschlüssel empfiehlt sich auch der Kauf eines Drehmomentschlüssels. Darüber hinaus ist bei manchen Arbeitsgängen der Einsatz von Spezialwerkzeug zwingend erforderlich.

Gutes und stabiles Werkzeug wird von der Firma HAZET (42804 Remscheid, Postfach 100461) angeboten. In den Tabellen sind die Werkzeuge mit der HAZET-Bestellnummer aufgeführt. Vertrieben wird das Werkzeug über den Fachhandel.

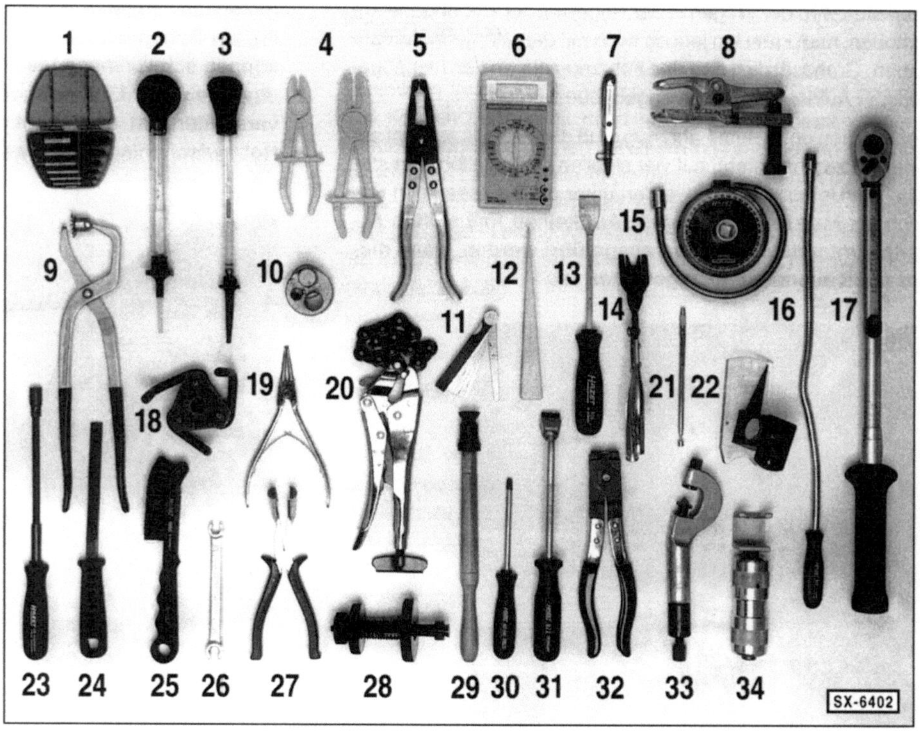

Abb.	Werkzeug	Hazet-Nr.
1	Schraubenausdrehersatz	840/5
2	Batteriesäureprüfer	4650-1
3	Kühlmittel-Frostschutzprüfer	–
4	Schlauchklemmen	4590/2
5	Zange für Ventilschaftabdichtungen	791-5
6	Multimeter	–
7	Spannungsprüflampe mit Spitze	2153
8	Ausdrücker für Spurstangenköpfe	779/1
9	Bremsfedernzange	797
10	Stehbolzenausdreher	845
11	Fühlerblattlehre 0,05–1,0 mm	2147
12	Montagekeil	1965/20
13	Flachschaber zur Beseitigung von Dichtungsrückständen an Zylinderkopf sowie Motorblock	824
14	Abdrückzange für Verkleidungen	799/4
15	Winkelscheibe für drehwinkelgesteuerten Schraubenanzug	6690
16	Magnet-Sucher	1976
17	Drehmomentschlüssel 40 – 200 Nm	6122–1CT
18	Ölfilterschlüssel	2172
19	Spitzzange für Sicherungsringe	1846C/2
20	Ketten-Abgasrohrschneider	4682
21	Spritzdüseneinsteller für Scheibenwaschanlage	4850-1

Abb.	Werkzeug	Hazet-Nr.
22	Winkeleinsteller für Scheibenwischerarme	4851-1
23	Steckschlüssel flexibel, 8 und 10 mm	426-8, -10
24	Bremssattelfeile	4968-1
25	Bremssatteldrahtbürste	4968-2
26	Offene Doppelringschlüssel für Überwurfmuttern der Bremsleitungen	612-8x10, 612-10x11
27	Zündkerzensteckerzange	1849-1
28	Kupplungs-Zentrierwerkzeug	2174
29	Ventileinschleifer	795
30	Torxschraubendreher (verschiedene Größen)	837-T20, bis -T45
31	Ziehklinge zum Entfernen von Unterbodenschutz etc.	822
32	Klemmzange für Haltebänder der Gelenkwellenmanschetten	1847-1
33	Hydraulischer Muttersprenger	846-22
34	Schlag-Ausziehgerät für Bremsbeläge, Scheibenwischerarme etc.	1966
ohne Abbildung:		
	Zange für Federbandschellen (z.B. für Kühlmittelschläuche)	798-5
	Klemmzange für Edelstahlhaltebänder der Gelenkwellenmanschetten	1847

Fahrzeug aufbocken

Für viele Wartungs- und Reparaturarbeiten muß das Fahrzeug aufgebockt beziehungsweise hochgehoben werden. In der Werkstatt wird der Wagen in der Regel mit der Hebebühne angehoben, man kann ihn jedoch auch mit dem Wagenheber anheben. Grundsätzlich darf das Fahrzeug nur an den hier abgebildeten Aufnahmepunkten angehoben werden.

Bei Arbeiten unter dem Fahrzeug muß dieses, falls es nicht auf einer Hebebühne steht, auf vier stabilen Unterstellböcken stehen. Die Unterstellböcke werden unter die Karosserie im Bereich der Markierungen gestellt. **Auf keinen Fall sollten Arbeiten unter dem Fahrzeug ausgeführt werden, wenn dieses nicht ausreichend abgesichert ist.**

Vorn: An der senkrechten Versteifung des Längsträgers und an dem am Bodenblech angeschweißten Aufnahmetopf.

Hinten: Am Schweißflansch Unterholm/Bodenblech in Höhe der Markierung am Längsträger.

Wenn keine Hebebühne zur Verfügung steht, kann der Wagen mit einem Rangierheber hochgehoben werden. An diesen Stellen müssen auch die Unterstellböcke untergestellt werden.

Achtung: Mit dem Rangierheber darf der GOLF/SCIROCCO nur seitlich angehoben werden. Weder an der Motorölwanne, am Getriebe noch an der Hinterachse anheben! Sonst können schwerwiegende Schäden eintreten. Um Beschädigungen des Längsträgers bzw. des Wagenbodens zu vermeiden, ist unbedingt eine geeignete Gummi- oder Holzzwischenlage zu verwenden.

Vorn: Am Aufnahmetopf unter der Scharniersäule. **Achtung:** In diesem Bereich ist die Kraftstoffleitung verlegt, nicht beschädigen.

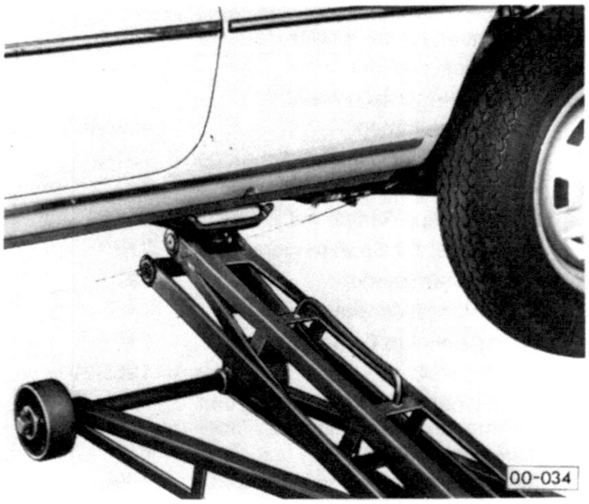

Hinten: An der senkrechten Versteifung im Bereich der Markierung am Längsträger.

Achtung: Bei Fahrzeugen mit Einspritzmotor ist besonders darauf zu achten, daß die im Bereich der hinteren rechten Wagenheberaufnahme angebrachte Kraftstoffpumpe nicht beschädigt wird.

Die Wagenpflege

Pflege der Karosserie

- Verschmutzten Wagen möglichst bald waschen.
- Reichlich Wasser verwenden.
- Weichen Schwamm oder sehr weiche Waschbürste mit Schlauchanschluß benutzen.
- Lackierung nicht scharf abspritzen, sondern nur abbrausen und Schmutz aufweichen lassen.
- Aufgeweichten Schmutz von oben nach unten mit reichlich Wasser abwaschen.
- Schwamm oft ausspülen.
- Zum Abtrocknen sauberes Leder verwenden.
- Nur gute Markenwaschmittel verwenden (falls überhaupt). Gründliches Nachspülen mit klarem Wasser, um die Reste des Waschmittels zu entfernen.
- Bei regelmäßiger Benutzung von Waschmitteln muß öfter konserviert werden.
- Wagen niemals in der Sonne waschen oder trocknen. Wasserflecken auf der Lackierung sind sonst unvermeidlich.
- Durch Streusalze besonders gefährdet sind alle innenliegenden Falze, Flansche und Fugen an Türen und Hauben. Diese Stellen müssen deshalb bei jedem Wagenwaschen – auch nach der Wäsche in automatischen Waschstraßen – mit einem Schwamm gründlich gereinigt und anschließend abgespült und abgeledert werden.

Durch Waschen allein lassen sich Teerspritzer, Ölspuren, Insekten und andere Verschmutzungen nicht immer entfernen. Grundsätzlich sollten derartige Verunreinigungen so bald wie möglich beseitigt werden, da sie sonst bleibende Lackschäden verursachen können.

Unterbodenschutz/ Hohlraumkonservierung

Alle Fahrzeuge erhalten serienmäßig einen Unterbodenschutz auf PVC-Basis, dessen Wirkung unter normalen Bedingungen für Jahre erhalten bleibt. Je nach den Fahrbedingungen wird der PVC-Belag durch mechanische Einwirkung (Steinschlag), besonders im Spritzbereich der Räder, unter Umständen beschädigt, so daß der Belag in regelmäßigen Abständen kontrolliert und gegebenenfalls durch Nachspritzen ausgebessert werden muß. Es wird meistens genügen, nur die Radhäuser und die unmittelbar angrenzenden Flächen auszubessern.

Sämtliche Hohlräume des GOLF/SCIROCCO sind serienmäßig konserviert. Es empfiehlt sich, diese Konservierung schon nach einem Jahr nachbehandeln zu lassen, dann alle zwei Jahre. Da das Material mit einer Spezialdüse und unter hohem Druck eingebracht werden muß, sollte diese Arbeit von einer autorisierten V.A.G-Werkstatt durchgeführt werden.

Teerflecke

Teerflecke fressen sich innerhalb kurzer Zeit in den Lack ein und können dann nicht mehr vollkommen entfernt werden. Frische Teerflecke können mit einem in Waschbenzin getränkten weichen Lappen entfernt werden. Notfalls kann auch Tankstellenbenzin, Petroleum oder Terpentinöl verwendet werden. Sehr gut gegen Teerflecke eignet sich auch ein Lackkonservierer. Bei Verwendung dieses Mittels kann auf ein Nachwaschen verzichtet werden.

Insektenbefall

Die Reste von Insektenleichen tragen Stoffe in sich, die den Lackfilm beschädigen können, wenn sie nicht innerhalb kurzer Zeit entfernt werden. Einmal festgeklebt, lassen sie sich durch Wasser und Schwamm allein nicht entfernen, sondern müssen mit schwacher, lauwarmer Seifen- oder Waschmittel-Lösung abgewaschen werden. Es gibt auch spezielle Insekten-Entferner.

Industrieverschmutzungen

Auf der Lackierung festsitzender Industrieschmutz, vornehmlich Eisenstaub, Abrieb von Kupferdraht-Oberleitungen elektrischer Bahnen, Kohlenstaub usw. kann mit Spezial-Lackreinigungsmitteln (säurehaltige Produkte) entfernt werden. Solche Mittel sind beim V.A.G-Händler erhältlich. Da Metallstaub die Eigenschaft besitzt, sich in den Lack einzufressen, sollte die Reinigung möglichst bald vorgenommen werden. **Achtung:** Gebrauchsanweisung genau beachten.

Konservieren

Zur Verhinderung von Korrosion am Vorderwagen (z. B. Seitenteile, Längsträger oder Abschlußblech) und des Antriebsaggregates muß der Motorraum mit einem hochwertigen Konservierungswachs eingesprüht werden. Vor allen Dingen natürlich nach einer Motorwäsche. Zum Nachwachsen eignet sich das Wachs VW/AUDI AKR 321 M 15.4 . Nach der Inbetriebnahme des Fahrzeugs kann es kurzzeitig zur Geruchsbelästigung kommen, da das Wachs an thermisch stark belasteten Teilen verbrennt. Das Wachs soll nur in gutbelüfteten Räumen aufgetragen werden. Vorher Batterie-Masseband abklemmen. Nach dem Wachsauftrag alle Gelenke (Schaltung) und Scharniere mit einer MoS_2-Paste schmieren.

Zement-, Kalk- und andere Baumaterial-Spritzer

Spritzer jeglichen Baumaterials mit einer lauwarmen Lösung neutraler Waschmittel abwaschen. Nur leicht reiben, da sonst die Lackierung zerkratzt werden kann. Nach dem Waschen sorgfältig mit klarem Wasser nachspülen.

Kunststoffteile pflegen

Sollte normales Waschen nicht ausreichen, dürfen diese Teile nur mit speziellen Kunststoffreinigungs- und Pflegemitteln behandelt werden.

Lackierung pflegen

Konservieren

So oft wie möglich soll die sauber gewaschene und getrocknete Lackierung mit einem Konservierungsmittel behandelt werden, um die Oberfläche durch eine porenschließende und wasserabweisende Wachsschicht gegen Witterungseinflüsse zu schützen.

Das Konservieren muß wiederholt werden, wenn Wasser nicht mehr vom Lack abperlt, sondern großflächig verläuft. Regelmäßiges Konservieren bewirkt, daß der ursprüngliche Glanz der Lackierung sehr lange erhalten bleibt.

Eine weitere Möglichkeit, den Lack zu konservieren, bieten Wasch-Konservierer. Ein Meßbecher davon wird dem Waschwasser beigegeben (nachdem der Wagen zuerst mit reinem Wasser vom gröbsten Schmutz befreit wurde). Danach ist nur noch Abledern erforderlich. Wasch-Konservierer schützen die Lackierung jedoch nur ausreichend, wenn sie bei **jeder** Wagenwäsche verwendet werden und der zeitliche Abstand zwischen zwei Wäschen nicht mehr als zwei bis drei Wochen beträgt.

Nach dem Anwenden von Waschmitteln (Schaumwäsche) ist eine Nachbehandlung mit einem Konservierungsmittel besonders zu empfehlen (Gebrauchsanweisung beachten).

Das Konservieren darf nicht in der prallen Sonne erfolgen.

Polieren

Das Polieren der Lackierung ist nur dann erforderlich, wenn der Lack infolge mangelhafter Pflege unter der Einwirkung von Straßenstaub, industriellen Abgasen, Sonne und Regen unansehnlich geworden ist und sich durch eine Behandlung mit Konservierungsmitteln kein Glanz mehr erzielen läßt.

Zu warnen ist vor stark schleifenden oder chemisch stark angreifenden Poliermitteln, auch wenn der erste Versuch damit noch so sehr zu überzeugen scheint.

Vor jedem Polieren muß der Wagen sauber gewaschen und sorgfältig abgetrocknet werden. Im übrigen ist nach der Gebrauchsanweisung für das jeweilige Poliermittel zu verfahren.

Die Bearbeitung soll in nicht zu großen Flächen erfolgen, um ein vorzeitiges Eintrocknen der Politur zu vermeiden. Bei manchen Poliermitteln muß anschließend noch konserviert werden. Nicht in der prallen Sonne polieren! Matt lackierte Teile dürfen nicht mit Konservierungs- oder Poliermitteln behandelt werden.

Leichtmetallteile an der Karosserie brauchen nicht besonders gepflegt zu werden.

Reinigen der Scheiben

Fensterscheiben mit sauberem, weichem Lappen abreiben. Bei starker Verschmutzung helfen Spiritus oder Salmiakgeist und lauwarmes Wasser. Beim Reinigen der Windschutzscheibe Scheibenwischerarme nach vorn klappen.

In manchen Lackpflegemitteln sind Silikone enthalten, welche die konservierende Wirkung unterstützen sollen. Gelangen Spuren davon auf die Windschutzscheibe, so bilden sich bei Regen Schlieren und Trübungen im Scheibenwischerfeld, die die Sicht und damit die Fahrsicherheit beeinträchtigen können. Mit einem auch gegen Silikone wirksamen Scheibenreiniger lassen sich diese Schlieren wieder beseitigen. Pastenförmige Mittel haben bei einer stark silikonverschmutzten Scheibe im allgemeinen eine bessere Wirkung als flüssige Mittel, die dem Scheibenwaschwasser zugegeben werden.

Bei der Reinigung der Windschutzscheibe sind auch die Wischerblätter zu säubern.

Achtung: Bei Verwendung silikonhaltiger Mittel dürfen die zur Reinigung der Lackierung verwendeten Waschbürsten, Schwämme, Lederlappen und Tücher nicht für die Scheiben verwendet werden. Beim Einsprühen der Lackierung mit silikonhaltigen Pflegemitteln sollten die Scheiben mit Pappe oder anderem Material abgedeckt werden.

Gummidichtungen pflegen

Sämtliche Gummidichtungen sollen von Zeit zu Zeit leicht mit Talkum eingepudert werden, um die gewünschte Geschmeidigkeit zu erhalten und an den Fensterabdichtungen ein gutes Gleiten zu erreichen.

Quietschende oder knarrende Geräusche, die an Gummidichtungen entstehen, können durch Einpudern der Dicht- und Gleitflächen mit Talkum oder Bestreichen mit Glyzerin behoben werden. Auch das Einreiben der betreffenden Fläche mit Schmierseife beseitigt die Geräusche.

Undichtigkeiten an der Windschutzscheibe und am Heckfenster lassen sich wie folgt beheben: Lippe der Gummidichtung im Wageninnern mit einem Holzspan so weit wie möglich anheben und Fensterscheibenzement zwischen Gummiprofil und Blechrahmen eindrücken. Reste des Dichtungsmittels können mit Spiritus entfernt werden.

Polsterbezüge pflegen

Textilbezüge

Polsterbezüge mit Staubsauger absaugen oder mit einer nicht zu weichen Bürste ausbürsten.

Fett- und Ölflecke mit Fleckenwasser behandeln. Das Reinigungsmittel darf aber nicht unmittelbar auf den Stoff gegossen werden, da sich sonst unweigerlich Ränder bilden. Fleck durch kreisförmiges Reiben von außen nach innen bearbeiten.

Andere Verschmutzungen lassen sich meistens mit lauwarmem Seifenwasser entfernen.

Kunstlederbezüge

Kunstlederbezüge besitzen eine schmutzabweisende Oberfläche. Besondere Pflegemittel sind hier nicht erforderlich.

Bei normalen Verschmutzungen genügen folgende Reinigungsarten:

- Seifenlauge, hergestellt aus Wasser und einem handelsüblichen Feinwaschmittel.
- Reinigungslösung, hergestellt aus Wasser und einem handelsüblichen Kunstlederreiniger.

Eine weiche Bürste erleichtert das Entfernen des Schmutzes aus genarbten Oberflächen.

Grobe Verschmutzungen sollten sofort entfernt werden; die zur Reinigung geeigneten Mittel können nachstehender Tabelle entnommen werden. Es ist zu beachten, daß die Reinigungsmittel, vor allem Waschbenzin, Spiritus und Verdünner, nicht aufgegossen, sondern nur mit einem angefeuchteten Lappen aufgetragen werden. So wird ein Eindringen in die Nähte oder Polsterung vermieden. Längere Einwirkzeit der Reinigungsflüssigkeit ist zu vermeiden, weil der schmutzabweisende Schutzfilm des Kunstleders dadurch zerstört werden kann.

Nach jeder Reinigung muß das Kunstleder, und dabei besonders in den Nahtfurchen, mit einem weichen Lappen gut trokkengerieben werden.

Verschmutzung	Entfernung	
	frische Flecken	ältere Flecken
Öl oder Fett	Mit trockenem, weichem Tuch abnehmen; das Tuch oftmals wenden. Nicht durch Hin- und Herreiben den Fleck vergrößern. Einen eventuell in der Narbung verbleibenden Schein mit einem mit Waschbenzin befeuchteten Lappen vorsichtig abtupfen. Danach gut trockenreiben mit sauberem, weichem Tuch.	Mit einem mit Waschbenzin oder Spiritus leicht angefeuchteten, sauberen weichen Lappen vorsichtig ab- und anschließend gut trockenreiben. Lappen oftmals wenden, um ein Verschmieren des Fleckes zu vermeiden.
Schuhcreme	Genau wie bei Öl oder Fett Als Reinigungsmittel kann neben Waschbenzin oder Spiritus auch Terpentinöl verwendet werden.	
Kunstharz- und Nitro-Farben sowie Ölfarben	Mit trockenem, weichem Tuch abnehmen wie bei Öl und Fett. Verbleibende Reste mit einem wasserbefeuchteten Lappen oder mit einem Stück Gummi kräftig abreiben.	Mit einem mit Nitro-Verdünnung bzw. mit Terpentinöl oder Benzin angefeuchteten weichen Lappen vorsichtig ab- und anschließend gut trockenreiben. Nitro-Verdünnung für Flecke von Kunstharz- und Nitro-Lacken, Terpentinöl oder Benzin für Ölfarbe.
Blut	Mit einem mit kaltem oder besser lauwarmem Wasser angefeuchteten Lappen abtupfen, ohne den Fleck durch Hin- und Herreiben zu vergrößern.	
Rost	Mit einem weichen Tuch, das mit angesäuertem Wasser (1 Teil Salzsäure und 9 Teile Wasser) angefeuchtet ist, vorsichtig abtupfen, nicht breitreiben. Das angesäuerte Wasser darf nicht in Spalten, Ecken oder Nähte dringen, da sonst Anrostungen unvermeidlich sind. Nach der Behandlung gut mit einem mit klarem Wasser angefeuchteten Lappen nachwaschen, damit keine Rückstände von angesäuertem Wasser zurückbleiben. Die benutzten Lappen sind zu vernichten.	

Das Zubehör

Je nach den speziellen Bedürfnissen läßt sich der GOLF mit nützlichem Zubehör zusätzlich ausstatten. Beim Kauf empfiehlt es sich, auf Produkte zurückzugreifen, die erprobt und auf den GOLF abgestimmt sind. Zudem ist darauf zu achten, daß bei bestimmten Produkten wie zum Beispiel Felgen, Lenkrädern usw. eine Allgemeine Betriebserlaubnis (ABE) mitgeliefert wird.

Geruhsames, gleichmäßiges Fahren ermöglicht der Tempostat von VDO. Überdies wird durch eine konstante Fahrweise Kraftstoff eingespart. Durch einfache Handhabung wird beim Tempostat die gewünschte Geschwindigkeit gesetzt, und der Fahrer kann sich ganz dem Verkehrsgeschehen widmen. Dank einer ausführlichen Einbauanleitung ist der Einbau des VDO-Tempostaten problemlos möglich.

Einen attraktiven Frontspoiler hat Kamei für den VW GOLF im Angebot. Der Spoiler wurde im Windkanal entwickelt und verringert den Serien-Luftwiderstandsbeiwert um 5 %. Dadurch ist im gemischten Verkehr eine Verbrauchsreduzierung von rund 3 % bzw. eine höhere Endgeschwindigkeit möglich. Der Kamei-Spoiler ist mit sportlichen Luftrippen versehen und hat einen integrierten Nummernschildträger. Neben dem Frontspoiler bietet Kamei auch einen Heckspoiler für den VW GOLF an. Beide Spoiler haben eine ABE, so daß keine Eintragung in die Kfz-Papiere erforderlich ist.

Um Glatteisgefahr frühzeitig zu erkennen, ist es besonders in der kalten Jahreszeit wichtig, während der Fahrt über die Außentemperatur informiert zu sein. Von VDO gibt es ein LCD-Anzeigegerät, das für den nachträglichen Einbau bestimmt ist. Das abgebildete Instrument stammt aus dem VDO-Cockpit-LCD-Programm.

Pflegedienst (Zwischen-Service)

Bei Fahrzeugen bis August 1982 ist der Pflegedienst alle 7500 km oder, falls wenig gefahren wird, alle 6 Monate durchzuführen.

Bei Fahrzeugen seit August 1982 ist der Pflegedienst nur bei Kilometerstand 7500 einmal durchzuführen. Dabei sind folgende Arbeiten vorgesehen:

- Motor: Öl wechseln.
- Motor/Getriebe: Sichtprüfung auf Undichtigkeiten.
- Türfeststeller: Ölen.
- Kupplung: Spiel einstellen.
- Kühlsystem: Kühlflüssigkeit und ggf. Frostschutzmittel auffüllen.
- Behälter für Bremsflüssigkeit: Flüssigkeitsstand prüfen.
- Bremsbeläge: Dicke prüfen.
- Batterie: Säurestand prüfen, ggf. destilliertes Wasser nachfüllen (nicht erforderlich bei wartungsarmer Batterie).

Wartung

Die Wartung muß alle 15000 km oder einmal im Jahr durchgeführt werden.

Motor und Kupplung

- Motor: Öl wechseln, Hauptstromölfilter ersetzen.
- Zündverteiler: Unterbrecherkontakt überprüfen bzw. ersetzen, Schließwinkel und Zündzeitpunkt einstellen (nicht bei TSZ-Anlage).
- Keilriemen: Spannung und Zustand prüfen.
- Kompression: Prüfen.
- Zündkerzen: Erneuern (Langzeitzündkerzen nur alle 30000 km).
- Kühl- und Heizsystem: Flüssigkeitsstand prüfen, Konzentration des Frostschutzmittels prüfen. Sichtprüfung auf Undichtigkeiten und äußere Verschmutzung des Kühlers. Sämtliche Schlauchschellen nachziehen.
- Vergaser: Leerlauf des Motors bei betriebswarmem Motor prüfen.
- Abgasanlage: Auf Beschädigungen prüfen.
- Motor: Sichtprüfung auf Ölundichtigkeiten.
- Kupplung: Kupplungsspiel am Pedal prüfen, ggf. einstellen.
- Ansaugluftvorwärmung: Auf Sommer- bzw. Winterbetrieb prüfen, ggf. umstellen (nur bei Fahrzeugen bis August 1975).

Getriebe, Achsantrieb

- Gelenkschutzhüllen: Auf Undichtigkeiten und Beschädigungen prüfen.
- Schaltgetriebe: Sichtprüfung auf Undichtigkeiten.

Vorderachse und Lenkung

- Spurstangenköpfe: Spiel und Befestigung prüfen, Staubkappen prüfen.
- Achsgelenke: Staubkappen prüfen.
- Lenkung: Spiel prüfen, Faltenbälge auf Undichtigkeiten und Beschädigungen prüfen.
- Sturz und Gesamtspur prüfen.

Aufbau

- Türfeststeller: Ölen.
- Scharniere und bewegliches Deckelschloßober- und -unterteil am hinteren und vorderen Deckel: Ölen bzw. einfetten.
- Schiebedach: Führungsschienen reinigen und mit Silikon-Gleitmittel (V.A.G D007 000 04) einsprühen.

Bremsen, Reifen, Räder

- Bremsanlage: Leitungen, Schläuche und Anschlüsse auf Undichtigkeiten und Beschädigungen prüfen.
- Fußbremse: Leerweg des Bremspedals prüfen, Bremse einstellen (nicht erforderlich bei automatisch nachstellender Bremse).
- Handbremse: Leerweg des Handbremshebels prüfen, Bremse einstellen (nicht erforderlich bei automatisch nachstellender Bremse).
- Bremsbeläge vorn und hinten: Belagstärke prüfen.
- Bereifung: Verschleiß, Beschädigungen, Profiltiefe und Reifenfülldruck prüfen (einschl. Reserverad).
- Räder: Befestigungsschrauben auf vorgeschriebenes Drehmoment anziehen.
- Handbremsausgleich: Einölen, Tülle am Handbremsseil mit Mehrzweckfett füllen.

Elektrische Anlage

- Alle Stromverbraucher: Auf Funktion prüfen.
- Scheinwerfer: Prüfen, gegebenenfalls einstellen.
- Scheibenwaschanlage: Auf Funktion prüfen, Düsenstellung kontrollieren.
- Batterie: Spannung, Säurestand und Säuredichte prüfen (nicht erforderlich bei wartungsarmer Batterie).

Zusätzlich bei km-Stand 30000, 60000 usw.

- Luftfiltereinsatz: Ersetzen (spätestens alle 2 Jahre; CADDY seit 9.89: nur alle 60000 km oder 4 Jahre).
- Kraftstoff-Filter: Ersetzen.
- Ventile: Einstellen, Dichtung für Zylinderkopfhaube ersetzen. (Entfällt bei CADDY seit 9.85).
- Automatisches Getriebe: Ölstand im Achsantrieb prüfen.

Zusätzlich bei km-Stand 60000, 120000 usw.

- Fahrzeuge mit automatischem Getriebe: ATF wechseln, dabei Ölwanne und Ölsieb reinigen, Ölwannendichtung ersetzen.

Alle 2 Jahre

- Bremssystem: Bremsflüssigkeit wechseln.

Der Umgang mit dem Stromlaufplan

In einem Personenwagen werden rund 500 Meter Leitungen verlegt, um alle elektrischen Verbraucher (Scheinwerfer, Radio usw.) mit Strom zu versorgen.
Will man einen Fehler in der elektrischen Anlage aufspüren oder nachträglich ein elektrisches Zubehör montieren, kommt man nicht ohne Stromlaufplan aus anhand dessen der Stromverlauf und damit die Kabelverbindungen aufgezeigt werden.
Grundsätzlich muß der betreffende Stromkreis geschlossen sein, sonst kann der elektrische Strom nicht fließen. Es reicht beispielsweise nicht aus, wenn an der Plusklemme eines Scheinwerfers Spannung vorhanden ist, wenn nicht gleichzeitig über den Masseanschluß für den Rückfluß gesorgt ist.
Deshalb ist auch das Massekabel der Batterie mit der Karosserie verbunden. Mitunter reicht diese Masseverbindung jedoch nicht aus, und der betreffende Verbraucher bekommt eine direkte Masseleitung, deren Isolierung in der Regel braun eingefärbt ist. In den einzelnen Stromkreisen können Schalter, Relais, Sicherungen, Meßgeräte, elektrische Motoren oder andere elektrische Bauteile integriert sein. Damit diese Bauteile richtig angeschlossen werden können, haben die einzelnen Kontakte entsprechende Klemmenbezeichnungen.
Um das Kabelgewirr zumindest auf dem Stromlaufplan übersichtlich zu ordnen, sind die einzelnen Strompfade senkrecht nebeneinander angeordnet und durchnumeriert.
Die senkrechten Linien münden oben in einem grauen Feld. Das graue Feld symbolisiert die Relaisplatte mit Sicherungshalter und damit die plusseitigen Anschlüsse des Stromkreises. Allerdings befindet sich in der Relaisplatte auch eine interne Masseleitung (Klemme 31). Die feinen Striche in dem grauen Feld machen deutlich, wie und welche Stromkreise intern in der Relaisplatte miteinander verschaltet sind. Unten mündet der Stromkreis auf einer waagerechten Linie, die den Masseanschluß symbolisiert. Die Masseverbindung wird normalerweise direkt über die Karosserie hergestellt oder aber über eine Leitung von einem an der Karosserie angebrachten Massepunkt.
Wenn der Stromkreis durch ein Quadrat unterbrochen wird, in dem eine Zahl steht, weist die Ziffer auf den Strompfad hin, in dem der Stromkreis weitergeführt wird.
Am sinnvollsten geht man bei der Benutzung des Stromlaufplanes folgendermaßen vor:
Zuerst sucht man in der Legende das betreffende Bauteil, zum Beispiel den Schalter für das Frischluftgebäse. In der rechten Spalte neben der Bauteil-Benennung wird dann der entsprechende Strompfad mit einer Nummer angezeigt, die im Stromlaufplan unten auf der waagerechten Linie wieder auftritt.
Um den Stromlaufplan lesen zu können, ist die Kenntnis einiger Bauteil-Bezeichnungen erforderlich, außerdem sollte man die wichtigsten Schaltzeichen kennen.

Die Kennbuchstaben der wichtigsten Bauteile sind:

Kennbuchstabe	Bauteil
A	Batterie
B	Anlasser
C	Drehstromgenerator
E, F	Schalter für Handbedienung, mechanische Schalter
G	Geber, Kontrollgeräte
H	Horn, Doppeltonhorn, Fanfare
J	Relais
K, L, M, W, X	Kontrollämpchen, Lampen, Leuchten
N	Ventile, Widerstände, Schaltgeräte
O, P, Q	Zündverteiler, Zündkerzenstecker, Zündkerzen
R	Radio
S	Sicherungen
T	Steckverbindungen
V	Motoren

Zur genaueren Unterscheidung werden zu den Buchstaben noch Zahlen angefügt.
Relais und elektronische Schaltgeräte sind in der Regel grau unterlegt. Die darin eingezeichneten Linien sind interne Verdrahtungen. Sie zeigen wie Relais und andere elektrische/elektronische Bauteile sowohl zueinander als auch auf der Relaisplatte verschaltet sind.
Eine Ziffer im Kreis oder schwarzem Quadrat kennzeichnet den Relaisplatz auf der Relaisplatte mit Sicherungshalter. Direkt am eingezeichneten Relais befindet sich die Kontaktbezeichnung.

Beispiel:
Bei 17/87 bedeutet 17 die Bezeichnung der Klemme auf der Relaisplatte mit Sicherungshalter, 85 ist die Bezeichnung der Klemme am Relais/Steuergerät. Im vorgenannten Beispiel wird die Klemme 17 mit der Klemme 87 verbunden.
Die Bezeichnung der einzelnen Klemmen ist nach DIN genormt. Die wichtigsten Klemmenbezeichnungen sind:

Klemme 15 wird über das Zündschloß gespeißt. Die Leitungen führen nur bei eingeschalteter Zündung Strom. Die Kabel sind meist grün oder schwarz mit farbigem Streifen.

Klemme X führt ebenfalls nur bei eingeschalteter Zündung Strom, dieser wird jedoch unterbrochen, wenn der Anlasser betätigt wird. Dadurch ist sichergestellt, daß während des Startvorganges der Zündanlage die volle Batterieleistung zur Verfügung steht. Alle größeren Stromaufnehmer liegen in diesem Stromkreis. Das Fernlicht wird ebenfalls über diese Klemme mit Strom versorgt. So wird bei eingeschaltetem Fernlicht und ausgeschalteter Zündung automatisch auf Standlicht umgeschaltet.

Klemme 30. An dieser Klemme liegt immer die Batteriespannung an. Die Kabel sind meist rot oder rot mit farbigem Streifen.

Klemme 31 führt zur Masse. Die Masse-Leitungen sind in der Regel braun.

Im Stromlaufplan sind in den einzelnen Leitungen Ziffern und darunter Buchstabenkombinationen eingefügt.

Gebrauchsanleitung für Stromlaufpläne

Hinweis:
Alle Schalter und Kontakte sind in mechanischer Ruhestellung gezeichnet

Klemmenbezeichnung
15 – bei eingeschalteter Zündung liegt Batteriespannung an.

Interne Verbindungen
(dünne Striche). Diese Verbindungen sind nicht als Leitungen vorhanden. Sie sind jedoch elektrisch leitende Verbindungen. Sie ermöglichen die Verfolgung des Stromverlaufes innerhalb von Bauteilen.

Dieses Feld
kennzeichnet die Relaisplatte mit Sicherungshalter.

Kontaktbezeichnung
am Relais/Steuergerät und auf der Relaisplatte/Zusatzrelaisträger – z. B.: 17/87 = auf der Relaisplatte

Die Buchstaben-Zahlenkombination an den Anschlüssen gibt die Belegung der Leitungen in den Mehrfach- bzw. Einzelsteckverbindungen an.
Z. B.: B 15 a – Mehrfachsteckverbindung B, Kontakt 15 a.

Zahlen in Quadraten
kennzeichnen eine Unterbrechung der Leitung und geben an, in welchem Strompfad diese weitergeführt wird.

Relaisplatz-Nummer
kennzeichnet den Relaisplatz auf der Relaisplatte bzw. auf dem Zusatzrelaisträger

Schaltzeichen
hier Schalter für Rückfahrleuchte

Buchstaben/Zahlenkombination
kennzeichnen Steckverbindungen, hier T 4 – Steckverbindung 4-fach. Lautet die Bezeichnung der Steckverbindung: T 14/12, bedeutet T 14: 14-fach-Steckverbindung, 12 = Kontakt 12

Leitungsquerschnitt
in mm².

Leitungsfarbe
entspricht der Leitungsfarbe im Auto, hier: grün/weiß.

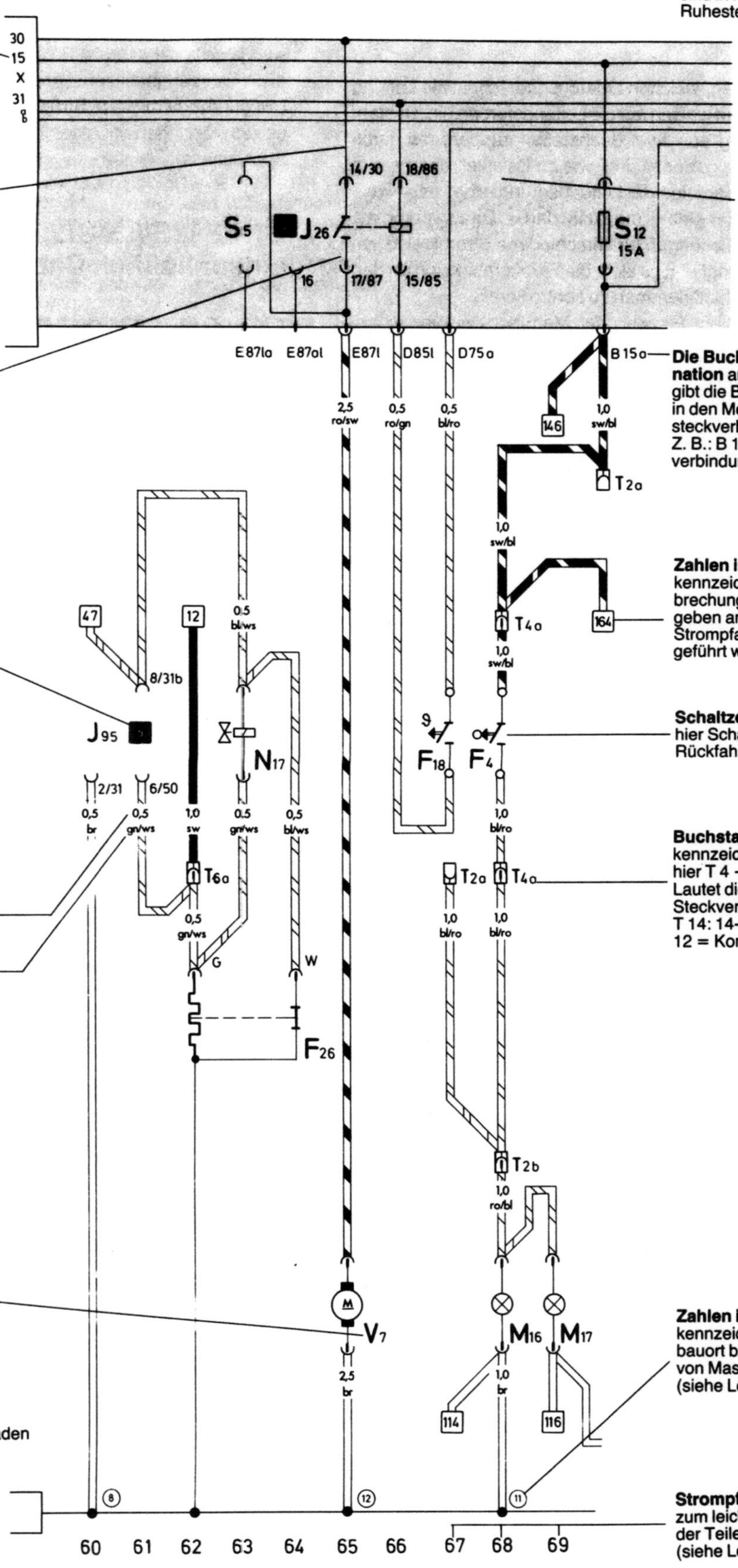

Teile-Bezeichnung
Damit findet man in der Legende, wie das als Schaltzeichen dargestellte Bauteil heißt, hier – Lüfter für Kühlmittel.

Zahlen in den Kreisen
kennzeichnen den Einbauort bzw. die Lage von Masseanschlüssen (siehe Legende).

Bezeichnung der Teile, deren Schaltzeichen sich in den Strompfaden darüber finden.

Strompfadnummern
zum leichteren Auffinden der Teile im Stromlaufplan (siehe Legende).

Lüfter für Kühlmittel

Beispiel:

1,5
ws/ge

Die Ziffern geben an, welchen Leitungsquerschnitt die Leitung hat. Die Buchstaben weisen auf die Leitungsfarben hin. Besteht die Kennzeichnung aus zwei Buchstabengruppen, die durch einen Schrägstrich getrennt sind, wie im Beispiel, dann nennt die erste Buchstabenfolge die Leitungsgrundfarbe: ws = weiß und die zweite: ge = gelb – die Zusatzfarbe. Da es vorkommt, daß gleichfarbige Leitungen für verschiedene Stromkreise verwendet werden, empfiehlt es sich, die Farbkombination an den betreffenden Anschlußklemmen zu kontrollieren.
Leitungen, die mittels Einzel- oder Mehrfachsteckverbindungen miteinander verbunden sind, haben zum Buchstaben T für die Steckverbindung eine zusätzliche Kennzeichung.

Beispiel:
T2p = Zweifachstecker, T32/27 = 32fach Steckverbindung mit Kontaktpunkt 27.
Im Stromlaufplan sind alle Verbraucher und Schalter in Ruhestellung gezeichnet. Der geänderte Stromverlauf nach Betätigung eines Schalters sei am Beispiel eines Zweistufen-Schalters erläutert:

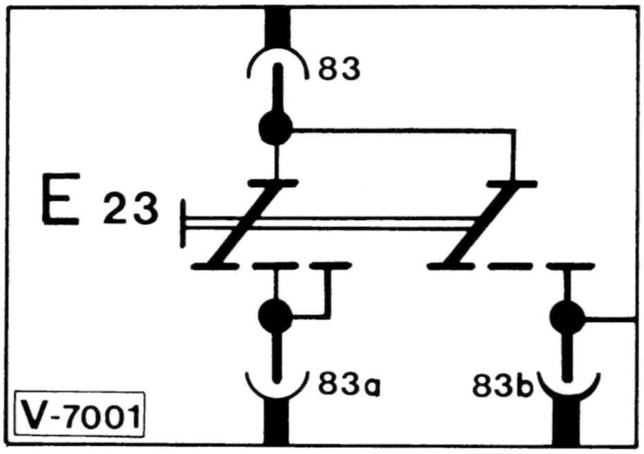

Wird am Schalter E23 die erste Stufe gedrückt, fließt der Strom von der Klemme 83 kommend über die Klemme 83a. Die Brücke der zweiten Schalterstufe rückt in Stellung 83b, jedoch ohne eine Verbindung herzustellen. Erst beim Drücken der zweiten Schalterstufe rückt die Brücke der zweiten Schalterstufe von der internen Leitung 83 auf 83b und gibt den Strom über 83b weiter. Dabei bleibt über die interne Verbindung im Schalter, rechts abgewinkelte Leitung von 83a, der Stromfluß der ersten Schalterstufe bestehen.

Stromlaufpläne

Wegen der hohen Kosten kann nicht jeder Schaltplan aus jedem Modelljahr berücksichtigt werden. Bei einer Neuauflage wird jeweils der aktuelle Schaltplan veröffentlicht, an dem sich auch Fahrzeugbesitzer älterer Modelle orientieren können.
Um die Arbeit mit dem Stromlaufplan zu erleichtern, empfiehlt es sich, den Plan mit einer Schere herauszutrennen und dem Buch lose beizulegen.

GOLF L/S/LS/GL/GLS/Automatik einschließlich Cabrio

GOLF GTI/GOLF Cabriolet GLI

JETTA L/S/LS/GL/GLS

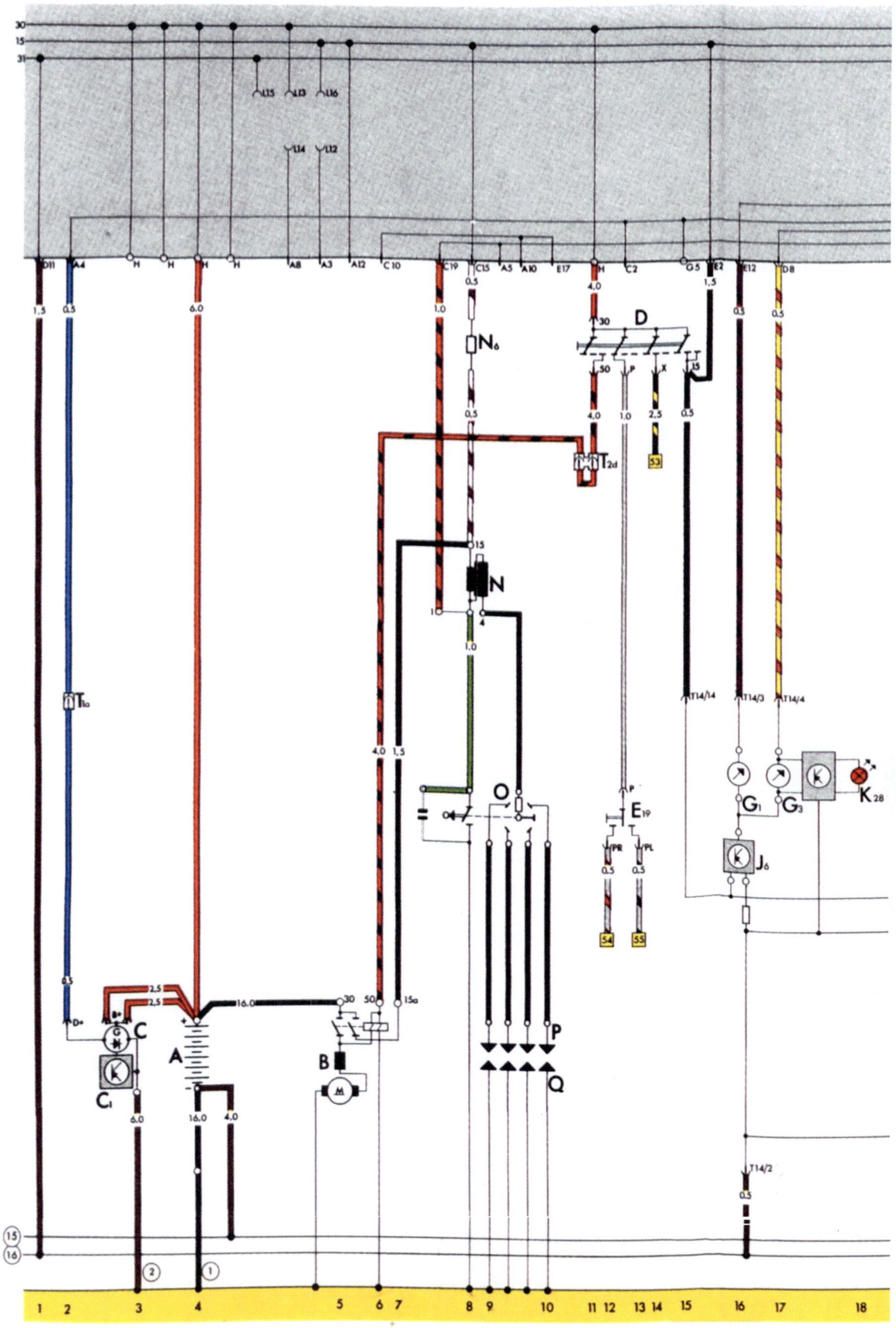

Anlasser und Stromversorgung

Zündanlage

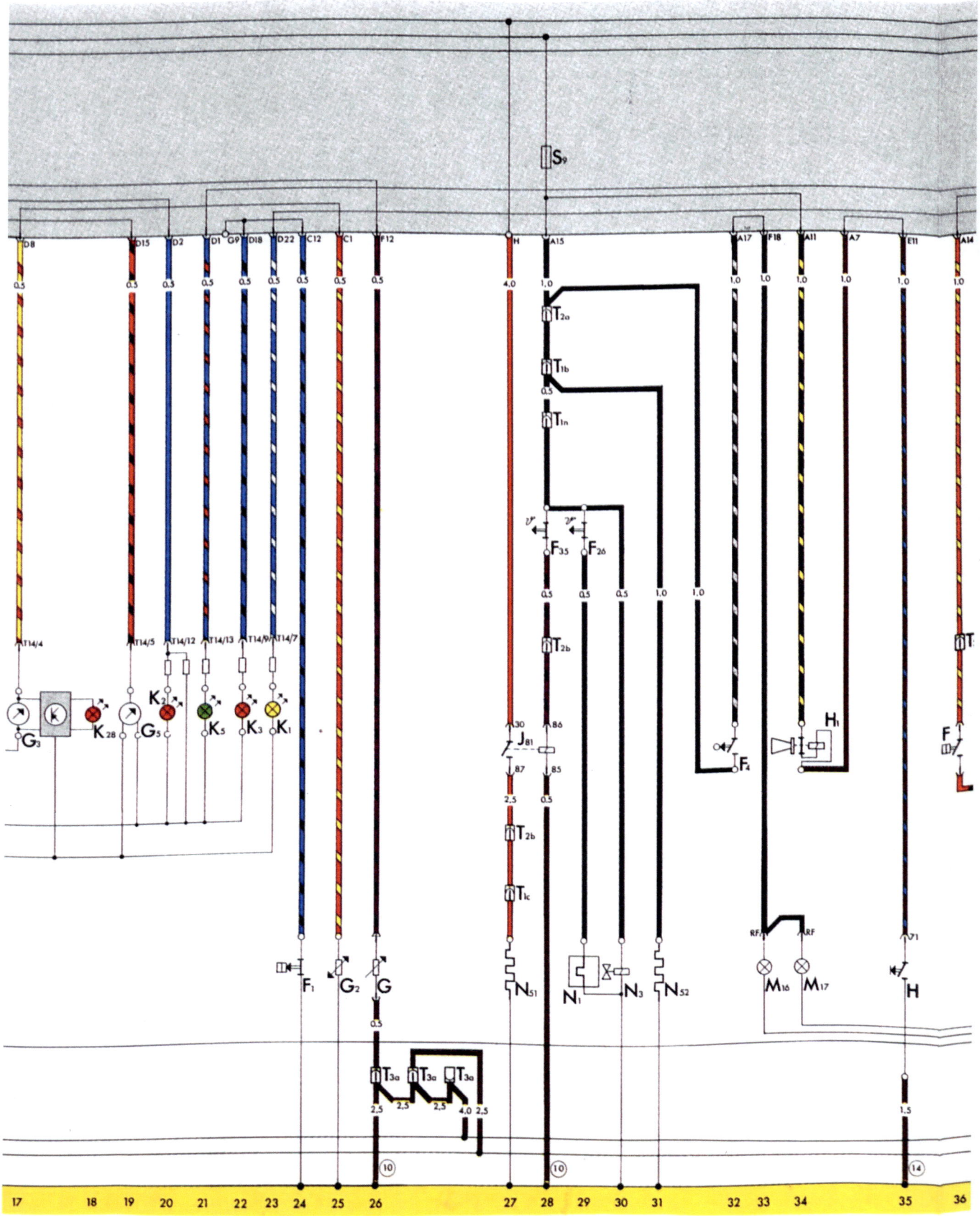

Schalttafeleinsatz

Vergaseranlage

Das in den oberen Teil des Stromlaufplanes eingezeichnete **graue Feld** kennzeichnet die Relaisplatte mit Sicherungshalter. Die Buchstaben-Zahlenkombination an den Anschlüssen gibt die Belegung der Leitungen in den Mehrfach- bzw. Einzelsteckverbindungen an (z.B. D 11 – Mehrfachsteckverbindung D, Kontakt 11).

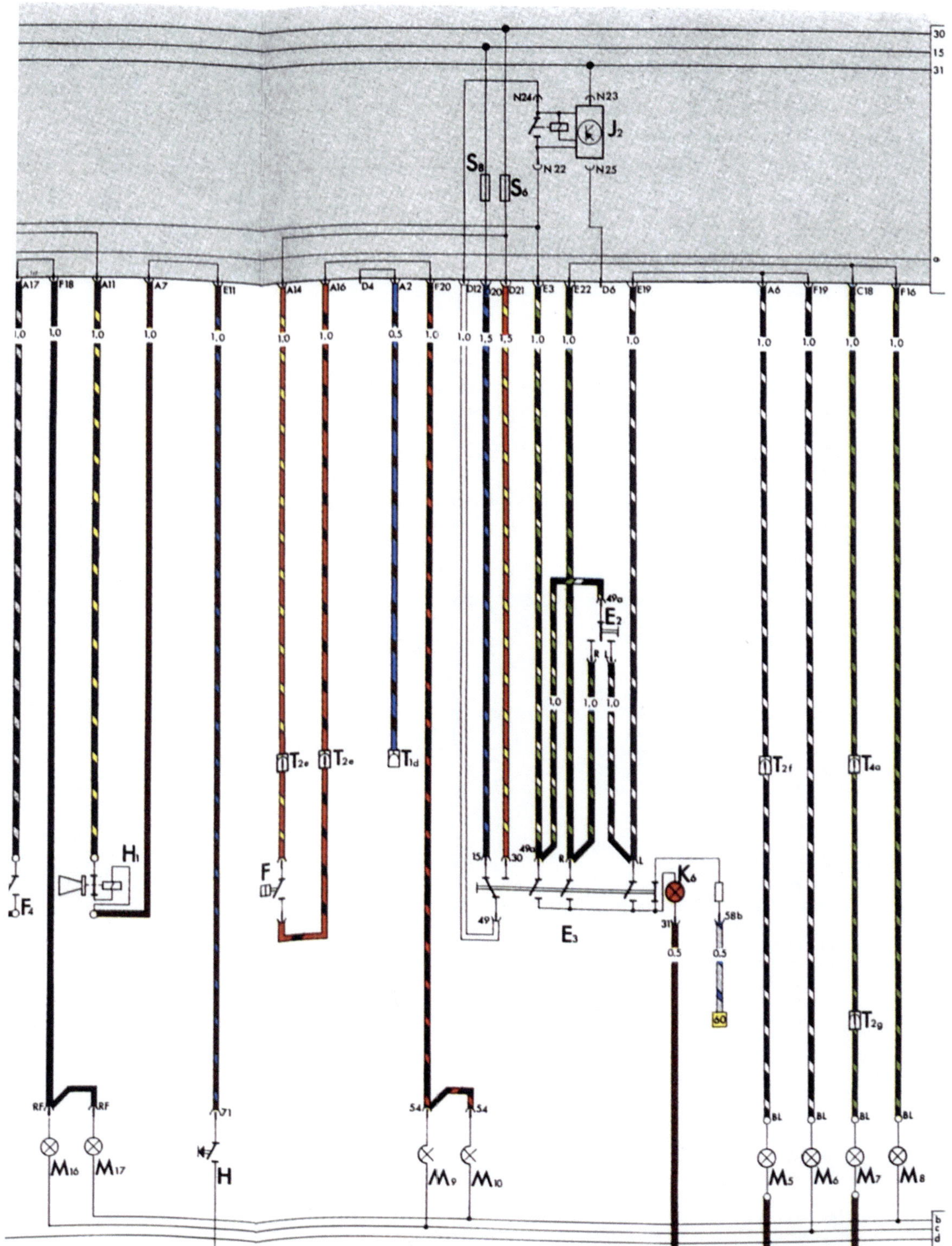

Blink- und Warnblinkanlage

Stromlaufplan Golf L, S, LS, GL, GLS
Stromlaufplan Golf S-, LS-, GLS-Automatic
Stromlaufplan Golf Cabriolet GLS, Golf Cabriolet + GLS-Automatic
Stromlaufplan Jetta L, S, LS, GL, GLS

ab August 1980, Teil 1

Benennung		im Strompfad
A	– Batterie	4
B	– Anlasser	5–7
C	– Drehstromgenerator	2, 3
C 1	– Spannungsregler	2, 3
D	– Zundanlaßschalter	11–15
E 2	– Blinkerschalter	42
E 3	– Warnlichtschalter	40–45
E 19	– Schalter fur Parklicht (nur GL-Modell)	12, 13
F	– Bremslichtschalter	36
F 1	– Oldruckschalter	24
F 4	– Schalter fur Ruckfahrleuchten	32
F 26	– Thermoschalter fur Startautomatik (nur 51 kW-Motor)	29
F 35	– Thermoschalter fur Ansaugrohrvorwarmung (nur 51 kW-Motor)	28
G	– Geber fur Kraftstoffvorratsanzeiger	26
G 1	– Kraftstoffvorratsanzeiger	16
G 2	– Geber fur Kuhlmitteltemperaturanzeiger	25
G 3	– Kuhlmitteltemperaturanzeiger	17
G 5	– Drehzahlmesser (Mehrausstattung fur Jetta-Fahrzeuge und Golf mit 37 kW-Motor)*	19
H	– Signalhornbetatigung	35
H 1	– Signalhorn (Doppelhorn)	34
J 2	– Warnblinkrelais	41, 42
J 6	– Spannungskonstanter	16
J 81	– Relais fur Ansaugrohrvorwarmung (nur 51 kW-Motor)	27, 28
K 1	– Kontrollampe fur Fernlicht	23
K 2	– Kontrollampe fur Generator	20
K 3	– Kontrollampe fur Öldruck	22
K 5	– Kontrollampe fur Blinker	21
K 6	– Kontrollampe fur Warnblinkanlage	44
K 28	– Kontrollampe fur Kuhlmitteltemperatur (zu heiß, rot)	18
M 5	– Lampe fur Blinklicht vorn links	46
M 6	– Lampe fur Blinklicht hinten links	47
M 7	– Lampe fur Blinklicht vorn rechts	48
M 8	– Lampe fur Blinklicht hinten rechts	49
M 9	– Lampe fur Bremslicht links**	38
M 10	– Lampe fur Bremslicht rechts**	39
M 16	– Lampe fur Ruckfahrleuchte links	33
M 17	– Lampe fur Ruckfahrleuchte rechts	34
N	– Zundspule	8
N 1	– Vergaserstartautomatik (nur 51 kW-Motor)	29
N 3	– Umluftabschaltventil	30
N 6	– Vorwiderstandsleitung fur Zundspule	8
N 51	– Heizwiderstand fur Ansaugrohrvorwarmung (nur 51 kW-Motor)	27
N 52	– Heizwiderstand (Teillastkanalbeheizung – Vergaser)	31
O	– Zundverteiler	9, 10
P	– Zundkerzenstecker	9, 10
Q	– Zundkerzen	9, 10
S 6, S 8, S 9	– Sicherungen im Sicherungshalter/Relaisplatte	
T 1a	– Steckverbindung, einfach, im Motorraum vorn links	
T 1b	– Steckverbindung, einfach, in der Nahe des Vergasers	
T 1c	– Steckverbindung, einfach, in der Nahe des Vergasers	
T 1d	– Steckverbindung, einfach, am Bremslichtschalter	
T 1k	– Steckverbindung, einfach, im Motorraum nahe Scheinwerfer rechts	
T 1n	– Steckverbindung, einfach, in der Nahe des Vergasers	
T 2a	– Steckverbindung, zweifach, hinter der Schalttafel	
T 2b	– Steckverbindung, zweifach, hinter der Schalttafel	
T 2d	– Steckverbindung, zweifach, in der Nahe der Relaisplatte mit Sicherungshalter	
T 2e	– Steckverbindung, zweifach, am Bremslichtschalter	
T 2f	– Steckverbindung, zweifach, im Motorraum nahe Scheinwerfer links	
T 2g	– Steckverbindung, zweifach, im Motorraum nahe Scheinwerfer rechts	
T 3a	– Steckverbindung, dreifach, hinter der Schalttafel	
T 4a	– Steckverbindung, vierfach, im Motorraum nahe Scheinwerfer rechts	
T 14/	– Steckverbindung, vierzehnfach, am Schalttafeleinsatz	
(1)	– Masseband, von Batterie uber Aufbau zum Getriebe	
(2)	– Masseleitung, Drehstromgenerator – Motorblock	
(10)	– Massepunkt, am Halter der Relaisplatte mit Sicherungshalter	
(14)	– Masseleitung Lenkgetriebe	
(15)	– Massepunkt, im Isolierschlauch des Leitungsstranges vorn	
(16)	– Massepunkt, mit Isolierband umwickelt, im Schalttafelleitungsstrang	

* nur Golf mit 44 kW- und 51 kW-Motor

** Zweifadenlampe nicht bei Golf Cabriolet und Jetta

Stromlaufplan Golf L, S, LS, GL, GLS
Stromlaufplan Golf S-, LS-, GLS-Automatic
Stromlaufplan Golf Cabriolet GLS, Golf Cabriolet + GLS-Automatic
Stromlaufplan Jetta L, S, LS, GL, GLS

ab August 1980, Teil 2

Benennung		im Strompfad
E 1	– Lichtschalter	53–58
E 4	– Schalter für Handabblendung und Lichhupe	73, 74
E 9	– Schalter für Frischluftgebläse	87, 88
E 15	– Schalter für beheizbare Heckscheibe	91, 92
E 20	– Regler für Beleuchtung Instrumente/Schalttafeleinsatz (nur L- und GL-Modell)	58
E 22	– Scheibenwischerschalter (nur L- und GL-Modell mit Intervallbetrieb)	84, 85
F 2	– Türkontaktschalter vorn links	64
F 3	– Türkontaktschalter vorn rechts (nur L- und GL-Modell)	63
F 5	– Schalter für Kofferraumbeleuchtung (nur bei Cabriolet)	66
F 18	– Thermoschalter für Lüfter für Kühlmittel	89
J 31	– Relais für Wasch-Wisch-Intervallautomatik (nur L- und G-Modell)	83, 84
J 59	– Entlastungsrelais (für X-Kontakt)	50, 51
K 10	– Kontrollampe für beheizbare Heckscheibe	92
L 1	– Zweifadenlampe für Scheinwerfer links	76, 78
L 2	– Zweifadenlampe für Scheinwerfer rechts	77, 79
L 8	– Lampe für Beleuchtung Zeituhr mit Digitalanzeige**	56
L 9	– Lampe für Beleuchtung Lichtschalter (nur L- und GL-Modell)	50
L 10	– Lampe für Beleuchtung Schalttafeleinsatz	57, 58
L 16	– Lampe für Beleuchtung Frischluftregulierung (nur L- und GL-Modell)	59
L 22	– Anschluß für Nebelscheinwerfer	80
L 28	– Lampe für Beleuchtung Zigarrenanzünder (nur GL-Modell)	60
M 1	– Lampe für Standlicht links	70
M 2	– Lampe für Schlußlicht rechts****	71
M 3	– Lampe für Standlicht rechts	72
M 4	– Lampe für Schlußlicht links****	69
N 23	– Vorwiderstand für Frischluftgebläse	87
R	– Anschluß für Radio (hinter Schalttafeleinsatz)***	58, 60
S 1–S 5, S 7, S 10–S 15	– Sicherungen im Sicherungshalter/Relaisplatte	
T 1e	– Steckverbindung, einfach, im Kofferraum hinten links	
T 1f	– Steckverbindung, einfach, hinter der Schalttafel (Anschluß Steuerleitung für Heckscheibenwisch- und -waschanlage)	
T 1g	– Steckverbindung, einfach, hinter der Schalttafel	
T 1h	– Steckverbindung, einfach, im Kofferraum hinten links	
T 1l	– Steckverbindung, einfach, hinter der Schalttafel	
T 1m	– Steckverbindung, einfach, im Motorraum links	
T 2a	– Steckverbindung, zweifach, hinter der Schalttafel	
T 2c	– Steckverbindung, zweifach, hinter der Schalttafel	
T 2h	– Steckverbindung, zweifach, hinter der Schalttafel	
T 2k	– Steckverbindung, zweifach, im Motorraum vorn links	
T 2p	– Steckverbindung, zweifach, hinter der Schalttafel	
T 3b	– Steckverbindung, dreifach, hinter der Schalttafel	
T 4a	– Steckverbindung, vierfach, im Motorraum nähe Scheinwerfer rechts	
T 14/	– Steckverbindung, vierzehnfach, am Schalttafeleinsatz	
U 1	– Zigarrenanzünder (nur GL-Modell)	61
V	– Scheibenwischermotor	82, 82
V 2	– Frischluftgebläse	88
V 5	– Scheibenwaschpumpe	86
V 7	– Lüfter für Kühlmittel	89
W	– Innenleuchte vorn	65
W 3	– Kofferraumleuchte (nur bei Cabriolet)	66
W 6	– Handschuhfachleuchte (nur Jetta-Fahrzeuge – GL-Modell)	81
X	– Kennzeichenleuchte	67, 68
Y 2	– Zeituhr mit Digitalanzeige (Mehrausstattung für Jetta-Fahrzeuge und Golf mit mit 37 kW-Motor im Zusammenhang mit Drehzahlmesser)**	62
Z 1	– beheizbare Heckscheibe	90
⑩	– Massepunkt, am Halter der Relaisplatte mit Sicherungshalter	
⑮	– Massepunkt, im Isolierschlauch des Leitungsstranges vorn	
⑯	– Massepunkt, mit Isolierband umwickelt, im Schalttafelleitungsstrang	
⑱	– Massepunkt, Abschlußblech hinten links	
⑲	– Massepunkt, Dachquerträger hinten Mitte	

** nur Golf mit 44 kW- und 51 kW-Motor
*** ab Oktober 1980, Radio über Sicherung S 6 abgesichert
**** Zweifadenlampe nicht bei Golf Cabriolet und Jetta

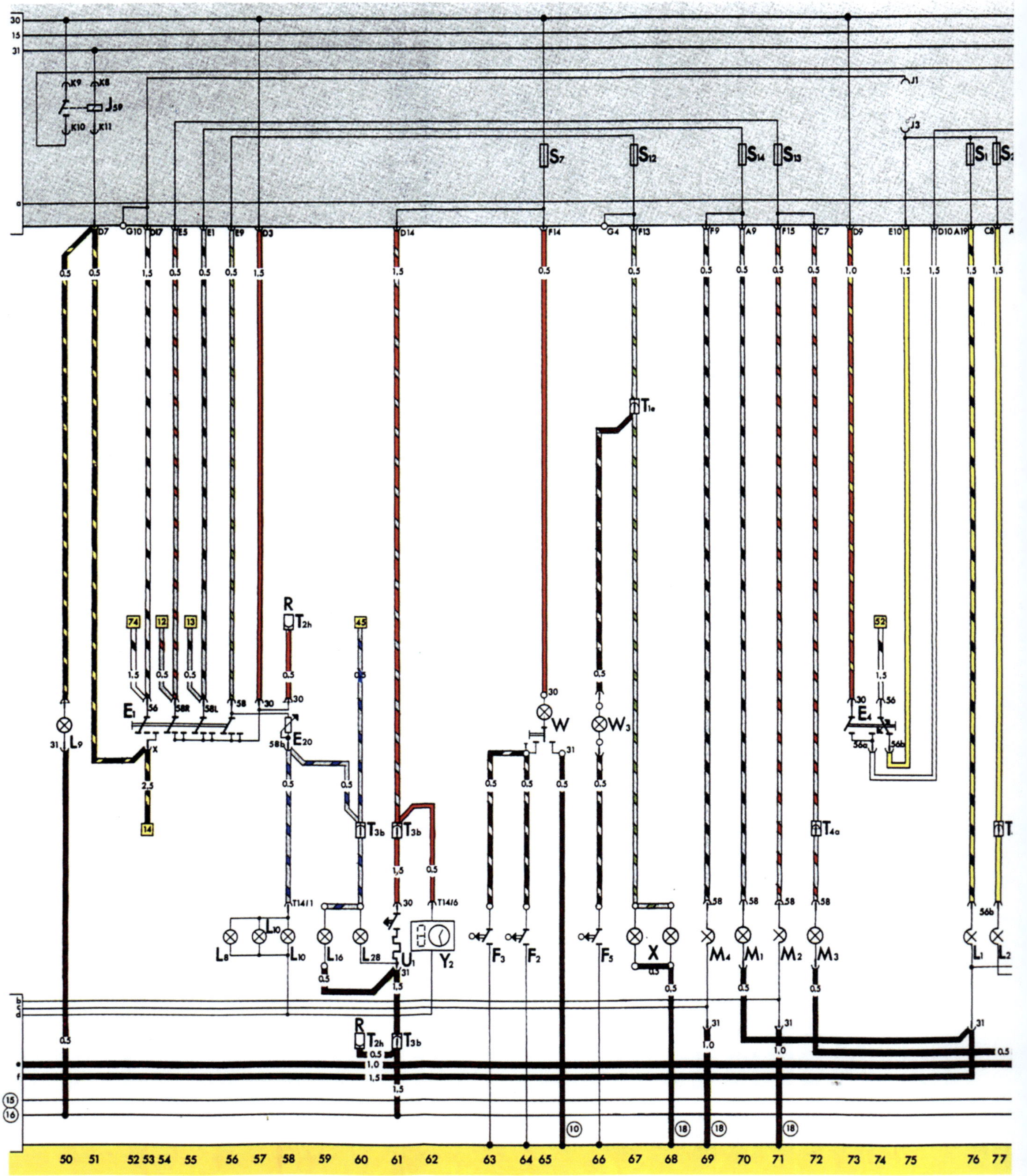

Beleuchtungsanlage

Das in den oberen Teil des Stromlaufplanes eingezeichnete **graue Feld** kennzeichnet die Relaisplatte mit Sicherungshalter. Die Buchstaben-Zahlenkombination an den Anschlüssen gibt die Belegung der Leitungen in den Mehrfach- bzw. Einzelsteckverbindungen an (z.B. D 7 – Mehrfachsteckverbindung D, Kontakt 7).

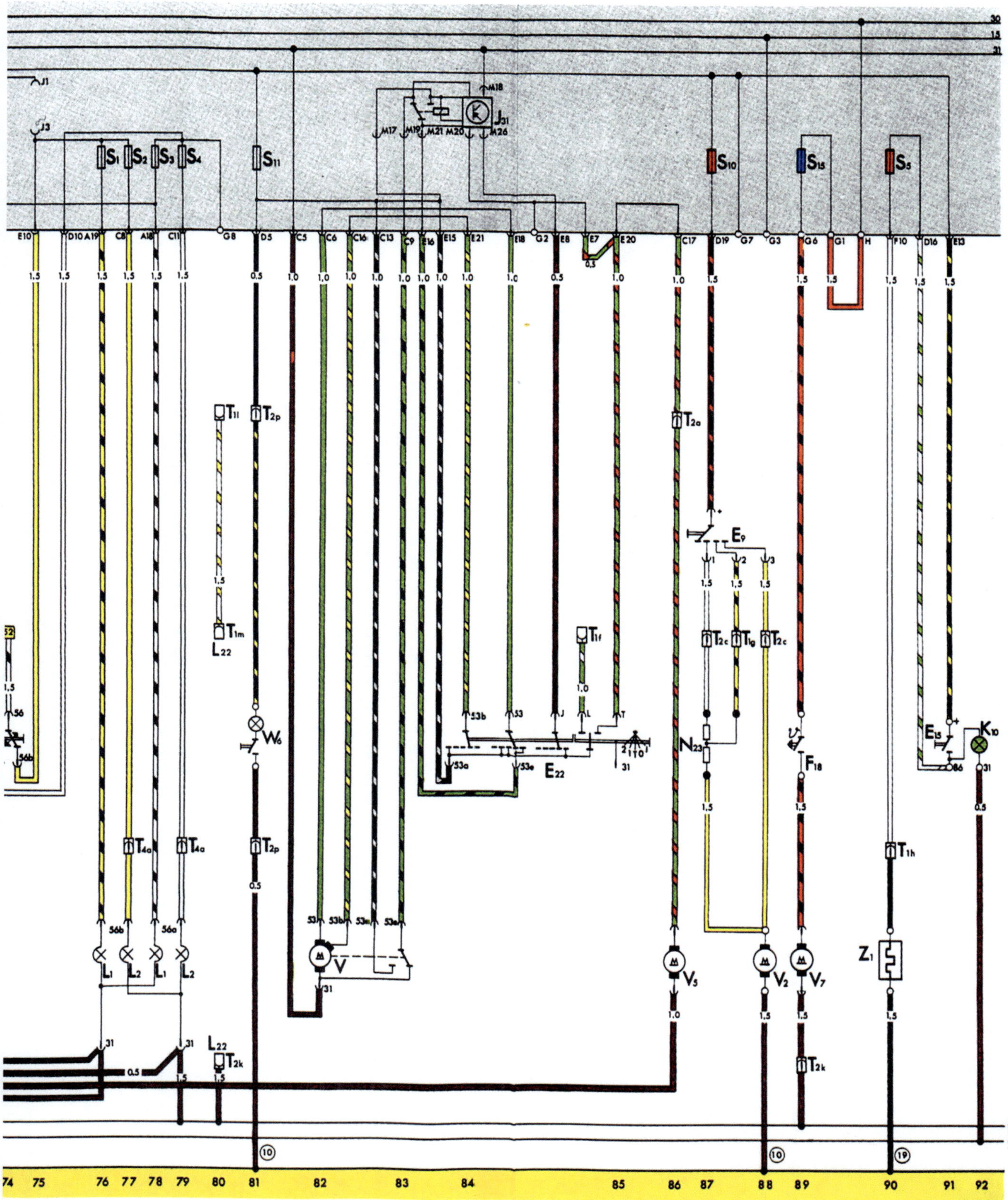

97-742

Scheibenwisch- und -waschanlage

Lüfter

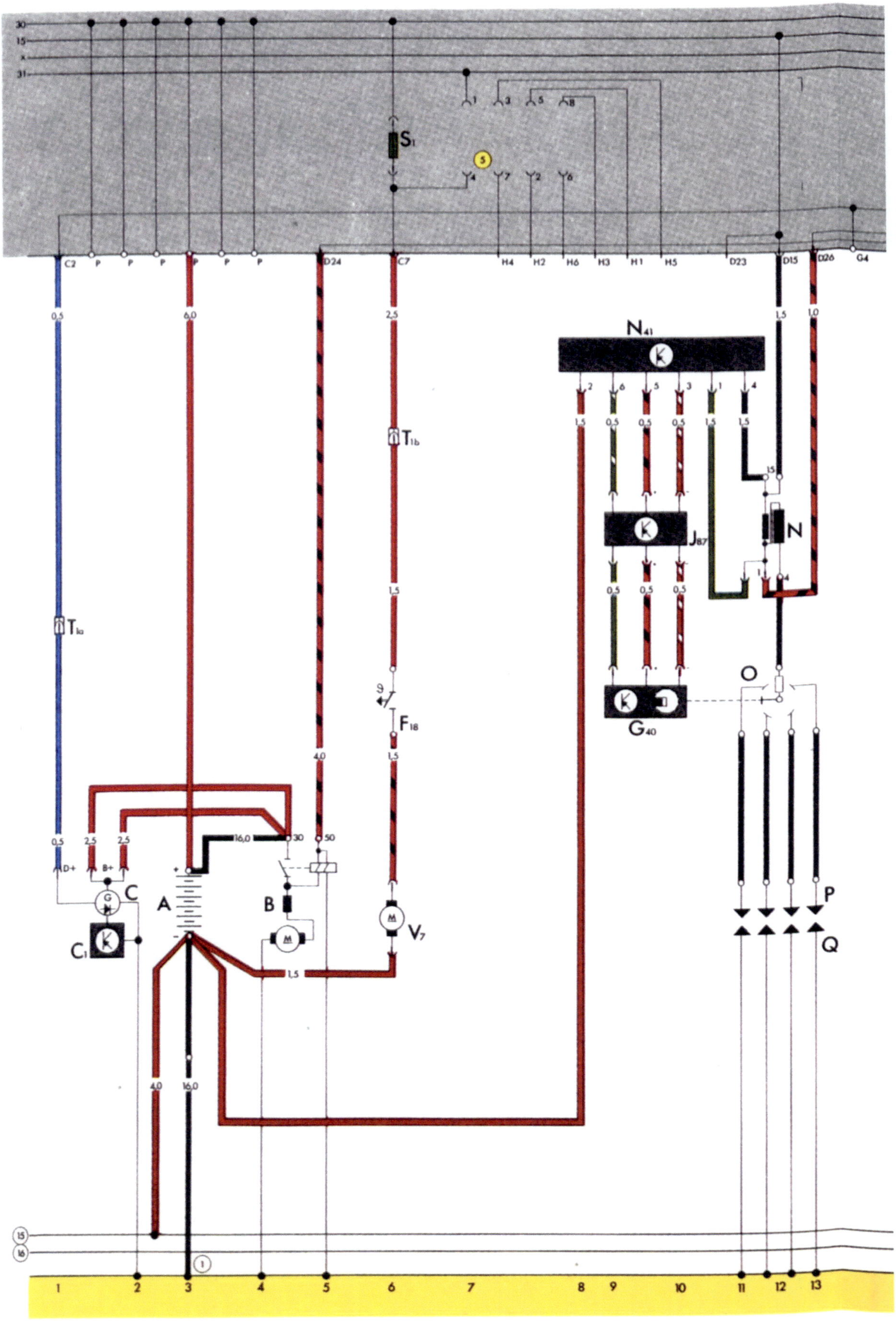

Anlasser und
Stromversorgung

Zündanlage

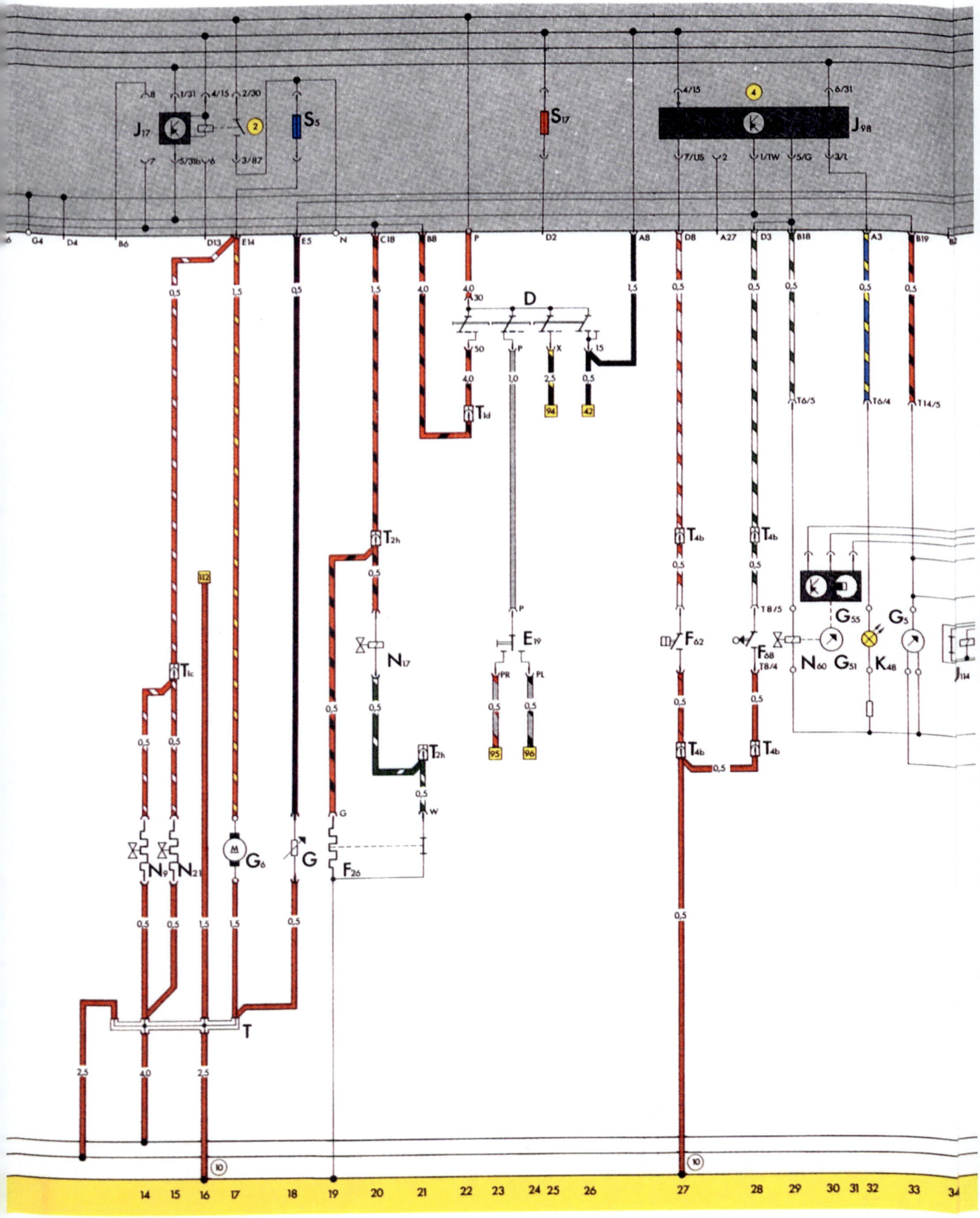

Kraftstoffanlage

Schalttafeleinsatz

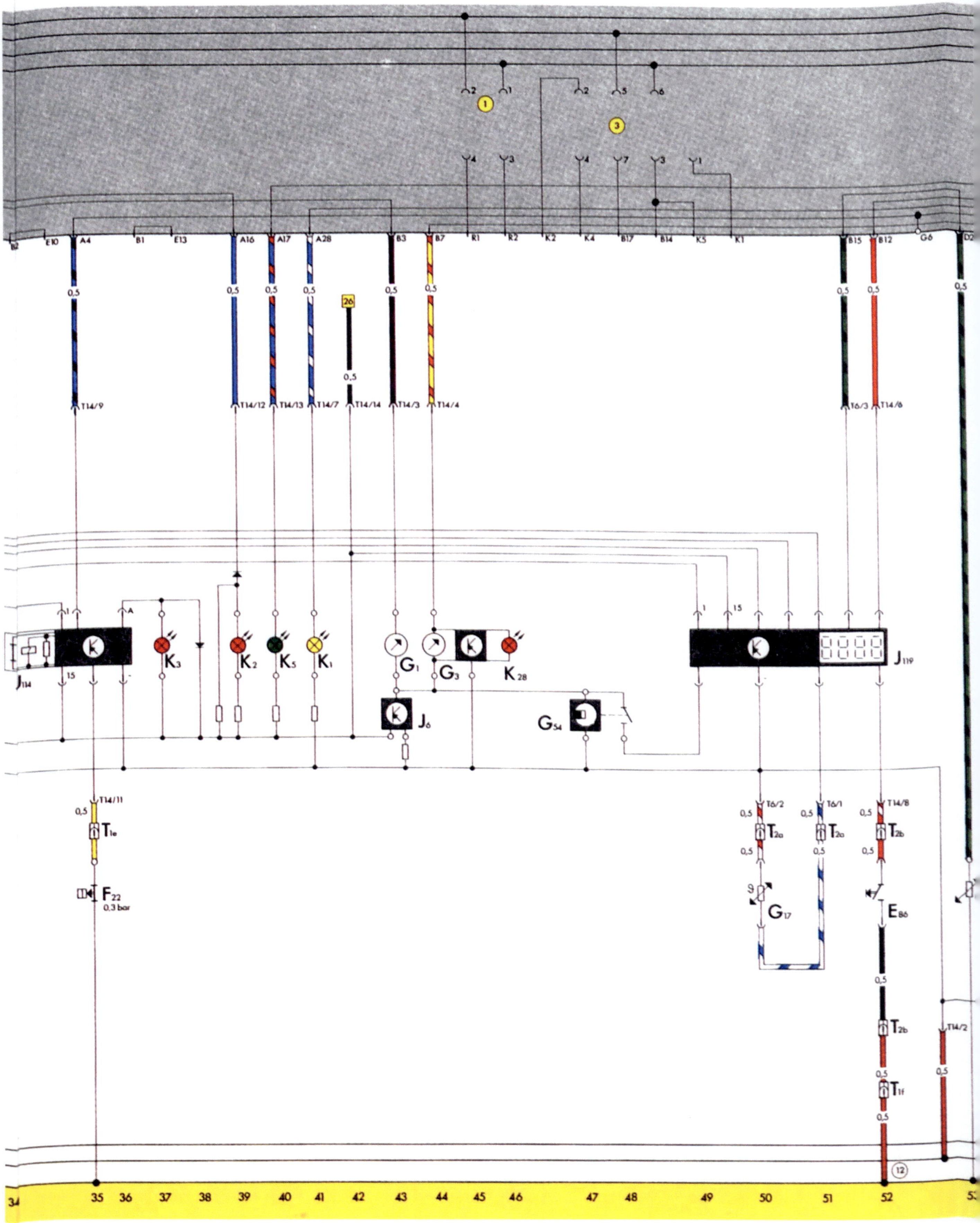

mit Multifunktionsanzeige

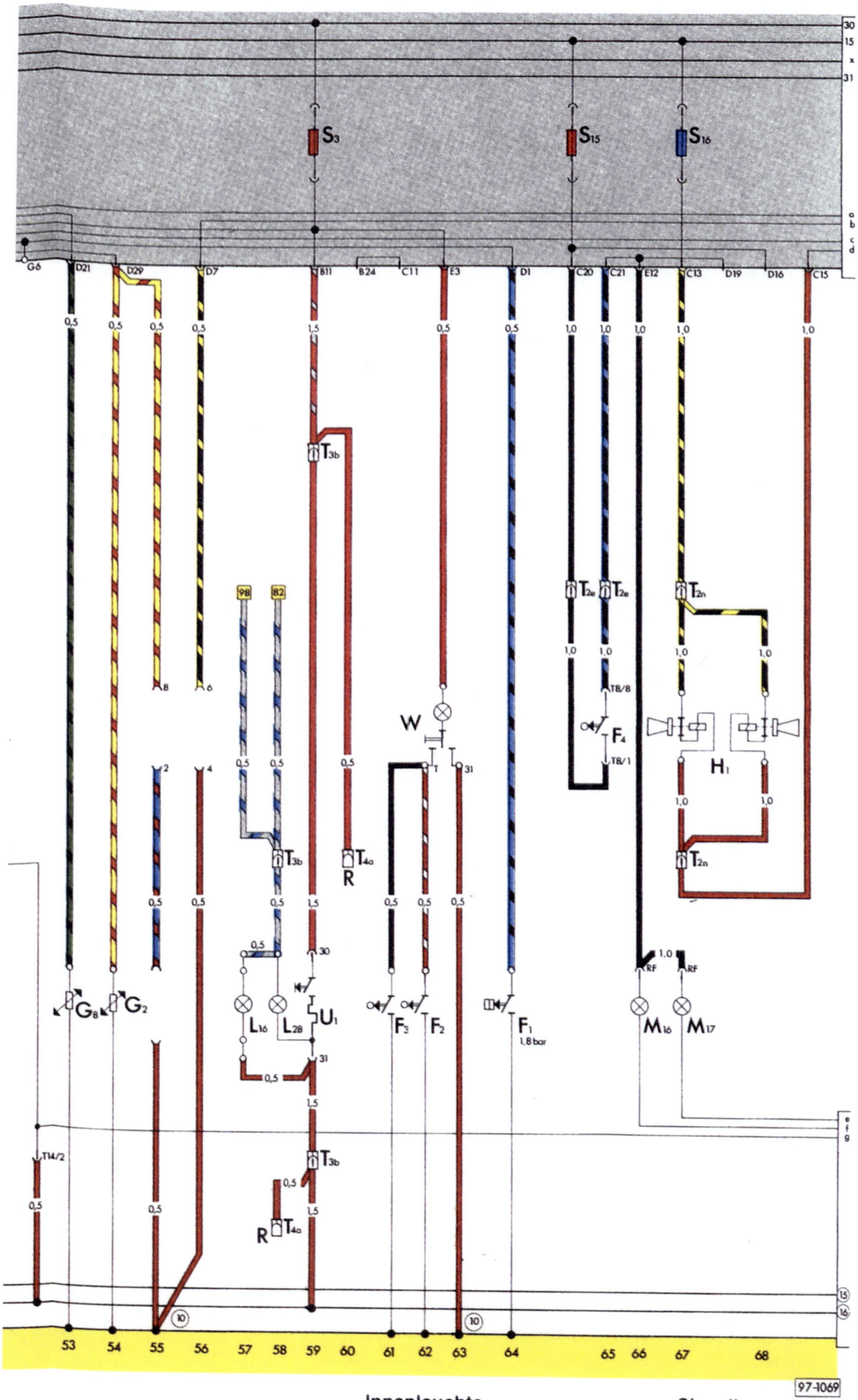

Innenleuchte

Signalhorn

Stromlaufplan Golf GTI, Golf Cabriolet GLI

ab August 1982, Teil 1

Benennung			**im Strompfad**
A	– Batterie		3
B	– Anlasser		4, 5
C	– Drehstromgenerator		1, 2
C 1	– Spannungsregler		1, 2
D	– Zündanlaßschalter		22–26
E 19	– Schalter für Parklicht		23, 24
E 86	– Taste für Multifunktionsanzeige		52
F 1	– Öldruckschalter – 1,8 bar		64
F 2	– Türkontaktschalter vorn links		62
F 3	– Türkontaktschalter vorn rechts		61
F 4	– Schalter für Rückfahrleuchten		65
F 18	– Thermoschalter für Lüfter für Kühlmittel		6
F 22	– Öldruckschalter – 0,3 bar		35
F 26	– Thermozeitschalter		19–21
F 62	– Unterdruckschalter für Schaltanzeige		27
F 68	– Gangschalter für Schalt- und Verbrauchsanzeige		28
G	– Geber für Kraftstoffvorratsanzeiger		18
G 1	– Kraftstoffvorratsanzeiger		43
G 2	– Geber für Kühlmitteltemperaturanzeiger		54
G 3	– Kühlmitteltemperaturanzeiger		44
G 5	– Drehzahlmesser		33
G 6	– Elektrische Kraftstoffpumpe		17
G 8	– Geber für Öltemperatur		53
G 17	– Temperaturfühler für Außentemperatur		50
G 40	– Hallgeber		9, 10
G 51	– Verbrauchsanzeige		30
G 54	– Geschwindigkeitsgeber für Multifunktionsanzeige		47, 48
G 55	– Unterdruckgeber für Multifunktionsanzeige		24–31
H 1	– Doppeltonhorn		67, 68
J 6	– Spannungskonstanter		43
J 17	– Kraftstoffpumpenrelais	2	14–17
J 87	– Schaltgerät für DLS (Leerlaufstabilisierung)		9, 10
J 98	– Steuergerät für Schaltanzeige	4	27–32
J 114	– Steuergerät für Öldruckkkontrolle		34–36
J 119	– Multifunktionsanzeige		49–52
K 1	– Kontrollampe für Fernlicht		41
K 2	– Kontrollampe für Generator		39
K 3	– Kontrollampe für Öldruck		37
K 5	– Kontrollampe für Blinker		40
K 28	– Kontrollampe für Kühlmitteltemp. (zu heiß, rot)		45, 46
K 48	– Kontrollampe für Schaltanzeige		22
L 16	– Lampe für Beleuchtung Frischluftregulierung		57
L 28	– Lampe für Beleuchtung Zigarrenanzünder		58
M 16	– Lampe für Rückfahrlicht links		66
M 17	– Lampe für Rückfahrlicht rechts		67
N	– Zündspule		12
N 9	– Warmlaufregler		14
N 17	– Kaltstartventil		20
N 21	– Zusatzluftschieber		15
N 41	– TSZ-Schaltgerät		8–11
N 60	– Magnetventil für Verbrauchsanzeige		29
O	– Zündverteiler		11–13
P	– Zündkerzenstecker		11–13
Q	– Zündkerzen		11–13
R	– Anschluß für Radio		60
S 1, S 3, S 5, S 15, S 16, S 17	– Sicherungen im Sicherungshalter/Relaisplatte		
T	– Leitungsverteiler		
T 1a	– Steckverbindung, einfach nähe Batterie-Pluspol		
T 1b	– Steckverbindung, einfach nähe Batterie-Pluspol		
T 1c	– Steckverbindung, einfach hinter der Relaisplatte mit Sicherungshalter		
T 1e	– Steckverbindung, einfach hinter der Relaisplatte mit Sicherungshalter		
T 1f	– Steckverbindung, einfach hinter der Relaisplatte mit Sicherungshalter		
T 2a	– Steckverbindung, zweifach hinter der Relaisplatte mit Sicherungshalter		
T 2b	– Steckverbindung, zweifach hinter Verkleidung Lenkstockhalter		
T 2e	– Steckverbindung, zweifach im Motorraum links		
T 2h	– Steckverbindung, zweifach hinter der Relaisplatte mit Sicherungshalter		
T 2n	– Steckverbindung, zweifach nähe Doppeltonhorn		
T 3b	– Steckverbindung, dreifach hinter der Schalttafel		
T 4a	– Steckverbindung, vierfach hinter der Schalttafel		
T 4b	– Steckverbindung, vierfach im Motorraum mitte		
T 6/	– Steckverbindung, sechsfach am Schalttafeleinsatz		
T 8/	– Steckverbindung, achtfach am Getriebe		
T 14/	– Steckverbindung, vierzehnfach am Schalttafeleinsatz		
U 1	– Zigarrenanzünder		59
V 7	– Lüfter für Kühlmittel		6
W	– Innenleuchte vorn		62, 63

(1) – Masseband, von Batterie über Aufbau zum Getriebe

(10) – Massepunkt, am Halter der Relaisplatte mit Sicherungshalter

(12) – Massepunkt, am Zylinderkopfdeckel

(15) – Massepunkt, im Isolierschlauch des Leitungsstranges vorn

(16) – Massepunkt, mit Isolierband umwickelt, im Schalttafelleitungsstrang

Achtung: In Strompfad 12 führt die Leitung von der Zündspule Klemme 15 **nicht** auf D15, sondern auf **D23.**

Stromlaufplan Golf GTI, Golf Cabriolet GLI

ab August 1982, Teil 2

Benennung			im Strompfad
E 1	Lichtschalter		94–98
E 2	Blinkerschalter		79–80
E 3	Warnlichtschalter		77–80
E 4	Schalter für Handabblendung und Lichthupe		106, 107
E 9	Schalter für Frischluftgebläse		125, 126
E 15	Schalter für beheizbare Heckscheibe		86
E 20	Regler für Beleuchtung Instrumente/Schalttafeleinsatz		99
E 22	Scheibenwischerschalter für Intervallbetrieb		116–118
F	Bremslichtschalter		73, 74
F 9	Schalter für Handbremskontrolle		71
F 34	Warnkontakt für Bremsflüssigkeitsstand		72
H	Signalhornbetätigung		70
J 2	Warnblinkrelais	12	78–80
J 4	Relais für Doppeltonhorn	6	69, 70
J 30	Relais für Heckscheibenwischer und -wascher	11	119–121
J 31	Relais für Wasch-Wisch-Intervallautomatik	10	116, 17
J 59	Entlastungsrelais (für X-Kontakte)	8	92, 93
K 6	Kontrollampe für Warnblinkanlage		81
K 7	Kontrollampe für Zweikreis- und Handbremsanlage		71
K 10	Kontrollampe für beheizbare Heckscheibe		85
L 1	Zweifadenlampe für Scheinwerfer links		108, 110
L 2	Zweifadenlampe für Scheinwerfer rechts		109, 111
L 8	Lampe für Beleuchtung Zeituhr		97
L 9	Lampe für Beleuchtung Lichtschalter		124
L 10	Lampe für Beleuchtung Schalttafeleinsatz		98, 99
L 22	Anschluß für Nebelscheinwerfer		123
L 39	Lampe für Beleuchtung für Schalter für beheizbare Heckscheibe		84
M 1	Lampe für Standlicht links		102
M 2	Lampe für Schlußlicht rechts*		105
M 3	Lampe für Standlicht rechts		104
M 4	Lampe für Schlußlicht links*		103
M 5	Lampe für Blinklicht vorn links		88
M 6	Lampe für Blinklicht hinten links		89
M 7	Lampe für Blinklicht vorn rechts		90
M 8	Lampe für Blinklicht hinten rechts		91
M 9	Lampe für Bremslicht links*		75
M 10	Lampe für Bremslicht rechts*		76
N 23	Vorwiderstand für Frischluftgebläse		125
R	Anschluß für Radio		84
S2, S 4 S 6–S 14 S 18–S 22	Sicherungen im Sicherungshalter/Relaisplatte		
T 1g	Steckverbindung, einfach hinter der Schalttafel		
T 1h	Steckverbindung, einfach hinter der Schalttafel		
T 1i	Steckverbindung, einfach im Kofferraum links		
T 1m	Steckverbindung, einfach hinter der Relaisplatte mit Sicherungshalter		
T 2c	Steckverbindung, zweifach im Motorraum links		
T 2d	Steckverbindung, zweifach hinter der Schalttafel		
T 2f	Steckverbindung, zweifach im Motorraum links		
T 2g	Steckverbindung, zweifach im Motorraum rechts		
T 2k	Steckverbindung, zweifach im Kofferraum		
T 4a	Steckverbindung, vierfach hinter der Schalttafel		
T 14/	Steckverbindung, vierzehnfach am Schalttafeleinsatz		
V	Scheibenwischermotor		113–115
V 2	Frischluftgebläse		126
V 5	Scheibenwaschpumpe		120
V 12	Motor für Heckscheibenwischer**		121, 122
V 13	Motor für Heckscheibenwaschpumpe**		119
X	Kennzeichenleuchte		100, 101
Z 1	beheizbare Heckscheibe		87

(10) – Massepunkt, am Halter der Relaisplatte mit Sicherungshalter

(13) – Masseleitung Lenkgetriebe

(14) – Massepunkt, Dachquerträger hinten Mitte

(15) – Massepunkt, im Isolierschlauch des Leitungsstranges vorn

(16) – Massepunkt, mit Isolierband umwickelt, im Schalttafelleitungsstrang

(18) – Massepunkt, Abschlußblech hinten links

* Zweifadenlampe nicht bei Golf Cabrio

** nur Golf GTI

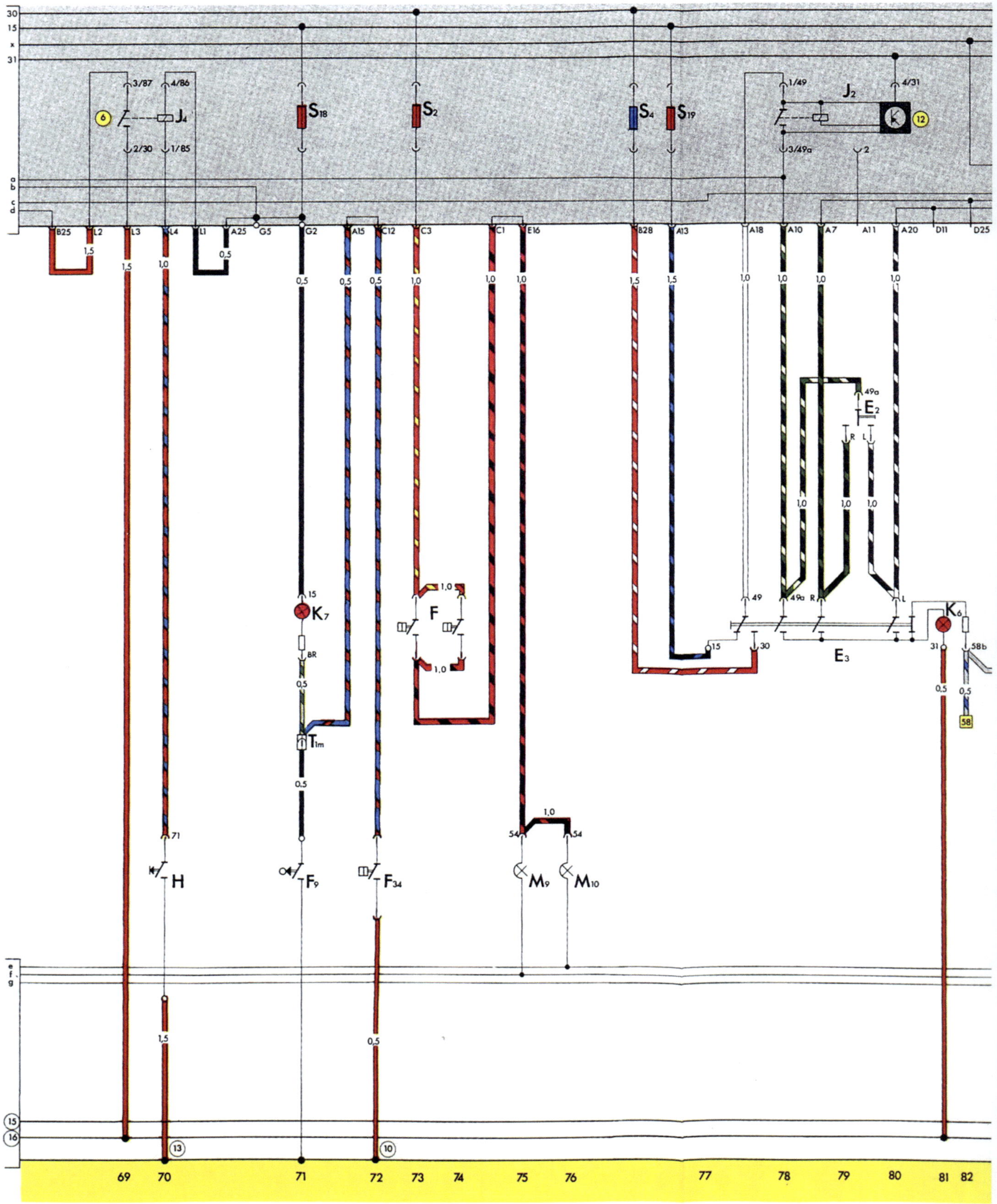

Blink-/Warnlichtanlage

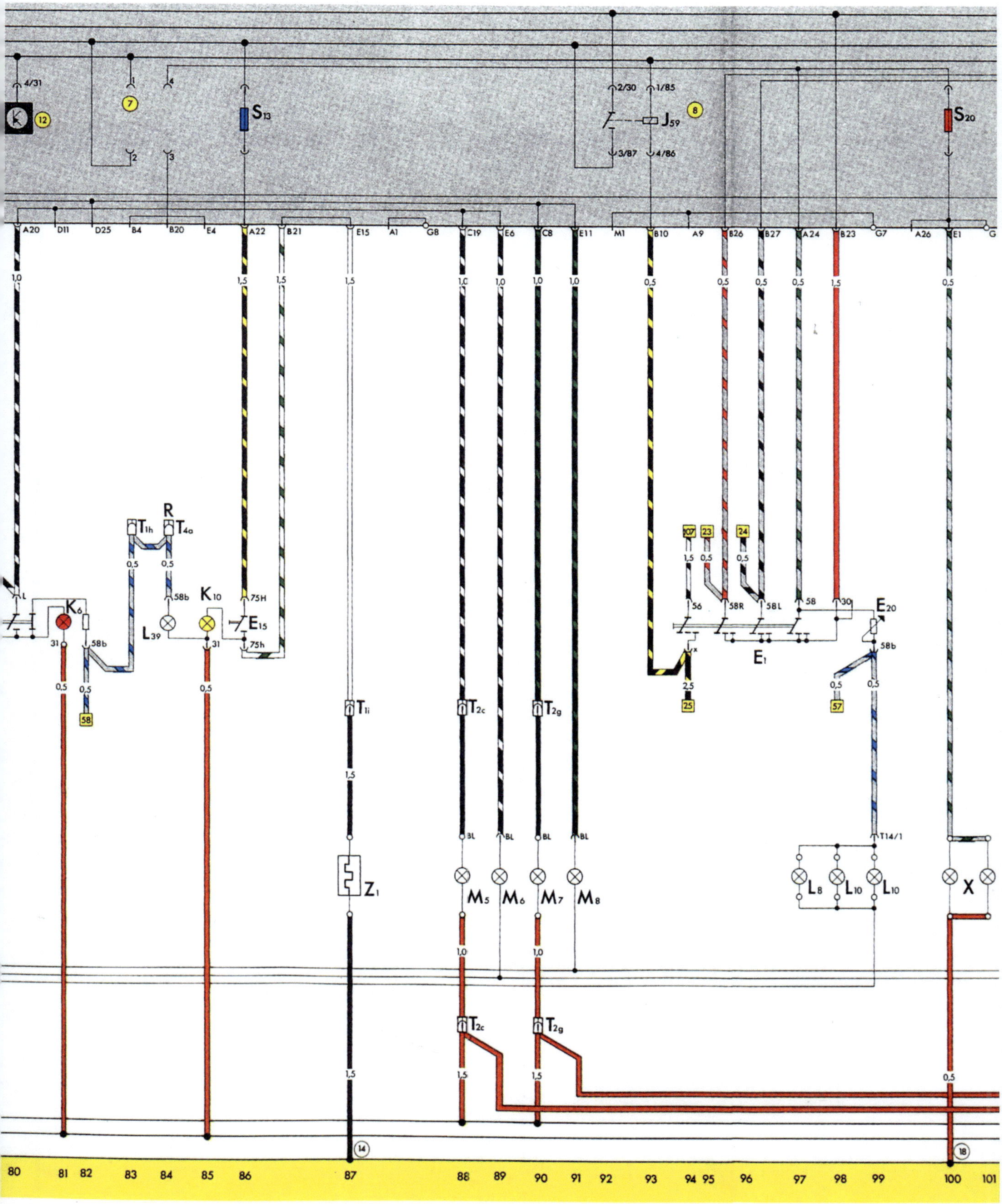

4/31
12
7
S13
2/30
1/85
J59
8
3/87
4/86
S20
A20
D11
D25
B4
B20
E4
A22
B21
E15
A1
G8
C19
E6
C8
E11
M1
B10
A9
B26
B27
A24
B23
G7
A26
E1
R
T1h
T4a
K6
K10
L39
E15
75H
75h
58b
31
58
107
23
24
56
58R
58L
30
E20
E1
25
57
T1i
T2c
T2g
Z1
M5
M6
M7
M8
BL
T14/1
L8
L10
X
14
18
80
81
82
83
84
85
86
87
88
89
90
91
92
93
94
95
96
97
98
99
100
101

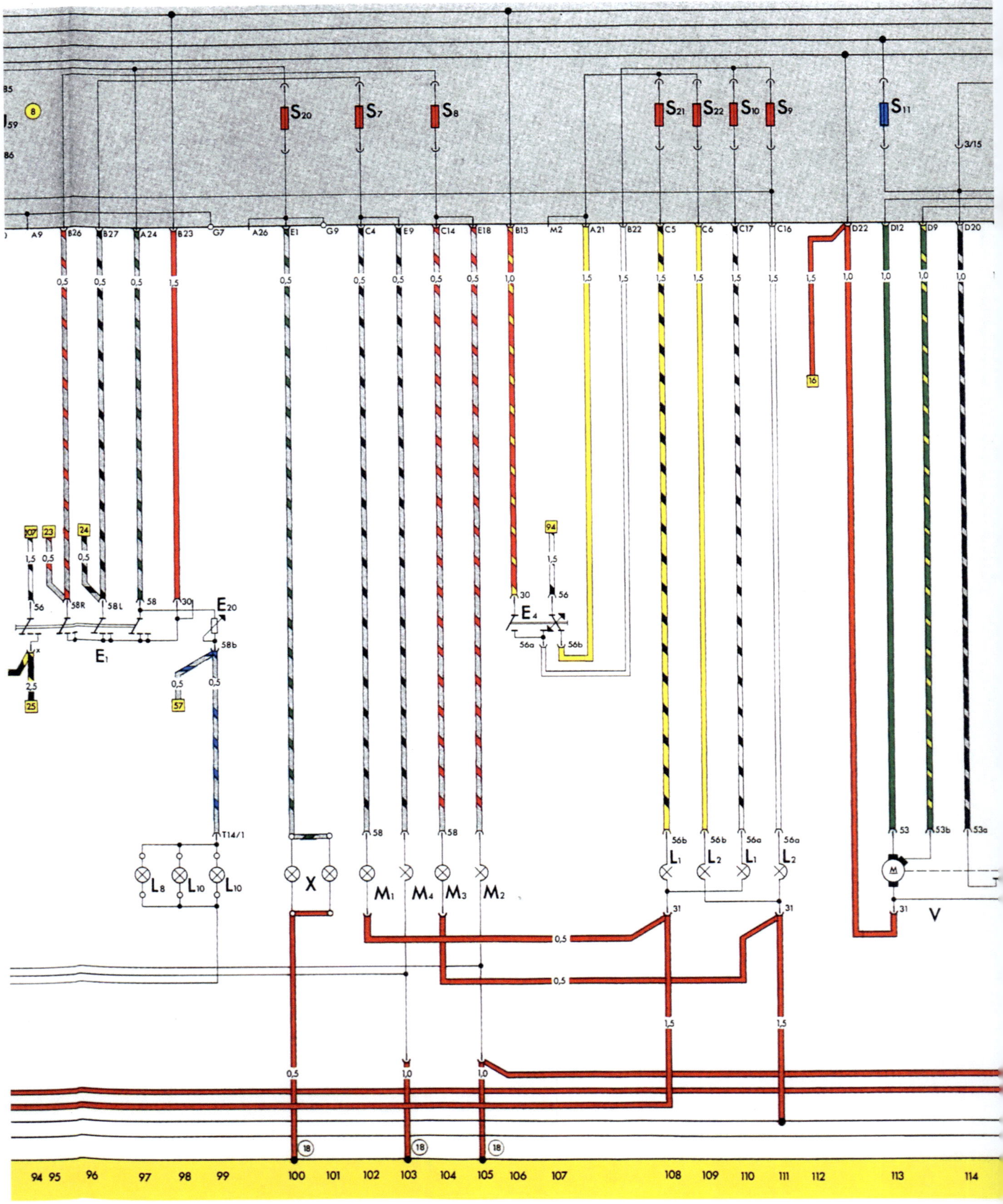

Beleuchtungsanlage

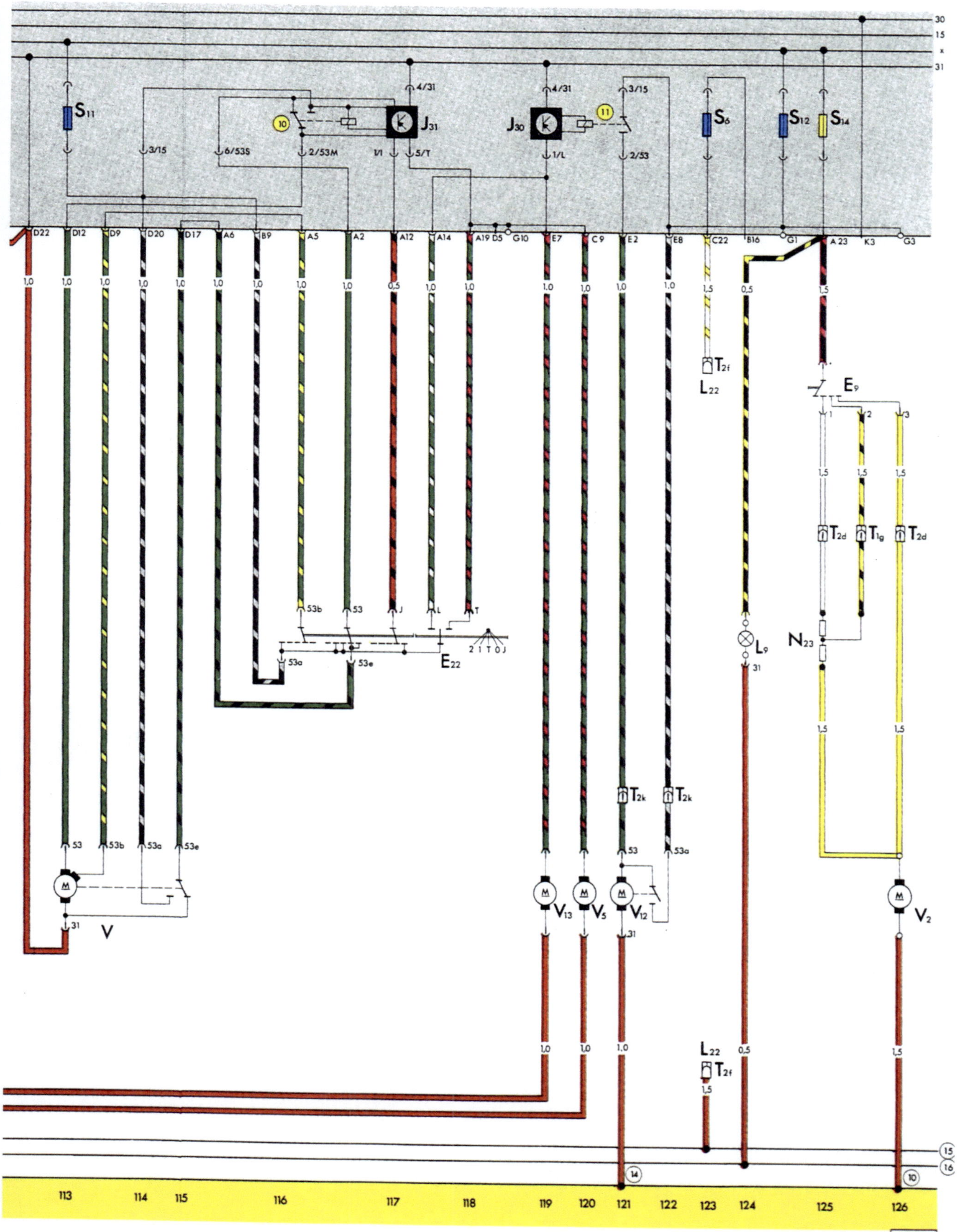

97-1070

Scheibenwisch- und -waschanlage

Frischluft-
gebläse